管理學

王秉鈞 著

政府、企業及非營利組織
之經營心法與實踐科學

A Practical Science
of Running a
Government
Business or
Nonprofit Organization

Management

三民書局

謹以此書獻給啟發我在管理學領域學習與研究的司徒達賢老師

推薦序

　　有水準的教科書極有價值，但是並不容易寫。因為教科書的內容在涵蓋面上必須相當廣博，讓閱讀者可以對此一學科領域中，過去曾出現過的各種重要學說或理論有一較全面的認識。而且文字必須淺近易懂，方有助於初學者的閱讀與理解。

　　在臺灣要寫一本有水準的管理學教科書更難。因為管理學在全世界都是顯學，市場需求量很大，因此以英文寫作的管理學為數不少。因為具有產銷上的規模經濟，幾乎每一本較暢銷的管理學教科書都有編輯團隊在負責持續的更新與修訂，包括最新學理的增添以及實務例子的與時俱進。基於這些理由，在臺灣使用原文的教科書或其譯本，可能比使用「本土」寫作的更合乎成本效益。

　　然而本國學者所撰寫的管理學教科書，也可以發揮其獨特的價值。如果做到以下幾點，則其價值就有可能超越外國「大規模量產」的外國教科書。

　　第一，在內容上，應大致涵蓋世界上所流行的教科書中，通常會提到的理論、名詞，甚至實例。因為這樣才能合乎各種考試範圍的要求，而且學習者才能和世界上其他管理科系的同行，擁有共同的溝通語言。

　　第二，應配合學理，舉出本地大部分人所熟悉的實例來增加解說效果。外國教科書中所舉的實例，絕大多數是全球知名的大型企業。這些企業的品牌固然眾所周知，但臺灣企業比起它們，規模遠遠不及，管理方式及經營上的問題也大不相同。穿插一些本土且大家耳熟能詳的實例，有助於讀者在認知上更能貼近這些學理或架構。

　　第三，中國歷史及文化源遠流長，在國家治理與領導行為上的論述及思想都十分豐富，其中有許多也成為大家共同擁有的知識與價值觀，甚至成為社會行為準則的一部分。本土管理學中，若能適度加入這些元素，並與現代的管理思維及理論進行聯結與對照，則對讀者的啟發性可以更為深入。

　　第四，作者應有自己獨創的觀點或思想架構，用自己的方式來編排章節、組合內容，使得即使是相似的內容，也能為閱讀過其他教科書的讀者，帶來耳目一

新的感覺。

　　以上應是大家對本土管理學教科書所抱持的期望。我認為王秉鈞教授投入八年時間，用心寫作的這一本《管理學》，已經與這些理想的境界相當接近。

　　王秉鈞教授畢業於政治大學政治系，從本書中對外部環境因素的分析，可以看出他在政治、經濟等方面的良好觀念基礎。碩士班畢業於政治大學企管研究所，因此對企業經營及組織管理方面也有相當正規而完整的掌握；博士則畢業於以組織理論見長的美國卡內基・梅倫大學。此一接近「通才」的管理教育，加上近三十年的教學經驗，能寫出此一水準的教科書，絕非偶然。

　　相信大家在閱讀這本書後，會和我一樣，感到十分有收穫。

司徒達賢

政治大學名譽講座教授

推薦序

秉鈞告知要出版這本管理學時，我相當為他高興，他希望我幫他寫一篇序，我當然也欣然答應。

多年前，在臺灣第三部門學會的許多場合裡，我就一直鼓勵他寫一本「非營利組織的管理學」，他說會努力。現在秉鈞這本書的副標題就註明是「政府、企業及非營利組織之經營心法與實踐科學」，看來，他是有意以這本書作為我他實現答應過的承諾。

秉鈞的雄心和目標，我暗自欣慰也樂意接受。他是意藉這本書跨越政府、企業和非營利（政府）組織這三個部門的管理藩籬和界線，而且更是想結合經營心法和實踐科學的主客觀藝術與法則的分野及差異。這讓我的確眼睛為之一亮，也相當期待這本書真的能一如作者所言，讓三個不同部門組織的執行者都能獲得應有的心法和科學。

要達到上述這兩個著書的目標，必須將管理學的立論基礎超越第一部門（政府）的「權力」運用和第二部門（企業）的「利潤」增加，而將第三部門（公民社會組織）的「訴求」列入嚴肅考慮。同時若要兼顧「心法」和「科學」也必須不受一成不變和冰冷的組織科學的法則和定理束縛，而要能夠擁抱溫暖的俗世、改革及助人的組織存在意義。

此外，秉鈞還意有所指地將管理的傳統行政三連制，即計畫、執行及考核，和時下流行的計畫、組織、領導及控制四功能，重新整合後精簡為「審豫」和「執行」。他更認為「審豫」這個概念就是控制和計畫的結合，宜合不宜分。這是為什麼本書在第一部分的基本概念後，即以「審豫」為標題的第二部分，第三部分則是以「執行」命名，第四部分是其他。

本書分四部十五章。這種篇幅做為一學期授課的教科書，倒是很適合。我瀏覽了各章的內容後，覺得有幾點特色：一是文字流暢易讀；二是企圖涵蓋各種組織類型，不只局限於企業；三是引申若干華人傳統思想與哲學（如易經六十四卦所呈現的基模和系統變化），並試圖再提問是否有所謂「華人管理」；四是不時納

入臺灣及各國各種組織表現和行政評估的實例，如 2020 新冠肺炎疫情控制的國家比較，以及徵引了 2018 年韓流民粹主義對公共政策論述的衝擊。

我衷心希望從三個部門來的不同讀者能在讀了這本書後都能同樣受益，既擁有智慧心法，又能科學實踐。也因此，我謹在此推薦秉鈞的這本「管理學」給不同管理領域的朋友。

蕭新煌
臺灣亞洲交流基金會董事長

4

推薦序

非常開心有此機緣，對王秉鈞教授的最新鉅著《管理學：政府、企業及非營利組織之經營心法與實踐科學》先睹為快。

王教授是管理學最重要的學者之一，也是管理教育的先行者。從 1977 年始，我們在政大成為摯友到現在，已經超過四十年了。他學貫中西，為人講信修睦，行事行俠仗義，而且笑口常開，談吐幽默，宅心仁厚，所以處處受到朋友的敬重與學生的愛戴。

他是真正的跨領域、跨學科的研究者，上下古今中外，無所不學、也處處留意，遍及三教九流，都是他做學問的場域，做研究往往信手拈來，大處著眼，小處著手，才情橫溢，關懷基層。

他在政大企管所任教時，縱橫於政治、經濟與社會的領域，常常提倡各種針對時弊的讜論，引起校內外的各種理性討論，但是也也常常成為箭靶，並扮演烏鴉的角色。記得當時針對政大校方擬將企管所與企管系合併決策，他屢屢奮起慷慨陳詞，不只發表公開信，更在校務會議上積極提出反對意見，結果還是不被採納，因此而辭職抗議，也方才接受元智大學的禮聘。

他在政大任教期間，在我們教師改革社群所辦的刊物《教師論壇》上，經常從多元角度，提供非常深入的公共事物主張與建言，深獲青年學者的認同。另者，我們在第三部門的研究、學術會議與國內外的學習參訪工作上，也時時合作，對臺灣與政大「非營利組織」學術社群的創建，更是居功厥偉。

我們也經常一起爬山、小敘，他都能語不驚人死不休，屢屢提出獨到見解，讓我們從其獨立思考中獲益。其實，即使他轉任到元智大學任教，我們非營利組織研究社群仍與他維持非常緊密的合作與交流，所以對他以全方位整合觀點來透視問題，以及結合學術與實踐的力行功夫，深有體會，也學習甚多。

所以，無怪乎本書成為國內少見、能「接地氣」，具有深厚文化底蘊，以及獨到創見的管理學「一家之言」，基本上，其特點如下述：

其一，能夠充分結合政府、企業與社會等三大部門，進行研究問題的偵測，

與解決方案的探索，同時兼具學理與實用。尤其在非營利組織、社會企業、社會創新等方面的探究，確實是一般管理學著作中比較欠缺、也很獨特者。

其二，本書除了縱橫於西方各種管理學理論與實踐經驗的探討，還試圖提煉中華傳統的管理思想與實務，尤其是民間文化和日常智慧，進行精彩的東西方管理思潮與哲學的對話，對管理學研究方法論的進展，有相當的啟發效用。

其三，本書綜合各種管理學理論，結合實際的案例，提出管理兩大功能創見，即審豫與執行，是當代管理學著作中從未有的發明，不僅有助於學術研究的拓展，更方便於學生與實務工作者的心法學習與應用。

最後，本書嘗試從多元的角度，分從組織、環境、文化、哲學等學術領域，包羅萬象地進行相關管理領域的探究，以系統性的思維方法，廣泛地深探族群生態學、組織再造、決策理論等課題，甚而結合中華文化的精華，輔以易經、八卦的分析基模，其獨特的東西合璧的風格，正是許多學者比較未能突破的地方。

特別是，他針對傳統管理學的主流，提出了創新的理論架構，加以整合，並進行創造性的轉化，不僅開拓了管理學的視野與領域，更讓其他的學科，例如哲學、社會學、心理學、政治學等學科，都可以相互引領、對話，從中得到一些啟發與新的研究方向。

面對如此百科全書似的學者，以畢生所學、親力親為，所提煉出的管理學精髓、創見與實作案例，實值得學者、實務工作者與莘莘學子們的重視。誠摯地期待本書能夠得到大家的喜愛與青睞，相信藉由本書的指引與推廣，將可提昇我們政府、企業與非營利組織的經營績效、服務品質與永續發展。

江明修
政治大學社會科學院院長與公行系特聘教授

作者序

記得 1991 年暑假我從美國畢業返國,在母校政治大學企業管理研究所開始教書生涯。由於從未正式教過書,一切對我都顯得生疏。由於前一年曾臨時因反對國內軍人組閣而暫緩歸國,造成我該年又反悔而未安排授課課程。因此在授課時數不足下,司徒達賢所長決定將他那門碩士生與企家班混合編班的「組織理論與管理」課程中,增加三小時由我講授 Ramon J. Aldag 著的 Management。於是展開我管理學的教學生涯。只是,這樣的安排就那麼一次,無法再續前緣。儘管如此,當我的同學聽到我與司徒合開這門課時,還是抱以十分羨慕的眼光。直到我轉至元智大學資管系任教,我有幸教大學與碩班的管理學課,長達二十年。

管理學這門課是學習各種管理課程的基礎,不管公共行政、教育行政、公共衛生、工業工程等科系都可相通。因此,可以運用的範圍非常廣泛。我管理學的啟蒙就是在政大企管所司徒老師的碩士班,當時我們並未使用課本,而是讀期刊中的經典文章(如赫伯‧賽門的滿意之說、林布蘭的得過且過說、彼得‧杜拉克的 MBO、權力基礎、談判理論等)再配搭老師自己撰寫的國內個案,如天仁茗茶、西爾士、韓邦公司等,讓我們這些初窺管理堂奧之美的學子驚艷不已,這也奠定我們未來數十年管理知識的啟蒙與應用。在此特別要感謝司徒老師百忙之中答應閱讀本書且為之序!

當然這樣的課程實在無法用一本書來呈現,而管理的基本知識與實務包羅萬象也超出一本書的空間。因此,本書的目的就是提供基本的管理知識素材,讓老師與同學可以閱讀、講授、討論、與運用。剛回政大任教期間我有幸接到華泰書局的委託,負責翻譯 Stephen Robbins 所著的管理學的第六版,這是本非常暢銷的管理學,我翻譯的那本書也在國內受到不少任教老師的使用。還記得臺北大學當時的籌備主任郭崑謨校長就曾對我說,我翻譯的這本書是臺北大學商學院共同選定使用的書,讓我心中竊喜不已。當年我使用的翻譯名詞如賦權 (empowerment) 就被許多人採用,連中國大陸許多用書都引用。當時華泰的林副總就邀我寫管理學的書,我說才回國應等十年後再說,想不到一等就三十年了。

上世紀結束前與政大的黃秉德、江明修、顧忠華、陳惠馨、許世榮、許崇源、樓永堅教授成立一個非營利組織研究室，之後在政大擴編成一級單位的第三部門研究中心。這是跨企管、公共行政、社會、法律、地政、會計各領域的統合研究團隊，形成國內北部的研究非營利組織重鎮。我因此也跨足非營利組織與社會企業的研究。其間有幸認識非營利組織研究的大老，中央研究院社會所首任所長蕭新煌教授，並參與國內第三部門學會的工作。在那期間蕭老師擔任學會首任理事長，頻頻鼓勵大家研究與寫作。就在那時答應要撰寫一本有關非營利組織與管理的書，本書也可以算是實現當時的承諾。同時也要在此感謝蕭老師應允撥冗寫序！

　　我在本書內不僅保存既有的管理思維與理論，更希望融入個人對管理的見解以增進管理理論的豐富性。因此，我把大家已習以為常的管理四大功能再合併成為更簡潔的兩大功能：審豫與執行。一方面強調控制的重要，讓它與規劃佔有同樣的注意力，使管理者不僅有理想，同時也有現實的根據。另外，執行力在近年管理界也引起許多注意，許多人說不能空有規劃與控制也忽略了執行。因此，我在書中就將這樣的觀念融入於其中。如此的作法並不影響學生觀念的吸收，反而更有意義地將原始觀念整合，使其更容易吸收與應用。

　　書中我也提出不同的管理觀點，如組織觀、環境觀、文化觀、哲學觀等，讓學生對管理不僅有不同且多元的觀點，更可以在讀後發展出兼顧各面向且包羅各方的各種論述。我也加入這三、四十年在相關領域如經濟學、社會學、心理學的理論，如系統思考方法、族群生態學、組織再造、決策盲點等理論。最後，我也帶入中華傳統文化的精華，如中國式管理的檢討與易經八卦在系統分析基模的優勢，供讀者參考。最後，也要感謝四十多年的同學政大社科院的江明修院長，他是公共行政的權威，與我共事多年的他當然也有為本書提出見解。

王秉鈞

2021.01

目次 CONTENTS

第1部：基本概念

第2部：審豫

第 3 部：執行

第 4 部：其他

1

基本概念

▎第一章▎

管理基本概念

　　二十世紀人類歷經許多改變，除了二次世界大戰的考驗，更發生許多產業與科技的革命，使得人類生活正式進入豐富、多元、複雜的境界。不僅人類普遍知識升級，甚至一般人就可以享有以往貴族或帝王才有的生活品質。連教育方式也有改變，學習不再是上流社會人士在家中私聘老師教導，而是由國家普遍提供給人民的基本權利，如此使得知識不再是少數人或有錢人才有的特權，更是一般國民必須具備的基本能力。

　　工作成為一般人成年後必須的生活，且不再是個人家園的工作，而是大至政府、小至私人企業中正式的工作。不是沒有薪給的勞動，或長年付出奴役，而是有國家保障的正式職位，個人不僅獲得薪給，還有完善的福利制度，讓人們可以依靠自己的能力謀取身家的支援與發展。

　　在這極度分工的世界中，現代的工藝與技術已被妥善地應用，讓土地、廠房、機器與人力可以達到完美的結合，產出理想的產品與服務。讓這一些制度與體系可以從設計、建造、執行都運作無礙的關鍵，便是一套合理的管理方法與制度。本書的目的

就是敘述這套管理思想、理論、制度及方法。希望能讓讀者領略這人類累積數千年的經驗與智慧，進而發揚光大，讓更多人受惠。

第一節　管理是什麼

　　傳統上行政管理學者認為管理包括計畫、執行、考核三部分，而稱之為行政三聯制。其或有提出管理五大功能（計畫、組織、領導、協調、與控制）的說法，近代管理學者則都接受管理有四大功能 (Robbins, 2010)：①規劃②組織③領導④控制的說法（請見圖 1–1）。如此說法持續近二十年，直至包熙迪與夏藍 (Larry Bossidy & Ram Charan, 2002) 在網路泡沫與過度夢想的管理危機聲中提出執行力才是管理的重點，造成相當大的轟動。近年來在臺灣政治大學執教四十年的司徒達賢教授發揮為文 (2005)，提出他對於管理的見解。他認為管理可以簡化為一個整合 (integration) 的概念，再綜合管理矩陣之六項管理要素（①目標與價值前提②環境認知與事實前提；③決策與行動④創價流程⑤能力與知識⑥有形與無形資源），乘上六大管理層級（①總體環境②任務環境③組織平臺④機構領導⑤各級管理⑥基層成員），再乘上兩種變化（陰陽表裡，司徒將陰與裡、陽與表視為相同的面向，因此只有兩種變化），如此形成 $6 \times 6 \times 2$ 共 72 種組合。從這樣的組合中去探討管理的各各面向，就是一種整合的功夫。

　　在這樣的背景下，筆者累積約三十幾年管理學教學與省思，亦竊想或許可根據自身的心得與看法提出一些淺見，就教各方。我認為從功能面來分析，管理應可再歸納為兩大部分，我稱其為：**審豫**（prescience，控制與計畫）與執行（execution，分工與布局）。這樣不僅簡化管理的功能成為容易掌握的兩項，更重要的是突顯傳統管理教科書置於最後且容易忽略的功能——控制，讓它得到該有的重視與發揮重要的功能。

　　從理論面來說，凡事均始於規劃應是理所當然的事。但是在實務上除了少有的開創事業，其他 99% 的事項均是早已發生或是正在進行的事項。因此，管理者

的工作乃是始於對現狀的**觀察與瞭解**，以及對表現的**評比與考核**。尤其是有經驗的管理者更是如此，他們不急於立即發號施令或是馬上行動，而是重視對現況的觀察與瞭解，將初步的資料和感受與自己的經驗和可資比較的其他資料對比，便可以非常有效地掌握現況，進而可以設計與研究出有用的方法改善目前的狀況。蘋果 (Apple) 的賈伯斯 (Steve Jobs) 就曾回顧 1997 年再度回任公司執行長時的心境說「我在等下件重大事件的發生」（陳盈如譯，2013，頁 12）。這說明了審豫功夫的重要性。

由此看來，對於環境與現況的掌握是成功管理的先決條件。一位有經驗的管理者與初任管理職的新手之間的差別，就在於他能否有效地掌握手邊的資訊與有意義的解讀。其中天壤之別乃在對時機，即事件發展的關鍵的掌握能力。一般而言，許多事件在處理之初期就決定日後發展 90% 的演變。因此，管理的審豫功能不可輕忽。

日本著名的宮本武藏與佐佐木小次郎的決鬥，便是有效管理者勝出的最佳實例。以天分與技術，小次郎都不在武藏之下，甚至有過之而無不及。但是最後卻輸在武藏天時地利完美的一擊之下的理由，是武藏發揮審豫精神的極致。從對決地點事先仔細的勘察，到武器的選擇與製作，到對戰場合的時機與對手心情的擾亂。使得最後對戰的執行變得輕易而篤定。雖然有人強辯武藏靠騙術贏得比賽，因此認為他勝之不武，其實不然，他的勝利並非偶然，而是經過精心設計與切實執行的必然結果。從管理的角度來看，武藏充分發揮審豫的功夫，即便他的執行力較遜小次郎一籌，仍然能一擊成功，贏得最後的勝利。

圖 1–1 中用四個過程來形容管理的方式已幾乎是管理的規矩，幾乎每一本管理學的教科書都是採用四個過程的觀點。近來司徒達賢教授 (2005) 提出不同的觀點，以更綿密、交叉、組合的矩陣架構，加上傳統中國文化的色彩來解釋管理。如此司徒教授率先顛覆了傳統的規矩，讓我也有機會在此提出個人新的見解。我認為過去的四個過程雖然清楚且合乎邏輯，尤其當循環起來四個活動前後相扣更符合現實生活。但這樣分成四個階段的作法，仍不免將各過程分離，造成區別的

錯覺。其實在管理的過程這四個過程不一定是規矩地依次發生，有時是同步發生的。這與司徒所提的整合的想法相似，許多作為是同時發生的，如此才更能掌握現況。其實若將司徒的管理矩陣中兩個向度的內容簡化為兩個項目，矩陣將從 6×6 變成以 2×2 的形式列陣。首先，將管理要素歸納為評估與創價兩大項，其次，將管理層級可分為組織內部與外部兩大項。這形成的矩陣剛好可以將管理四大功能放入（見圖 1–2），圖中縱列的是管理層級，針對外在環境的評估即是規劃，而針對內在環境的評估即是控制；針對外在環境的創價流程則是組織創建，而針對內在環境的創價行為則是領導。當然這是我個人的解讀，有待原作者及各方的回應。

▲ 圖 1–1　管理四大功能

　　因此，理論上管理應從計畫開始，經組織與領導後，結束於控制，如此周而復始。實際上則不見得如此，管理者常在事情已發生的狀況下接下職務。他沒有時間，也沒有機會去規劃，組織已經形成，領導猶待發生，更遑論做任何控制。以美國總統為例，在 11 月初當選後到 1 月就任時，雖有兩個月的準備期可以找相關的人選組成行政團隊，如此是組織先發生。而重要施政規劃仍未上路，尤其新

年度的預算早在前一年就由前任總統代為規劃並經前任國會通過。領導與控制則猶待進行與發生。由此看來，管理並非像你我想像的那麼按部就班。

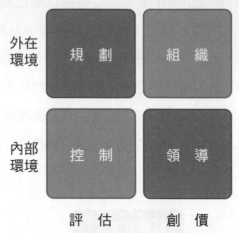

▲ 圖 1–2　管理矩陣下的管理功能解讀

本書在此要提出一個管理的新的觀點，即管理兩大功能說。我認為管理乃是由**審豫**與**執行**兩部分構成，它就像圖 1–3 的描述。

▲ 圖 1–3　管理新觀點——兩大功能說

審豫包含兩個次功能，審視 (review) 與規劃 (plan)。它與傳統的計畫與控制相當，比執行居優先處理的位階。在《禮記‧中庸》有：「凡事豫則立，不豫則廢」的文字，其強調預先規劃的重要性便是此意。同篇文字另提到做人做事的道理要「博學之、審問之、慎思之、明辨之、篤行之」，其中的「審問」的功夫更可以總結博學、慎思、明辨的功能。因此，審問便代表審慎思考，用心規劃之意。

審慎思考代表充分蒐集相關資料與證據，用心規劃則代表窮盡各種方式與創意，找出可用的手段與方法。《中庸》的五種做人做事的道理，從博學、審問、慎思到明辨，這四項均為行動前的功夫，可見得行為前慎重蒐集、檢討、規劃與分辨的重要。其中兩項（審問與明辨）是有關控制的概念，另兩項則是有關資料蒐集與規劃思維的作為。在進行完前四項工作後，切實地執行（篤行）便是下一階段要專注與堅持的工作了。

在實務上有經驗的管理者也不會急於立即工作，而是先充分蒐集相關資料與證據，以澈底瞭解事情真象，進而思考如何解決之道，此即規劃的作用。這樣的做事順序亦可適用於新接任的主管，如之前提及的美國新任總統，他在上任之初所做之事大部分屬於審視各種狀況，進而思考如何納入施政與執行的範圍。雖然預算已經國會通過，但在執行上仍可以有自己的先後順序與輕重緩急。

另外，審豫的功能與一般政府機構中的研考功能相符，所謂的研考就是研究與考核。而考核就是審查，研究就與豫計相同。因此吾人亦可稱審豫即是考研，在行政機構中扮演相當重要的角色。「審豫」一詞是筆者所發明，用意很明顯就是想把審視與計畫兩個詞融合成一個兼容並蓄的意義。本想不可能有前人使用過，想不到在《鬼谷子》這本古代奇特的兵書中竟讓我遇見了相似的用法，《鬼谷子》乃是用「豫審」這個詞（劉君祖，2019，頁62），其實筆者也常審豫、豫審兩個詞混用。

執行 (execution) 則包含分工 (division of labor) 與布局 (relationship setting)兩項次功能，兩者都很重要，無所謂先後。分工與組織結構建立與發展相關，是規範管理者與被管理者相互關係、權責與做事的資源與方法。西方經濟學的始祖亞當·史密斯 (Adam Smith) 即提出產業革命對民生經濟最大的影響就是分工而創造的巨幅產量。他說：「現代化工業建立，來自於精密的分工和資本的累積。」亞當·史密斯在《國富論》中，舉製針為例來說明分工的好處。經由分工，將整個製造程序「分為十八個階段，每一個階段都雇用技藝熟練的好手……我曾看到一家很小的工廠中，一共只雇用 10 個工人，但每天可以生產 4 萬 8 千根針」。他

指出「這是由於正確的分工和將他們困難的作業適當編組起來的結果」。一般管理書都使用組織 (organizing) 這個動名詞代表分工的意義，但與組織 (organization) 這個名詞在中文上無法分別，易造成混淆。而且我以為使用分工這個詞更能表現組織能力的意義，因此本書將用分工這個名詞。

　　布局是管理者如何瞭解（知人）、任用、激勵與發展相關工作人員的手段與方法，其符合傳統的領導理論。但是，除非管理者是公司負責人，否則他仍有同階主管與上層主管要應付。因此，布局的用語不僅包括傳統上對下的關係，甚至於包括對水平與上方的人際關係處理。成功的管理者往往是在這兩方面有精采的表現，可獲得同事與長官的支持。布局與科特 (John P. Kotter, 1999) 所提有效的管理者所做的兩個主要功能之一，「建構人際網絡」(network building) 的意義十分相同。

　　分工與布局兩個功能在管理的執行上是相輔相成的。分工的重點在於事的安排（即科特所謂的主管的另一功能：設定行程 (agenda setting)），而布局的重點則在於人際關係的處理。事的安排較客觀，邏輯的分析與理性的處理是其核心。而人際關係的處理則比較主觀，情緒的掌握與感性的蘊釀是其關鍵。學術而言，處理事情結構的學問多屬於社會學的範疇，理論上從社會學所引入的理論多半在組織結構上發揮甚多的影響。例如韋伯 (Marx Weber) 的官僚組織的分析，以及漢那與菲門 (Hannan and Freeman, 1979) 所提出的組織族群生態學 (Population Ecology) 的主張，乃是社會學的領域。另外，研究個人的學問則多來自心理學，許多領導理論與激勵理論則來自心理學的研究。例如馬斯洛 (Abraham Maslow) 的需求層次理論，與賽門 (Herbert A. Simon) 的認知與決策理論。

　　圖 1–3 的管理模型中執行功能緊跟著審豫功能，其目的是實現審豫所規劃的目標，執行後又回到審豫，意味開始另一循環。在此要再檢視前階的執行是否達成原先的目標，若未達成則要重新規劃，以利下階段執行。若達成或超過標準則檢討是否要修改標準，或找出超標的原因，同時尋找新目標並進行下階段的循環。

　　在順序上將審豫放在執行前有延續經驗與改革、持續檢討與發展的意義。對事務的審豫可以在執行中實現與力行。反之，若檢討與控制放在執行完畢之後，

再多的檢討與控制也不能改變已經發生的事實。尤其是那些不經常發生的事物，或只發生一次的事件，是無法進行事後控制，再多的事後控制也於事無補。

第二節　有中國式管理嗎

　　管理有國界嗎？有所謂的中國式管理嗎？這個想法與主題在三、四十年前臺灣初引進西方的管理知識、教育與制度時討論的非常熱鬧。二次大戰後國民政府由中國撤退來臺，政策由反攻逐漸轉為致力於島內發展，與美國的關係也由軍事轉變為經濟合作。臺灣戰後由日本所接收的各類營運事業，舉凡公用水電、交通，到蔗糖、青果生產等，都需要具有現代的管理經營知識的管理團隊來負責。為了培訓臺灣社會這批急需的人力，1964 年政治大學引進在美國興起的企業管理教育在臺北市成立公共行政與企業管理中心 (並附設兩個研究所)。由於研究生人數有限，另在大學部同時成立兩個學系，希望在短期內為政府機關與民間培養大量的現代管理人才。這開啟了臺灣近五十年來各級學校的企管教育。值得一提的是，這樣的作為正好與臺灣剛要起飛的經濟發展同步，其亦是臺灣奇蹟的一個貢獻力量。

　　反觀美國，雖然現代管理的行動起步的早，泰勒 (Frederick Taylor) 的科學革命與福特 (Henry Ford) 的大量生產工法都出現在 1915 年左右。但是，有系統地建立現代化工廠、生產方法與管理制度則要等到二次大戰後才出現。這趨勢從美國前國防部長麥克瑪拉 (Robert McNamara) 的經歷可以看得非常清楚 。麥克瑪拉1939 年畢業於哈佛大學商學院，是早期 MBA 的代表。當時的商學院畢業生不及今日有名，可推論當今哈佛 MBA 之所以有名應是麥氏等早期畢業生的功勞。

　　麥氏在 Price Waterhouse 會計事務所工作一年後回哈佛教會計 ，成為當時年輕且最有錢的助理教授。1943 年麥氏為訓練空軍發展分析方案而加入空軍成為上尉，他在二戰主要的工作就是在統計控制室中幫助轟炸機提升效率 (efficiency) 與效能 (effectiveness)，這些軍機在印度、中國、馬來西亞等地執行作業任務。因為戰爭的需要促使了一群學有專精的數學家、物理學家、經濟學家聚在一起尋求有

效的分析方法與工具，所謂的作業研究 (Operations Research) 就是在當時發展出對這些新方法的總稱。他們也得到不錯的結果，戰後這群在統計控制室的年輕人就一起被福特公司全部接收，被稱為神奇小子 (Whiz Kids)。

麥氏從統計與財務分析經理做起，快速升為高階主管，由於傑出的表現麥氏在 1960 年成為福特汽車公司第一位非親屬的總經理。在當上總經理五週後，他又被甘迺迪 (John Kennedy) 邀請入閣擔任財政部長或國防部長。他當下拒絕了財政部長的邀請，但最後接受了國防部長的職務。由於國防部與民間產業的密切關係與影響力，麥氏在國防部長任內建立至今仍具影響的制度與法規，為美國國防工業與產業樹立百年的競爭規模與優勢。

麥氏在任國防部長最有名的制度便是推行規劃、規程、預算系統 (Planning, Programming and Budgeting System, PPBS)，這系統根據經費（投入）與效果（產出）的分析來編製國防預算，一年可節省幾十億美元。詹森 (Lyndon Johnson) 政府於 1965 年決定在政府其他部門也推行這種預算制度。臺灣則在 1970 年代由第一屆留學美國密西根大學的企管博士陳定國教授開始在國營事業如台電中推行這種預算制度。至於政府則遲至 2001 年才考慮全面引入績效評核系統，如平衡計分卡的推行（張育哲，2005）。

1971 年臺灣退出聯合國，國家力圖自立自強乃有十大建設的推動，而中國鋼鐵公司的籌建乃是其中的代表。在一連串的發展及各項重要工程與公司建設有成時，產業界及學術界乃有中國式管理之議。當時國營事業以中鋼績效最好（董事長趙耀東），動見觀瞻；民營企業則是以台塑企業的王永慶最孚眾望。因此，趙王兩人常被媒體與學術界當為臺灣企業經營與管理成功的典範。在多次演講與討論後，中國式管理便成為那時流行的說法與熱門話題。當時對中國式管理並無具體的結論，只是對此名詞有興趣的學者試圖從中華文化或中國傳統企業經營的知識與方法的角度提出各人的看法與結論。

時至今日，中國的經濟在 1990 年代以後突飛猛進，在 2012 年超過日本成為世界第二大經濟體。在經濟成長後的中國也同樣提出與中國文化特質相關的中國

式管理的檢討。當然，成為第二大經濟體也使得中國國內有不少聲音，認為中國自己一定可發展出來具中國特色的經營管理方式。

曾仕強教授曾對中國式管理提出「指以中國管理哲學來妥善運用西方現代管理科學，並充分考慮中國人的文化傳統以及心理行為特性，以達成更為良好的管理效果。中國式管理其實就是合理化管理，它強調管理就是修己安人的歷程」。在這樣的論述下，可以看到所謂的中國式管理在管理科學部分與西方無異，而對人處理的部分則加入中華文化的特色，強調傳統所謂的修己安人的哲學。曾仕強 (1987) 的論述使他成為中國式管理的代言人。仔細分析，自然科學已是世界通則與標準，可說是放諸四海而皆準。而所謂的管理科學是否是科學呢？從系統理論、分析方法、決策模型的角度來看其具備通則的特性，在處理人際關係時，所謂的修己安人的想法則在中國境內都有不同想法，因為那是儒家的中心思想，而與老莊道家無為自然的想法大異其趣。

同理，在西方單單管理學對於人性的哲學也有不同的理論。最常被提出的便是麥克里高 (Douglas McGregor, 1960) 有關人性的兩套假設——X 理論與 Y 理論 (Theory X and Theory Y)。簡單來說，X 理論呈現出對人基本上負面的看法，假設人們沒有企圖心、不喜歡工作、避免責任，以及希望凡事按指示辦理。另一方面，Y 理論則提供正面的看法，假設人能主動、接受責任、喜歡工作就像休息與遊戲一樣。麥克里高認為 Y 理論掌握工人的天性，並應為現代管理運作的依據。表 1-1 羅列了 X 理論與 Y 理論的假設。

❤表 1-1　X 理論與 Y 理論的假設

X 理論	Y 理論
·員工天生不喜歡工作，會儘可能避免工作	·員工視工作如同休息或玩樂般自然
·須用強迫或處罰來威脅員工以達目標	·員工若認同目標會自我要求和控制
·員工會逃避責任，儘可能聽從指揮行事	·一般人願學習負責，甚至主動負責
·多數員工認為安全最重要，少有野心	·人普遍具有良好決策的能力，而非僅侷限於主管階層

由理論定義來看，麥克里高的 Y 理論符合儒家的修己安人，所謂的由自身做起，進而追求眾人的幸福的價值觀。但是若從傳統中國統治階層威權專制的治理手段來看，法家嚴刑峻法的概念才是統治階層拳拳服膺的真理，而法家的思想又與 X 理論相符。從此觀察可以歸納中國式管理所號稱的差別，其實並不存在。西方同樣有修己安人的人性價值觀，供管理階層參考與使用。

曾仕強 (1987) 認為：「中國式管理以『安人』為最終目的，因而更具有包容性；以《易經》為理論基礎，合理地因應『同中有異、異中有同』的人事現象；主張從個人的修身做起，然後才有資格來從事管理，而事業只是修身、齊家、治國的實際演練。二十一世紀，是中國管理哲學與西方管理科學相結合，並獲得發揚的時代，兩者缺一，都將跛腳難行。」然而，這些論述有待更多學術上的實證經驗與數據佐證，在方法上去證實所謂的中國哲學價值觀念影響中國的管理制度與實務的應用。至於是否有企業以安人為最終目的？是否《易經》的同中有異與異中有同的人事現象真的會出現？是否中國企業家真的從修身齊家做起？在目前演繹法的論證下個別個案是建構完整實證的先聲，這有待學者們以近代科學論證主流方法的歸納方法提出更多的佐證。

中鋼的趙耀東先生是臺灣經濟起飛成熟期的代表人物，由於中鋼的成功建立，他的名字常與中國式管理劃上等號（李誠、張育寧，2002）。趙曾對中國式管理，甚至中鋼經營的弊病提出深刻的檢討，這種不怕家醜外揚的態度值得吾人敬佩！趙曾說中鋼的缺點是：「1.不夠互信。2.本位主義。3.代溝形成。4.不夠澈底。5.規章日增。6.人事阻塞。」他又說中國式管理的缺失是：「1.怕失面子。2.不肯兼善。3.服從權威。4.貪圖現成。一言以蔽之，也就是拙於創新。」（吳統雄，1986）。由此看來趙耀東雖然成功地建立舉世聞名並有競爭力的鋼鐵企業，但是他卻不沉溺於過去的偉大事跡，而勇於自我檢討而能精益求精，這是管理人真正的典範！

中國式管理應是中國在現代經濟重新振興以後，希望以特別的方式去強調中國式的管理與西方管理的不同。在臺灣 1960～1980 年代曾盛行一陣子，在中國

2002 年起至 2008 年之外匯存底自 2 千億美元成長至 2 兆美元，成長率達 32.9%（中國國家外匯局），中國式管理的說法開始流行。因此，有如下的說法（智庫百科，2013）：所謂中國式管理從 1920 年代至 1970 年代是傳統管理模式，建立在計畫經濟體制基礎，具有以下特徵：

(1)管理手段行政化：企業是政府的附屬物，政府與企業之間存在命令與服從的關係，不容懷疑。

(2)激勵因素政宣化：模仿政治宣傳和樹立典型是常用的激勵手段，提倡不計時間、不計報酬的勞動，忽視人們在經濟不發達階段，看重物質利益的現實。

(3)收入分配平均化：工資、獎金的分配與績效脫節，奉行收入分配的平均主義。

(4)決策高度集中化：決策權高度集中於少數人手中。

(5)社會關係私人化：家庭倫理關係被推廣到社會的各個方面，多元複雜的社會關係被簡單地歸結為私人關係。

(6)企業運營社會化：企業辦成了「小社會」，不但創辦學校負責員工的子女教育，而且設法安排員工家屬就業，提供無租或低租金的住房以及公費醫療等。

　　自 1970 年代末至今出現所謂中國的現代管理模式，論者認為這是由於西方價值觀念對中國傳統文化猛烈衝擊的結果。在社會與資本主義雙重經濟體制並存、新舊價值和倫理觀念的摩擦下，中國的管理模式逐漸發生以下變化：

(1)管理手段市場化：企業由政府的附屬物變成為獨立的經濟實體，自主經營，自負盈虧，自行決策。

(2)激勵機制私有化：由過去忽視變為重視物質利益，企業走向「唯物質利益至上」，認為只要多發工資、獎金，就能激發員工努力工作。

(3)收入分配差別化：工資、獎金的分配與工作業績相連，廣泛推行收入分配的差別主義。

(4)決策專業化：決策權依專業分工分散至各專業負責人手中，不再集中一人做決定。

(5)社會關係正常化：隨著現代社會開放與知識進步，過去重關係、輕是非的

觀念有所淡化。

　　(6)企業運營私有化：企業不再是「小社會」，過去由企業承擔的員工子女教育、就業、住房、養老等負擔逐步轉交社會和市場解決。

　　從兩段文字中可看出所謂的中國式管理也在不斷地改變，若將其改變趨勢延長就可以發現其終極方向應該就是現代多數的跨國企業所採取的管理方式。因此我們可以得到下述結論：**過去兩岸都強調的中國式管理其實與現代管理理論與概念並沒有特別的不同**。流行於中國企業內部的管理文化與哲學或許與其他國家不同，但是若談到企業經營的願景、目標、手段的各種方法，中國式管理與其他地方的管理沒有理由不同，應該同樣可以相同的分析方法、透過相同的執行手段而得到相同的答案。

　　最後，吾人可以得到這樣的結論，管理科學（尤其涉及產量與品質、金錢與數字、會計與統計時）本應舉世皆然，不應有不同的理論與說法。只是相關於目標的設定，執行的途徑與方法，以及溝通的方式（尤其是與人相關的語言、態度、行為舉止等），在不同的時空會有不同的選擇。這就是管理中藝術的部分，也是有關人的部分。那麼由中國人所展現出有中國風味的管理或許可稱之為中國式管理。而管理本身並不屬於任何國家與地方，稱其為西方管理那也僅是習慣的說法；因為，西方也不擁有管理，只是現代管理概念與作法發生於西方罷了。

第三節　誰是管理者

　　所謂管理者 (manager) 就是我們常用的稱號──主管。一般而言，很容易在傳統工廠中找出誰是主管，他們就是在現場監管並指揮其他成員工作的人。要分辨出操作員 (operatives) 亦不困難，操作員是在生產線上直接作業、沒有部屬、制服的顏色與功能都與主管有明顯差別的工作人員。例如在台積電工廠生產線上的員工從頭到腳完全包覆為了防塵；而不在現場的主管則著一般服裝，甚至穿著正式套裝以接待外來訪客。

然而，在後現代化及網路時代高科技的作業現場可能就不一樣了。由於科技、工作本質與分工方式的改變，混淆了主管與一般員工之間原先存在的明顯界限。新時代中個人能力更加進步與相對的工作範疇加大，特別是團隊分工合作的活動更為重要。團隊成員由於彼此能力相仿，承接工作龐大，常要分別或輪流擔任發展計畫、做出決定，並且監看自身的各種表現。因此在現代工作人員代行（或輪流負擔）主管的責任時，過去主管與部屬嚴格分離的定義便失效了。在新型組織中，尤其是服務業類型的公司內，我們可以發現想要區別主管與部屬的工作變得更加困難。即便如此，組織中仍需要有人設定目標，仍需要有人統整團隊，仍需要有人負責。在模糊的情況中，主管功能的掌握仍是組織成功的關鍵，至於主管職務與功能如何能夠有效地承擔與轉接，則是現代組織中一種新的要求。

由此可見，多元主管或是多頭馬車的現象並非容易。而在成員尚未適應新組織型態前，在規模較大、層級較多的組織內，主管階層在資訊掌握、權力運作、甚至行為舉止方面仍然與一般員工有明顯的區別。當然如此區別的目的，便是將組織的管理功能有效實現。

我們如何定義主管呢？**主管**是在組織內承上啟下負責實現管理功能（審豫與執行）的成員。他可能負責一個部門，或監管一個人，或協調一個跨部門的團隊，甚至成員來自組織之外。當然，主管可能有其他非主管的工作。例如，一位大學校長仍可能在校長工作之外，在原屬系所中開課講學。

有方法區分組織中的主管嗎？尤其是那些傳統（金字塔型）組織，他們有精緻的工作安排，基層人數遠大於高層。如圖 1–4 所示，我們一般將組織中的主管分為初階、中階或高階主管。組織中有各式各樣的主管，這應是與組織管理有直接的關係。**初階主管**是最基層的主管，通常是領班或小組長。在工廠裡，第一線（或初階）主管通常被稱為領班或工頭。在大學中，初階主管是系主任。**中階主管 (middle managers)** 包括組織中介於高階與低階間的主管，有部門主管、局長、專案主任、地區經理、院長。在組織中最高階層的經理人即為**高階主管 (executives)**，其負責制訂有關全組織決策，並建立影響全組織的政策與策略。這

樣的職位有董事長、執行長、總經理、校長或執行副總。中鋼董事長便是一個高階主管,他擁有組織內最高主管的頭銜,對外代表組織,並且負責組織政策的成敗。

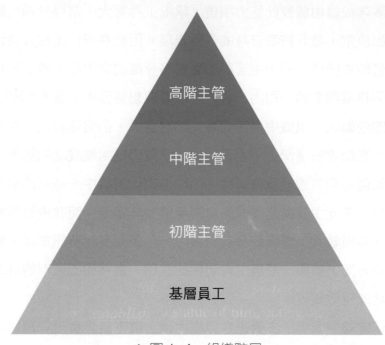

▲圖 1-4　組織階層

　　在本書中所討論的組織與主管將包含這些較傳統的金字塔組織及其主管,雖然,很多人都習慣用傳統的觀點看世界。但是筆者認為新時代的管理者應有更寬廣的視野與看法,因此即使是彈性與鬆散的結構組織中,亦有主管的角色與功能,其工作的重要性也不下於傳統的主管角色與功能,也就是管理工作必須有人去整合及協調。

　　如果你喜歡管理的工作,而在人生的發展方向選擇管理生涯,你可能將會有許多的頭銜與不同的工作職責。在你的職業生涯中,這些管理工作將帶你到一些傳統與非傳統的組織,你會發現那些都是令人興奮且富挑戰的職業。管理的工作都是在追求組織的目標,在目標達成之時它也代表個人的成就。

第四節　管理是追求效率還是效能

　　管理者經常要協調及整合不同的單位與人員，有效率且有效能地完成目標與使命。協調與整合功能也是主管與非主管工作的分野。透過管理（尤其是協調與整合），組織的工作被有效率及有效能地完成，至少這是管理所希望達到的境界。而何謂效率？何謂效能呢？兩者究竟是談同一件事，還是各有特別的意義呢？這兩者的分別值得深入思考與分析，因為它們指出了管理工作中經常應平衡思考的兩個似乎衝突的觀念。

　　效率 (efficiency) 是投入與產出的關係，是管理的重要部分。如果能從相同的投入，得到更多的產出，那麼就等於是增加作業的效率。同樣的，如果能從較少的投入，得到相同的產出，其結果仍然是增加了作業的效率。以數學公式來表示投入與產出的關係，效率等於產出除以投入。在生產管理中，這項數值又常被稱為生產力 (productivity)。效率的意義就是主管面對的是有限的資源——無論是人才、土地、廠房設備與資金，他們關切如何有效使用這些資源以達成組織更多的產出。因此管理乃是關心資源成本的極小化，或是最終產出的極大化。從此觀點，效率常被解釋成「正確地工作」(doing the thing right)，生產過程中把握各項細節，不浪費資源，不漏失任何步驟，完美完成預定產量與品質。在工廠中常以低不良率來代表，兩者的關係正好互補，也就是效率加不良率等於一。

　　至於效能 (effectiveness) 則是有關組織的目標，也就是達成組織目標的程度。一般而言，當經營成果達到組織預期的目標，我們可以說是有效能的。習慣上，在業界效能常被形容為「做正確的事」(doing the right thing)——就是那些可幫助組織完成目標的作為。因此我們可以說效率講究手段，而效能講究最終目的的達成（見圖 1–5）。

　　效率與效能是相關的。如果不計效率，一個人較容易達到效能。例如精工舍如果不計材料及人工成本的話，它可以生產出更精確與更吸引人的計時器。一些

聯邦政府機關常被批評的就是他們雖然還算會做事，但卻是非常沒有效率；也就是說，他們會做完工作，但是必須花下非常高的代價。管理因此不僅關心完成任務（效能），也關心是否更有效率。

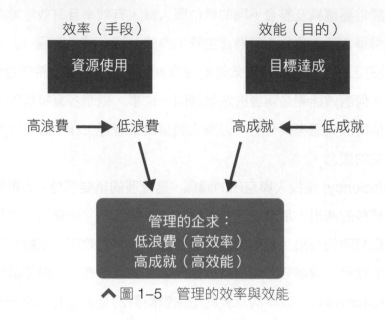

▲ 圖 1–5　管理的效率與效能

　　組織是否能有效率而無效能呢？是的，那就是做好一件錯事。現在有許多的學校變得非常有效率地製造學生。行政當局藉著使用電腦輔助學習、網際網路課程、遠距學習、大班上課以及充分使用兼任講師等作為，顯著地降低平均每位學生的教育成本。然而，卻受到學生、畢業校友以及社會上聘用機構等教育失敗的批評。當然在成功的組織中，高效率往往與高效能相結合。而差勁的管理常是既無效率且無效能，或是雖達目的（有效能）卻無效率，或是有效率卻沒達成目的（無效能）。

　　效率容易被查覺，而效能卻常難以掌握，因此常表現為組織在領導人積極要求下表現出非常有效率的樣子。但是往往發生有效率的組織卻無法達成營運目標，而被迫關門或轉手的窘境。尤其是產品在新舊時代交替時最易產生如此的狀況，諾基亞 (NOKIA) 在智慧型手機如蘋果、三星 (SAMSUNG) 與宏達電 (HTC) 手機

上市前曾是世界排名第一的手機生產商，以其機種的繁多與新穎見長，而其生產效率亦是舉世聞名。但是由於智慧型手機的商機掌握不及，在 iPhone 以全新的觸控面板與快速的上網與遊戲功能，一夕之間由雲端墜落。這就是效能與效率的差別。

第五節　管理角色

明茲伯格 (Henry Mintzberg) 研究高級主管工作角色的發現顛覆人們長久以來對主管工作的印象，例如主管是一個經常檢討的思考者，他在做決策之前會小心、仔細地檢視所有的資訊。明茲伯格卻發現主管經常面對多變、不定形式及歷時短促的活動。他們沒有時間反省沉思，因為持續被打擾。半數主管的活動在九分鐘內即可完成。明茲伯格提供一個依據主管實際表現的分類。

明茲伯格提出主管十種不同但是高度相關的**管理角色**（management roles，表 1–2），其合為三大類：人際關係、資訊傳遞，以及決策方面的角色。

▼ 表 1–2　明茲伯格的管理角色

角　色		描　述	代表活動
人際角色	代表人物	領袖；執行法律或社會性的例行任務	歡迎訪問者；簽署文件
	領導者	激勵、動員部屬；用人、訓練相關工作	演講；訪談；鼓勵員工
	聯絡人	維持自己的人際網路，以獲得協助或資訊	發布消息信函；涉外活動
資訊角色	監視者	尋求和收集各種（多即時的）消息以瞭解組織及環境；為組織內外情報的神經中樞	閱讀期刊及報告；維持個人聯絡
	散播者	轉播內外訊息（事實、意見與價值觀）	主持發表會；傳訊息
	發言人	對外發表組織計畫、行動、結果的消息	主持董事會；發布消息
決策角色	創業家	尋找機會；發動組織改革；設計專案	組織策略與革新方案
	意外處理者	當組織面臨紛亂時，負責提出矯正行動	組織危機處理
	資源分配者	組織資源分配──組織所有重要的決策	定日程；授權；執行預算
	談判者	談判中代表組織	參與工會協約的談判

一、人際角色 (interpersonal roles)

人際角色包括代表人物、領導者、與聯絡人等三種人物，他們與組織內外人

員互動以及在儀式中依需要扮演各種行為以完成任務。大學校長在畢業典禮上授予畢業證書，或是工廠領班帶領一群高中學生參觀工廠時，他們都在扮演代表人物 (figurehead) 的角色。所有的主管都要扮演領導者 (leader) 的角色，這個角色包括了聘用、訓練、激勵以及管教員工等行為。第三個人際角色是聯絡人 (liaison)，這個角色聯絡外界消息來源以交換有用資訊。這些來源是主管工作單位之外的個人或團體，他們可能處於組織之內部或外部。業務經理可以從人力資源經理處獲得資訊，如此他便擁有一個組織內聯絡人的關係。當這業務經理透過行銷協會等組織與其他組織的業務經理聯絡時，他便有對外聯絡人的關係。

二、資訊角色 (informational roles)

所有的主管多少都會接收、蒐集與分散資訊，扮演資訊的角色。通常組織外的資訊可由閱讀雜誌以及與他人交談，以瞭解大眾品味的改變及競爭者的可能計畫等。明茲伯格稱這是監視者 (monitor) 的角色。主管也具傳音筒的作用傳播資訊給組織內的成員，這就是散播者 (disseminator) 的角色。當主管對外代表組織時，他們也扮演著發言人 (spokesperson) 的角色。

三、決策角色 (decisional roles)

最後，明茲伯格指出四種有關決策的角色。做為創業家 (entrepreneur)，主管發起並察看新的方案，希望能夠改進組織的表現。做為意外處理者 (disturbance handler)，主管採取矯正行動以應付未能預見的問題。做為資源分配者 (resource allocator)，主管負責分配人力、物力、以及金錢方面的資源。最後，與其他組織周旋談判以爭取本單位的利益時，主管乃扮演談判者 (negotiator) 的角色。

第六節　管理技能

正如先前的討論，主管的工作是多變且複雜的。主管們需要某些技能以完成其職責。主管需要怎樣的技能 (management skills) 呢？凱茲 (Robert Katz) 的研究發現主管有三種不同的技能：技術能力、人群能力及概念化能力。他同時發現這

些技能在不同管理階層中相對的重要性亦不同。圖 1-6 呈現在高、中、低三個管理階層中不同管理技能的相對重要性。

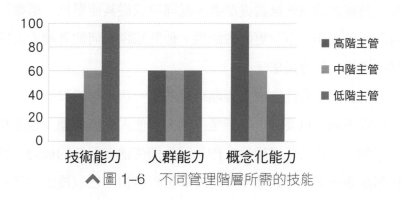

▲ 圖 1-6　不同管理階層所需的技能

一、技術能力 (technical skills)

　　一般而言，組織內初階主管以及部分中階主管都深諳組織基本運作的技術能力。所謂的技術能力包括對於某特定領域（如工程、電腦、財務或製造部門）的理論知識與實際操作時的熟悉程度。例如會計經理應該對於財務會計原則與標準表單非常精熟，不僅可以輕易看出報表所代表的意義，並可以解答高階主管與其他部門所提出相關會計與財務的問題。至於如何填寫每日分錄與過帳方法，可能由於使用的電腦系統與記帳軟體的改變而不再需要親自處理。因此凱茲認為當主管升至較高的職位時，其技術能力漸漸不再重要。

　　當然，即使身為最高主管，他們仍有基層工作的經驗，且常有更深認識問題與掌握關鍵的智慧。只是高階主管不必再具有當年的精熟程度，就如鴻海企業郭台銘董事長不必精通當年賴以起家的模板製造技術一樣。否則，花太多時間沉浸於初階技術反而有害於其培養更重要的高階技能。就好像三軍參謀總長不必精熟於單兵匍匐前進的技巧，因為，當他要使用此種技能時，該是部隊瀕臨戰敗的時候了。

二、人群能力 (human skills)

　　主管能夠與他人（或團體）協調、溝通與配合，使得構想與工作順利執行無

礙之能力就是人群能力。主管必須與人們接觸，透過他人來完成工作，因此本項能力非常重要。凱茲認為人群能力無論在高階、中階或低階管理中都是同樣重要的。有良好人群能力的主管無論從部屬、從同僚或從其他單位（組織）的人中得到合作或幫助，使工作能得到更好的結果。他們知道如何從各種人群關係中獲得更好的溝通、激勵、領導與信任。

人群能力是員工是否能夠成為管理人員的第一項重要的試驗，往往也是工程師是否能轉任管理職的重要關卡。若是一個人對他人毫無興趣，也不想多與人打交道，這表示他不適合擔任經理的工作。因為即使他有很好的構想、有很高的技術，但若是無法處理好人際關係，一切將會被打折扣。在以後的章節中，我們將再深入談到這個主題。

三、概念化能力 (conceptual skills)

主管必須有思考及概念化（抽象）事物的能力。他們必須能夠看出組織與其環境的關係，同時也必須有能力看出組織與時間的關係，即有綜觀全局的能力。為什麼呢？這些能力是有效決策的基礎，而這些關係影響組織的發展，且決定組織的成敗。所有階層的主管都需要有概念化能力，而凱茲認為概念化能力隨階層的上升而更顯重要；也就是說高階主管的價值就在其能否提供組織有用的概念化能力。概念化能力的具體表現就在能否提供組織有用的經營策略、明確可行的願景，重要事件的關鍵掌握與有效處理。這就是我們一般所謂「能否掌控局面」的說法。

在職業運動中關鍵時刻，明星球員常有驚人的掌握局面的能力，尤其是牽涉到時空的精準把握，在適當的時間、適當的位置，處理關鍵的得分或出局。這時技術能力當然重要，人群能力亦不可缺，但是概念化能力讓他能夠掌握事件發展的關鍵，而做出有效的行動，確保團隊的勝利。

對於今日的主管而言，這三項管理能力是否同樣重要呢？凱茲的研究結果仍然適用多數主管的經驗，在高、中、低階主管的三項管理能力仍有其區別。另有一些研究藉由觀察有效主管而歸納出不同於凱茲的管理能力，如圖 1-7 呈現一些

所謂新的管理能力。圖中大多數的能力似乎與凱茲的分類有出入，但是仔細分析就可以發現它們可以分別歸屬於凱茲的三大類之中，如設定目標與處理衝突屬於概念化能力，團隊合作、人際與口語屬於人際關係能力，而時間管理與解決問題則屬於技術能力。

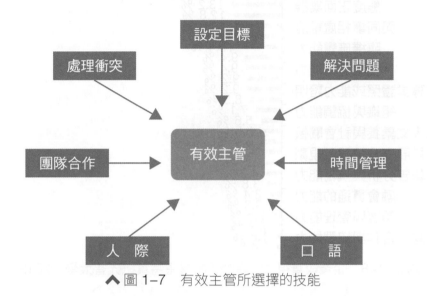

▲ 圖 1−7　有效主管所選擇的技能

　　再者，雇主聘用員工時所據以選擇的能力項目似乎更為重要。圖 1−8 顯示臺灣地區雇主對於相關的能力的評價（元智大學，2012）。在 2,457 家受訪機構回答有關聘用大專應屆畢業生時，傾向聘用哪些特質的問題。調查結果顯示企業較重視的是 「良好個人工作態度」，比例高達 73.3%；其次為「工作穩定度與配合度好」(48.5%)、「學習意願與可塑性高」(45.3%)，比例也分別占四成五以上。相對而言，領導與協調能力、組織能力與專業證照等並不重要。可以顯示一般公司並不是選擇主管人員而是基層員工，對公司而言，專業技術都不重要，重要的是工作態度。因為公司的專門技術不是學校中就可以學到的，多數仍要重新學習。所以學習與工作態度才是最重要。團隊合作能力也很重要，在公司中不是靠單打獨鬥，團隊合作才是王道。在公司歷練一陣子就有機會發展其他能力，對個人而言，技術能力以外的人際關係能力與概念化能力才變得重要。

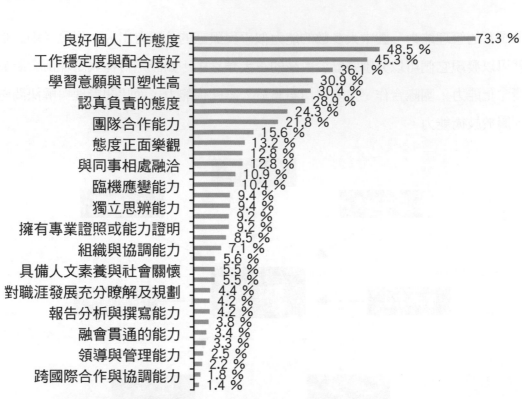

良好個人工作態度　73.3 %
工作穩定度與配合度好　48.5 %
學習意願與可塑性高　45.3 %
認真負責的態度　36.1 %
團隊合作能力　30.9 %
　30.4 %
態度正面樂觀　28.9 %
與同事相處融洽　24.3 %
臨機應變能力　21.8 %
獨立思辨能力　15.6 %
　13.2 %
擁有專業證照或能力證明　12.8 %
組織與協調能力　12.8 %
具備人文素養與社會關懷　10.9 %
對職涯發展充分瞭解及規劃　10.4 %
報告分析與撰寫能力　9.4 %
　9.4 %
融會貫通的能力　9.2 %
領導與管理能力　9.2 %
跨國際合作與協調能力　8.5 %
　7.1 %
　5.6 %
　5.5 %
　5.5 %
　4.4 %
　4.2 %
　4.2 %
　3.8 %
　3.4 %
　3.3 %
　2.5 %
　2.2 %
　1.8 %
　1.4 %

▲ 圖 1–8　企業較重視之大專應屆畢業生特質（元智大學，2012）

　　在全球化、要求高且變化多的職場中，組織中具有價值的員工乃是那些不斷增進技能、發展跨越自身專長領域、願意接受挑戰與創新的員工。隨著員工在組織內發展，員工就會發現技術性的能力不再是升遷的主要考量，而是人際關係能力與概念化思考的能力更加重要。表 1–3 呈現出一些常被提及的管理技能，你能否指出它們與管理功能之間的關係？請注意，許多技能與不止一項的管理功能有關。當你在管理的領域中沉浸更久後，會有機會操練這些有效主管的技能。這些發展單元能夠提供你在邁向有效主管過程中值得介紹與欣賞的技能（見圖 1–9）。

▼ 表 1-3 管理技能與管理功能矩陣

技　能	功　能			
	審　視	規　劃	分　工	布　局
獲得權力			V	V
主動傾聽				V
評估跨文化差異	V	V		
預　算	V	V	V	V
選擇有效的領導風格			V	V
教　練				V
建立有效團隊			V	V
授權（賦能）		V	V	
設計激勵的工作			V	V
發展信任				V
紀　律			V	V
面　談				V
時間管理	V			V
協　商	V			V
運用組織文化	V	V	V	V
減低緊張			V	V
偵測環境	V	V		
設定目標	V	V		
創意解決問題	V	V	V	V

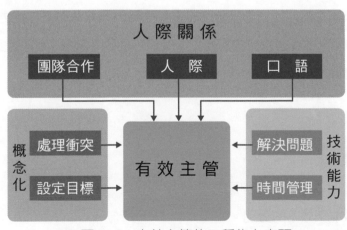

▲ 圖 1-9　有效主管的三種能力表現

·摘　要·

1.介紹管理是什麼？讓讀者瞭解管理的定義與沿革，以及管理的模式，進一步瞭解管理的架構與理論基礎，有利於讀者能建構管理的概念。

2.探討與闡述中國式管理以「安人」為最終目的，現代管理應將中國與西方的管理哲學及科學結合並獲得發揚。

3.探討管理者的定義與能力，其中區分不同階層管理者，不同能力的比重，所以認清自己的角色，方能適時強化當下工作所需的能力，以提升職場競爭力與工作效率。

4.釐清管理是追求效率還是效能，文中談到效率 (efficiency) 是投入與產出的關係，效能 (effectiveness) 則是有關組織的目標。效能常被形容為 "doing the right thing" 就是那些可幫助組織完成目標的作為。因此，我們可以說效率講究手段，而效能講究最終目的。

5.管理角色可分為三大類，人際關係、資訊傳遞以及決策方面的角色。人際關係角色包括代表人物、領導者與聯絡人等三種角色。資訊傳遞角色包括監視者角色、散播者角色及發言人角色。決策角色包括創業家、意外處理者、資源分配者與談判者角色。

6.談在全球化、要求高、變化多的職場中，具有價值的員工乃是那些不斷增進技能、發展跨越自身專長領域、願意接受挑戰與創新的員工。隨著員工在組織內發展，員工就會發現技術性的能力不再是升遷的主要考量，而是人際關係能力與概念化思考的能力更加重要。故管理技能的重要性順序不只是專業能力，而是更多的人際關係、工作態度與團隊合作等能力。

複習問題

1.請說明管理模型的演進。

2.何為中國式管理？有美式管理嗎？

3.試舉例說明效能與效率的分別。

4.管理者所需具備的三種能力為何？

討論問題

1. 從管理角色中再檢討管理功能，你能將這十個角色分類成四種管理功能嗎？還是同一角色會有多種功能？而有些角色無法歸類其功能呢？

2. 郭台銘是成功的企業家，他的管理能代表臺灣式管理嗎？

3. 審豫能分離嗎？即控制與規劃能分離嗎？

▎第二章▎

組織論

本章係以 5 節予以陳述學習的內容：

1. 組織是何物
2. 政治組織初探
3. 經濟（營利）組織介紹
4. 非營利組織展示
5. 社會企業出場

　　臺灣的財團法人董氏基金會於 1984 年 5 月 19 日成立，以「促進國民身心健康、預防保健重於治療」為宗旨，致力於菸害防制、食品營養、心理衛生等工作，其中以菸害防制的工作最具體且著稱。董氏基金會為國內最早推動菸害防制宣導的非營利組織，致力於國內菸害防制工作規劃、教育宣導，並促成相關政策法案制訂及監督執法。1997 年完成《菸害防制法》立法（歷經六年）；2000 年成功推動菸品開徵「健康福利捐」，讓政府有專款專用於菸害防制。近年來董氏基金會的重點工作轉為食品營養、心理衛生與器官捐贈等項目，相對而言，這些工作的知名度與社會影響力就不及菸害防制工作。對董氏基金會而言，若是以菸害防制的目標的話，它的目標可謂已經達成。但是目前基金會又增加幾項目標與工作，因此基金會又找到繼續營運的目標。可是難道非營利組織如一般公司行號一樣，一定要永續嗎？這是一個值得深入思考的問題，將在本章中討論。

　　本章將討論社會上的組織，也就是管理所應用的地方。通常我們談到管理時總想它有幾種功能？它的目的是什麼？它如何被執行？它的執行效果如何？然而，我們卻

常忽略管理被執行的地方，或是管理發揮的場域。既然管理是有關處理眾人之事，是透過其他人完成工作，是一群人的群策群力、彼此合作以實現某種特定的目標的工作。因此，管理與人的組合與分工合作有密切關係，而具體實現人群組合與分工的機制與場域，就是我們常說的各式各樣的組織。

嚴格說來，通常我們所謂的組織均屬於正式組織，它們有專屬的組織規範、宗旨與目的及工作方法，成員經過特定程序進入組織內工作，並領取報酬。多數正式的組織必須向主管單位登記且認可，方能成立，具有與自然人相當的權利義務，在社會中與法律前具有法人的資格及權利義務。然而，在正式組織之外，尚有其他的人群組合，也符合組織的基本要求。如一般社會原生及其衍生的組織，如家庭、族群、鄰里、宗族與派系等，雖仍屬於組織的範疇，由於其運作的原則大異於前述正式組織，而不列於本書討論範圍，對這些非正式組織而言，管理的形式與方法各有不同。

第一節 組織是什麼

組織是一群人有意的結合，運用所獲得的各種資源以實現共同的目標。例如我們唸書的學校就是一個組織，另外，政府、教會、私人企業（公司）、聯合勸募基金會、兄弟棒球隊，以及慈濟功德會、學生社團等也都是組織。他們都共有三個特徵（見圖 2-1）。

▲ 圖 2-1 組織特徵

首先，第一個特徵為組織是由兩個以上的人所組成，在此範圍內組織可能是

規模大至數十萬公務員所組成的美國聯邦政府，或小至由兩個人所合資且共同經營的小雜貨店。因此一個獨立工作的個人不是組織，不適用組織的理論與分析。但是法律是允許一個人成立一公司的，因此一人公司不是組織，但是可以成為一家公司。其次，第二個特徵，每一個組織都有共同的目的，這目的可以一個、一套或許多個目標來表示，例如在臺北市士林夜市的攤位上經營一個有特殊香料調理的炸雞排小吃。因此需要有幾個人先有共同創業的目標，一起分工（採買、製作、推銷與銷售等）來實現經營小吃攤的想法。第三，所有的組織均發展出一套審慎、關係密切，且可據以完成行動的結構 (deliberate structure)，它是一種關係、一種體制、一種權利義務相對規範的組合。結構可能具開放與彈性，無清楚或準確的工作職責，甚至嚴格的工作規範。如此，它可能是為一個鬆散的工作關係所形成的簡單連繫，如年輕人常組成的熱門樂團。另外，結構亦可以比較制式與保守，有清楚且謹慎的工作規範與法令，有層層的「長官—部屬」的關係以規範整體的表現，如保衛國家的軍事單位。然而，不管組織使用何種組織結構，它都需要精緻的結構以定義員工的工作關係。總之，組織乃是一個由多人所組成、具有特定目的，並具有一定結構的實體。

雖然這三個特徵對組織的定義非常重要，但是組織的觀念不斷地在改變。吾人不應再假設所有的組織都有結構如台塑、中油或福特汽車，具有清楚的事業體、部門與工作單位的界限。事實上，台塑集團中的一個子公司——南亞科技公司，便具有現代組織的樣貌——有固定的工作設計與安排、員工工作團隊、開放的溝通系統，以及供應商聯盟等結構內容。組織的觀念如何改變呢？表 2–1 列出傳統與現代對組織觀點的一些差異。今日的組織變得更加開放、具彈性，並因應改變。

為何組織要改變？因為其周圍的環境會改變。由於社會、經濟、全球以及科技方面的改變，已經造就出成功組織新的工作方式。「資訊爆炸」、增加國際化程度以及改變員工的工作期待等，都是很好的例子。雖然組織的觀念可能有所改變，主管與管理工作仍對組織非常重要。

傳統的組織 (traditional ones)	現代的組織 (modern ones)
功能性的 (functional)	目的性的 (purposeful)
穩定的 (stable)	動態的 (dynamic)
僵化的 (fixed)	有彈性的 (flexible)
著重工作 (job-focused)	強調智能 (intelligence-focused)
位置定義 (position defined)	任務定義 (task defined)
個人基礎 (personal based)	團隊基礎 (team based)
永久性的工作 (permanent jobs)	暫時性的工作 (temporary jobs)
命令基礎 (order based)	參與基礎 (participation based)
生產導向 (production oriented)	顧客導向 (customers oriented)
同質的勞動力 (homogeneous labor)	多樣性的勞動力 (diversified labor)
朝九晚五工作時程 (9-5 schedule)	彈性工作時程 (flexible schedule)
階層關係 (hierarchical relationship)	平行及網絡的關係 (network relationship)

組織本身依其功能可以分為政治組織、經濟組織（所謂的營利組織）、非營利組織以及最近新出現的組織——社會經濟型組織（所謂的社會企業）。各類組織依其目的與功能各有其特色與不相同的屬性，但是這些都具有組織的基本特性，也就是本節中所描述的內容。至於各類組織的分別與特色，則將在以後的各節中詳細說明。

第二節　政治組織

政治組織是正式組織最早出現的形式，其有別於家族組織的原生性，亦有別於宗教組織的天啟性，它是影響各式各樣正式組織的原型組織。許多新思維、新哲學與新價值觀（主義），都是最先在政治組織中發生，再漸漸傳播到其他組織中。隨人類文明幾千年的演變，政治組織扮演了非常重要的角色。從最原始的家父式的族群統治團體，經游牧式統治組織、軍事組織、封建君王組織、城邦國家、民族國家、大一統帝國，慢慢演進到現代民主國家的各種組織。政治組織的基本

目的就是做權力與有價資源的分配。有關政治組織的運作與發展應屬政治學的範疇，但有關政治組織內的管理，則仍可在本書中的各章節內容一探究竟。

一般而言，政治組織首先包括國家組織，這是在國家的層面上講的政治組織，國家組織包括代議組織、行政組織、司法組織三大部分。其次是政黨組織，它是代表選民來選擇議員和行政官員，同時也為議員和行政官員尋求選民支持的專業性組織。再來是利益團體 (interest groups)，它們是由具有特定利益、試圖影響政府決策、維護自己利益的群眾或組織所組成的團體。在我國，利益團體主要來自同一階層或者同一職業領域的成員所結成的集團，如全國總工會、婦女聯合會、文化藝術聯合會、全國工商聯合會等。然而，管理的作用並不限於組織型式均可適用，只是各型組織的目的、價值觀、成員、運作與習慣不同。以管理的兩大功能而言，審豫與執行在各組織都是能否有效運作的重點。

從現代多元化的民主國家中可以發現各式各樣的政治組織，其反映出在幾千年人類文明中所演化出的各種政治組織。例如美國這以總統為權力核心的總統制國家。總統指揮的聯邦行政組織包括國務（外交）、財政、國防、司法、內政、農業、商業、勞工、衛生福利、住宅都發、運輸、能源、教育、退伍軍人、國土安全等 15 部。尚有 21 個直接向總統負責且獨立行使職權的機關，如美國國家環境保護局 (EPA)、 美國聯邦儲備理事會 (Fed Board)、 美國國家航空暨太空總署 (NASA)、 國家科學基金 (NSF)、 社會保障總署 (SSA)、 證券交易監管委員會 (SEC) 等。這些機構代表美國聯邦政府的使命與工作，其複雜與精細分工的現象也讓我們知道組織演化的結果。

組織的規模與複雜度在政府中發展到極致，目前世上最久與最大的組織應屬政治組織。前段所談的僅是美國的行政部門，若再看其聯邦立法部門。在國會山莊的參議院與眾議院就代表美國聯邦立法機構。美國有 100 位參議員，435 位眾議員。參議員從 50 州中各選 2 位，而眾議員則依各州人口決定，原則每位議員代表人數不可超過 3 萬人。國會運作的方式與行政部門大不同，以合議的方式追求最大多數的共識。尤其立法的精神在於以制訂法律做為國民共同遵守的規矩，如

此可以有公平且符合正義的制度與法律可以依循。由於強調國會的多元代表性，國會中以合議制度方式進行，現代民主精神也在國會中得到實現。

　　美國司法制度中，最為重要、有趣，可能也是最令人困惑的特點要屬雙軌制的法院系統，也就是政府各層級（州與國家）擁有各自的法院系統。有些法律問題完全在州法院解決，有些則在聯邦法庭解決，還有一些問題受到雙邊法庭的注意，有時因此而造成摩擦。最高法院擁有初審與上訴兩種管轄權。初審管轄權的意思是最高法院有初次審理案件權力，即某些案件可以直接向最高法院提出；上訴管轄權則表示其有權複審原由下級法院裁定的案件。

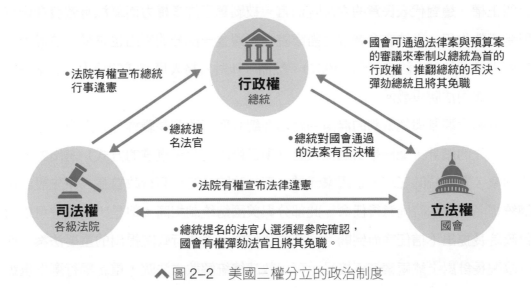

　　▲ 圖 2-2　美國二權分立的政治制度

　　最高法院主要的功能是上訴法院，因為該院絕大部分的時間都用來複審下級法院的判決。它是全國最高上訴法院，擁有解釋《憲法》、立法組織的法案以及條約的最終權力，除非《憲法》修正案或國會變更最高法院的判決。

　　孫文先生所設計的政治制度參考許多西方國家與中國古老時代的經驗，形成特殊的五權《憲法》制度。它在美國的行政、立法、司法三權之外，再分立考試與監察兩個權出來。在制訂《憲法》的過程中，制憲會議各方代表又將西方的總統制與內閣制兩大制度的特色再加入，使得這部《憲法》制度在推行上無法避免

許多的問題（呂炳寬等，2007）。考試權的獨立造成行政機關人事功能被分離出去，使得人事聘用、升遷、考核與退休撫卹等問題，都必須要由考試院來處理。但是考試院與行政機構長期分離隔閡也無法有效處理相關的問題。2017～2018年有關公務人員退休年金制度的改革，就因為涉及行政與考試兩院的權限，以致問題處理起來格外費周章。

另外，監察院的職權與立法院與司法院之間也有重疊。監察院將西方國會所擁有的審計權與調查權拿走，使得立法院僅有立法功能而無法完整發揮真正的審計功能。對於失職公務員與官員監察院又擁有彈劾權與糾舉權，而對公務機關則有糾正權。這對代表民意的立法院而言，被剝奪了許多權力而無法有效發揮監督與制衡的作用。大法官會議曾將監察院視為國會一部分的原因也是從上述權力的功能來解釋的（大法官解釋，1957）。然而，針對公務人員懲戒的權力，監察院的功能又與司法院重疊。

有關內閣制與總統制的混淆問題出在總統與行政院長職權分野之上。依《憲法》原先的設計，總統是由國民大會（現已修改為全民直選的方式）選出對外代表國家，對內統帥三軍，是國家元首。而行政院長乃最高行政首長，原先設計由總統提名經立法院同意後任命，此部分與美國總統制相同。但是，立法院可以對行政院長提出不信任案而倒閣。同時立法院亦可否決行政院提出的重要法案，而行政院長針對上述兩案若不接受，可以敦請總統解散立法院，重新舉行選舉重組國會。以上兩種情況則與內閣制國家政治體系運作情況相符。這樣總統與內閣制兼具的雙首長政治體制與法國的中央體制相似。

第三節　經濟（營利）組織

根據我國《公司法》第一章總則第一條有關公司定義：「本法所稱公司，謂以營利為目的，依照本法組織、登記、成立之社團法人。」第二條公司分為四種：無限公司、有限公司、兩合公司（指擁有無限與有限責任的股東至少各一人所共

同組成的公司）與股份有限公司。

　　一般公司可分為中小企業或大型企業。在臺灣中小企業是指在經營規模上較小的企業，僱用人數（約 200 人以下）與營業額（約 8 千萬元）皆不大。此類企業通常由個人或少數人提供資金組成，多由業主直接管理，較少受外界干涉，甚至可以僅有夫妻兩人打理。一般而言，創業者多半從中小企業著手開始建立其事業。臺灣著名的鴻海精密科技集團就是從早期父母親的積蓄為創業基金，一路上在資訊電子產業中逐步掌握關鍵技術能力，成為舉世聞名的自創具備機光電垂直整合、一次購足整體解決方案優勢的 3C 代工服務。

　　臺灣另一家有名的企業台灣塑膠公司創立於 1954 年，1957 年日產 4 噸 PVC 粉，是當時世界規模最小的 PVC 工廠。由於產量少成本偏高，臺灣又缺乏下游加工廠商，致使產品嚴重滯銷。為了突破困境，公司決定增加產量（至 40 噸）以降低單位成本，並籌設加工廠以消化 PVC 粉。1958 年成立南亞公司生產 PVC 管、膠皮、膠布等二次加工產品，後成立新東公司生產皮包、皮箱、鞋類、窗簾、雨衣、吹氣玩具等三次加工產品。如此解開 PVC 粉滯銷的困境，經由擴充（及結束）新東廠並鼓勵員工創業，不但締造獨特的三次加工體系，更促成石化工業蓬勃發展。1965 年設立台化公司利用伐木的枝材及小徑木生產嫘縈棉、紗、布及成衣以跨入紡織業。南亞公司於 1968 年設廠生產聚酯棉，台塑同年設廠生產亞克力棉，台化 1974 年設廠生產耐隆纖維及布，進而設立大規模染整廠。

　　台塑企業為紓解石化基本原料短缺之困境，多次向政府提出興建輕油裂解廠的計畫，直到 1986 年才終於獲得核准，籌建臺灣的第六座輕油裂解廠，即「六輕計畫」。1992 年成立台塑石化公司，負責興建煉油廠、輕油裂解廠、汽電共生廠等業務，各廠均已完工生產。台塑企業經多年發展，擁有台塑、南亞、台化、台塑石化等百餘家關係企業，分別在臺灣、美國、中國、越南、菲律賓及印尼設有工廠。此外並擁有完備的教育和醫療非營利機構，是臺灣最大的民營企業（台塑關係企業，2013）。

　　同樣的，另一個臺灣知名的企業王品餐飲股份有限公司（Wowprime，2021，

簡稱王品集團)，1993 年成立台塑牛排餐飲系統第一個分店。從標準的中小企業，做到 2020 年資本額 7 億 6 千萬元，員工 7,974 千人，擁有 20 個品牌經營集團企業，旗下公司如：王品牛排、西堤牛排、陶板屋——和風創作料理、原燒——優質原味燒肉、聚——北海道昆布鍋、藝奇——新日本料理、夏慕尼——新香榭鐵板燒、品田牧場——日式豬排、石二鍋——石頭鍋與涮涮鍋、舒果——新米蘭蔬食、曼咖啡等。在新興的服務產業中建立了鮮明的風格與營運模式。

依據中華民國經濟部發布之《中小企業認定標準》，係指依法辦理公司登記或商業登記，並合於下列標準之認定：

(1)製造業、營造業、礦業及土石採取業實收資本額在新臺幣 8 千萬元以下者。

(2)除前款規定外之其他行業前一年營業額在新臺幣 1 億元以下者。

另就經常僱用員工數為中小企業認定標準，則不受前項規定之限制：

(1)製造業、營造業、礦業及土石採取業經常僱用員工數未滿 200 人者。

(2)除前款規定外之其他行業經常僱用員工數未滿 100 人者。

中小企業的型式在臺灣營利組織中乃占大多數，2018 年臺灣全部企業家數有 1,501,642 家。其中中小企業有 1,466,209 家，占全部企業家數的 97.64%，較 2017 年增加 28,593 家；大企業家數有 35,433 家，占 2.36%，家數增加 1,616 家（經濟部，2019）。

依據美國人口普查局 (US Census Bureau) 2017 年普查資料，美國中小企業家數約 5,976,761 家，占全國所有企業家數 5,996,900 家之 99.66%；全國所有企業僱用員工數約 128,591,812 人，中小企業僱用員工數約為 60,556,081 人，約占總僱用人數的 47.09%。另外，美國 2014 年中小企業總產值為 5.9 兆美元，約占全體 44%。由此可見中小型企業對於整體經濟的貢獻。

第四節　非營利組織

非營利組織 (non-profit organization) 一詞最早源自《美國國內稅法》(*Internal*

Revenue Code, IRC)，依據第 501 條第 c 項第 3 款的規定符合免稅條件的慈善組織（包括教育、宗教、科學、文藝等），必須致力於公共利益，而非增加私人之利益，方可享有免稅待遇。依此規定外界便以「非營利組織」稱之 (Hodgkinson & Lyman, 1989)。學術界則源於管理大師杜拉克 (Peter Drucker) 首先使用非營利組織一詞取代傳統的慈善組織稱呼。杜拉克 (1990) 將非營利組織界定為「*以服務公共利益（非以營利或成員謀利）為目的，具法人資格，依政府法律規範運作，並有自我管理能力之正式民間組織*」。

在臺灣司徒達賢 (1999) 最早提出有關非營利組織管理的分析模型 CORPS，他將非營利組織的運作拆解成五個部分，分別是服務對象 (Clients)、營運作業 (Operations)、資源 (Resources)、參與人員 (Participants) 以及服務內容 (Services)。司徒老師利用這個模型展示如何將一個非營利組織有系統的分析，建立其基本目標與願景，設計營運作業，籌募資源，召集志工與專業人員，做到滿足服務對象的目的。其後，官有垣 (2000) 提出非營利組織乃是以公共利益為目的，具有民間私人性質，且獨立運作的正式組織結構；其享有稅法的優惠，依政府法律規範，運用大眾捐款、自我所得，以及政府相關部門的補助款，以遞送組織的服務。最後，江明修、鄭勝分 (2003) 認為非營利組織乃具有公共服務的使命，並積極促進社會福祉；具有法人地位之不營利或慈善的非政府組織；具「不分配盈餘限制」原則；享有免稅優待及其捐助者享有減稅優惠的組織。其排除互益性組織（如同學會、同鄉會）、政府出資或政府關係密切之財團法人、營利分配盈餘者、非正式合法組織。其中互益性組織不如稱其為聯誼性組織更適當，以免如合作社、社區發展協會都被排除在外了。

臺灣地區隨著政治民主化與快速的經濟發展，各類型的基金會數量急遽成長，無論是宗教性的社團、文教、慈善、學術研究，以及財政經濟與政治民意等基金會皆紛紛成立（官有垣，2000）。日前由內政部公布我國全國性人民團體數之統計資料顯示，以社會團體來說，從 1992 年共有 15,362 個社會團體，至 2015 年有 45,284 個，二十年來共增加了近 3 萬個社會團體（海棠基金會，2021）。

一、非營利組織特質

非營利組織以公共服務為宗旨，所以公共性 (publicness) 可說是非營利組織的重要特徵，有別於政府組織與企業組織，可以提供社會不同的服務項目。顧忠華 (2000) 認為非營利組織兼具公與私的雙重性格，在公共服務方面可彌補政府的部分功能，而在私領域方面堅守公共使命的達成，表現出不受政治或市場支配的自主性。美國學者伍夫 (T. Wolf, 1990) 從經營層面探討認為有以下條件：

(1)具備公共服務的使命。

(2)經政府立案正式合法的組織，接受相關法令規章的管轄。

(3)是一個非營利或慈善的法人組織。

(4)其經營結構必須排除私人利益。

(5)經營得享有免除政府賦稅的優待。

(6)享有法律上的特別地位，捐助者或贊助者的捐款得列入免（減）稅範圍。

沙雷蒙 (Lester Salaman, 1992) 歸納非營利組織有以下六項特色：

1.正式的 (formal)

必須有某種制度化的運作過程、有定期的會議、規劃運作過程和某些程度的組織呈現，同時也要得到政府制訂的法律之合法承認。有法人團體的資格，才能為團體的託付訂定契約和保管財物。

2.民間的 (private)

它必須與政府組織有所區隔，獨立於政府之外，不屬於政府，不受其管轄，也不由政府官員充任的董事會所管理。但這不意味非營利組織不能接受政府明顯的支持，或是政府官員不能成為董事，最主要的關鍵在於非營利組織必須是民間組織。

3.利益不分配 (non profit-distributing)

非營利組織不是專為本身組織產生利潤，它可以在特定時間中產生利潤，但是要使用在機構的基本任務上，而不以獲取利益為優先，這不同於其他商業組織。

4. 自主治理 (self-governed)

非營利組織自行管理本身業務的活動，它有內部的治理程序，不受外在團體的控制。

5. 志願的 (voluntary)

非營利組織的有些事務是由志工來處理，董事在某種程度上亦可視為志工，因此非營利組織在某種意義上具有志願性。但是，組織內仍可聘僱正式員工，他們則應享有聘僱條件的保障。

6. 公共利益 (public benefit)

非營利組織為公共目的服務，並以服務公眾為職志。

二、非營利組織分類

非營利組織間的異質性相當大，一般國內外學者對於非營利組織的分類可依其「事業目的」、「業務性質」、「服務對象」、「資金來源」、「控制型態」等基礎加以分類，以下整理國內外學者分類方式：

韓斯曼 (H. Hansmann, 1980) 依照收入來源與控制型態做分類（見表 2–2）：

▼ 表 2–2　韓斯曼四種非營利組織類型

財務來源 ＼ 組織控制方式	互助型——會員控制	企業型——董事控制
捐助型	聯合捐募協會 服務性社團	民間博物館 公益基金會
收費／商業型	聯誼社 會員俱樂部	社區醫院 安養院

1. 依收入來源分類

(1)捐助型：組織財源主要來自認同其組織目標之贊助者的贈與或捐助。

(2)商業型：此類組織生存、運作所需的財源來自提供服務或勞務的收入，實屬收費性質。

2.依控制型態分類

(1)互助型——會員控制：此類組織之贊助人有權利選舉該組織董事會，也因此組織的成員控制組織的決策權。

(2)基金型——董事控制：組織主要由董事會控制監督，其組織運作權則免受其贊助者之正式監督控制，多數經常是由原始基金會所招募的董事會所監控。

O'Neill and Young (1988) 依「事業目的」將非營利組織分成三類：

1.服務型組織 (service organization)

產生健康醫療、社會服務、教育、研究及展覽會等；如爭取並提供身心障礙弱勢團體福利的伊甸基金會、喜憨兒社會福利基金會等。

2.倡導型組織 (advocacy organization)

此類型組織的資金融通並不需要政府補助或是企業捐贈，其存在是為了促進一些社會的目標；如消費者文教基金會、董氏基金會等。

3.共同利益組織 (mutual benefit organization)

包括專業暨貿易協會、工會等，此組織的目的是要促進其成員經濟上的利益，或其他相關的利益；如全國工業總會、工商協進會、全國產業總工會、中華電信工會等。

另外，由約翰霍普金斯大學提出的「非營利組織國際分類」(The International Classification of Nonprofit Organization, ICNPO) 以「經濟活動」做為分類標準，將非營利組織歸類為十二種類型（Salamon & Anheier, 1997；丘昌泰，2000）：

(1)文化娛樂：文化藝術、休閒娛樂、服務俱樂部等。

(2)教育研究：中小學、高中以上、教育研究等。

(3)健康：醫院復健、醫療機構、心理健康諮詢、健康服務等。

(4)社會服務：社會服務、緊急救護、收入支持與維持等。

(5)環境：環境、動物、與生態保護等。

(6)發展與住宅：經濟社會與社區發展、住宅、就業訓練等。

⑺法律宣導與政治：公民與宣傳組織、法律服務、政治組織等。

⑻慈善中介與自願性服務：募款服務、支援服務組織等。

⑼國際活動：國際救難組織、人權組織、發展協助組織等。

⑽宗教：如天主教、基督教、猶太教等。

⑾商業與專業協會：如商業協會、勞工聯盟、專業組織等。

⑿其他。

以上列舉國內外專家學者依據不同的觀點對非營利組織進行分類，分類的主要目的在於能掌握不同類型的非營利組織的特性，進而瞭解不同的非營利組織的運作方式。事實上，非營利組織的種類與數量繁多複雜，目前尚無統一的分類，且非營利組織實務運作越來越多元多樣，跨類型的組織難以適用於單一面向的分類。

三、非營利組織角色與功能

依據克拉馬 (R. M. Kramer, 1987) 的理論分析，大多數非營利組織的特質、目標和實際功效，可歸納出四種功能（馮燕，2000）：

1.開拓與創新

因應社會大眾需求，發展新興的議題與對策，並規劃執行實際行動，以實現理想並達成使命。

2.改革與倡導

參與社會各層面從中洞察社會脈動，運用服務經驗展開塑造輿論和遊說政治團體，具體促成公眾態度的改變，引發政策法規的制訂與修正。

3.價值維護

透過實際運作激勵民眾對社會事務的關懷及參與，有助於維護民主社會理念、提升正面價值觀、開發社會大眾智識與啟發正確的思想層面。

4.服務提供

當政府或其他部門礙於資源限制，無法提供所有人民福利時，多樣化的非營利組織或能彌補最需要的差距。

蕭新煌 (2000) 將民間組織的社會角色分為積極的和消極的角色，前者如提

醒、諮詢、監督角色，後者如制衡、挑戰、和批判角色。更加以將非營利組織的
社會角色分為三類：

    (1)目的角色：濟世功業、公眾教育、服務提供、開拓與創新、改革與倡導、
                 價值維護、整合與激勵。

    (2)手段角色：積極手段、消極角色、服務提供。

    (3)功能角色：帶動社會變遷、擴大社會參與、供給服務。

四、非營利組織的使命與存續

    使命是創造組織效能的基礎，它提供所有組織參與者——創建者、領導者、
員工及顧客——對於目標與目的一個清楚的瞭解。一般而言，（營利的）企業組織
以機會和顧客為導向，在市場裡尋求生意，為顧客提供產品和服務，為創建者及
投資人創造謀取利益的機會。由於基本、持續且不可或缺性，使命成為企業組織
必備的元素，它同時具有團結共識和指導方向的作用 (Dees, Emerson, and
Economy, 2004)。

    對於非營利組織的使命，杜拉克 (1990) 認為非營利組織的管理主要是靠「使
命」，使命是非營利組織最重要的構成，是組織何以成立存在的基本理由，得以確
立組織的社會角色和定位；是組織行動力基礎，成員得以據為思想與行為的方向
指引；是一套組織的價值系統，得以促進集體的合作意識和協調。具體言之，使
命是組織所欲達成的最後結果，是非營利組織最主要的構成要素。

    布林克霍夫 (Peter C. Brinckerhoff, 2001) 認為非營利組織有三個重要原則。首
先，非營利組織乃是植基於使命 (mission-based) 之企業，而非僅限於慈善事業。
可以說，相較於營利部門追逐利潤，非營利組織則追求使命的達成。其次，非營
利組織不一定會獲得捐贈、捐助或贈與，而必須強化本身生存之能力。第三，「非
營利」(nonprofits) 並不代表「不求利潤」(not-for-profits)，雖然許多「非營利」不
關心也不追求利潤，但是並不表示他們拒絕利潤。兩者間之差異在於營利是否是
營運的重心。

    建構「以使命為基礎的管理」(mission-based management) 是非營利組織成功

運作的重要關鍵，由此可知，使命乃是評鑑非營利組織存在正當性之指標，故非營利組織應建構在使命導向之下。以下從組織特性與管理者的特質等兩個角度，分析非營利組織使命的重要內涵。布林克霍夫 (2001) 認為，成功的「以使命為基礎」之非營利組織具備以下九項特性：

(1)可實現之使命 (a viable mission)。

(2)像企業的董事會 (a businesslike board of directors)。

(3)有能力且受良好教育的員工 (a strong, well-educated staff)。

(4)消息靈通且具技術智能 (wired and technological intelligence)。

(5)社會企業家 (social entrepreneurs)。

(6)對行銷的偏好 (a bias for marketing)。

(7)具財務實力 (financially empowered)。

(8)組織願景 (a vision for where they are going)。

(9)一套嚴格的控管制度 (a tight set of controls)。

五、非營利組織使命的演變與消失

非營利組織重要的基礎就是使命，使命是組織理想的具體實現方法，因此組織必須遵守使命。非營利組織需要一個可以激勵內外、合理化運作、獲得群眾支持、隨時掌握環境變化以及能滿足各種需求的使命。若喪失使命，非營利組織營運的重點將不存在 (Brinckerhoff, 2000)。

非營利組織的使命是該組織對實現社會理想的公開承諾，每一項使命宣言，都必須反映機會、能力和投入感三項要素，好的使命必須富於行動潛力，集中在組織真正努力要做而且實際可行的事情上面。換言之，使命應力求可實現、有激勵性以及與眾不同，避免陳義太高而不能成為事實 (Kotler and Andreasen, 2008)。

非營利組織應透過正式的過程以設定要完成的使命，清楚地表明使命內容，讓組織各個成員充分知道和接納。組織主管和專業人員利用這使命陳述 (mission statements) 做基點，訂定具體的目標（梁偉康，1990）。一般而言，具體目標可以明確地反映組織的使命，因此組織必須將使命轉換成可達成和可測量的目標。如

此組織成員才能確實明瞭所欲達成的任務,並且願意盡全力努力完成,同時,這些目標亦將做為組織內資源分配和方案評估的根據。組織使命的建立可以問題解決 (problem-solving) 為導向,從解決問題的思考出發有助於集中精神並落實努力方向。否則若使命理想的熱情超過解決現實問題的能力,輕者將使命變成為一個空洞的口號,無法發揮實踐功能,而流於形式主義;重者威脅到組織存在的理由,破壞組織的凝聚力量,和承受社會巨大的期望壓力,使組織面臨瓦解的命運 (孫本初,1994)。

陸宛蘋 (1997) 發現臺灣非營利組織的使命複雜且多樣,有為實現個人理念與理想 (如環境永續與生態保護);有因重大社會事件 (如保護消費者權益) 所激發;有改善社會弱勢生存問題 (如消除雛妓現象);也有以個人切身經驗 (如戒菸、愛滋病防治、身心障礙等) 而形成的。一般而言,組織對於服務對象的需求或希望改善問題的界定上,多以本身的假設與經驗來分辨,或等需求者上門再分析界定。這在非營利組織成立之初期較無問題。但隨組織成立時間增長與外在環境改變而有假設錯誤、感覺不真實的情況產生,其使命失去了真正意義與功能。

傳統上臺灣非營利組織常刻意避免企業的用語而不使用「使命」這兩個字,反以「宗旨」代之。隨管理概念與企業成立基金會的普遍,現在非營利組織中亦有使用使命、宗旨、目標、任務的現象。使命陳述往往因不受重視而呈現概括性、廣泛性與抽象性的陳述,而令大眾甚或員工都不易瞭解。因此,想要從組織使命的分類來瞭解組織的定位、使命、策略規劃與執行方式等內容並不容易。另外,許多非營利組織在經營項目與範圍仍無明確定位,無法勾勒出清楚的輪廓,尤其在辦理業務的種類上朝向多元的發展,似乎採取與營利組織同樣的永續經營的方向。這樣的態度與思維並不稀少,可謂普遍為非營利組織接受,常有非營利組織在圓滿達成使命與任務後,仍然尋找繼續運作的理由與憑據。吾人將深入探討這樣的想法是否適當。

隨著時代的發展,同性質的非營利組織越來越多,在各自爭取支持時不免造成社會資源分散,使得社會資源以「點」的方式存在。這樣情況勢必產生對資源

的競爭，甚至有些非營利組織為了組織存續，將精力花費在取得資源以維持生存，反而忽略非營利組織的核心——使命。許多的募款行為變得制式化與經常化，利用大量的業務推銷手法爭取民眾的支持。殊不知如此日積月累的作為造成反效果，不僅偏離當初成立的目的，而且流失原本的支持。

一些經營不善的非營利組織面臨外界支援越來越少，生存挑戰越來越大的困境時，開始配合外界要求（通常是政府的要求）而轉變與調整，從組織結構、成員、提供的社會服務、甚至核心方向與目標都有所改變。如此產生使命轉移或組織變革的情況。這樣雖然達到組織生存的目的，但是常偏離了組織成立的原始目標與理想，僅是維持組織名稱、結構與成員的存在，如此並不見得是理想的結果。

一般而言，企業常以營利、成長與永續經營為基本目標。許多企業的經營理念與目標都包括這幾項，彷彿這是企業不可或缺的基本特性。而《公司法》亦明確地將營利列為公司的基本性格，在嚴格的解釋下，政府官員亦強烈地捍衛這項標準。這使得近代新出現的社會企業 (social enterprises) 在登記立案時便發生主管單位認可的問題。有關社會企業的議題我們將在下一節中詳細討論。由此可見，私人企業最重要的目標是營利，若是無法營利下長期生存不僅沒有意義且會造成嚴重的負擔，所以企業追求永續的前提應是能夠維持獲利。企業常在無法持續獲利下而轉變其經營策略、營運範疇、團隊與地理位置，其目的就是在爭取獲利，進而維持生存以照顧其所有人、經營者與員工。如著名的跨國企業 3M 公司，原先是在美國明尼蘇達州的一家礦業公司。在投資初期發現原先看好的礦場中並無充足的蘊藏以實現公司的目標。在不希望投資蝕本無歸下，公司創辦團隊決定放棄採礦而以礦藏相關的化學製品創新與發明為主要產品。在改弦更張後，公司逐漸發展出自己的方向成為跨經營的企業。其產品如膠帶、醫療用製品（膠帶、人造皮膚、診斷儀器等）以及工業製品，都有非常重要的市場地位。

一般人會習慣地將營利組織的觀念帶到非營利組織上而不自知。除了明顯不適用的營利行為外，其他的如成長與永續經營都認為理所當然。於是當發現順利地完成非營利組織的使命時，一般人多半認為應比照營利組織進行使命轉換的動

作，換言之就是另尋可以經營的市場，再延續組織的生命。除非組織轉型不善或未能找到可以立足的領域時，非營利組織才會走向解散的命運，就像營利組織關門倒閉一樣。

多年前筆者在政治大學舉辦的一場研討會中提出一個另類的思維，認為「非營利組織使命達成就該解散」（王秉鈞，2003），這樣的想法來自於觀察到社會上有些非營利組織純粹為了組織存續，並非為了公益事業在努力。永續經營對於企業組織而言好似天經地義，但應用在非營利組織上並非理所當然。對於民營企業而言「永續」值得追求有一前提，那就是企業必須賺錢，若是賠錢，除非是短期的情況，否則沒有企業願意也沒有能力長期虧損。由此看來，即使是民營企業其永續經營的前提還是要能有盈餘。那麼非營利組織有何理由要永續經營呢？我想最大的理由就是要實現其成立的理想與目的。有些理想難以完全實現，如消除戰爭、疾病、貧窮、歧視、不公義，又如發展興趣、愛好與專業知識等。因此，抱持這樣理念的組織就可能要長期存在，如紅十字會、樂施（扶貧基金）會、更生保護會、綠色和平組織等，又如藝文社團、鐵道迷社與各種學會組織。

但是一些非營利組織的理想與目的在努力一段時間後幸運地達成了，從一般合理的推論，那就該宣布組織目的達成而解散組織。依組織法規來說解散本來就是選項之一，但是依例解散的例子少之又少。最常見者是重新找新的組織目標與經營的範圍繼續運作，理由甚多繼續發揮影響力是其中重要的項目。本來組織目的達成、理想實現應該好好慶祝一番。其類似於學校的畢業典禮，昭告天下本組織所奮鬥爭取的目標與理想都已實現。

第五節　社會企業出現

倫敦社會企業聯盟 (Social Enterprise London) 可說是社會企業的先行者，聯盟內有不少成功的案例。社會企業在聯盟的規章 (2002) 被認定為「一種全新的企業典範變革，由非營利組織運作，產生實現使命的資本，並有永續及企業經營的精

神」。在其下的社會企業有三種形式：股份有限公司 (Company Limited by Shares)，保證有限公司 (Company Limited by Guarantee)，以及社區利益公司 (Community Interest Company)。由此看來，古老的地方合作社或農漁會就屬於第三種形式。在倫敦社會企業聯盟下有不少社會企業，有名的例子如傑米奧利佛餐廳 (Jamie Oliver's Fifteen Restaurant) 訓練身心障礙者進入餐飲業。Hill Holt Wood 是有關環保的社會企業，Central Surrey Health 提供社區照顧及醫療服務，Divine Chocolate 提供英國及海外公平交易的物品。尚有一個與教育相關的企業名為新典學校公司 (New Model School Company)，它在 2007 年因運用企業智慧來解決公民及社會問題而獲得國際知名社會企業獎項 (Templeton Award for Social Entrepreneurship)。它也在全英經營十四所補校為偏鄉學童提供英文與數學課程。在倫敦奧運及殘奧會，中倫敦社會企業聯盟亦扮演在政府及私人企業間第三部門舉足輕重的角色。

　　迪斯 (Gregory Dees, 1998) 對社會企業在社會中扮演改革者的角色提出的整體觀點值得參考。他認為社會企業須有以下精神：

　　⑴提出具社會價值的使命。

　　⑵追求實現使命的機會。

　　⑶進行持續的創新、適應與學習。

　　⑷不計成本的大膽行動。

　　⑸對服務項目與成果負責。

　　由此定義可知創新在社會企業中所扮演的關鍵角色。「社會創新」與「社會企業」這兩個名詞在致力於社會企業的觀念的推動過程中逐漸融合，而有相互取代的效果。甚至談到社會創新就是表示談到社會企業，也甚至演變出「社會企業創新」這綜合性的名詞。學界與實務界對於社會創新有越來越傾向以社會企業創新的方向來定義與發展的趨勢，而且形成以社會企業為研究與討論之標竿的集體共識。

　　社會創新是否專指社會企業呢？還是社會企業只是現階段社會創新的重點。筆者認為在此之前在政府機構中及民營企業中所出現的創新，其亦屬於社會創新，只是社會改革的潮流已從第一部門（政府）經第二部門（企業）來到第三部門（非

營利組織）。到底是政府失靈或是企業失靈，或是前兩者均失靈才讓非營利組織有發展的空間與機會？還是社會創新在人類發展史上原本就包括政府或企業組織之創新？筆者以為社會創新包括政府及企業內的創新應是較合理的概念。

從發展源頭而言，社會創新以其發生所在與發生時間而言應是最早出現的觀念或行動或現象。社會創新多源自非營利組織，而逐漸形成對政府機構或民營企業的影響。因此，從社會的範圍而言，行政機構與民營企業本來就容納其中。那麼亦可說社會創新亦包含了行政創新與企業創新。圖 2-3 顯示這三個觀念彼此的關係。

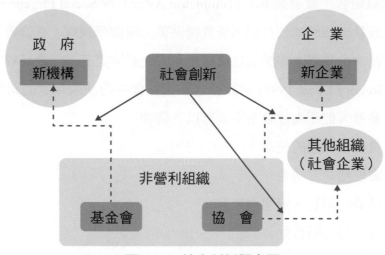

▲ 圖 2-3　社會創新觀念圖

在圖 2-3 中我們可以看到社會創新是所有新組織的起源，蓋任何新組織新觀念均脫離不開社會及其中的人。由社會創新延伸出來的三條實線，首先就是中間的非營利組織，其包括民間各種組織如社區組織、族群及鄉里會眾等，這些組織的目標與規範乃是以群體合作的力量去增進社區及成員的福利，尤其是要照顧社區內弱勢或幼小的成員，使集體的力量和利益增加。再來就是左邊的政府機構如軍隊、戶政與稅政組織，這是文明演進的有系統、有結構及有執行力的組織。最後就是右邊的民間私人企業組織，如公司、行號及商店組織。

　　三者的目標與手段有明顯的差別。政府乃是具有權力與正當性的組織，可以制訂法規，要求所有組織及個人遵守。政府的效率與執行能力高，擁有社會中最佳的人才，也占據社會中最佳的資源。政府要追求國家整體的最大利益，常為達目的不擇手段，尤其當競爭的對手不在其統治範圍內更是如此。政府所思考的範疇也是最大與最長遠的，畢竟其負有較大的託付，也是保障眾人利益的最後堡壘。

　　非營利組織乃以公眾利益為優先，重視公益，追求大多數人的利益。非營利組織的理想性最高，是以成員的認同與志願參與為主。由於組織彈性大，形式與參與的方式多元化，其常反映社會中最早出現的需求。由於成員的熱誠、積極與敏感，非營利組織常走在社會行動的前端發揮改革領頭羊的角色。

　　而私人企業組織則是以所有權人的利益為優先，以企業化的經營手段，追求私人利益的極大化。由於現代社會科技進步與生產方式的規模化，使得私人企業可以累積龐大的財富。在資本主義發達的國家，擁有大筆財富的私人可以投資更大的企業，再創造更大的財富。私有企業此種追求效率的作法，值得檢討。尤其當世界財富過度集中於少數人之手中，會造成嚴重階級差距，最終產生嚴重的後果。

一、三個臺灣的社會創新實踐

　　圖 2–4 中我們可發現有幾種複雜組織演化的現象，其正好可以用臺灣過去三十多年的發展歷史對社會創新的實踐做一個清楚的說明。其代表了三類的社會創新。

1. 形成於政府機構中的社會創新（行政創新）

　　首先，消費者文教基金會（簡稱消基會）的發展可為代表（見圖 2–4）。消基會 1980 年在臺灣成立，目的是為了爭取多起因購買不良商品（多氯聯苯污染的米糠油與含甲醇的假酒）而受害的消費者的權益。當時個別的受害消費者非常弱勢，面對財大勢大的廠商無法受到合理的賠償與照顧，而政府又因無適當的法令與行政機構介入管轄，更無從懲罰與求償。於是一群熱心的社會人士（青商會成員、律師、教授等）在當年的母親節時發起成立消費者文教基金會，用實際行動回應社會的需求。這是一件具體的社會創新事件，在當時得到社會中普遍的迴響。當時消基會的記者會受到各方

矚目，消基會的報導全民聆聽，使得消費者保護運動在臺灣如火如荼展開。1982 年提出民間《消費者保護法》草案，政府有感各方壓力，行政院遂於 1987 年 1 月公布《消費者保護方案》。但此方案並未具有嚴格的法律效果，內政部於同年 11 月再度提出《消費者保護法》草案，1994 年 1 月由立法院三讀通過《消費者保護法》，以保護消費者權益、健全消費者損害救濟制度、提升國民消費生活品質。

《消費者保護法》於 1994 年 1 月 11 日公布實施，計分七章六十四條，從總則、消費者權益、消費者保護團體、行政監督、消費爭議之處理、罰則到附則。總則開宗明義指出「為保護消費者權益，促進國民消費生活安全，提升國民消費生活品質，特制定本法」，這不僅使消費者權益有法令保障，消基會在調處消費糾紛時也於法有據，廠商則必須依照《消費者保護法》的規定修正不合規定的作法，並標示產品成分，提供定型化契約，並在一定期間內允許退還商品。在行政院「跨部會」消費者保護會中消基會也有代表參與，如此消費者可有明確的代表（黃信豪，2007）。

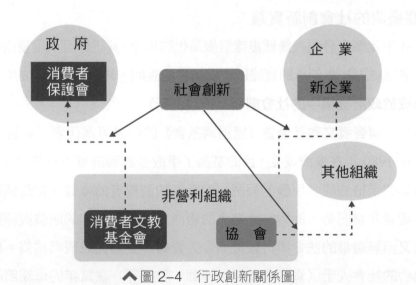

▲ 圖 2-4　行政創新關係圖

圖 2-4 中由消基會到政府中消費者保護會（消保會）的虛線箭頭標示代表了這兩個組織的發展關係，其亦表示一個社會創新進展為一個行政創新的

經過。一個社會理想由非營利組織的形成、倡議、進而推動立法、最後創設一個政府組織。消費者保護運動由一個社會規範演化成政府法律,一個不具強制力的社會組織變成一個具公信力的執法機構。這是一個值得尊敬的成就。在演變過程中兩個組織(消基會與消保會)相輔相成,共同為消費者權益把關。依照理性分析來看,立法以後消基會應功成身退而吸納至消保會中執行其任務(黃信豪,2007)。

2. 形成於民營企業中的社會創新(企業創新)

無名小站是 1999 年在臺灣創立的網路布告欄平臺 (bulletin board system, BBS),由臺灣新竹的交通大學資訊工程學系學生利用學校內機器與頻寬所架設。2003 年推出網路相簿、網誌、留言板功能,只要是該 BBS 站的註冊會員,都能擁有這些服務。因為當時無名小站提供的網路服務幾近毫無限制,並且開始接受商業廣告,引起系上對無名小站的不滿與外界對其使用學術網路牟利的質疑。2004 年 11 月,無名小站的會員已經達 20 多萬人。在逐漸失去學校支援,流量過大造成系統當機五天之後,2005 年 3 月無名小站移出交通大學,正式脫離臺灣學術網路 (TANet),成立「無名小站股份有限公司」。

2006 年 12 月 13 日,無名小站與 Yahoo! 奇摩合併。2007 年 9 月 3 日,無名小站與 Yahoo! 奇摩開始正式合併帳號,也因此遭致網友批評無名小站根本不無名應該改名為「有名大站」。無名小站的商業化在網路社群中引起不小的爭議。朱學恒 (2006) 在其部落格批評無名小站:「創新創業不能不擇手段,創新創業必須 Do No Evil 才值得鼓勵,以無名小站今年以來的種種紛爭看來,這一堂課鐵定是次負面教材,交大、教育部、教育資源網路的純淨性全部重傷,只有幾個人在全面皆傷的狀況下,自己賺到錢。」民主進步黨立法委員湯火聖召開記者會,指無名小站利用免費的學術網路建立資料庫,卻將其做為私人財產出售給 Yahoo! 奇摩公司(中央社,2007)。從社會角度而言,無名小站利用免費的學術網路從事非學術的工作不僅是

不道德的行為， 更是不合法的侵占公共財產的行為。 只是當時網際網路 (Internet) 才剛建立，一切都在摸索與探究，相關的法規仍未完備，以致於像無名小站這樣以公共利益方式出現的服務，在初期受到大眾熱烈地參與而成為吸引目光的場域。

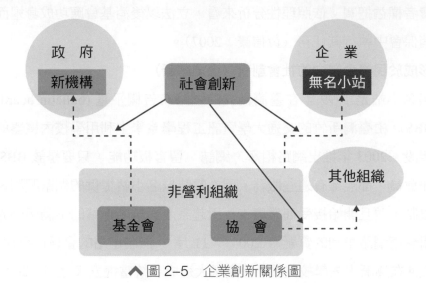

▲ 圖 2–5　企業創新關係圖

在圖 2–5 中無名小站就是在企業圈內的那個小圈，有一個虛線箭頭從非營利圈內指向它，但是來源卻已不存在了，那就是早期的 BBS。由於新企業的成立，舊的社會組織同時瓦解並從原領域中消失。在無名小站移出交大之後原想同時維持原有的 BBS， 以社團的方式經營。 但可惜的是維持不久，不僅成員不信任，連公司的支持也難以持續。從這個現象吾人亦可以發現由非營利組織轉向營利組織後，公司所具的社會性便因此消失，而原來所累積的大眾信心也相對的減低。無可諱言的當初無名小站成立之初，其為一名符其實的社會創新，其服務公眾利益的初衷亦是無庸置疑的。吾人發現在二十一世紀網際網路生活出現後，這種以社會創新成功之後再轉變為企業創新之例不勝枚舉， Yahoo! 奇摩、 谷歌 (Google)、 臉書 (Facebook)、 YouTube 等都是其中有名的例子。 只是成功商業化之後這些企業新貴們顯得迷失在金錢世界中，而忘記了當初讓他們發跡的社會。要

等到多年後才會想到回饋社會，那是醒悟太晚、眼光太淺的表現。

3. **非營利組織中的社會創新**

其次，在圖 2-6 非營利組織圈內右側可發現另一組織，名為主婦聯盟，其全名為主婦聯盟環境保護基金會，是臺灣婦女運動的重要組織。主婦聯盟最早推動社區環保，大約在 1976 年臺大法律系教授日籍妻子從所居住的社區開始做垃圾分類與減量開始。1989 年 2 月 1 日行政院核准成立，基金會成立宗旨為「結合婦女力量，關懷社會，提高生活品質，促進兩性和諧，改善生存環境」。董事會下設有祕書處、環境保護委員會、教育委員會、婦女成長委員會、會訊編輯小組等單位，其廣泛擴及社會改革的各個面向。主婦聯盟成立後投入向麥當勞的高物價抗議、雛妓救援、反核、環保、生態保育、男女同工同酬、《民法》親屬編修正案、反色情、反暴力等社會運動。此外，對於婦女權利的促進，提升婦女參與社會服務之能力，推廣簡樸綠色的消費生活，推動垃圾分類資源回收、垃圾減量等工作及教育改革方面亦著力甚多（薛化元，1987）。早期聯盟介入社會行動較深，後來強調其主婦角色而不願與政治團體牽涉甚深。同時間其他女性團體紛紛成立各自針對專門議題有所經營，因此，主婦聯盟轉而集中關切於原先之環保議題。

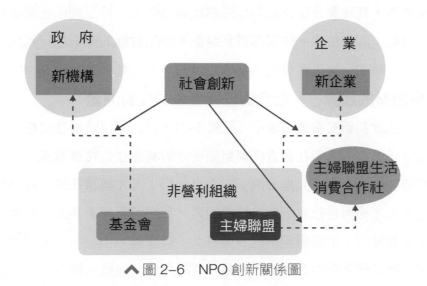

▲ 圖 2-6　NPO 創新關係圖

1994 年主婦聯盟衍生出「臺北縣理貨勞動社」，推動共同購買的理念。因法律限制主婦聯盟不能成立全國性合作社，為了物流事業的合法性，1996年成立「綠主張公司」。2001 年「綠主張公司」又轉型為非營利的「臺灣主婦聯盟生活消費合作社」（以下簡稱合作社）。合作社目前有北中南三社，三社各有一位分社經理。合作社成立的目的，是希望透過集結一群人，來找安全、健康、天然、環保的產品。為能找到和自己理念相同的生產者，並且有檢驗的技術和資金，便必須要靠組織的力量。由眾多的社員集結，每人每年繳一筆社費，由此創造出更多的資本供合作社營運之用。

由主婦聯盟到合作社的過程可以發現這樣的社會創新有另一種發展型態。其不同於消基會的方式，雖在資源回收方面，建立了臺灣在垃圾處理領先世界的處理方式，但未有新機構的形成也沒有新的法規的通過。不過，它的確在行政機構中重新定義、設計及執行資源回收的處理程式，因此這也是一種由社會創新形成行政創新的實踐。在圖 2-6 中可以看到由主婦聯盟到合作社的虛線關係。不過若要將其間所成立的綠主張公司納入的話，那虛線應先進入企業圈再出來到合作社的部分。就合作社的部分應可以稱其為一個典型的社會企業。然而，在成為社會企業後，公司難免要追求利潤與效率，其利潤分配也傾向以照顧社員為優先，甚至尚依社員購買比例做為分配利潤的根據。這與非營利組織不分配盈餘的原則越行越遠，而更像營利組織了。這也應是成為社會企業的一大隱憂。

二、社會創新的起源——社會責任與使命的重新溯源

從以上社會創新的臺灣經驗中（見圖 2-7），吾人可以分析社會創新的起源在哪裡？同時吾人亦可思考社會責任與組織使命的關係在這複雜關係中所扮演的角色與應有的功能。本文在此提出兩個方面來分析：人才與特殊的工作環境。

首先，人才絕對是社會創新首要的因素。我們可發現專業人士如消基會中的律師與大學教授們、主婦聯盟中的專業婦女，以及無名小站中的大學生與程式設計師，在上述三個實例中都扮演了相當重要的角色。這些人擁有專業技能與解決

問題的新觀點，能夠在問題與需要中看到關鍵因素，進而提出解決的方法與手段。

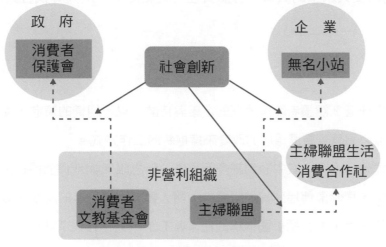

▲ 圖 2-7　各種社會創新關係圖

　　另外，具有海外經驗的知識分子及其家屬們是第二種人才的來源。通常他們具有在先進社會中見識先進手段的經驗，如主婦聯盟中的婦女，將留學時居住海外的經驗引進國內。消基會中的教授們亦是重要海外經驗的攜帶者。他們會將海外的有用經驗或收集到的有用資訊，應用在國內案例中以獲得可靠的成果。他們都具有豐富的專業知識與投入現實的熱情，兩缺一不可。

　　社會創新的工作環境則是以學術研發機構與協會基金會組織為多，其原因乃在這些均屬非營利的組織，其無一般營利機構的短視與獲利導向的資源分配。這樣使得創新的想法與投入的壓力不致於太大，而使得持續的投入成為可能。而有遇見突破成功的一天。商業工作環境太重視短期績效，使得組織忽視長期研發工作。這樣的態度在臺灣商業界尤其明顯，臺灣企業受長期以代工方式在全球產業分工體系中工作所影響，對研發工作並不重視。以致於企業創新的成就並不高。所有的創新乃集中於生產流程部分的研究，以致於臺灣始終擺脫不了代工的形象。臺灣企業常有製程的創新與製程的專利，但卻缺少產品的創新與品牌與市場的創新。

　　最後，具有社會責任的觀念的上述人才應是重要關鍵。如何在學生時代建立

正確的社會民主觀念是非常重要的。因為，只有從大眾的需要與大眾的觀點才能找到創新的需要與創業的契機。若無責任也就無從事解決與尋找答案的動力與企圖心。

▪摘　要▪

1. 介紹組織是什麼？讓讀者瞭解管理的定義與特徵，以及組織的演進，使讀者能夠瞭解為何組織必須隨著周遭環境的改變來擁抱新的工作方式。

2. 探討與闡述政治組織，其中談到許多新哲學、新思維、與新價值觀都是最先在政治組織中發生，再漸漸傳播到其他組織中，隨人類文明幾千年的演變，政治組織扮演非常重要的角色，並介紹美國機構的使命與工作，其複雜與精細分工的現象也讓我們知道其組織的特性。

3. 探討經濟組織的定義與種類，其中區分無限公司、有限公司、兩合公司及股份有限公司。並介紹臺灣多家知名企業的發展及營運模式，中小企業的型式在臺灣營利組織中乃占大多數，可見中小型企業對於臺灣整體經濟的貢獻。

4. 探討非營利組織的界定及分類，兼具公與私的雙重性格，在公共服務方面可彌補政府的部分功能，而在私領域方面堅守公共使命的達成，表現出不受政治或市場支配的自主性。分類的主要目的在於能掌握不同類型的非營利組織的特性，進而瞭解不同的非營利組織的運作方式。使命是組織所欲達成的最後結果，是非營利組織最主要的構成要素。傳統上臺灣非營利組織常刻意避免企業的用語而不使用使命這兩個字，反以宗旨代之。

5. 探討社會企業與社會創新，社會企業提出具社會價值的使命、追求實現使命的機會、進行持續的創新、適應與學習、不計成本的大膽行動及對服務項目與成果負責，由此可知創新品質在社會企業中所扮演的關鍵角色，人才絕對是社會創新首要的因素，具有豐富的專業知識、投入現實的熱情及具有社會責任的觀念的人才應是重要關鍵。

複習問題

1.遊說團體是屬於何種組織？

2.臺大醫院又是屬於何種組織？

3.所謂的社會創新是僅發生於社會企業嗎？

4.資本主義社會中有社會企業的生存空間嗎？

5.國營事業是否是社會企業呢？

討論問題

1.亞東醫院是何種組織呢？醫院是否更應適合以社會企業方式運作呢？

2.亞東醫院是否有使命完成之時呢？是否意味著亞東醫院應在哪時關門呢？

▌第三章▐

環境論

　　自 1990 年代末起，世界民眾所關心的大事從千禧年（從兩位數到千位數的調整）的危機、環境污染、地表平均升溫的現象、金融危機、三隻冠狀病毒 (SARS, MERS, COVID-19) 先後襲擊人類，一次比一次嚴重。這些重要的事件對於地球各地民眾的影響都非常重大而不可輕忽。同時，在世界各地另有區域性的事件影響企業組織與個人的生活與行事。例如在一連串的立法行動後，全球的汽車公司都為美國加州所定嚴苛的廢氣排放新標準做準備，希望透過設計新引擎或開發新能源來達成獨占市場的目標。2013 年加州「先進環保汽車計畫」(Advanced Clean Cars, California Government) 要求 2025 年汽車公司要製造出比當時排放量少四分之三的污染物，同時規定每賣出 7 輛新車中，必須有 1 輛是零排放或者是插電式混合動力車。新標準由加州與聯邦政府和 13 家汽車公司共同制訂。包括華盛頓、紐約等 14 個州都採用加州現行的排放標準，其中有 10 個州同時採納零排放汽車標準。新標準包括大幅裁減溫室氣體污染物，建議由 2015 年開始的 10 年內，逐步收緊排放標準，最終減低煙霧排放 75%，和減低溫室氣體排放 34%。此法案並定下到 2025 年加州要有 140 萬輛零排放和插電式混合動力車的目標，以及到 2050 年 87% 的新車輛是電動與氫燃料電池等其他清潔能源。

　　任何人若對外在環境對管理的影響質疑，則應考慮下列之敘述：2008 年國際原油價格飆漲至每桶 145.49 美元，其後下降到每桶平均 70～90 美元，2012 年底仍以交易價格每桶 111 美元的高油價出現。 至 2013 年國際原油價格每桶飆破百元的紀錄維持近五年之久。2012 年以來，國際原油價格飆漲、能源化石燃料需求大增、美元持續走貶、中國出口緊縮等政經議題，使得臺灣產業成本、產出價格嚴重受影響。除了產業經營成本大幅提升，民生消費能力與物價亦大受影響。由於用電習慣及暖化現象（使用空調），臺灣每人平均消費電量比英國、日本及南韓等先進國家來得高，電價卻因政府政策相對低廉。隨著國際能源價格的上漲，98% 能源仰賴進口的臺灣，低廉的電價造成台電的財政壓力。台電燃料成本從 2012 年 55% 提高到 2013 年 63%。電業是公用事業，考量電力公司財務規劃及其合理投資報酬，應適度調整電價以反映燃料價格及購電結構變動所增減的成本，2012 年 5 月政府擬定「三階段調整」電價修正方案，以確保國內長期電力供應穩定。面對高油價、電價調漲的雙重壓力，國內產業短期內，無法經過技術進步或替代能源降低未來的高成本壓力，唯有經轉嫁給消費者或產業，才能維持產業生產利潤而不致關廠歇業（林欣慧，2013）。

第一節　環境定義

　　環境乃指組織外影響組織績效的機構或力量。環境可分為一般環境與特定環境（見圖 3-1）。一般環境包括組織外所有的事物，如經濟因素、政治情況、社會狀態以及科技因素。這包括了所有可能影響組織的因素，這些因素的關係並不明顯，常常是錯綜複雜。科技的發展使得現代人類生活的品質、效率與方便性遠勝古代。在食衣住行育樂等方面都有長足的進步，人們平均壽命遠長於古代，知識與見解亦遠超一般人所能想像。長途旅行成為一般人的選擇，飛機、高速鐵公路的交通人人可乘。知識成長與擴散的速度亦是驚人，人們透過網路即可獲得大量的資訊，上網學習與教育制度的全面改變亦在可見的未來。一般環境對於一個出版商如三民書局的影響將會非常巨大。同樣的，它們對於傳統大學如臺灣大學的

影響也會非常大，想像若個人成長中 90% 的知識與技能都可以從網路獲得，那他還有需要進入教育系統嗎？尤其是當制式教育的僵化與標準化限制個人學習的範疇、深度、數量與速度時，近代各國流行的上學現象就會像過去的私塾一樣消失的無影無蹤，反而古代的私塾又將迅速崛起。

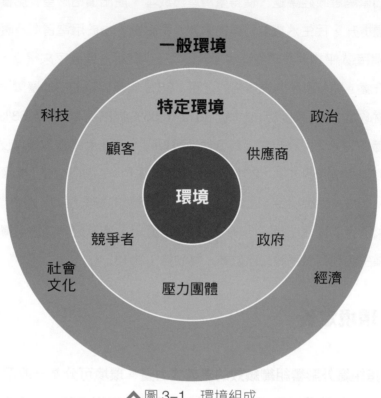

▲ 圖 3-1　環境組成

　　另外，經濟方面歐洲地區由共同市場演進為歐洲聯盟，自從成立以來對全世界的影響非常明顯。歐洲聯盟（European Union，縮寫 EU，簡稱歐盟）是根據 1992 年簽署的《馬斯垂克條約》（也稱《歐洲聯盟條約》）所建立的國際組織，現擁有 27 個會員國，正式官方語言有 24 種。規範歐洲聯盟的條約經過多次修訂，目前歐洲聯盟經濟上為世界上第一大經濟實體。美元對歐元與英鎊的力量是在歐美經商的組織所面對的環境力量，這種影響應屬於間接與潛在的外部關連因素。

　　特定環境就是與組織目標與直接運作有關的環境，管理者大部分的注意是放在組織的特定環境之上。特定環境通常包括組織的資源掌握者，如客戶（或顧客）、競爭者、壓力團體以及公益機構，特定環境都是獨特的，隨組織條件而變化。做為特許行業經營者，遠傳電訊公司必須持有國家通訊委員會 (National Communication Commission) 的許可執照才能經營臺灣的行動電話通訊業務。因此，國家通訊委員會就是遠傳公司的一個特定的環境。有時一個公司的特定環境，有可能在長期發展成為公司的一般環境，反之亦然。一家零件製造商從未銷售貨品給裕隆汽車公司，最近與裕隆簽約提供產量的 40%。這行動將裕隆汽車由製造商的一般環境移至特定環境。

　　一個組織的特定環境與其利基 (niche) 有密切關係，利基乃指公司產品或服務在市場所占有的位置，以市場組成相關的因素，如性別、年齡、所得來分析，法國 LV 皮包所占有的市場，與美國 Coach 皮包的市場是完全不同的，因此兩家公司自然會面對不同的特定環境，也就是說他們占據截然不同的利基。另外，臺灣的陽明大學與政治大學都是位於臺北市的高等教育的機構，但是兩者各自關心不同的高等教育市場。陽明大學以醫學研究與醫療人員養成為其主要目標；而政治大學則以社會科學研究與人才養成為其職志。因此，兩者的經營方式完全不同。這說明了組織經營者在自己的特定市場中是面對不同環境因子。

　　或許用私立與公立學校的比較會使我們更瞭解這兩種環境的區別。私立學校的學費比公立學校為高。私立學校的生存乃靠繳學費新生之持續加入、校友的捐款，以及一份良好的畢業校友之就業與升學紀綠。相對而言，公立學校的生計除了小部分的收入是學費，其他大部分則依賴政府單位的預算撥款。結果是私立學校花較多之心血於學生招募、校友關係以及就業服務之上，這些關係反映在其環境上則為校友與高所得家庭等成為重要的特定環境。而另一方面，公立學校則花較多時間於遊說政府增加預算與特別補助的行動，對公立學校而言，政府就是重要的特定環境。由此可見，兩個組織外表可能相同，但是重要的環境影響因素卻是截然不同。

第二節 環境的不確定

環境重要是因為所有的組織存在環境之內，都受環境的影響，組織的所有的來源（或投入，舉凡人力或物力）都是來自環境，最後所有的產出（產品與服務）也都進入環境。然而，不同的組織所面臨的環境因組織的位置、規模、特性與運作方式而有所不同。就像地球的地理環境就是組織所共同面對的，但是在熱帶地區與在寒帶地區的組織所面臨的環境就有不同。首先，氣候就不同，其次有許多天然資源也不同，地理環境也會不同，高山地區與濱海地區的環境就截然不同。在不同的環境中的組織也常會因地制宜發展非常不一樣的組織型態與運作方式。

環境之不同可以分為兩個向度來觀察：變化度 (variation) 與複雜度 (complexity)。如果組織環境的組成改變得很多，我們稱之為動盪的 (dynamic) 環境；反之，如果變化很小，則稱之為穩定的 (stable) 環境。穩定的環境常缺乏新的競爭者、沒有技術突破、公關壓力團體少有動作等。獨占或特許的產業就常見這樣的環境，例如郵局投遞業務，鐵路運輸，與電力公司等。

台灣電力公司的市場——家庭與工商用電——幾乎沒有競爭對手，由於早期投資成本高民間無能力負擔，且國民政府接受日本戰後的土地、設備與人力後，就是公家的單位，初期並非全島 24 小時供電，逐漸發展到今日的地步。早期是台電公司獨家生產、傳輸與配送電力。在傳輸與配送部分系統本身就具有獨占性，目前仍只有台電一家公司負責。然而，在發電部分，由於許多製造部分在生產程序時可以利用汽電共生的方式發電，除了可以供應自身製造程序所需電力，尚有剩餘可供其他人使用。這形成多方供應商的市場。雖然台電仍為最大生產者，但是由於政府鼓勵民間發電，而規定台電以高於市場價格收購民間發電的政策，使得台電公司承受非常巨大的損失，因為民間甚至可以向台電買電後再賣回賺取差價。當汽電共生者越多，甚至修改《電業法》對台電的特許權的話，台電所面對的環境變動程度就由穩定轉為動盪。

同樣的，臺灣的汽油供應自 2000 年台塑石化公司加入生產銷售的行列起，進入由台灣中油及台塑石化兩家公司寡占的局面。對中油而言這是其長期壟斷臺灣油品市場的重大改變，中油面臨環境的動盪程度增加的現實。在此以前中油公司對於年產量、定價、銷售額與利潤可以有很精確的預估及掌握。隨著政府政策的改變，對市場開放的立法、外國競爭、高雄左營煉油廠除役與新石化工業園區無法開發，以及國際原油價格持續上漲，這些因素都使中油公司的經營者發現他們面臨劇烈改變的環境。

對於可預知之市場快速改變又如何呢？零售、百貨業正是這樣的例子。由於衣物隨季節而更換的需求，消費者通常在過年前支出大量的衣物及禮品採購額。因此，年後這些商品的銷量的下滑是可預見的。這樣可預測的消費需求變化使百貨業經營變得更好處理，店家都知道年前要準備足夠且新穎的商品與臨時人力以滿足消費者的需求；在銷售熱潮消退時亦可安排員工的休假，與季後的檢討以做未來的調整。然而，當我們在談到環境改變的程度時，我們是指不可預期的改變，那才是管理的主要挑戰。如果可以精確地的預期環境改變，那麼它就不是管理者首要處理的事情。

環境不確定 (uncertainty) 的另一個向度與環境的複雜程度有關。**環境複雜的程度**是指一組織所面對的環境組成分子的數量與組織成員對於這些環境成員的瞭解狀況。當台積電與客戶簽約出售它下一季 95% 的產能時，它控制了顧客，也因此降低了環境在顧客因素的複雜度到 5% 的幅度。當一個組織所需應對的顧客、供應商、競爭者以及政府機構越少，其環境的不確定性就越小。

環境的複雜度是以組織欲掌握環境狀況所需要的知識的數量來衡量。例如國民小學的校長所面對的特定環境應是學區內的學齡學生、學生家長、老師、職員、主管官署、書商、設備供應商、飲食物料供應商等，再加上一般環境如政治、經濟、文化、科技等。校長對這些環境的情形應有相當的瞭解，如此才可以確定學校的運作沒有問題。相對而言，大學校長所面臨的環境因素雖大致相同，但是其中所需知識的數量與運用的情形就遠超過小學校長的規模與頻率。舉凡校園幅員

的遼闊、教職員的規模、校舍建築的多功能與龐雜、學生來源的廣大與需求的多樣，再加上與外在環境的關係更是牽連廣闊與綿密。兩者相互比較就可知道大學校長所面對環境複雜程度遠遠超過小學校長。

在表 3–1 中環境的不確定可由一個 2×2 的矩陣來表示，內含四個方格，左下角的方格是環境不確定程度最低的，而右上角的方格則是最高的。管理作為對組織的影響也仍以左下角的方格的效果最確定，即好的管理會有好的成果，壞的管理則會有壞的結果。而右上角的方格中管理作為的效果則最不確定，因為外在環境因素的影響甚大且不可預測。當然高明的管理者加上直覺與運氣，或許可在動盪與複雜的環境中勝出，那就是不世出的領袖人物出頭的場面。

▼ 表 3–1　環境不確定矩陣

複雜程度＼改變程度	穩　定	動　盪
複　雜	穩定／可預測 成分多／不相似／不變化 對成分深度知識需求高 例：大學	動盪／無法預測 成分多／不相似／持續改變 對成分深度知識需求高 例：專業顧問公司
簡　單	穩定且可預測 成分少／多半相似／不變化 對成分深度知識需求低 例：小學	動盪且無法預測 成分少／多半相似／持續改變 對成分深度知識需求低 例：人力仲介公司

既然不確定是組織有效運作的威脅，管理者均希望能減少它。另外，如果能夠選擇的話，管理者都希望自己的組織能在左下方格的環境中運作。當然身處同樣的環境的不同公司對於環境的見解可能也會不同。例如 2014 年的宏達電、蘋果與三星三家手機製造商在全球市場的大環境中，三者的見解與感受可能因其在市場中所佔地位與表現而大不相同。對三星手機這市場最大占有廠商而言，環境在其眼中可能是複雜而穩定的，只要照著既定的策略執行，短期是不會有劇烈改變的。但是對宏達電而言，環境就來得險峻多了。不僅 2011 年在美國侵犯蘋果專利的訴訟敗訴造成當年新推出的手機無法在美國上市，接下來一連串的財務與行銷

問題使得公司窮於應付各種困境（吳凱琳，2012）。直到 2017 年宏達電乃將手機部門參與打造手機的成員及專利賣給 Google 而淡出智慧型手機的市場 (BBC, 2017)。

第三節　特定環境

一般而言，組織不同自然所面對的特定環境也不同。大多數的組織都有供應商、顧客、競爭者、政府機構以及代表特殊利益的壓力團體等，都是造成組織所必須面對與因應的外在因素。以下分別舉例說明之。

一、供應商

想到組織的供應商時，通常想到的是提供原料、用品及設備的公司。對一個營建包商而言，這包括建築設計公司、出售或出租推土機及卡車的公司、傢俱工廠、硬體供應商，以及磚塊與水泥的配銷商。但是供應商這個名詞也可以包括財務及人力資源的提供者，股票持有人、銀行、保險公司、年金基金以及其他類似的公司都有資金流入的需求。中國石油公司可以擁有一塊可以產生數十億元利潤油田的開採權，但是如果管理階層無法籌措資金進行鑽井，利潤將無法實現。學校、工會、職業團體以及地區勞動市場是員工的來源。例如缺乏合格護理師會使醫院無法有效的經營。管理者通常會尋求穩定且最低價的投入，因為投入來自外界即具有不確定因子，它的缺乏或遲延會明顯地降低組織的效能。管理者通常非常努力以保證來源穩定。多數大型組織均設有採購、財務以及人事單位，其目的是顯示管理當局重視機器、設備以及人力的穩定獲得。

二、顧　客

組織是因滿足顧客（或服務對象）的需求而存在，換句話說，無法滿足顧客需求的組織是無法生存的。組織的產出是由顧客所消費的 (consumed)，這包括商品及服務。現代民主國家各級政府組織亦是符合上述主張：政府因提供服務給人民而存在，這樣依存關係在選舉時期特別明顯。選民可以藉投票表明他們（身為

顧客）實際的滿意程度。這也是民主國家執政黨經常更換的原因，選前各個政黨都想盡辦法討好選民希望獲勝。這樣的制度是建立在選民知道他們所想要的，也知道如何評估各政黨所提的政見是否可行，最後候選人是否有足夠的信用與資歷去實現他的政見。一旦這三個條件（選舉制度、績效檢視與政黨輪替）缺乏常導致國家制度的危機。同樣的在私人企業的經營上也常見企業為了節省成本而使用黑心材料，一旦被人檢舉再經媒體宣傳後，苦心經營的企業就毀於一旦。臺灣的胖達人麵包坊與鼎新在臺灣所購併的味全企業就是明顯的例子。

顧客是組織的一項潛在不確定。顧客的口味會改變，他們可以對公司的產品或服務不滿意。當然，有些公司顧客反應的影響遠大於其他的公司。一般而言，餐廳的顧客不確定性遠超過便利商店，即前者顧客態度的影響力較大，常見餐廳因顧客的競相走告而大起或大落；反觀便利商店因其商品與服務的標準化與便利性，不會因顧客的競相走告而倒閉或大賣。

有時顧客不是自然人，而是其他的廠商或組織。這些廠商向公司購買產品或服務，兩者的關係就是在產業價值鏈中上下游的關係。臺灣許多代工的工廠，他們的顧客就是其他的業者，例如鴻海精密製造公司就是其中的代表，其顧客有蘋果（代工手機），有微軟（代工 Xbox 遊戲機）。因為顧客非自然人，而且採購量是極為大量，使得顧客對於鴻海企業有非常大的影響力。例如 2013 年美國經濟長久不振，但蘋果營收十分可觀，有謂其現金存量竟大於美國聯邦準備的存量。然而，蘋果因將製造部分轉包海外，而對美國高失業率的解決貢獻很少。於是蘋果便向鴻海提出要求，鴻海也立即配合在美國設立專屬的製造工廠，以滿足其顧客的要求。

三、競爭者

所有的組織都有競爭者，甚至市場上獨占廠商都無法放心，因為隨時有可能遭遇其他產業的競爭者入侵。當今產業中有許多競爭激烈的公司，如可口可樂與百事可樂、賓士汽車與寶馬汽車、麥當勞與漢堡王以及其他速食業者、清華大學與北京大學與臺灣大學及其他許多大學。郵局雖然在郵遞業務上獨占，但是要和

黑貓宅急便、聯合包裹 (UPS)、飛遞航空 (Federal Express)、火車與高鐵，以及其他通訊公司的電話與電信傳真競爭。

　　沒有一位管理者可以忽視競爭者，因為如此他們會付出嚴重的代價。例如，臺灣鐵路公司今日所面對的問題，都可以歸諸當年在臺灣首建高速公路時，他們無法認知這將是臺鐵的競爭者，雖然同時間臺鐵也在進行全面電氣化的工程。他們認為經營鐵路事業是獨占事業，不必理會高速公路所帶來的衝擊。但是在高速公路通車後，鐵路便一蹶不振，無法與快速便捷的汽車客運相抗衡。鐵路電氣化後臺北到高雄的最快對號列車（自強號）從原來八小時減為四個半小時，但一天僅有一班次，其餘的自強號都要五小時，另外次一級的莒光則要七個小時。相較走高速公路的客運有許多班次，而且每班都在四個半小時可抵達，票價亦因多銷而便宜。因此，大批旅客從此移轉至高速公路。臺鐵失算的原因在於不知自己是交通事業，競爭對手來自其他的運輸業者。航空、船運與高速公路客運等都是鐵路的競爭者。另外，貨運部分也有高速公路貨櫃聯結車出現，以其便捷送貨至工廠的訴求搶走大部分的客戶。

　　1994 年臺灣合法經營的廣播電視公司僅有三家——台灣電視 (TTV)、中國電視 (CTV) 與中華電視 (CTS) 公司，這三家無線電視公司控制所有的電視節目。今日因為有線電視、錄影帶、與地區電臺製播節目的快速增加，同時間僅有不及一成的觀眾看無線電視網。這些例子說明了在訂價、服務與新產品開發等方面，競爭者所代表的影響力，管理當局必須隨時監視並作反應的。

四、政　府

　　中央及地方政府所制訂與頒布的各種法律、命令、規章與辦法，都在規範各種組織（無論是公家、私人或非營利組織）所能與不能做的事。對各個組織而言，中央政府立法單位有巨大的影響。例如 1998 年修正通過的《勞動基準法》中規定我國「勞動條件最低標準，為保障勞工權益，加強勞雇關係，促進經濟發展，適用《勞動基準法》之勞工權益將獲得最基本之保障，凡適用該法之行業或工作者，雇主與勞工所訂勞動條件，不得低於該法所定之最低標準」。2017～2018 年又針

對休假制度的規範重新修訂兩次，卻也造成社會上勞方與資方對政府態度反覆的不良觀感。2011 年修正通過的《全民健康保險法》規定「為增進全體國民健康，辦理全民健康保險，以提供醫療服務，特制訂本法……為強制性之社會保險」、2010 年的《海峽兩岸經濟合作架構協議》、2012 年的《海峽兩岸投資保障和促進協議》，這些在海峽兩岸中國與臺灣之間所簽訂的協議對於臺灣島內的各個組織都有非常重要的影響。

某些組織因其行業運作依法要受特定的政府機關監督，例如電子通訊行業中的組織，包括電話通訊公司、廣播及電視臺等，都是國家通訊傳播委員會；公眾持有股權的公司必須遵金融監督管理委員會 (Financial Supervisory Commission) 所定義的財務標準與作業規定；而生產藥品的公司要遵守衛生福利部的食品與藥物管理署 (Food and Drug Administration) 所允許可以銷售藥品的項目。

中央政府並非是社會上唯一管制組織的機構，地方縣市政府的立法與行政單位亦可以制訂與執行相關法律。例如建築的規範與營業區域的核准，使得企業與其他組織要花許多的時間與金錢來配合政府的規定，這些規定對組織的影響往往非常深遠。

以開除一個員工的決定而言，自古以來，員工與雇主的關係不斷隨社會發展的狀況在改變。原本兩者權利與地位相差不多時，員工可以自由地在任何時間辭職，而雇主也可以在任何時間開除一個員工，無論有無理由。然而在近代社會中，由於雇主擁有更大權勢與資源，而員工卻失去農業社會中可以返回的家園與農地，因此，社會認知與法律已經對於雇主所能做的行為有了限制。雇主必須以信譽與公平對待員工，除了薪資以外的福利（健康保險、退休給付、年終及三節獎金等）也日漸增加。員工若認為他們受到不公平的待遇或解僱處置亦會上告法院。這使得管理者想要開除表現差勁者或有失職行為的員工更加困難。例如臺灣早期金融業許多有單身條款與禁孕條款，是日據時代留下來的陋習。至 1990 年代中期，雖多數金融機構業者已廢除，但信用合作社仍頑強抵抗，且女性員工待遇大多不如男性員工，形成就業歧視（中國時報，1995）。而根據 2002 年 1 月 21 日修正通過

的《就業服務法》第 5 條第 1 項，前述行為屬於就業歧視行為，得處新臺幣 30 萬元以上 150 萬元以下罰鍰。

五、壓力團體

　　管理者應知道有一些特殊利益團體實現其目標的活動會影響組織的運作，例如環保團體為了保護環境而對煉油廠、水泥製造廠以及核電發電這些公司採取抗議、施壓與國會立法的手段；保守公民行動團體對教育部施壓以期更改中小學歷史教科書的內容；同時，消費者保護團體亦會不定期的出現在媒體版面上，針對過期食品、不良添加物、公共交通設施以及金融商品的不平等對待表示抗議。希望業者自律，或是政府主管單位介入管理，或是代表受害民眾提起訴訟。壓力團體的權力隨社會與政治運動的改變而變。例如藉著不斷地努力，綠色和平組織不止顯著地改變捕鯨、釣鮪與獵海豹等行業，同時亦提高大眾對野生動物保育的注意。做為一位好的管理者必須注意這些團體的主張，以及如何避免他們可能造成的負面影響。

第四節　一般環境

　　在本節中我們將討論經濟、政治、社會以及科技等影響組織管理的多項外在因素。與特定環境相比，這些因素變化的程度通常相對的緩慢且對組織運作的影響較小（或早在預期之中，或本來就是開業的基本條件）。但是好的管理仍必須經常考慮這些因素。例如最近的 LED 照明的研究發現低耗能、高照明的燈泡，這樣的技術使得傳統照明的廠商如奇異與飛利浦照明部門的成長與獲利性有深遠的影響。若不能有效因應或在技術上迎頭趕上，會使整個部門在幾年內產品無法上市。新的 LED 燈泡亮度相同卻約只要原來三分之一的用電，在大量用電的工廠或辦公室中可發揮極大的節省成本的效果。在競爭激烈的商場上能節省成本就是增加競爭能力的同義詞。

一、經濟條件

從一個國家的國民生產毛額成長率 (GDP, Growth Rate)、銀行存款利率、外匯兌換比率、通貨膨脹率、國民可支配收入、股市指數以及進出口貿易金額等，可看見一般環境中影響組織管理行為的經濟因素。以臺灣為例，每年中央銀行都會發表總體經濟情勢分析，這就是臺灣總體經濟的表現報告，關心臺灣總體經營環境的各界人士可從這份報告中掌握未來大環境經濟走向。因而決定企業或其他組織或個人投資及經營的策略。這份報告中有：

(1)景氣表現：從歐美地區經濟與占我國出口比重較高之亞洲地區經濟表現，推論我國出口、生產、消費及市場信心等方面表現。再提出經建會（及國發會）景氣對策信號綜合判斷分數，顯示國內景氣狀況。

(2)經濟成長狀況：從出口情況，民間消費及投資成長等推測經濟成長率。

(3)民間消費情形：從各行業營業額來推估民間消費成長率。

(4)民間投資成長情況：從企業投資力道、資本設備進口等推測民間投資成長率降。

(5)商品進出口貿易情況：從與各產業進出口貿易狀況推估其成長率。

(6)工業生產狀況：工業生產成長四大業別中，金屬機電工業、化學工業、資訊電子工業、民生工業的成長狀況的表現加總計算。

(7)失業率、薪資成長情形：從各個產業的就業人口成長衰退的情形可見產業失業率的水準；另外，薪資水準亦是產業表現的重要參考，如此可以看出民間生活狀況。

國內經濟情況若處於景氣好時，表示企業整體環境佳，需求旺盛，廠商的訂單亦多，營業額也高，臺灣在 1970 年代經濟成長率約 10%，1980 年代 7.9% 到 1990 年代中期 6.35%，至 2000 年後 3.4%，到 2012 年更掉到 1.32%。2019 年臺灣經濟成長由於美中經濟對抗而導致的轉單效應，使得臺灣經濟由冷轉熱，成長率達到 2.99%（中華經濟研究院，2019）。企業在這樣不同的經濟環境經營自然需要調整，掌握經濟發展脈動，在成長時努力擴充，在減緩時預做調整，做好研發與

人才培育，自然能在逆勢中維持可觀的利潤。

二、政治條件

政治條件包括企業所在國家的政治穩定度、政府官員腐敗程度、司法制度的公正與公義度、人民守法程度及社會大眾對於商業與商人的態度。

一般而言，二十一世紀的臺灣歷經之前三十年的經濟快速發展與其後所帶來的政治改革開放，政治環境可謂初具民主開放政治的雛型。其中發生數次修改《憲法》以適應臺灣國情，以及開放從中央到地方政府的首長及民意代表的選舉。如此累積了不少民主政治運作的經驗，其中難免有激烈的意見不合與肢體衝撞，但是，仍朝著進步的方向發展。

若要挑毛病，則臺灣的司法制度與執法人員觀念仍是落後。雖然臺灣歷經總統陳水扁與馬英九各任職兩個任期八年，兩人也均是畢業於臺灣大學法律系的高材生。陳在大三時就通過當時非常難考的律師高考，馬更是留學美國哈佛大學取得法學博士的學位，且曾任職法務部長。但在兩人任期內仍然發生許多司法弊案，陳更因為接受民間廠商賄賂，關說且影響金融機構的合併與工業園區的開發，而被判刑入獄。馬的任內也因試圖處理立法院長關說司法檢察官，對立法委員的案件法外開恩的行為而引起滔天的政爭。造成政治上行政與立法的對立，甚至最高檢察長的去職且被判刑。

臺灣司法受到中國傳統上法政不分家，司法為政治服務的隱含觀念的影響，長期受制後的自我設限心態，常表現出勇於為長官整肅政敵的工具，而無法展現獨立自主、公正審理案件的理想。另外，中國傳統的「情先於理、理先於法」的觀念亦影響執法與審判的心態。不管在刑事與民事案件中，常因為同情弱者而對其行為是否違法忽視不管。最常見的就是路邊違法占地的攤販比比皆是，尤其是熱鬧市集旁更是明顯，如此造成交通阻塞、環境髒亂、影響合法店家生意的情況。但是不僅執法員警視而不見，甚至私下收賄包庇，形成更大的治安毒瘤。甚至法院對此類案件也無法發展有效的判決以杜絕後患，只見此類案件經年不斷地在各地發生。司法長期的積弊造成民眾對司法的不信任，而執法人員常自我設限，只

求息事寧人而不主動執法。各級法院法官審案情況亦是問題，不是怠惰吃案拖延審判情況常見，就是在判案時，收賄顛倒是非黑白之事頻傳。臺灣政治改革的當務之急乃在建立健全、清明與公正司法制度。

臺灣內部的政治環境雖有上述的問題，但是整體而言對商業經營仍是相當的穩定。而對外關係則因長期面對中國與臺灣主權歸屬的分歧主張而有不小的變數。雖然兩地執政者都刻意避免正面衝突，也在非正式場合有許多的接觸。1993 年 4 月 27 日至 4 月 29 日臺灣的海峽交流基金會（海基會）董事長辜振甫，與中國的海峽兩岸關係協會（海協會）會長汪道涵首次突破僵局，於新加坡舉行非正式但具官方背書的會談。臺灣與中國亦分別先後加入世界貿易組織 (WTO) 與亞太經濟合作會議 (APEC) 兩個重要的地區經濟合作的組織，如此使得兩岸的關係日趨和緩且貿易關係更加緊密。

一般而言，私人企業營運常需跨越國界而參與世界性的活動，當然也有不少以國內市場為主的廠商或許不需要與外國做生意，而可以僅靠國內市場而生存，例如小吃店、雜貨店、美髮店與文具行等。可是仔細分析一下，這些商店或多或少在其上游的貨物、原料與服務與外國息息相關，而不容易立即發覺。例如麻辣鍋的辣椒、花椒等是從中國進口，雜貨店中的食品從日本輸入，美髮店的技術與流行從海外引進，文具行中的釘書針從義大利遠渡重洋而來。

任何組織都應預測其所在地區國家的主要政治動向，如此可以對於一個國家的貨幣波動、相關產業重大政策方向的制訂（如綠化環保的規定）以及政策上的鼓勵誘因能有比較好的掌握。俾使企業在經營上能早做準備，可以有預先的因應之道。

三、社會條件

企業經營者必須調整其產品與作業程序以符合社會的期望。當社會的價值、生活習慣與品味改變時，企業經營亦應隨之轉變，使企業的產品、服務以及售後服務的政策均適用於新的轉變。有關社會條件的改變影響企業管理的例子，包括職業婦女增加與勞動力老化所伴隨的社會條件的改變。前者促成政府立法規定公

司或公共場所必須提供哺乳及集乳的設施與空間，以利職業婦女親自餵養嬰兒的機會；後者則是規定職業場所不可有年齡歧視，在交通及大眾空間中增加老年人優先使用的特別座位，以及優待票券。

　　婦女運動、高利率、高物價水準、高失業率以及高離婚率等，都是女性勞動率上升的重要因素。今天在先進國家中有超過一半的成年婦女走出家庭尋求工作，這樣的改變對於以家庭婦女為主要銷售對象的行業造成重大影響，如雅芳化妝品 (Avon)、人壽保險這些以銷售代表直接推銷的行業，就要改變在住宅附近敲門行銷的方式。另外，職業婦女習慣在午餐或下班回家的路上購買化妝品；銀行、汽車以及女性服飾商都發現他們傳統設定的顧客市場定位因職業女性的出現而有大幅改變。進入職場後，女性希望擴增信用額度；尋找與她們生活型態相符的汽車；她們的衣櫥中也增加了正式套裝，而非時裝或流行服飾。公司管理也因日漸增多的女性工作同仁而改變組織內部政策。例如組織若無法提供幼兒照顧可能無法吸引有能力的女性員工參與。

　　隨著醫療及社會的進步，臺灣老年人口及其比率因國民壽命延長與出生率降低而顯著增加，1949 年老年人口（大於 65 歲者）僅 184,622 人，占總人口 2.5%，至 1970 年占 2.9%，1980 年占 4.3%，1990 年占 6.2%，到 1993 年 9 月超過 7%。臺灣從此進入高齡化社會 (ageing society)，截至 2007 年底，65 歲以上人口數達 2,343,092 人，占總人口比率為 10.21%。由於國民壽命持續延長（2006 年男性為 75 歲、女性為 81 歲）及生育率下降（2006 年總生育率為 1.12 人），根據行政院經建會中推計，預估 2016 年 65 歲以上老年人口與 15 歲以下人口數幾乎同為 302 萬人，均約占總人口 13%。自此以後，65 歲以上老年人口將開始超過 15 歲以下幼年人口，預估 2018 年 65 歲以上人口比例超過 14%，達到國際慣例及聯合國等國際機構所稱的高齡社會 (Aged Society)；至 2026 年 65 歲以上人口比例超過 20%，達到超高齡社會 (super aged society)（行政院經濟建設委員會，2020）。由此趨勢看來，提供老年人需求的組織將有較大的市場。這意味著對於健康照顧與友善社區房屋的需求的增加，也意味著一般組織必須要為老化的社會重新設計其

產品與服務。例如成人紙尿褲、健康檢查與用藥服務的提供陸續出現。組織內部管理也將面臨更多五、六十歲的員工，這可能是轉入更有經驗的員工，而其需要迥異於年輕同事。例如年長的員工較重視員工福利，如健康保險以及年金計畫，而對子女學費補助與搬家津貼較不關心。

四、科技條件

在一般環境中最後一項的考慮就是科技。不可否認的，現今我們處於一個科技主宰一切的時代。從 1970 年以來，在一般環境中變化最快的要算是科技了，科技且推動了其他一般環境的變革。我們現在有網際網路、智慧型手機、自動化生產工廠、雷射手術、基因治療、電動汽車以及太陽能電池等。能充分掌握科技變化的公司，如美國的 IBM、AT&T、英特爾 (Intel)、谷歌、蘋果、3M 以及老牌的奇異公司 (GE)，而臺灣的高科技公司如台灣積體電路公司、聯華電子、宏碁電腦、華碩電腦、台達電、億光電子等公司都因此致富。同樣的，那些採用了主要科技發展成果的非營利組織如醫院、大學、機場、警察部門甚至軍事單位，都擁有了相對的競爭優勢。

辦公室的設備演進也可以當作一個呈現科技如何影響管理的案例。現代化的公司內有一個資訊處理的完整體系，將所有的個人電腦、電話、文字處理器、影印機、傳真機、檔案設備，以及生產、行銷、財務、人事、研發等資訊與處理設備統一納入管理。對於組織的管理者而言，這意味著快速且高的決策品質。想像總經理的辦公室就可監視到全球各分部營業處所的表現，更遑論其會議室中可以建立如美國總統一樣的戰情室，以研判市場的需求變化與競爭對手的動作。甚至配合行動通訊技術的日新月異，現代企業主管可以藉由智慧型手機打破空間限制以對其所關切的作業或情勢發展，做及時的關切與決策。對於那些傳統辦公設備的製造商而言，這是重新提升自我以發展完整辦公系統或是趁早結束營業的警訊。

科技對現代企業的影響非常深遠，甚至傳統產業亦不免於它的影響。以第一級產業的農業而言，過去農民無法掌握農產品的市場價格，往往遭受通路商的欺壓，在沒有其他選擇的情況下任人宰割。於是有農會或合作社的形式出現爭取農

民的權益，但是，即使農會或合作社仍不免受到自己經費及規模的限制，無法找到合適的買家或零售店願意以合理的價格與足夠的數量採購，以致於仍必須透過大盤的經銷商銷售。加上傳統農產品不會包裝，也不會宣傳，以致於即使品質超群仍無法得到相應的成果。然而，網路時代來臨，許多年輕人返回家鄉幫助在農村的父母親架設網站，運用網路將自家生產的蔬菜、水果、蜂蜜甚至田園生活都搬上了網頁，提供網友欣賞與訂購。如此農民不再依靠中間商銷售，反而更自由方便地在網上尋找顧客。利潤可以更高，而成就感更高。農業趨向更精緻化、有機化與環保，顧客願意支持農民掌握自己的通路，也可以獲得更安心與更高品質的農產品。

第五節　全球化與區域化的國際環境

　　二十一世紀的世界由於交通方便，各國廠商所面對的競爭對手不僅限於國家的界限，新的競爭者可能隨時從各地出現。同時，一個組織的成長與擴充的潛能是無可限量的。經理人若不注意全球環境的改變或對改變的反應不夠迅速，則組織能否繼續生存令人懷疑。

　　我們必須指出，當多國和跨國組織的經理人在全球各地都逐漸調整他們的全球觀，並接受國界再也不能限制公司發展的事實時，政客們和一般民眾卻很慢才能接受這個事實。舉例來說，世界貿易組織 (WTO) 根據我國外交部在其官網上的說明：

　　世界貿易組織係政府間國際組織，旨在促進貿易更為自由、公平及可預測性。依據烏拉圭談判回合談判結果於 1995 年設立，WTO 大幅改革 1948 年成立之關稅暨貿易總協定 (GATT) 世界貿易體制。依據「馬爾喀什設立世界貿易組織協定」，WTO 貿易規則涵蓋貿易範圍包括貨品（「關稅暨貿易總協定」）、服務（「服務貿易總協定」）及智慧財產（「與貿易有關之智慧財產權協定」），並透過爭端解決及貿易政策檢討機制予以強化。此外，民用航空器貿易及政府採購等兩項複邊

貿易協定亦屬 WTO 法律體系，惟僅對選擇接受之會員具約束力。WTO 最高決策機構係由會員代表組成之部長會議，通常每兩年開會一次。部長會議休會期間，由總理事會代為執行 WTO 所有事務。WTO 秘書處設在瑞士日內瓦，由一名秘書長領導。至 2016 年 7 月 29 日 WTO 共有 164 個會員。我國於 2002 年元月以「臺灣、澎湖、金門、馬祖個別關稅領域」名義正式加入 WTO。透過我常駐世界貿易組織代表團，我國持續積極參與 2001 年 11 月展開之「杜哈發展議程」談判，主要聚焦在農業、發展、爭端解決、環境、與貿易有關之智慧財產權、市場進入、規則、服務業及貿易便捷化等議題。

一、區域性的商業聯盟

　　一般而言，區域經濟合作應發生於有地緣關係的相鄰國家和政治地區之間。如北美自由貿易區 (NAFTA)、歐盟 (EU)、東盟 (ASEAN) 等。隨著區域經濟合作的發展，周邊其他經濟體可用的資源相對就逐漸較少。據 WTO 統計，二十世紀九〇年代下半期以來，約有三分之一的區域貿易發生在跨洲國家之間。如歐盟與墨西哥達成了《自由貿易協定》、與南非簽署了《南非與歐盟貿易、發展與合作協定》、與拉美南方共同市場 (South American Common Market, MERCOSUR) 簽署雙邊自由貿易區；美國和約旦簽署雙邊自由貿易協定。2014 年初，已簽約的區域經濟合作 (Regional Trade Agreements) 已有 583 件（分別計算服貿、貨貿及市場的協定），其中 377 件已生效執行，顯示出強大的發展後勁。當時 WTO 成員中已有 65 個加入或正在商簽跨區域的經濟合作組織。這些區域經濟合作協議的共同點是它們是兩個或更多會員組織的互惠協定，相關資訊可在 WTO 的官網找尋。

　　就臺灣而言，由於國際外交關係受阻，僅能參與亞太經濟合作（Asia-Pacific Economic Cooperation，簡稱 APEC）這個區域性的商業聯盟。而東盟（Association of Southeast Asian Nations, ASEAN，簡稱東盟）組織係以國家為組成單位，臺灣未與這些國家有正式邦交而無法參加。1961 年 7 月 31 日馬來西亞、菲律賓和泰國於曼谷成立的東南亞聯盟是東盟的前身。1967 年 8 月 7 日至 8 日，印度尼西亞、新加坡、泰國、菲律賓四國外長和馬來西亞副總理在泰國首都曼谷

舉行會議,發表了《東南亞國家聯盟成立宣言》,即《曼谷宣言》,正式宣告成立東南亞國家聯盟。基於冷戰背景,成立初期主要任務為防止區域內共產主義勢力擴張,合作側重在軍事安全與政治中立。1997 年亞洲金融風暴之後,東盟開始轉向加強區域內經濟與環保等領域的合作,並積極與區域外國家或組織展開對話與合作。東盟已成為東南亞地區以經濟合作為基礎的政治、經濟、安全一體化合作組織,並建立起一系列合作機制。

APEC 係 1989 年由澳大利亞總理霍克 (Robert Hawke) 倡議而成立的亞太區域主要經濟諮商論壇,希望藉由地區內各經濟體相關部門官員的對話與協商,帶動區域經濟成長與發展, 成立時共有 12 個創始成員。 臺灣係於 1991 年加入 APEC,經當時主辦會員體韓國居間協調,以中華臺北 (Chinese Taipei) 名稱與中國及香港同時加入。 目前 APEC 成員尚有澳大利亞、汶萊、加拿大、智利、印尼、日本、南韓、馬來西亞、墨西哥、紐西蘭、巴布亞紐幾內亞、秘魯、菲律賓、俄羅斯、新加坡、泰國、美國及越南總計 21 個會員,各會員均係以「經濟體」 (economy) 身分參與。另尚有東盟、太平洋經濟合作理事會 (PECC) 及太平洋島國論壇 (PIF) 3 個國際組織為觀察員。APEC 成員涵蓋的地理範圍(包括東北亞、東亞、東南亞、大洋洲、北美及中南美地區)、整體經濟力量(總人口占全球四成左右,國內生產毛額占全球近五成五,貿易總額占全球近四成四)及組織活動(決策層級達各經濟體元首,議題涵蓋各會員大部分行政業務),及其所形成的共識對全球經貿政策及規範具有極大的影響力。

APEC 屬論壇 (forum) 性質, 其決策過程以共識決 (consensus) 及志願 (voluntary) 為基礎,經成員間尊重及開放對話,達成區域內共享經濟繁榮。APEC 三大主要工作為:貿易暨投資自由化 (trade and investment liberalization)、商業便捷化 (business facilitation) 以及經濟暨技術合作 (economic and technical cooperation, ECOTECH)。

中國自 2012 年習近平上任國家主席以後提出一帶一路區域經濟合作的藍圖值得在此一談。我認為這是一個高明的策略。首先,一帶一路是中國面對國內逐

漸停滯的經濟與國際保護主義的盛行，所提出的打開對外貿易通道的大膽嘗試。進入二十一世紀，中國一直扮演世界工廠的角色，尤其是蓬勃發展的出口型製造業。在這種出口型製造業蓬勃發展的三十年中國處在貿易順差與外匯儲備大幅增加的狀況。在此同時，中國亦進入基礎設施建設（修路、修橋樑、修高鐵、建機場、舊城改造等）的瓶頸期，水泥、鋼鐵等集體出現了產能過剩的問題。如何消化產能，讓工廠保持運轉讓工人不失業是中國面對的新問題。雖然中國的內需市場一直在增長而且十分龐大，但是顯然不足以消化過量的外匯和過剩的產品，而且很多過剩的產能也不是普通老百姓的消費項目。所以說為了解決外匯閒置和產能過剩，防止經濟衰退的問題，中國需要主動走出去尋找市場。中國有多餘的錢、多餘的產品和多餘的技術，如果不發揮它們的價值讓他們閒置和貶值，從任何角度來看，都不是好策略。

另外，一帶一路這樣龐大的計畫，聯結著那麼多的國家，必然需要大量的資金支援。如何能有效率地運用資金呢？中國成立亞投行（見表 3-2），目的就是為

▼ 表 3-2　主要國際金融組織列表（截至 2019 年）

項目 ＼ 國際組織	亞洲基礎設施投資銀行 (AIIB)	亞洲開發銀行 (ADB)	世界銀行 (WB)	國際貨幣基金組織 (IMF)
成立時間	2014 年籌劃 2015 年底正式成立	1966 年	1945 年	1945 年
主導國家（投票權）	中國 (26.06%)	美國、日本（15.6%、15.6%）	美國 (15.02%)	美國 (17.46%)
創始會員國	57 國	31 國	39 國	29 國
目前會員國	100 國	68 國	189 國	189 國
總部	中國 北京	菲律賓 馬尼拉	美國 華盛頓	美國 華盛頓
資本額（億美元）	1,000	1,750	2,230	2,380
成立宗旨	促進亞洲國家和地區基礎建設	消除亞太地區貧窮，提供會員國或地區成員在經貿發展方面的協助	幫助二戰中被破壞國家重建，現今則致力於協助發展中國家消除貧困	穩定各界貨幣、協助嚴重財政赤字國家資金及改革等援助

了解決一帶一路政策執行過程中的資金問題。到了 2017 年已經有 80 個國家加入亞投行，形成雄厚的資本實力，吾人可見此項計畫未來發揮潛力不可限量。

2016 年川普 (Donald Trump) 當選美國總統，他的主要政見是 "Make America Great Again"（使美國再度偉大），這開始了一股反全球化，而強調各個主權國家利益的逆流。川普針對日益削弱的美國產業競爭力與增加的國債，展開退出國際合作、追求美國單邊利益，以及對抗中國貿易與科技發展的種種活動。從 2018 年美國與中國間便開始了一連串的貿易不友善的政策，直至 2020 年兩國間仍存非常緊張的關係，亟需有效地解決。有關中美貿易戰爭的資訊請見圖 3-2。

二、組織如何走向國際化

組織如何發展成為一個全球性的組織？通常它會經過數個階段。第一階段是零星出口，管理階層以將商品外銷出口做為國際化的第一步。一般而言這比較被動，因為只是將原商品送到外國市場，是針對外來訂單的單純反應。公司只是應付外來的訂單，對於外國市場並未下任何功夫。許多網購、郵購行業就是這種情況，早期或許以國內市場為主，能滿足國內市場就很高興。國外是將剩餘的產能或商品再發揮罷了，不在主要經營規劃之中。在臺灣創立的宏碁集團企業，1976 年 8 月便是以新臺幣 100 萬元成立，初期便是以國際貿易與產品設計為主，員工僅 11 人。

第二階段固定出口，管理者下了決心要將其產品銷往外國，甚至在外國生產。然而，公司尚未派遣人員常駐國外。在銷售上本階段通常是定期派員出國接洽外國顧客，或僱用國外代理商或經銷商為之。在生產上公司會考慮與外國公司簽約以在當地生產公司產品。1981 年宏碁於新竹科學工業園區成立電腦公司，資本額 1,000 萬元，主要生產萬用微處理機發展系統。當時推出小教授一號學習機，是臺灣第一個以自有品牌外銷的微電腦產品。臺灣經濟早期由於國內市場狹小，新成立的企業多半在成立初期就將海外市場納入規劃範圍。

第三階段設立分支，表示公司對於國際市場強烈的企圖心，這可以表現出來幾種型式。管理當局可以經由授權 (license) 或連鎖經營 (franchise) 的方式將其品

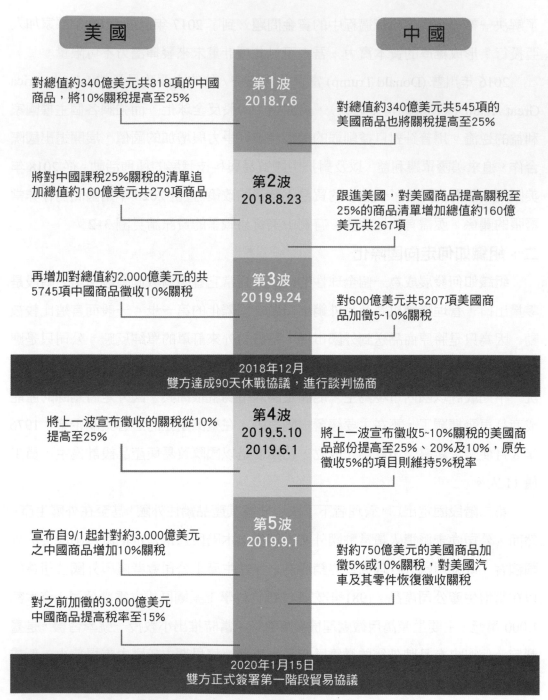

美國

中國

對總值約340億美元共818項的中國
商品，將10%關稅提高至25%

第1波
2018.7.6

對總值約340億美元共545項的
美國商品也將關稅提高至25%

將對中國課稅25%關稅的清單追
加總值約160億美元共279項商品

第2波
2018.8.23

跟進美國，對美國商品提高關稅至
25%的商品清單增加總值約160億
美元共267項

再增加對總值約2,000億美元的共
5745項中國商品徵收10%關稅

第3波
2019.9.24

對600億美元共5207項美國商
品加徵5~10%關稅

2018年12月
雙方達成90天休戰協議，進行談判協商

將上一波宣布徵收的關稅從10%
提高至25%

第4波
2019.5.10
2019.6.1

將上一波宣布徵收5~10%關稅的美國商
品部份提高至25%、20%及10%，原先
徵收5%的項目則維持5%稅率

宣布自9/1起針對約3,000億美元
之中國商品增加10%關稅

第5波
2019.9.1

對約750億美元的美國商品加
徵5%或10%關稅，對美國汽
車及其零件恢復徵收關稅

對之前加徵的3,000億美元
中國商品提高稅率至15%

2020年1月15日
雙方正式簽署第一階段貿易協議

▲ 圖 3-2　2018~2019 年中美貿易戰爭記事

牌名稱、技術或是產品規格讓另一家公司使用。這在製藥公司與速食連鎖業中，如麥當勞、必勝客，是廣被使用的作為。共同投資新公司是更大的投入，這包括了本土的公司分擔國外新產品的開發費用，以及建造新生產廠房的投資，這有時被稱為策略聯盟。這些合夥關係提供許多公司全球化快捷與省錢的方法。最近的跨國結盟包括康寧與 Ciba-Geigy，Volvo 與雷諾汽車、摩托羅拉與東芝，以及三菱與賓士汽車。當管理者在國外設置分支機構時，就表示了他們對全球行動的決心。如本章前述，這可以內部控制（多國化的作業），或將權力下放，由當地人負責等兩種途徑來達成 （跨國經營）。1987 年宏碁推出 Acer 品牌，發展代表標誌 (logo)，以收購及設分支機構的方式進軍世界市場。

最後階段則是在外設立分公司，正式以分立業主的身分在海外成立運作的事業體，承擔所有營運的責任與任務，並享有營業利潤的權益。

第六節　相關的管理理論

從管理的角度來看，環境通常不是組織可以控制的變數，原則上是以適應為主，而難以有效地控制。Robbins (1990) 在他有名的管理學著作中就用了這樣的比喻，他說有些組織在環境中的處境就像洶湧溪流中航行的橡皮艇，每一淺灘、巨石、瀑布都是它的挑戰。組織所能做的不是改變溪流、排除巨石或拉平瀑布；而是預先瞭解水流方向與各種環境的資訊，再輔以合適的操作。管理若只集中在組織內部功能之探討，那就是把組織看成封閉系統，不受外界環境影響而能獨立運作，但組織與環境間之界線並非完全絕緣，兩者之間也非毫無關係的。組織與外部關係之理論基礎大致可從系統理論、資源依賴理論以及新制度理論三方面加以探討：

一、系統理論

系統是指一組相互依存的單位，經由彼此合作來調適外在環境的變化，系統理論 (Systems Theory) 植基於生態學的觀點，認為組織是由許多相互依賴的次系

81

統所組成。一般組織都是開放的系統，會與其外在社會環境發生交互作用。開放系統具有以下的特色：

(1)有一個大環境（即超級系統）在其之上並與其進行資訊溝通及資源交換。

(2)包含若干次級系統且各次級系統相互關聯。

(3)具回饋機制 (feedback mechanism) 以調適並維持系統平衡。

(4)系統機能隨時間而運行且不可回溯。

(5)系統機能有衰亡趨勢但亦有反衰亡能力，視其管理能力而定（見圖 3–3）。

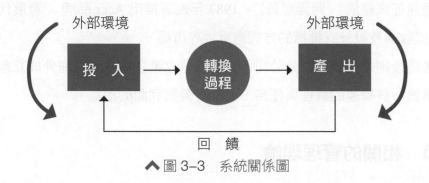

▲圖 3–3　系統關係圖

　　由此理論來看，管理者對環境的影響有限，是互惠共存的方式。當然由於組織日漸龐大，所擁有的資源亦日積月累，因此對環境的影響力漸漸增加。從環保觀點，組織對環境破壞的能力非常大，常常以經濟開展的名義，對環境進行無情的略奪。以河川的砂石而言，大自然提供非常多的砂石，但往往不及都市建設之所需。對使用砂石的建設公司與水泥廠而言，這些砂石來源方便，取用不竭，成本低廉。但是若是沒有計畫地濫墾濫伐，那麼再多的砂石也禁不起廠商的肆虐。因此政府應有完整的資源利用的計畫，讓環境與經濟開發取得平衡。

　　系統理論目的在提供決策多方多元的觀點，以得到長期穩定的解決方案，或可以稱為多方可以接受的方案。以臺灣花蓮地區的對外聯絡交通為例，多年來是花蓮地區民眾最關心的事。因為花蓮地處臺灣東部，是中央山脈直接連接海洋的地形，由於地勢險峻，山勢仍在變動之中（兩大板塊接壤之處），因此對外聯絡交通有許多困難。目前僅有鐵路比較穩定，其興建多年所經地區也相對穩定。但鐵

路在北部地區繞行濱海地區，行車時數較長，且需求甚殷，不管平日假日都一票難求。公路則是卡在宜蘭縣以南的蘇花公路段，由於此段山海交錯，公路必須在懸崖峭壁上用工具或炸藥鑿出，不僅工程危險，而且維持不久。每因颱風地震而坍塌，造成嚴重的交通阻隔，對花蓮居民形成很大的不便。對此問題的解決困擾花蓮居民甚久，但是由於環境保護團體有不同的意見，加上新通過的法令要求重大建設工程必須通過環境評估程序才得進行。於是花蓮地區民眾所屬意的高速公路，因為對環境的破壞較大影響較鉅而未通過環評。但是花蓮民眾賴以為生的對外交通又是不可或缺的。如何在環保與民生經濟之間取得平衡，便須要涉及此事的各方利益所代表的團體彼此商量討論，找出各方都能接受的方案以解決問題。從此角度觀之，其乃系統理論所能發揮之長。

在放大思考的範圍來看臺灣的發展，臺灣土地面積有 3 萬 6 千多平方公里，其中平地僅占三分之一（若再將周圍可利用的海洋算入，平地的面積更為狹小）。然而，臺灣在資源運用與開發卻集中於這三分之一的範圍內，令其餘廣大的資源被忽視，實在可惜！臺灣可借鏡瑞士的高山開發，將臺灣的高山百岳變成珍貴、保育且可欣賞與利用的資源。臺灣亦可借鏡紐西蘭與挪威，認真研究與開發四周的海洋資源，積極地面對大自然所賦予的寶貴資產。這將是臺灣無窮發展的契機與窗口。至於如何開發臺灣的環境資源，請見第七節的討論。

二、資源依賴理論

資源依賴觀點 (resource-dependence perspective) 認為組織本身不能產生內部需求的資源，因此組織的生存就在能否掌握環境中的稀有資源。但組織也會因受外界環境的影響而主動管理環境，使環境中的不確定性降到最低。換言之，資源依賴觀點一方面主張組織是受外部控制，所以要瞭解環境，另一方面又提出管理者可以主動地、有效地運用各種手段去有效地適應環境 (Pfeffer and Salancik, 1978)。傳統智慧所謂的「靠山吃山、靠水吃水」。在此觀點下，組織應掌握自身經營重要的資源，例如人才，像臺灣新竹的科學工業園區的公司便享有晉用當地兩所知名大學——清華與交通大學，以及政府所設置的工業技術研究院所提供的

優質工程研究人才及研發知識與能力。

　　同樣道理，在臺灣北部海邊的海洋大學便應有利於發展海洋工程、航運、漁業、生態相關的研究與人才。只是臺灣多年的守舊海防思維，限制了海洋的開發，也辜負豐富的海洋資源，也缺乏發展海洋的重要人才與知識。臺灣四周環海，但從未參加國際遊艇航行比賽，也無相關選手與教練團隊。臺灣也沒有環島的船運，觀光漁業資源也從未深入的規劃與開發。這是臺灣未來值得重視的一環。南太平洋的紐西蘭在遊艇航行比賽宿有盛名，曾多次得到世界大賽冠軍。紐西蘭每年約有 150 萬左右人次之遊艇及水上遊憩活動參與者，又依近十年之調查統計，近兩成紐西蘭家庭至少擁有一艘以上之自用遊艇，半數以上之紐西蘭人平均每年至少曾參與遊艇水上遊憩活動一次（經建會，2010）。相對而言，臺灣的親海行為顯然遜色許多，應多效法紐西蘭積極開發海洋活動，開發臺灣天賦的優勢。

　　依資源依賴理論，思考臺北動物園旁的政治大學理學院若設立動物系與獸醫系的話，則應增加大學特有的優勢。其次，在南投埔里中央山脈環繞的暨南國際大學，若能設立森林系、植物系、高山資源發展系、雪地運動系等，就可以將其附近特有的資源充分利用而創造學校難以比擬的優勢了。

三、新制度理論

　　組織管理領域的研究通常都限定在企業或產業族群（即一群生意上互有來往，甚至是彼此競爭的企業）之內。然而，新制度理論 (Neo-Institutionalism) 認為研究分析單位不應局限於組織本身，而應該包括各組織所賴以存在的、外在的大環境。制度理論所指的「制度」包括有形的組織（例如政府、大眾媒體）及無形的規範（例如法律、道德規範）。制度理論認為個人需要社會化；組織也經過組織間的相互影響與學習，可稱之為制度化的過程，以達到眾人心中認為的符合生存或合理運作的要求。外在環境對於組織的影響有三種，其為強制 (coercion)、模仿 (imitation) 及規範 (normalization) 等三種機制以使組織彼此行為相似 (DiMaggio and Powell, 1983)（見圖 3–4）。

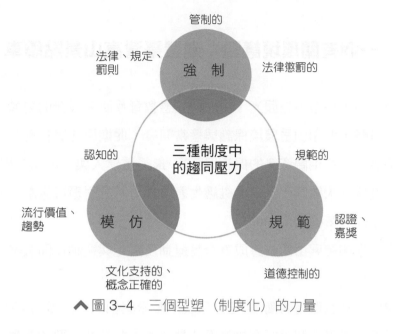

管制的

法律、規定、
罰則
強 制
法律懲罰的

三種制度中
的趨同壓力

認知的
規範的

流行價值、
趨勢
模 仿
規 範
認證、
嘉獎

文化支持的、
概念正確的
道德控制的

▲ 圖 3-4　三個型塑（制度化）的力量

　　所謂的強制乃是指一股力量使得組織不得不趨向相同的結構或運作方式的現象。這力量包含習慣的約束、團體有形與無形的壓力，以及法律的規定。例如餐廳業者應提供合乎衛生的食品與餐飲環境給予顧客，這不僅是一般禮貌與習慣的要求，更是餐飲公會團體中必須具備的常規，也是現代法律所規範的行為。其次，便是模仿同行，其是指組織間的模仿行為，基本原因是面對不確定的環境，在無法確保自己的作法是否有效時，一個成功的個案常會被其他組織競相模仿。其背後原因就是對不確定的恐懼，以及對複製成功的把握。例如臺灣市占率最高的兩家便利超商，其間的貨品內容與陳列方式都會非常相似。全家超商引進日本的霜淇淋，引起廣大民眾的注意並暢銷，而 7-Eleven 則馬上跟進，引進有名的北海道冰淇淋。另一方面，我們也可以說組織會受到其場域中組織網絡之各種力量的束縛，包括法律與組織內的規範等。例如在現代社會中已有法律禁止任何人在密閉的公共空間中吸菸，就是一種規範的現象。

第七節 一個有關環境議題：建置臺灣高山景點纜車

臺灣豐富的山岳環境是觀光、旅遊與生態教育及研究最佳的場域。依政府開發國土復育策略，兼顧山岳環境保護與適當開發，促進原住民社會經濟發展，推動健康山岳活動以達相關資料的保護與發展，最後重建人與土地和諧相處的關係。所有作為應秉持「永續國土保育與維護生態環境，減低對環境衝擊」的基本理念與下列基本原則（黃德維，2006）：

(1)應結合生態發展山岳旅遊成為全民運動及觀光與運動休閒服務業的產業項目。

(2)為減低對生態環境的衝擊，應對環境承載量與相關建設做適度的總量管制。

(3)相關規劃應盡量利用既有設施與活動場所，避免非必要的新建工程。

2004 年經濟建設委員會委託「亞聯工程顧問公司」進行「臺灣高山景點建置纜車潛在地點評估及開發營運之研究」，並規劃玉山、雪山、合歡山、南湖大山等 4 條高山纜車路線。各項纜車的設計條件與可能利益如下兩表，而高山纜車所衍生的問題如圖 3-5，請仔細考慮後想想你對臺灣發展高山纜車的意見。

▼表 3-3　高山纜車各預定線設計條件

路線	起點－終點	中間站（山下站）	路線水平長度（公尺）	支柱數（支）	支柱高度（公尺）	支柱最大跨距（公尺）	海拔高度升降（公尺）
塔塔加玉山線	塔塔加遊客中心－玉山北峰	4 (1) 站	7,215	31	15～50	500	1,258 (2600～3858)
雪山線	武陵遊憩區－雪山東峰－甘木林山	3 (1) 站	5,815	26	10～45	350	1,000 (2200～3201)
南湖線	思源啞口－南湖大山北峰	5 (2) 站	9,460	53	10～40	365	1,272 (2320～3592)
合歡線	滑訓中心－合歡山東峰	0	665	4	15～40	250	221 (3200～3421)

表 3-4　高山纜車的效益評估

單位：新臺幣

路線	工程經費估算（機械動力設備、支柱纜索設備、場站興建、附屬工程）	旅客預測（萬人／年）	尖峰量（人／小時）	營運成本（行政管理成本、設備維修成本、人事費用、動力費用，萬元／年）	營運收入（票箱收入、附屬業務收入，萬元／年）
塔塔加玉山線	8 億 2,769 萬元	90.7	880	15,816	22,642
雪山線	6 億 9,009 萬元	55.7	540	10,092	12,263
南湖線	10 億 2,611 萬元	46.5	450	13,030	14,400
合歡線	1 億 5,051 萬元	33.5	750	2,226	2,347

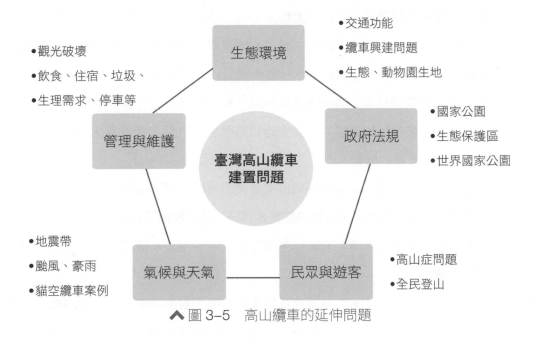

圖 3-5　高山纜車的延伸問題

▪摘　要▪

1. 談環境定義：環境乃指組織外影響績效的機構或力量，可分為一般環境與特定環境。一般環境包括組織外所有的事物，如經濟因素、政治情況、社會狀態以及科技因素。特定環境就是與組織目標直接運作有關的環境，通常包括上游資源掌握者、客戶、競爭者、壓力團體以及公益機構，特定環境都是獨特的，隨組織條件而變化。

2. 環境的不確定：論述組織所面臨的環境因組織的位置、規模特性與運作方式而有所

不同，並以台電所面對的環境變動程度就由穩定轉為動盪、台灣中油公司的經營面臨劇烈改變的環境、大學校長所面對環境複雜程度遠超過小學校長等為例來說明。

3. 特定環境：分析組織所必須面對與因應的外在因素；大多數的組織之供應商、顧客、競爭者、政府機構以及代表特殊利益的壓力團體等，都是造成組織所必須面對與因應的外在因素。

4. 一般環境：本節討論經濟、政治社會以及科技等影響組織管理的多項外在因素。

    (1) 經濟條件：從一個國家的國民生產毛額成長率、銀行存款利率、外匯兌換比率、通貨膨脹率、國民可支配收入、股市指數、以及進出口貿易金額等，可看見一般環境中影響組織管理行為的經濟因素。

    (2) 政治條件：政治條件包括企業所在國家的穩定度、政府官員腐敗程度、司法制度的公正與公義度、人民守法程度、社會大眾對於商業及商人的態度。

    (3) 社會條件：企業經營者必須調整其產品與作業程序以符合社會的期望。當社會的價值、生活習慣與品味改變時，企業經營亦應隨之轉變，使得產品、服務以及售後政策均適用於新的轉變。

    (4) 科技條件：在一般環境中最後一項的考慮就是科技。現今我們處於一個科技主宰一切的時代。在一般環境中最快的要算是科技，科技推動了其他一般環境的變革。如網際網路、智慧型手機、自動化生產工廠、雷射手術、基因治療、電動汽車以及太陽能電池等。

5. 全球化與區域化的國際環境：各國廠商所面對的競爭對手不僅限於國家的界限，新的競爭者可能隨時從各地出現。同時，一個組織的成長與擴充潛能是無可限量的。經理人若不注意全球環境的改變或反應不夠迅速，則組織能否繼續生存令人懷疑。舉世界貿易組織 (WTO) 來說明。

    區域性的商業聯盟：區域經濟合作應發生於有地緣關係的相鄰國家和政治地區之間。如北美自由貿易區 (NAFTA)、歐盟 (EU)、東盟 (ASEAN) 等。就臺灣而言，區域性的商業聯盟我國能參與僅有亞太經濟合作 (APEC)。並說明組織如何走向國際化。

6. 從管理的角度來看，環境通常不是組織可以控制的變數，原則上是以適應為主。並

從系統、資源依賴以及制度理論三方面加以探討組織與外部關係之理論基礎。

複習問題

1. 組織的環境可分為一般環境與特定環境，若從立法院的角度，其他政府機構是它的一般環境嗎？

2. 環境的複雜度與變動性兩個特性將環境的種類分成四種，你認為大學的環境是如何呢？比起量販店如家樂福，何者較複雜呢？何者較動盪呢？

3. 亞太經濟合作會議 (APEC) 是區域經濟合作的行動，是臺灣的外環境嗎？是一般環境還是特定環境？

討論問題

1. 請定義一個你家附的便利商店的特定環境。它如何限制商店的管理者呢？

2. 請描述貴校校長所面對的一般與特定環境。他們如何限制校長的行為？

3. 當一個大型公司連續虧損幾年，董事會的決定常是撤換總裁。為什麼？

4. 全球化的發展在 2010 年左右到極致，而自從美國總統川普當選後反倒走起逆流，英國也脫離歐盟，這樣發展是有利於臺灣嗎？

第四章

文化論

本章係以 7 節予以陳述學習的內容：

1. 定義組織文化
2. 解釋文化的來源與限制
3. 描述強勢文化對弱勢文化
4. 舉出組織文化的類型
5. 敘述組織文化模型與衡量工具
6. 列舉國家文化的四個面向
7. 分析組織文化對管理實務的影響

　　相傳百步蛇是臺灣幾個原住民族人的祖先，百步蛇也是貴族的專屬紋飾，百步蛇圖紋大量出現在排灣族與魯凱族的木石雕刻、日常用品及服飾上（見圖 4-1）。圍繞著百步蛇有許多神話傳說更增添了百步蛇的神祕色彩。而排灣族與魯凱族以獵殺或食用百步蛇為禁忌。魯凱族有記載吃蛇肉會遭到祖靈的懲罰而生病的神話，具威嚇作用，族人當然奉以為圭臬（田哲益 1&2，2003）。由此看來，傳說的故事會形成一個族群的共同的知識，並產成一些價值觀、習俗、規範、禮儀與做事方法，同時也會明顯地區別自己與他人的不同。

　　在 1960 年代，國際商務機器公司 (IBM)，代表最理想的就業機會，它提供員工個人成長與職位保障極佳，從不資遣員工。2012 年 IBM 是美國第十大的公司，一年的營收額超過美金 1,045 億，這是從一條寬廣的產品與服務的組合所獲致的成果：公司從硬體設備到軟體服務全部具備。然而，現在 IBM 無法像六十年前一樣的提供高成長與高保障。IBM 創業時的文化造成後來經營者的苦惱。

▲ 圖 4-1　原住民圖騰

1991 年，IBM 碰到了其八十年來第一次的年度虧損：280 億！IBM 的問題可以從其過去成功之兩個因素中找到答案： 一個高度規條化的保守文化以及對消費者服務的無限承諾。IBM 的創立者，華生 (Thomas Watson) 對於任何事都有規定。深色西裝、白襯衫以及條紋領帶構成「制服」。甚至在下班時間也禁止含酒精飲料的飲用。

公司的銷售人員仍然是同行羨慕的對象，他們受過完整的訓練，而且具高度的知識水準。大多數員工的頭六週是訓練課程。IBM 每年仍花大量的經費在教育與訓練之上。顧客在面對 IBM 的產品時比較有信心，如果他們對機器有問題，IBM 的銷售及服務人員會馬上解決這問題。但是過度沉溺在成功裡，常忽略了產品創新。當許多競爭者競相推出新產品時，IBM 仍然陶醉在其過去的成功裡。其實並不是服務不好，只是當市場隨創新而巨幅改變時，IBM 的文化使其停滯不前。這套在 IBM 初創時代的保守文化，也正是其在動盪環境中的絆腳石。

第一節　組織文化

我們知道每個人都有「個性」。根據心理學的定義，個性是一套相當多元且穩定的特質所組成的。當我們描述一個人熱情、有創意、放鬆或保守時，我們是在

描述他的個性,也可稱之為個人特質。同理,在觀察一個組織的表現,我們發現即使它是群體的組合,但是它也有一個綜合的特質,像個人的個性一般。而根據多年研究組織行為的結論,筆者認為組織文化 (organization culture) 就好像一個組織的特質,也反映其群體的性格。

組織文化這個名詞的特定意義是什麼呢?一般而言,這個名詞指出在組織內一個共有信念的系統。正如原住民部落文化有圖騰與禁忌來決定成員如何應對其他成員與外人,例如百步蛇是臺灣排灣族與魯凱族的傳統圖騰。

同樣道理,現代組織也有一套準則與習慣來指導其成員如何做事與行為。這套價值觀、符號、儀式、迷思以及行事的準則與習慣,是經時間慢慢演化而形成的。因此,我們可以稱這套價值觀及行為準則與習慣為組織文化。這些共有的信念決定大部分員工對世界的看法與一般事務反應之道。當面對問題時,組織文化提供將其概念化、定義、分析以及處理或解決的方法。這也就是在組織中常聽到的「這是我們通常做事的方法」,組織文化就好像幫規與家法限制與引導組織成員的選擇。就如同世界各國在開國紀念日那天都有慶祝的典禮與儀式,其中元首的祝辭、軍方儀隊與民間團體的遊行、煙火的施放、宴請國際外交官與貴賓等活動都是常見的,這些也都構成這個國家組織的文化。

文化意涵著幾件事情。第一,文化是一種集體的感受。這種感受是存在於組織之內,而非個人所單獨擁有的。因此我們可以發現在組織內不同背景、不同階層的個人對組織文化應該會有相同的描述辭彙與表達方式。這就是文化在組織內為大多數成員所共有的現象,僅有極少數人採取不同的作法與看法。例如中國人對孝道的看法,在各個家庭內普遍地被遵守。若是有違反此觀念的人,如忤逆或棄養父母的兒女不被社會所容。另外,對師道的尊崇亦是中華文化的特色,在臺灣可以看到畢業學生在教師節當天或前幾天會到學校或老師家中拜訪問候。這充分表明對老師尊敬。第二,組織文化是一種潛在的規則,是人們約定成俗的規範。它引導成員如何感受組織與面對事務,在潛移默化中逐漸加強成員對於規則與習慣的認同。組織文化兼顧成員理性與感性的取向,在反覆不斷地重演中把這套價

值觀與行事規則與方法塑造在成員心中。例如美國陸戰隊成員的普遍信條：「永遠忠誠」，便是陸戰隊非常強固的價值觀與行為準則。

第二節　文化的來源與限制

　　組織的文化通常反映創始團隊的願景 (vision) 或使命 (mission)。因為有原創的想法，他們多多少少也會對這想法有如何執行的偏方。他們往往刻意打破舊有或傳統的習慣或理念的限制。創始團隊會投射出他們認為組織應有的形象與行為，在互動過程中因而建立早期的自己獨特的文化。新生組織的小規模，亦有利於創立團隊將組織的願景傳給全體成員。由此吾人可以推論，一個組織的文化是由①創立者之早期的假設預想 (presumptions and preview) 與特殊的偏好 (preferences)，及②早期員工多方嘗試失敗與成功經驗的體會，兩者互動而成的。例如 IBM 的華生與王品企業的戴勝益，就是對組織文化有巨大影響的人。雖然在 1956 年就已過世，華生對於研發、產品品質、員工穿著以及薪資政策的看法，仍然可在 IBM 中被奉行不悖。王品企業的強調誠信、群力、創新與滿意，是創始人戴勝益在公司創立時就已有的「一家人主義」，成為王品的核心經營理念。

　　組織文化受創業者的理念與願景影響甚大，例如蘋果的賈伯斯追求創意與滿足消費者的完美需求。但組織文化也不是純然來自創業者本身，有時早期員工的一些偶發性作為也因為激起全體的共鳴而被不斷地複製，最後形成公司另一種的文化型態。例如蘋果不知何時開始在愚人節那天會在公司內部由員工惡整自己的老闆。只要無傷大雅且有助發揮創意與發洩緊繃的情緒，都是值得鼓勵的。某一年的愚人節一位單位的主管發現自己的辦公桌被移到中庭噴水池內，而且一切運作如常，就連電話都可使用，於是那位主管就在噴水池內工作了一天。這樣的習俗形成是偶然的，但是其中背後的意義值得玩味。

第三節　強勢文化對弱勢文化

　　雖然組織都有組織文化，但是並非所有的文化對員工都有相同的影響。一般而言，組織內強勢文化對員工有較大的影響，而所謂強勢文化乃是指組織內主要（被深刻且廣泛地接受）的價值觀。當組織員工越接受組織之主要價值觀，其投入也越多，而所被接受的文化也越強勢。強勢文化常是社會上的主流價值觀與流行行事風格，它影響人的生活起居與選擇取向；甚至決定個人在社會的地位、工作、收入與影響力。

　　組織文化的強弱有賴幾個因素，如起源時的強度、組織之規模（即接受者之多寡）、成立時間之久暫（即文化傳統之深厚）、習慣與傳統的正式化程度（即主管承諾之高低）等。某些文化（概念與作法）在組織中並不清楚，也不流行，對於何者重要以及何者不重要並不清楚（即價值並不明確），這就是弱勢文化的特徵。弱勢文化較不可能影響管理者或多數組織成員，它的表現方式較局部、少數且非正式的。就好像在大城市中企業工作的原住民朋友，他們有不同的信仰、節日與禁忌。但是這些想法與作法難被其他同事所接受，因此這樣的文化在公司內就屬於弱勢文化，受它影響的成員自然也比較少，許多原住民也因為久處都市而對原鄉生活、文化與語言逐漸生疏，甚至失傳。

　　然而，在大多數的組織內均有為成員普遍接受的組織文化，它對於何者重要、成員該如何行為與表現，以及自我定位等都有相當水準的共識。當一個組織文化變得更強時，我們會發覺它對管理者的影響力越趨強大。例如環保的概念在近年來非常風行，這是組織外來的文化影響。當組織成員都普遍接受環保的價值，我們就可以發現在組織中的運作與價值取向就會相對的改變。例如紙類的回收、使用綠能的產品、不排放污染環境的污水，將組織作業流程做有利於環保的設計與調整。這就是強勢文化在組織的功能與影響。西方文化在二十世紀至目前二十一世紀都是強勢文化，在全世界暢行無阻，甚至阿拉伯世界對西方文化的抵抗都是

處於劣勢。從歷史的眼光可以發現在二十世紀初東方對抗的影子。文化的對抗不像軍事那樣短暫且分明，而是長久且模糊，甚至有相融的現象。

　　至於文化融合的問題，若是兩個文化有互動或交流，長期而言是一定會互相融合。除非兩者沒有交流，否則就算是敵對文化也會因要勝過對方而學習對方的長處而有交流的情況。孔子曾稱讚管仲說：「微管仲，吾其披髮左衽矣。」這也是在強調當時中原文化的保存受管仲力抗北方胡人的入侵，不只是政治權力的爭鬥，更是文化的消長。尤其孔子所談的是穿衣束髮的變革，這就是文化的消長與競爭。兩千年後再審視孔子的話，吾人應更感到震撼，因為吾人不僅披髮有之，左衽中衽無衽都有，中華文化在近兩百年內所受到的衝擊遠勝千年之前。中華文化在西方文化前也首度降為弱勢，不僅科技工藝遠落後於西方，在學術思想上亦顯得嚴重不足。從今日現代臺灣就可見到西方文化的強勢影響，不僅城市建設、交通情況、居住環境與方式，到各級組織機關、學校、工業生產與商業活動，在在可見西方的影子，即使是衣著與髮型也與傳統大相逕庭。在臺灣的發展經驗中即可見在兩百年來東西文化的融合現象，我們的生活中有傳統的農曆與西洋的新曆並行。法律契約使用新曆，但過年節慶卻依循舊曆；做生意與辦公依照西方法規與習慣，但結婚與生活卻按傳統習俗與規矩。

　　臺灣的政治制度像西方，有三權分立，有民選首長與民意代表。但是實行起來，黨派結社、貪贓枉法的行為與君主專制時代毫無區別。尤其最終權力的擁有者與古代皇帝的心態與執政方式沒有多大改變。直至今日，臺灣的民主經驗仍不成熟，法律與制度的運行仍不通暢。但是與古代中國不同的是，現代人民普遍擁有的權力是增加的，對於共和與民主的制度的體驗越來越多與深刻。在臺灣的人民對於自己的生活與未來的發展是有些許把握的，人民若對政府不滿意可以循正常管道加以修正法令或更換官員。

　　陳明哲 (Chen, 2013) 在他擔任美國管理學會主席的任內以「雙文化」(ambi-cultural) 做為他的訴求，他以「在臺灣成長與在美學成」的背景說明雙文化的時代意義與東西演化的意義。雖他的理論隱含兩種文化的融合，但在用字與例

子上應仍以並存、並行、並重為主軸，因為若有融合，其仍在進行，尚無最終（或發展完成）的產品。陳以其理論的代表作——動態競爭理論做為雙文化的代表。他提出聲東擊西、避實擊虛、暗渡陳倉等策略思維，該是從《孫子兵法》中引用的。陳明哲以所謂的「中國人的競爭策略觀」分析企業競爭的思維，造成不小的迴響。而這套所謂東方的觀點，應早於《孫子兵法》在東西方哲學與兵學交流時就已經為西方知識界所熟知的。這樣的思維也非中國人所獨有，只有成語是屬於中國式專用罷了。至於雙文化的並陳或具備，好像也非經交流而共有，可能仍待有真正的融合才看得出其應有的表現。

第四節　組織文化的類型

桑南菲德 (Sonnenfeld, 1989) 從人力資源的職涯發展觀點，提出四個不同的組織文化系統。桑南菲德用組織內人力市場的開放程度 (the openness of internal labor market) 與同儕間的競爭程度 (cohort competition) 做為兩個區分向度，將組織文化分為四種類型：學院型、俱樂部型、棒球隊型與堡壘型（見圖 4–2）。

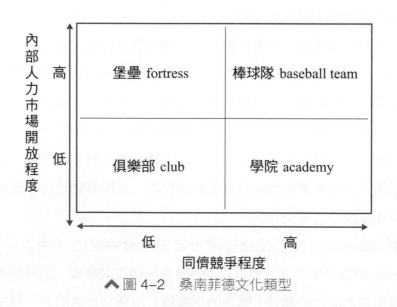

▲ 圖 4–2　桑南菲德文化類型

所謂內部人力市場開放程度乃是指將一個組織內所聘用的所有人力視為一個市場，就是一個內部人力市場 (internal labor market)，而其開放程度則是指這個人力市場與外界人力市場互相的關係狀況。有非常開放的情形，人力來來去去行動自如者，那幾乎無內外之分，許多小本生意多屬此類，餐廳中的服務員與廚師經常異動，組織間的疆界並不明顯。也有非常封閉的人力市場，如政府機構（尤其是軍事機構），其人事都是由基層晉升或內部調動的，與外部人力市場唯一的管道就是最基層進用的階層。通常是透過考試晉進。同儕間的競爭程度則不必多做解釋，其指工作績效受重視的程度，亦指與升遷的相關程度。

一、學院型 (academy)

學院型組織的人力市場是封閉的，即所有的新人都是從基層進入的，沒有坐直升機來的，所有的職位都是從內部晉升的。它的挑戰性高，新人要接受許多訓練及考驗，要從同儕的競爭中勝出。在這裡他們要不斷地成長、進步。這種組織喜歡僱用年輕人，為他們提供大量的專業培訓，然後指導他們在特定的職能領域內從事專業工作。桑南菲德認為，學院型組織的例子有：IBM 公司、可口可樂公司、寶鹼公司 (Procter and Gamble) 等。

二、俱樂部型 (club)

俱樂部型公司非常重視適應、忠誠和承諾。在俱樂部型組織中，資歷是關鍵因素，年齡和經驗都至關重要。與學院型組織相反，它們把人員培養成通才。俱樂部型組織的例子有：聯合包裹服務公司 (UPS)、德塔航空公司 (Delta Airline)、貝爾公司 (Bell)、政府機構和軍隊等。

三、棒球隊型 (baseball team)

棒球隊型這種組織鼓勵表現和向紀錄挑戰。招聘時，不分年齡和經驗只要有才能就可以進入各個階層各種職位。薪酬以員工績效為標準。由於組織對工作出色的員工給予巨額獎酬和較大的自由度，員工一般都拼命工作。在大眾傳播媒體、會計、法律、投資銀行、顧問公司、廣告機構、軟體開發、生物研究領域，這種組織比較普遍。

四、堡壘型 (fortress)

棒球隊型公司重視創造發明，而堡壘型公司則著眼於公司的生存。這類公司員工的技術並不專有、員工間競爭性不強，以致各種位置空缺均可由外界召募，因此進入門檻低。這類公司工作保障不足，但可吸引喜歡流動性高的人。堡壘型組織應該是層級不多、工作流程標準化的公司，如連鎖速食業、小型餐飲店、物業保全業等。

這樣的分類有助於我們分別組織文化之間的差異，假以時日便可以發現個體態度（信念）與組織文化匹配的重要性。首先，個人若能知道組織的文化類型，長期而言個人生涯發展就可以因應調整。例如組織文化若是屬於棒球隊型，那應該重視個人的表現，而且個人未來發展的視野應超越組織的疆界，2014 年紐約洋基棒球隊的強打二壘手卡諾 (Robinson Cano)，因複數年高薪而轉隊至西雅圖運動家隊就是最好的例子。雖然洋基隊有輝煌的歷史與眾多的球迷，但是卡諾為爭取個人更好的待遇只有放棄。如果組織屬於俱樂部型的話，那再努力也不見得有效，而是應該多累積在組織內的工作年資、經營好人際關係，等時機到臨就可以向上攀升。像獅子會或社區發展協會的組織就屬於俱樂部型組織文化，在獅子會內重要的是入會年資及與其他成員的友善關係，個人色彩過重或競爭心太濃都無助於個人在組織內的地位。最後，若是個人無法認同組織文化的類型，也不願調整自己去適應時，則應瞭解自己在組織內不可能有良性發展，除非另有組織外的目標與理想可以補償，否則繼續留在組織內是不智的。

另外，英國有名的管理大師韓迪 (Handy, 1976) 從組織結構的角度提出四種組織文化的型態：

一、權力文化 (power culture)

權力集中在少數集團或一個獨裁者手中，由此像蜘蛛網一樣發出對組織的控制。權力文化僅需簡單的法規與少量的組織，決定快速但方向常不一致。這樣的

組織文化常見於草創的組織,權力集中於創業者手中,隨其個人的判斷而有立即、明快且巨幅轉向的決策。

二、角色文化 (role culture)

組織的結構發展完全,有清楚的規定,職權分配清晰,科層組織分工詳細,個人權力來自職位而非專業。組織內的控制來自高度重視的正規程序,每個職位的角色內容與職權有清楚的定義。組織的運作全根據成文的規定且其結果易預測。這種組織結構就像希臘羅馬式建築一般,有精細的規劃與設計,屋頂由柱子(即各種既定功能部門)撐起,各部分的職位功能與運作方式依其設計與分工有明確的內容與規範。

三、任務文化 (task culture)

這樣的組織用團隊方式解決特定的問題,權力是根據團隊的專業而分配,團隊中的個人能力均有專精,多半可見如矩陣式組織的多重回報管道。土木工程公司多半以這種型式運作,在團隊中的成員各具特殊專業,依任務的需要在不同的階段各自發揮該有的影響與貢獻。

四、個人文化 (person culture)

組織內所有個人均相信自己優於組織,這樣的組織想持續運作會有點困難,但某些專業的合夥組織運作得順利,因為個人可以帶來專業技能與顧客。如律師與會計師事務所,每一個合夥人與公司的關係就是如此。律師與會計師都可以獨自處理客戶事務,若不滿意亦可以將客戶帶到其他公司而不受原公司的影響。

韓迪的分類提供另一種組織文化的分類模式,這種以結構或公司組成方式的分類亦可以讓我們認識組織文化的差異、如何適應不同的組織文化,進而有效地發揮個人與組織的功能(見圖 4–3)。

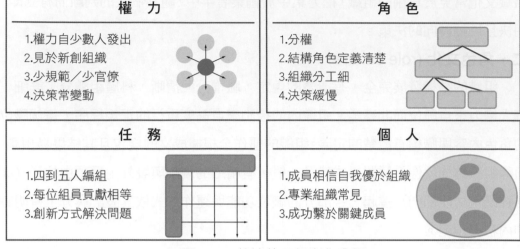

權　力	角　色
1.權力自少數人發出 2.見於新創組織 3.少規範／少官僚 4.決策常變動	1.分權 2.結構角色定義清楚 3.組織分工細 4.決策緩慢

任　務	個　人
1.四到五人編組 2.每位組員貢獻相等 3.創新方式解決問題	1.成員相信自我優於組織 2.專業組織常見 3.成功繫於關鍵成員

▲圖 4-3　韓迪的四個文化分類

第五節　組織文化模型與衡量工具

一、O'Reilly 等的組織側寫模型

　　O'Reilly, Chatman & Caldwell (1991) 相信組織文化是組織內部價值所強化的特質而發展了一個組織側寫模型 (organizational culture profile model, OCP)。組織側寫模型是一個自我陳述的工具，依七類特徵來呈報組織的文化：創新的、進取的、結果導向的、穩定的、人員導向的、團隊導向的及細節導向的 (aggressiveness) 等（見圖 4-4）。這七個面向可以提供我們在瞭解組織文化，或想測量組織文化一個實用的觀點與工具。有興趣的讀者可以利用文獻資料更進一步知道如何測量本身組織的文化，並可以將其側寫的組織文化與組織使命與目標比對，看組織是否符合當初的期望。這樣的運用此項工具也可以當作一種組織與個人績效的衡量，只是文化診斷不似一般醫院病人的診斷那樣具體。有待長時間的投入與努力，去建立公認的理論與標準，同時輔以有系統的評量、檢討、與修正。就像對人的個性與性向，心理學也仍無定於一尊的結論。

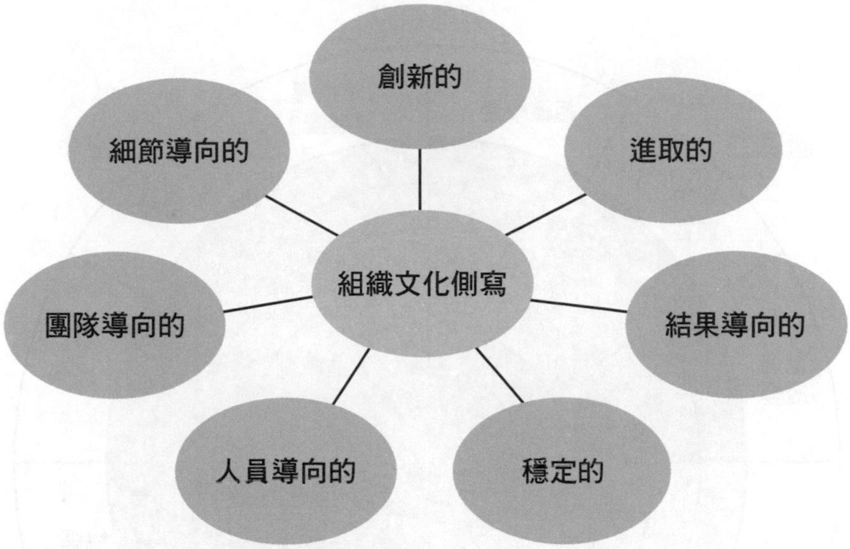

▲圖 4–4　O'Reilly 等的組織側寫模型

二、丹尼森的組織文化分析模型

丹尼森 (Daniel Denison, 1990) 的模型則主張組織文化可以從使命、適應力、參與度與一致性等四個面向描述，這四個向度各又分別為三個分向度來描述（見圖 4–5）。

1. **使命** (mission)

   策略方向與意圖、目標與願景。

2. **適應力** (adaptability)

   改造、顧客焦點與文化學習。

3. **參與度** (involvement)

   賦權、團隊導向與能力開發。

4. **一致性** (consistency)

   核心價值、共識、協同與整合。

丹尼森的模型納入組織內外部的因素，以及變動或穩定的因素加以考量。其為許多組織用來診斷組織內文化的問題。

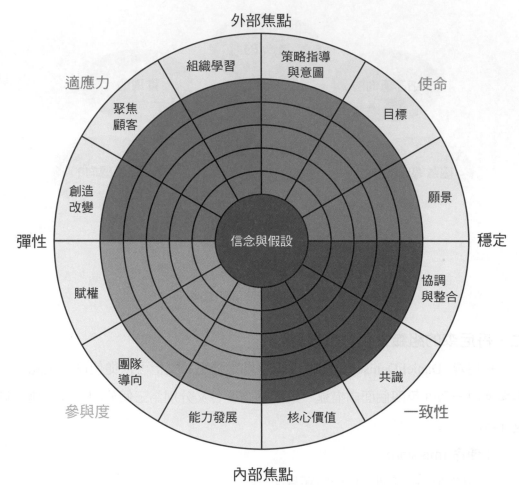

外部焦點

組織學習

策略指導
與意圖

適應力

使命

聚焦
顧客

目標

創造
改變

願景

彈性

信念與假設

穩定

賦權

協調
與整合

團隊
導向

共識

參與度

能力發展

核心價值

一致性

內部焦點

▲圖 4-5　丹尼森的組織文化分析圖

三、凱麥隆與肯因的組織文化評估工具

　　凱麥隆與肯因 (Kim Cameron & Robert Quinn, 1999) 在針對組織效能與成功的研究中，根據對立的價值體系發展出評估組織文化的工具以分辨出四個文化類別。對立的價值會產生兩極，如彈性對穩定、內部對外部觀點，這兩種對立被發現是決定組織成功最重要的因素。這樣的對立就像在平面上的四角建構了四種型式的文化（見圖 4-6）：

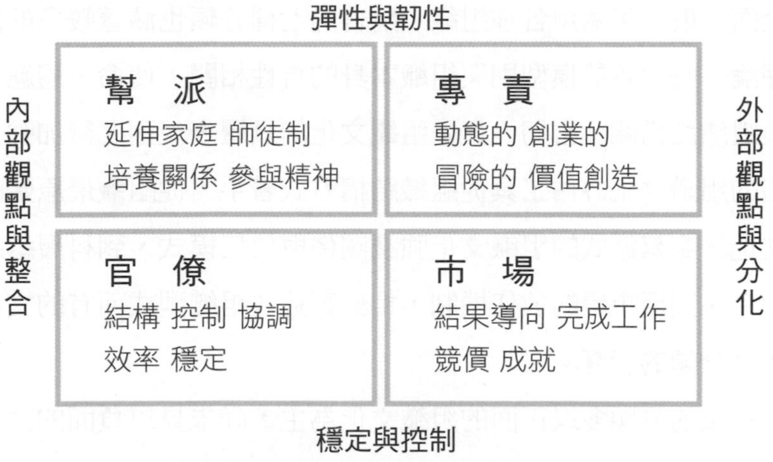

彈性與韌性

幫 派 延伸家庭 師徒制 培養關係 參與精神	**專 責** 動態的 創業的 冒險的 價值創造
官 僚 結構 控制 協調 效率 穩定	**市 場** 結果導向 完成工作 競價 成就

內部觀點與整合

外部觀點與分化

穩定與控制

▲ 圖 4-6 凱麥隆與肯因的文化類別

1. 幫派文化（clan culture，內部觀點加彈性）

一個親和的工作環境中領袖們就像父親角色。

2. 專責文化（adhocracy culture，外部觀點加彈性）

一個多變的工作環境中領袖們鼓勵創新。

3. 市場文化（market culture，外部觀點加控制）

一個競爭的工作環境中領袖們喜歡勤奮者。

4. 官僚文化（hierarchy culture，內部觀點加控制）

一個結構化且正式的工作環境中領袖們喜歡協調者。

　　凱麥隆與肯因發展了一套組織文化評估工具，可以界定四種組織文化的原型，而一般組織或團隊都有自己獨特的多種組織文化型式的組合。一般而言，幫派文化常與員工正面態度及服務與產品品質相關，組織強調信任，重視溝通與員工的參與。市場文化與創新及財務績效相關，市場文化多強調清楚的目標與明確的報酬。專責文化所面對的是多變的環境，不能一成不變的經營，否則很容易被顧客忘記，因此要以創新來緊緊抓住顧客的心。科層文化則強調紀律與協調，在明確的目標與方向下持續向成功邁進。

　　總結上述三家對組織文化的看法，O'Reilly, Chatman & Caldwell 的組織側寫

模型比較全面一般，可適用各種組織。所含的七種分類也涵蓋較多的面向，是值得參考的理論。丹尼森的模型則與組織本身的特性相關，使命、適應力、參與度與一致性與組織結構關係密切，但是組織文化的具體表現則尤待加強。最後，凱麥隆與肯因的組織文化評估工具從組織結構方式著手，從組織最原始的專案式組織所具的文化、到幫派式的組織文化強調關係與信任模式、到科層組織的講究規矩與服從命令、到用市場的放任機制，相對應這些組織型式而有的文化難免不受到組織型式與分類的影響。

另外，三家的分類多以正面的組織文化為主，尚未見以負面的文化內容做為分析與研究的對象。像貪污、舞弊、循私、濫權等作為就是組織負面文化的一種，刻意忽略並不表示它們不存在。

科特與赫斯科特 (John Kotter & James L. Heskett, 1992) 認為組織應該追求建立一個「健康的」組織文化，以增加生產力、成長、效率，以及減少員工無效率、甚至離職的行為。他們提出一個健康的組織文化包括：

(1)接受多元化。

(2)公平對待並尊重員工。

(3)對工作與組織的熱誠與認同。

(4)發揮的平等機會。

(5)充分溝通公司政策與措施。

(6)領導階層的積極指揮與明確目標。

(7)創新、服務與價格競爭力。

(8)低離職率。

(9)對學習、訓練與知識的投資。

另外，健康的組織文化通常財務表現優良，這樣的文化有較高的員工參與、良好的內部溝通以及鼓勵創新冒險的健康心態。注重產業科技發展與產業成長的組織有較好的績效表現。根據科特與赫斯科特 (1992) 的研究，具有調適性文化的組織表現較好，而所謂的調適性文化是指主管注重組織重要關係人的需求，特別

是顧客，為此他們願意主動改變，即使改變本身具有風險。而一個無法調適的組織文化會明顯地減低組織效能並減弱組織的競爭。

第六節　國家文化對組織文化的影響

國家文化會凌駕組織文化嗎？例如 IBM 在德國的機構會反映德國的民族性，或是 IBM 的公司文化呢？兩者相衝突時是哪一個文化特質會占上風呢？研究發現國家文化比組織文化對員工有更大的影響。IBM 在慕尼黑的德國工人受德國文化的影響遠大於 IBM 公司文化的影響。這表示組織文化對管理者的影響要比國家文化的影響要來得小得多了。所謂國家文化乃是指影響及表現在一國人民共有的思想、態度、習慣與行為的特殊風格與價值取向。

在國與國之間的法律、政治及經濟的差異是非常清楚的。在臺灣工作的日本經理或在日本工作的臺灣經理，要想獲得他們居住地的法律或稅務資料並不困難。然而，想要獲得一個新派駐國家的文化差異的資料，會比較困難。主要的理由是在地住民很難發現本身文化的獨特性，若要明確表達出來更是困難。有首詩說「不識廬山真面目，只緣身在此山中」就是這個道理。如果你從小在臺灣長大，你會如何來描述你的文化？想一想，然後看看表 4-1 中有多少點被你所料中。

▼ 表 4-1　臺灣人像什麼？

特　質	描　述
重視和諧的	與人相處最重和諧，絕不可有爭吵衝突
有人情味的	關心陌生人，對朋友忠誠，只要有一點關係就湧泉以報
現代化的	對於（西方）現代科技與知識的推崇與無條件的接受
勤儉的	傳統社會所具有的美德與生活價值
獨立與個人主義者	認為自由可貴，亦認為可以創造並掌握自己的前途
阿 Q 精神	合理自我保護、把責任外推、不肯面對失敗、一廂情願地自我催眠假勝利
寬容	代表著耐心、饒恕、接受自己和他人的錯誤，以及犧牲小我、完成大我的胸懷
老實一圓滑	老實者忠誠、腳踏實地、認真工作且不虛偽，堅持原則；圓滑者正好相反
好面子	重視個人榮譽，尤其是面對面的尊重

根據香港心理學者修訂西方流行的人格測驗量表 (Cheung and Leung, 2003)，而提出中國人個性量表中的和諧性、人情、現代化、節儉、阿 Q 精神、寬容、老實—圓滑以及面子等人格維度，是中國文化特有的，而非從其他人格測驗中轉換而來的主張。本書提出下列臺灣人像什麼的表格供讀者自我比較。與表 4-2 的典型的美國人比較起來，你覺得兩者的差別是否有理呢？而兩者是否真能代表兩個地方人民的特徵呢？

▼ 表 4-2　美國人像什麼？

特 質	描 述
非常不正式的	不希望因為年齡或社會地位影響待人之道
坦白的	不繞圈子。對部分外國人，這顯得無禮，甚至粗魯
競爭者	一些外國人認為美國人有自信或有點自我膨脹
成就者	無論工作或玩耍，喜歡作記錄，以便強調他們的成就
獨立與個人主義者	認為自由可貴，亦認為可以創造並掌握自己的前途
喜發問	很多的問題，甚至初識時。許多並無意義（你好嗎？）或涉及隱私（你的工作？）
不喜歡沉默	寧可談天氣，而不願忍受談話中的中斷空白
守約守時	不爽約
重視清潔	常沉迷於洗澡、除體臭與穿乾淨的衣服

表 4-2 則是 Robbins (1996) 根據多個研究結果所整理出來典型美國人的特徵。如果仔細講究，讀者將會發現這份人格陳述最適合描述美國西部好萊塢附近的人士，可以矽谷中的高科技公司員工為代表。他們穿著不拘正式禮儀，講話直率，富競爭性，追求個人成就，強調獨立，喜歡發問（表示對知識的尊重與好奇），不喜歡冷場。但是並非所有的美國人都是如此，以美國東北部人士為例，他們比起西部人就比較沒有那麼像表中的個性了。反而很正式，有所保留，講禮貌，有時也沉默。但是他們仍然是競爭者，獨立與個人主義的信仰者，不見得喜歡發問。有些個性是配合工業化社會必須有的公德，像守時守約，注重清潔等就是，因此我們可以發現這樣的公德在世界各地被遵守。而傳統農業社會就不太會重視守時，

與注重清潔。尤其是當工作必須到田地上耕作，汗流浹背，甚至溼透衣物等都是必然事，這是努力工作的美德，不再會被當成不注重身體清潔的象徵。至於沉默的性格則亦不適用於現代生活中，其無關工作上的要求；但是若發現可以據理力爭的事證，那麼身為公司的一員就應跳出來提出質疑，其目的是讓團隊走向正途。

一、吉特·霍夫斯德的組織文化理論

　　霍夫斯德 (Geert Hofstede, 1980) 以國家文化的研究而聞名，他發展出一個國家文化的代表向度，以他所任職的 IBM 在 40 個國家中分支企業，超過 11 萬 6 千個員工為調查對象。他的研究結果顯示國家文化深深地影響組織內部員工的工作價值與工作態度。甚至國家文化比年齡、性別、職業或職位等因素在員工的行為與態度上更具解釋力。更重要的是，霍夫斯德發現管理者與員工在國家文化的幾個向度上有差異：

1. 個人主義與集體主義 (individualism vs collectivism)

　　個人主義是指以追求個人（或其直接家庭）的利益為主的價值取向，擁有這樣價值觀念的人所組成的社會結構是鬆散的，人際關係是不親密的，因此要靠緊密的法規以維繫社會秩序與公共利益。強調個人主義的社會允許個人充分且大量的自由，國家除非法律有規定，不得任意侵犯個人的自由與權益。個人主義是因應傳統專制的國家集體主義而出現的，它是現代自由民主國家誕生的一個重要理由。對應於個人主義就是集體主義，它出現於傳統較具規模的社會（國家）之中，它的社會結構緊密，整體利益為主要關心的事項，成員們合理地期望在困難時團體（如社區或更大組織）會出面照顧並保護他們。同時他們回報團體他們絕對的忠誠與服從，在危機時刻成員們願意犧牲個人利益以保全團體整體更大的利益。

霍夫斯德發現個人主義盛行的國家其個人擁有的財富亦較多，加總起來國家整體的財富亦較多。例如盛行個人主義的國家如美國、英國以及荷蘭等國家亦較富有；而貧窮的國家如高棉與巴基斯坦卻都是集體主義 （見表 4-3）。當然這與霍夫斯德的觀察時期有關，在二十世紀中後期英美等個人

主義的國家由於經濟快速發展，以致於累積大量的國家財富。在這時期的民主國家的發展經驗來看，個人主義是打破以往少數人（國王與貴族）壟斷稀少資源且不效率的局面，讓個人的智慧與經驗得以在更自由的空間中發揮，以創造更多的福祉。人才與智慧的釋放才是真正的關鍵！然而，這樣的觀察結果也僅能說此時期的發展正好可以下此結論。但不見得能運用至以往或以後的時期之中。以近代中國的經濟發展而言，這樣的集體主義思維的國家，目前已超越日本成為全球第二大經濟體，在可見的未來可以期待中國可成就更高的目標。由此看來霍夫斯德前述的財富與個人主義關連的說法就站不住腳了。

▼ 表4-3　各國／地區個人主義排名

名次	國家／地區	名次	國家／地區	名次	國家／地區	名次	國家／地區
1	美國	15	德國	29	烏拉圭	43	南韓
2	澳大利亞	16	南非	30	希臘	44	臺灣
3	大不列顛	17	芬蘭	31	菲律賓	45	祕魯
4/5	加拿大	18	奧地利	32	墨西哥	46	哥斯大黎加
4/5	荷蘭	19	以色列	33/35	東非	47/48	巴基斯坦
6	紐西蘭	20	西班牙	33/35	南斯拉夫	47/48	印尼
7	義大利	21	印度	33/35	葡萄牙	49	哥倫比亞
8	比利時	22/23	日本	36	馬來西亞	50	委內瑞拉
9	丹麥	22/23	阿根廷	37	香港	51	巴拿馬
10/11	瑞典	24	伊朗	38	智利	52	厄瓜多
10/11	法國	25	牙買加	39/41	西非	53	瓜地馬拉
12	愛爾蘭	26/27	巴西	39/41	新加坡		
13	挪威	26/27	阿拉伯	39/41	泰國		
14	瑞士	28	土耳其	42	薩爾瓦多		

2. **陽性對陰性（優勢）(masculinity vs femininity)**

陽性與陰性談及性別間情緒角色的分配，這是社會中基本的應對進退行為模式的設定。陽性國家文化強調傳統男性成就、控制與權力，而陰性國家

文化則否。高陽性國家文化表示該國性別差異大,男性在社會中掌控局面大,權力高;女性掌控小,權力低。陰性國家文化表示這個國家文化中性別差距與性別歧視小,女性在國內社會中各方面所受的待遇與男性相同。IBM 的研究顯示,國家間男性價值包含一個向度顯示自信與強勢 (assertive and competitive),與女性價值所表現的寬容與關懷 (modest and caring) 有極端的差異。自信的極端常被稱為陽剛,而關懷的極端則被稱陰柔。在陰性國家的女性與男性一樣具寬容與關懷的價值取向;而在陽性國家中她們便比較自信與強勢,但不及男性的強度。所以在這些(陽性或陰性)國家中男性與女性的價值取向有差距。

▼ 表 4-4　各國男性主義排名

名次	國家/地區	名次	國家/地區	名次	國家/地區	名次	國家/地區
1	日本	15	美國	29	以色列	43	瓜地馬拉
2	奧地利	16	澳大利亞	30/31	印尼	44	泰國
3	委內瑞拉	17	紐西蘭	30/31	西非	45	葡萄牙
4/5	義大利	18/19	希臘	32/33	土耳其	46	智利
4/5	瑞士	18/19	香港	32/33	臺灣	47	芬蘭
6	墨西哥	20/21	阿根廷	34	巴拿馬	48/49	南斯拉夫
7/8	愛爾蘭	20/21	印度	35/36	伊朗	48/49	哥斯大黎加
7/8	牙買加	22	比利時	35/36	法國	50	丹麥
9/10	大不列顛	23	阿拉伯	37/38	西班牙	51	荷蘭
9/10	德國	24	加拿大	37/38	祕魯	52	挪威
11/12	菲律賓	25/26	馬來西亞	39	東非	53	瑞典
11/12	哥倫比亞	25/26	巴基斯坦	40	薩爾瓦多		
13/14	南非	27	巴西	41	南韓		
13/14	厄瓜多	28	新加坡	42	烏拉圭		

3. 權力距離 (power distance) 的高與低

霍夫斯德用權力距離這個名詞來衡量一個社會對於權力在機構與組織間的不平等分布所接受的程度,這表示在一個國家中人們之間平等的程度。高

權力距離的國家中允許權力與財富的差距無限增加，這樣的國家中非常有可能存在階級制度 (caste system)，不允許百姓有太明顯的升遷或打破階級的現象。員工對於那些掌權者有高度的尊敬，頭銜、階層與地位非常重要。在與高度權力距離國家談判時，一般公司發現如果派一位與對手位階相當的談判代表有助於談判的完成。

低權力距離的國家表示其社會不強調權力與財富的差別，而強調人人平等與機會公平。傳統社會多傾向高權力距離，社會中的階級差別明顯，不同階層的人甚至不相來往，所謂的封建社會即是最好的形容。身處這樣的社會中人們自然會感受到權力的差別與所受到的待遇差別。

理論上，英國社會應該比美國社會權力距離高，其最高民選首長僅是首相，其位置、權力與待遇明顯低於英國女王。相對而言，美國總統卻是美國民選最高首長，其享受國內最高的權力與尊榮，而其出身不必高。2008 年當選的歐巴馬 (Barack Obama) 總統就是最好的代表，身為非裔美人，又是單親家庭隔代教養的孩子，他的成功是全美國的驕傲。但是在霍夫斯德 2001 年的調查 （見表 4–5），英國與美國的權力距離卻是相反，美國反而比較高。這可能是在美國 IBM 工作的員工之權力距離明顯高於英國 IBM 公司工作的員工。

臺灣與中國間的權力距離亦有差別，相對而言，臺灣的權力距離低，人與人之間的平等感覺充足，即使是上司與部屬間、老師與學生間、父母與子女間，臺灣由於實施民主選舉後，立法院民意代表多年來的衝撞官僚與威權，使得社會中的權力距離大幅縮小。但是社會中不斷出現不同權力距離觀念者的衝突，最明顯的就是師生之間的爭執。老師會以中國傳統的尊師重道觀念去要求學生，而學生則是以現代平等觀念去反制老師。

反觀中國長期以來一黨專政，黨中央與各省黨委書記在中國長期執政的結果，使得社會中的階級意識不免嚴重。這是共產革命始料未及的結果。在中國各級政府中黨書記的權力似乎無可挑戰，它代表黨至高無上的權力，

只有在黨系統中更高的權勢可以壓制。

▼ 表 4–5　各國權力距離排名

名次	國家／地區	名次	國家／地區	名次	國家／地區	名次	國家／地區
1	馬來西亞	15/16	法國	29/30	伊朗	42/44	德國
2/3	瓜地馬拉	15/16	香港	29/30	臺灣	42/44	大不列顛
2/3	巴拿馬	17	哥倫比亞	31	西班牙	45	瑞士
4	菲律賓	18/19	薩爾瓦多	32	巴基斯坦	46	芬蘭
5/6	墨西哥	18/19	土耳其	33	日本	47/48	挪威
5/6	委內瑞拉	20	比利時	34	義大利	47/48	瑞典
7	阿拉伯	21/23	東非	35/36	阿根廷	49	愛爾蘭
8/9	厄瓜多	21/23	秘魯	35/36	南非	50	紐西蘭
8/9	印尼	21/23	泰國	37	牙買加	51	丹麥
10/11	印度	24/25	智利	38	美國	52	以色列
10/11	西非	24/25	葡萄牙	39	加拿大	53	奧地利
12	南斯拉夫	26	烏拉圭	40	荷蘭		
13	新加坡	27/28	希臘	41	澳大利亞		
14	巴西	27/28	南韓	42/44	哥斯大黎加		

4. 規避不確定 (uncertainty avoidance)

這表現在社會中對於不確定與模糊的容忍程度。我們生活在一個不確定的世界中，未來不可知。不同社會對於不確定的反應不同。有些社會較能接受不確定，並不接受宿命或稱認命。在這樣社會的人們比較願意冒風險，也比較接受多元的意見及行為，因為沒有被威脅或命定之感。霍夫斯德形容這樣的一個社會對不確定之規避較低，那就是人們感到非常的安全，願意接受改變。這樣的國家文化有新加坡與丹麥（見表 4–6）。

一個對不確定有高度規避的社會成員普遍具有焦慮，常緊張、感到壓力與具攻擊性。人們因為對未來不確定與模糊而感到受迫，因此常用一些方法取得安全感並減少風險。他們的組織中有較多的正式法規、規範與控制，以減低不確定的狀況，他們不寬容例外的想法與行為，成員們傾向相信絕

對的真理。在這樣高度規避不確定的社會中,其成員較低表現創新傾向,終身僱用是一個普遍的制度。這樣的國家有葡萄牙與希臘(見表 4–6)。

▼ 表 4–6　各國規避不確定排名

名次	國家/地區	名次	國家/地區	名次	國家/地區	名次	國家/地區
1	希臘	10/15	阿根廷	29	德國	43	美國
2	葡萄牙	16/17	土耳其	30	泰國	44	菲律賓
3	瓜地馬拉	16/17	南韓	31/32	伊朗	45	印度
4	烏拉圭	18	墨西哥	31/32	芬蘭	46	馬來西亞
5/6	比利時	19	以色列	33	瑞士	47/48	大不列顛
5/6	薩爾瓦多	20	哥倫比亞	34	西非	47/48	愛爾蘭
7	日本	21/22	委內瑞拉	35	荷蘭	49/50	香港
8	南斯拉夫	21/22	巴西	36	東非	49/50	瑞典
9	祕魯	23	義大利	37	澳大利亞	51	丹麥
10/15	法國	24/25	巴基斯坦	38	挪威	52	牙買加
10/15	智利	24/25	奧地利	39/40	南非	53	新加坡
10/15	西班牙	26	臺灣	39/40	紐西蘭		
10/15	哥斯大黎加	27	阿拉伯	41/42	印尼		
10/15	巴拿馬	28	厄瓜多	41/42	加拿大		

臺灣地處海島,環境資源有限,尤其不具重要的經濟資源,使得島上社會對未知與改變容忍度高,代表性的中小企業眾多,願意承擔風險以經營企業謀生與獲利。尤其在上世紀的八〇年代,臺灣經濟的高成長與產業競爭能力形成舉世矚目的焦點。只是進入二十一世紀後臺灣的衝勁明顯不足,引以自豪的創業精神也逐漸被保守不敢冒險的作風取代,造成經濟長期停滯不前的現象,值得進一步探討這種循環的原因。

5. **長期或短期導向** (long vs short-term orientation)

霍夫斯德 (1991) 在研究中國員工與經理人的國家文化時,發展出一個新的文化向度。他稱之為長期或短期導向,並歸諸於儒家精神。其實儒家是否真的以長期導向為主要核心理論見仁見智,霍夫斯德這樣的主張引起了不

小的爭議 (Fang, 2003)。主要是因為他發現在中華文化為主的國家中長期導向觀點的分數特別高，如此讓他決定增加此一向度做為國家文化分析的工具。

▼ 表 4-7　各國長期導向排名

名次	國家／地區	名次	國家／地區
1	中國	13	波蘭
2	香港	14	德國
3	臺灣	15	澳大利亞
4	日本	16	紐西蘭
5	南韓	17	美國
6	巴西	18	大不列顛
7	印度	19	辛巴威
8	泰國	20	加拿大
9	新加坡	21	菲律賓
10	荷蘭	22	奈及利亞
11	孟加拉	23	巴基斯坦
12	瑞典		

長期導向反映社會對於傳統與長期思考的重視，注重對事物的長期關注與投入。這意味著重視工作倫理與長期僱用的報償。然而，在這樣的社會中商業關係要花較長時間發展，尤其是對外來者而言更是艱難。短期導向者則不重視長期與傳統觀點，在這樣的文化中改變較易發生，因為沒有長期與傳統承諾在阻撓。

在比較 53 個國家的四項文化向度之後，可以發現臺灣、美國以及日本在國家文化的各項尺度均有不同，各具特色（見表 4-8）。臺灣個人主義非常低顯示集體價值高、男性主義不明顯、權力距離不高但高於美日、對不確定的規避則高於平均數。最後一點對不確定的規避有點不符臺灣的現況。可能與其取樣有關，在臺 IBM 工作的員工可能符合，但在臺灣更多的人從事的中小企業則非如此。他們是以冒險敢衝聞名，許多國際貿易的訂單就是

他們爭取來的。而臺灣在上世紀八〇年代所創的經濟奇蹟也是拜對風險的挑戰而來的。美國個人主義在所有國家中得分最高、男性主義非常明顯、權力距離是在平均之下、對不確定的規避則相當的低於平均數，這個結果與美國的世界形象相去不遠。

▼ 表 4–8　三國文化向度比較

國家 向度	臺灣	美國	日本	調查總數
個人主義	44	1	22	53
男性主義	32	15	1	53
權力距離	29	38	33	53
規避不確定	26	43	7	53
長期導向	3	17	4	23

從跨國經營公司的角度，外派經理人能否適應駐在地國家是重要的人事決策考量。如何挑選或培養能適應各個駐住國的經理人才，則是積極的因應之道。而霍夫斯德的模型或可提供一些在準備外派人員的參考。

二、塑造競爭的文化

有些組織的文化能使組織的更具競爭力，而其他的甚至阻礙組織發展。組織的文化到底是阻力還是助力，全視其與組織使命與經營目標的配合而定。過去成功時期「對」的組織文化，在新的時代不一定有用。今日許多組織正在進行文化革命。因為環境不斷在改變，使得各種組織，無論成功的大型組織如奇異、IBM、固特異、美孚石油與全錄，都必須重新塑造組織文化使公司更具競爭能力。同樣的，小型新創的企業也面臨不斷改變的要求，從產品到服務各階段都必須進行經常的改變。如臺灣有名的 85 度 C 這家連鎖咖啡糕餅店，在臺灣新創企業模式是以星巴克為競爭對象，強調平價優質的咖啡。但隨著市場演化，85 度 C 反而發現它多樣選擇的蛋糕才是競爭主力。公司下午茶的需求才是它的主要市場，而不必與星巴克在來店客的市場競爭。

組織應有什麼樣的文化呢？回答這個問題非常困難，通常變化大、資源豐富且開放的環境，有利於冒險與創新、注重目標達成甚於遵守規定、增加員工權力重於階級維護、促成合作取代惡意對抗與快速回應，優於層層節制的文化。蘋果與谷歌這兩家公司目前的表現正好是很好的例子，它們自由、開放、創新、平等的文化，而使得公司更具競爭能力，且擁有快速因應環境變化的獨立單位。當然知道重塑組織文化是一回事，但要完成是另一回事，如先前所說，組織文化是相當穩定且持續長久，短期內要改變是非常困難的。

第七節　組織文化對管理實務的影響

組織文化常默默地規範經理人應該與不該做的事，並決定如何處理組織中緊要的事。這些規範常不明顯，也沒有書面記錄，甚至很少聽人們談起。但是它們就在那裡，所有的經理人都很快地知道組織中「何事該迴避，何事該瞭解」。用以下工作準則的例子進一步說明，你不會在公司中找到下列的價值觀的書面紀錄，但卻可發現它們實際存在：

⑴在做決定前，應先告知你的主管，免得他感到意外。

⑵品質與成本孰重？前者對外，後者對內。

⑶成為「團隊」人，才能謀取高位。所謂團隊人就是即使有不法的事也要掩護到底。

⑷凡事不做不錯，不必強出頭。

⑸隨時都要表現出很忙的樣子。

⑹冒險會付出慘痛的代價。

價值觀念與管理行為的連結是直接的，如果一個企業的文化相信刪減成本可以提高獲利，同時公司最好的利益是經由緩慢且持續的獲利增加而達成的。在這樣的氣氛下，公司之高低管理者都不可能採取創新、冒險、長期或擴張的計畫。在一個不信任員工的組織文化中，管理者多採取集權而非民主的領導方式。這就

是文化在告訴管理者什麼是合適的行為。例如早期臺商在中國設廠經營時，常引進臺灣從軍中退伍的教育班長去擔任生產線上的領班職務。因為在上世紀八〇年代的中國民風仍非常保守且傳統。集體觀念濃厚，對於軍事管理方式非常適應，尤其在中國所設的新廠亦以規模龐大為重，動輒上千的工人在生產線上工作甚是平常。在二十多年的生產經營下，工廠內的工作條件日益改善，宿舍內的居住情況也漸漸變好。這是良性的發展，一方面受到產品銷售國家的消費者要求避免購買血汗工廠的產品，另一方面也受到工廠缺工而須以良好的工作待遇爭取員工的影響。生產線上要求減少經理人集權行為的努力中，西方主流文化，尤其是重視勞工權益的觀念，扮演了一種限制性的角色。經營者發覺組織若想要在市場上成功，則組織文化必須要變得更為民主化。

▪摘　要▪

1. 組織文化：組織文化指在組織內一個共有信念的系統。文化是一種集體的感受，這種感受是存在於組織之內，而非個人所單獨擁有的。

2. 文化的來源與限制：說明一個組織的文化是由創立者之早期的假設預想與充滿特殊性的偏好，及早期員工多方嘗試失敗與成功經驗的體會，兩者互動而成的。

3. 強勢文化對弱勢文化：所謂強勢文化乃是指組織內主要（被深刻且廣泛地接受）的價值觀。強勢文化常是社會上的主流價值觀與流行行事風格，它影響人的生活起居與選擇取向；甚至決定個人在社會的地位、工作、收入與影響力。

4. 組織文化的類型：本節類型列舉分析如桑南菲德組織文化類型：學院型、俱樂部型、棒球隊型、堡壘型等。韓迪從組織結構的角度提出四種組織文化：權力文化、角色文化、任務文化、個人文化等。

5. 組織文化模型與衡量工具：各國組織側寫模型是一個自我陳述的工具，依七類特徵來呈報組織的文化：創新、穩定、尊重、結果導向、注重細節、團隊導向以及拚鬥力等。丹尼森的模型則主張組織文化可以從使命、適應力、參與度與一致性等四個面向來描述。

6.國家文化對組織文化的影響：所謂國家文化乃是指影響及表現在一國人民共有的思想、態度、習慣與行為的特殊風格與價值取向。霍夫斯德發現 IBM 管理者與員工在國家文化的幾個向度上有差異：個人主義對集體主義、陽性對陰性（優勢）、權力距離、規避不確定。

7.組織文化對管理實務的影響：組織文化常默默地規範經理人應該與不該做的事，並決定如何處理組織中緊要的事。

複習問題

1.一個組織的文化能清楚辨別嗎？

2.如何知道文化的強勢或弱勢呢？

3.國家文化與組織文化孰強孰弱？

4.依桑南菲德文化類型來看，台積電的組織文化是屬於何種類型？

討論問題

1.請討論貴校的校園文化內涵是什麼，請具體的用文字或圖片說明。

2.請檢討你們認為的貴校校園文化，其優缺點，如何保存？如何去蕪？

3.請問貴系的組織文化與貴校的組織文化有無差異？

第五章

管理哲學論

管理與組織在人類的發展歷史中應屬於同步發展的現象。因為管理與組織這兩件事本是一體的兩面，彼此互為重要的影響因素。也就是說，有組織就應該有管理；而要做好管理亦須藉由組織而達成。在這樣密切的關係下，管理的制度與理念理當反映其所處環境中人們與組織對於各種現象與理論間的觀念、想法與流行意見之上。因此管理應是人類面對、分析，以及解決社會問題的主流觀念與想法的實現與結果。若是不同的（或不同時代的）社會，理當有不同的哲學思想，在這些不同價值觀下的人群組織與社會，在面對同樣的社會、經濟與政治等問題的處理態度與作法可能就會有所不同。

二十世紀時人類面臨了兩大主義的洗禮，整個人類社會在資本與共產主義的影響下，經歷了近百年的挑戰與悲喜。這兩大主義代表了兩種不同的哲學與價值觀，共產主義強調的價值源於勞動，不同科技下的生產（工具）模式決定了價值，從社會整體的概念認為工具應該為社會全體共有，因此其所創造出的價值也應由社會全體平等共享。共產主義的說法雖有部分道理，但是人類私有、獨享或不容許他人不勞而獲的念頭是不爭的事實。一旦財產共有，社會的勞務由誰負責？利潤由誰分配？這些是造成共產社會長期停滯落後的主要原因。至於有共產黨徒以共產名實行極權獨裁統治之實的魚肉鄉里，造成整體社會民生凋敝、飢寒貧窮、民不聊生等現象就更不在話下。種

種原因造成了 1990 年代發生了蘇聯解體，共產主義大崩盤的現象（見圖 5–1）。

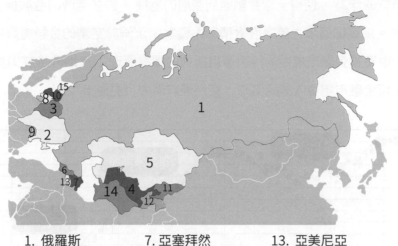

1. 俄羅斯	7. 亞塞拜然	13. 亞美尼亞
2. 烏克蘭	8. 立陶宛	14. 土庫曼
3. 白俄羅斯	9. 摩爾多瓦	15. 愛沙尼亞
4. 烏茲別克	10. 拉脫維亞	
5. 哈薩克	11. 吉爾吉斯	
6. 喬治亞	12. 塔吉克	

▲ 圖 5–1　蘇聯解體後的分裂國家群

　　蘇聯解體後，以美國為首的西方國家以為自己奉行的資本主義終於勝出，證明其
對人類的價值。資本主義認為累積資本才是富裕之道，人們願意辛勤工作的原因就在
可以累積個人財富，進而享受財富所帶來的富裕的生活。其中重要的關鍵就是財富的
私人化，個人可以擁有土地、房產、設備、資金與其他資源所有權及使用權利。資本
主義社會中最有影響力的是企業家 (entrepreneurs)，他們是推動社會經濟活動的主要推
手。由於他們在商業上的創新活動對於人們食衣住行育樂各方面的貢獻（如火車、汽
車、紡織、化工、電子、資訊產品、電影、電視、電冰箱、冷氣等）為整體社會帶來
巨大的利益。這些企業家們在資本主義的法律制度保障下賺取了巨大的財富。在歐美
所謂的富可敵國的例子比比皆是，近年來中國的改革開放亦創造不少民間巨富。原本
以為歷史走到這裡應論定資本主義的成功與共產主義的失敗，沒想到 2008 年在全球的
金融危機讓人發現資本主義經濟制度也有它的弱點。在西方資本主義的核心，如美國

紐約的華爾街、英國倫敦的金融中心，這些金融機構中所爆發出來一連串弊端、造假、過度信用貸款的作為，使得全球金融遇到空前的危機。許多老牌的金融機構面臨破產倒閉的命運。這突顯資本主義過度累積個人資本、沉溺於空洞的金錢遊戲中的問題。整個社會的財富被金融市場中的炒手運用所謂的槓桿原理，不斷地堆高與加碼，直到最後一刻整個金融市場像吹破的氣球，突然爆炸消失（見圖 5-2）。

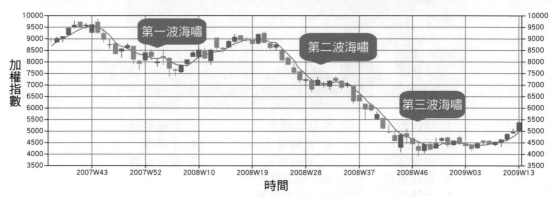

▲ 圖 5-2　2008 年世界金融海嘯臺股趨勢圖

從二十世紀中這兩大主義的影響中再去探究其發展的過程，吾人可以發覺兩大主義的源頭與本質就是馬克思與亞當史密斯兩位學者分別提出的哲學理論──資本論與國富論。兩套哲學體系的價值論述與見解深深影響了人類歷史上百年。

第一節　產業與管理哲學的演進

一、產業的演進

　　十八、十九世紀之交，第一次產業革命終結人類數千年以農業創造財富的歷史，英國由於蒸汽機的發明與運用而奠定其一百多年的經濟霸權地位 (Thurow, 1998)。十九世紀邁入二十世紀之際，世界發生了第二次產業革命，德國及美國掌握內燃機創新與應用的技術，在二十世紀中成為世界經濟龍頭。在二十與二十一世紀之交，全世界又經歷第三次產業革命：微電子、電腦、衛星通信、網際網路、

光纖傳導、智慧型通訊工具與社群網路建立等資訊與傳播科技的發展，不僅造成生活與工作方式的變遷，也帶動社會整體運作與演變的新契機。

自從 1946 年第一部電子計算機在美國賓州大學誕生以來，資訊科技對產業和經濟產生了巨大的衝擊，成為蒸汽機、電力、內燃機發明以來，人類另一次的產業革命。若以 2000 年做為分水嶺，第三次產業革命的起源是因為資訊科技的突破與創新，開創出產業營運方式的根本改變。這次的改變不是動力或能源應用上的突破，而是控制方式的全面介入，以及對於各種訊息的全面監控。如此企業不只大幅度提高生產力，增加了組織效能，更由於把資訊科技用於生產與作業流程的改善或重新設計，因而創造新的經營模式，改變人們生產與交易的行為。資訊科技運用與知識發展，成為經濟發展成功的關鍵，只有充分應用科技並開發出市場接受的新產品，或者突破生產方法提高生產力，提升產業競爭力，在世界舞臺上占有一席之地。

從發生的時間來看科技進步的方式常以短時間巨幅改變的形式出現，這樣的現象符合吾人對革命的描述。而產業發展而言則是長時間的演進，配合人類社會制度與組織型態的調整，慢慢衍生出一個經濟有效的形式（請見表 5–1）。

▼ 表 5–1　以科技革命的角度看產業發展

科技革命	起始年代	主要標誌	對產業發展的影響
第一次科技革命	十八世紀	發明蒸汽機	蒸汽取代水力，形成工業中心；使生產由分散走向集中。
第二次科技革命	十九世紀七〇年代	電氣化	內燃機和電力廣泛應用，鋼鐵、電力、化學、石油、汽車與飛機等產業的發展。
第三次科技革命	2000 年代開始	網際網路技術的發展	知識的聚合、時空的壓縮、組織的虛擬等。

二、管理哲學的演進

管理思想的演進，大致可分為三個階段：第一階段是草創時期，包括：科學管理學派、管理程序學派、科層組織（官僚理論）學派、人性管理學派；第二階段理論建構時期，包括：行銷管理學派、組織行為學派、策略管理學派；第三階

段新理論時期，包括：組織學習學派、組織再造學派、知識管理學派。

▲圖 5-3　科學管理啟蒙者泰勒

1. 草創時期（1950 年代之前）

這一階段是管理理論形成階段。在美國、法國、德國分別出現具有奠基地位的理論開創型人物，即「科學管理之父」──泰勒（Frederick W. Taylor，見圖 5-3）、「管理理論之父」──費堯 (Henri Fayol) 以及「組織理論之父」──韋伯 (Max Weber)。1950 年之前，社會與經濟因人類產業的發展與地理政治（包括二次世界大戰）的影響發生巨大的變動。當時的管理思潮主要重視四個 M：金錢 (money)、機器設備 (machinery)、材料 (material)、人 (man)。管理理論在此時期多半由其他領域引入，例如泰勒與費堯即是工程師，將他們工程方面的訓練以及經驗帶到工廠，運用科學方法來解決工廠內不斷出現的管理問題，如此也順利帶出他們的管理觀念與方法。泰勒的學說重點在生產流程與激勵制度，費堯的學說則聚焦於辦公室內組織結構、管理人員的抽象層次。韋伯則是一位社會學家，他將組織結構（尤其是政府組織）的研究分析帶到初次出現的大型企業組織中。草創時期的管理觀念可以歸納為四大源流，對於後代的企業管理發展影響甚鉅：

⑴科學管理觀 (scientific management perspective)：在這個時期，機器被

大量引入生產程序中,但是有效的人機配合尚在摸索之中,也不受重視。因為機器的大量產出足以帶來驚人的收入,買機器、用機器才是重點。直到工程師出身的泰勒發揮科學精神,從生產程序中找出有效率的工作方式,以提高機器的生產效率,同時減少資源與時間的浪費。泰勒為了提升工作效率,甚至與工人合作,用實驗的方法發現大鏟面的鏟子無法有效率地鏟出煤炭送入鼓風爐中。因為若鏟面太大,工人必須花較多的力氣與時間,如此在一定時間內的總量反而減少。同時若太小的鏟面也會造成太少的量與頻繁的鏟送動作,結果總量亦不多。泰勒的學說造成極大的影響,澈底改善了工廠的工作方法,至今仍是許多成功企業人物的做事方法。像臺灣的經營之神王永慶,他不見得讀過泰勒的書,但他的經營之道卻是忠實呈現泰勒科學式管理的風格。

⑵管理程序觀 (managerial process perspective):法國學者費堯歸納管理功能有規劃 (planning)、 組織 (organizing)、 指導 (directing)、 協調 (coordinating)、控制 (controlling) 五大部分,這在管理學中影響深遠,形成管理教育的經典觀念架構。這樣的觀念到今天仍然被大部分的教科書所繼承,由此可見費堯在管理學所起的領導與標竿性的貢獻。

另外,費堯提出管理十四項原則:其包括分工 (division of labor)、權責相當 (authority)、紀律 (discipline)、集中命令 (unity of command)、集中指揮 (unity of direction)、 公眾利益優先 (subordination of individual interests to the general interests)、獎酬公平 (fair remuneration)、中央集權 (centralization)、 層層節制 (scalar chain)、 秩序 (order)、 公平 (equity)、員工安定 (stability of staff)、主動 (initiativeness)、團隊精神 (esprit de corps)。這些原則在現代管理實務中仍有相當影響力,組織內不少的問題也常是忽略這些原則的直接後果。當然在多年演進,有些新的管理制度設計與執行辦法突破了費堯的原則。例如集中命令的原則在現代的矩陣式組織就被打破,美國寶齡公司著名的品牌經理的設置,就

在一個職位上設計兩條命令呈報管道。品牌經理經常要向兩位上級報告，並遵守他們的命令。這是公司為快速反應複雜環境的多項需求的情況而設計的新制度，品牌經理成為對外的窗口，而對內就是協調多部門合作的團隊領袖。這樣的設計在全世界以製造業為主的行業中引起仿效，臺灣的宏碁電腦在多年前便採用這樣的設計。

(3)科層組織（官僚理論）(bureaucracy perspective)：韋伯科層組織理論的時代背景，正逢十九世紀至二十世紀間德國企業從小規模家族管理，到大規模專業管理轉變的關鍵時期。韋伯 (1947) 認為，任何組織都必須有某種形式的權力做為基礎，否則，任何組織都難以運作。人類社會存在三種權力：

①傳統權力 (traditional authority)：由傳統或世襲得來的權力。

②領袖權力 (charismatic authority)：源於眾人的崇拜與追隨而來的權力。

③法定權力 (legal authority)：法律所賦予的權力。

韋伯認為人們對傳統權力的服從並不是因為秩序，而是因習慣或某種義務行為所表現出來的。領導者的作用似乎只為了遵循傳統，因而品質與效率均甚低，如此看來均不宜做為組織體系的基礎。其次領袖權力的基礎完全依靠成員對於領袖人物的信仰，領袖必須維持高水準的表現以之贏得追隨者。領袖權力常富於感情色彩，且是非理性的，不依據規章制度，而是依據神祕的啟示。從現代眼光來看，領袖權力亦不宜做為組織運作的基礎。韋伯認為，只有法定權力才能做為組織的基礎，其最根本的特徵在於它提供了慎重的公正。

韋伯提出理想的官僚組織模式具有下列特徵：

①組織的結構是一層層控制的體系 (hierarchical organization)。在組織內，由上而下規定成員間命令與服從的關係。

②組織中的人員應有固定和正式的職責並依據行使職權 (delineated lines of authority in a fixed area of activity)。

③組織是根據合法程序制訂的 (action taken on the basis of and recorded in written rules)，應有其明確目標，並靠著這一套完整的法規制度，規範組織成員的行為，以期有效地追求與達到組織的目標。成員間的關係只有對事的關係而無對人的關係。

④專業分工與技術訓練 (expert training)。對成員進行合理分工並明確每人的工作範圍及權責，然後通過技術培訓來提高工作效率。

⑤法規與政策由中立的官員執行 (rules are implemented by neutral officials)。中立官員不偏袒任何一方，準確地執行任務。

⑥成員的工資及升遷按職位支付薪金，並建立獎懲與升遷制度，使成員安心工作，培養其事業心 (career advancement depends on technical qualifications judged by organization, not individuals)。

韋伯認為理想的官僚組織可使組織表現出高度的理性化，其成員的工作行為能達到預期的效果，組織目標也能順利的達成。韋伯對理想的官僚組織模式的描繪，為大型組織提供一條制度化的組織準則，這是他在管理哲學上的貢獻。韋伯的理論亦適用大型機構與組織，如政府、跨國公司及集團企業的成功與成熟階段的表現，像英日的政府組織、可口可樂與統一集團企業等。

(4)人性觀點 (humanitarian perspective)：人性觀點始於二〇年代末、三〇年代初美國哈佛大學梅堯教授的霍桑試驗。研究結果推翻古典管理理論對於人的假設，發現工人不是被動、孤立的個體，工資並非人工行為單一原因。影響生產效率的最重要因素除了待遇和工作條件，還有的人際關係。據此梅堯認為社會因素與工作內容同樣會影響人們的工作表現。他提出在工人的情緒與管理者的成本和效率間存在著緊張關係，這會導致組織內的衝突。梅堯的發現被稱為人際關係理論，也就是早期管理實務中的人性觀點。梅堯認為：

①不應孤立個人，而應視其為團體中的一分子。

②報酬與工作條件不及團體歸屬感重要。

③工作中形成的非正式與非官方的團體對員工有強烈的影響。

④管理者必須瞭解並滿足員工的社會需求以確保員工與正式組織合作，而非對抗。

人性觀點以人的行為及其產生的原因做為研究對象。具體來說，它主要是從人的需要、欲望、動機、目的等心理因素的角度研究人的行為規律，特別是研究人與人之間的關係、個人與集體之間的關係，並藉助於這種規律性的認識來預測和控制人的行為，以實現提高工作效率，達成組織的目標。人性觀點主要從人性出發，希望從人的本身意願找出激勵員工努力工作的原因。

此時期相關的研究有：

①馬斯洛 (A. H. Maslow) 的需求層次理論 (第十三章會更詳細地介紹)，指出個人有五大需求 (needs) 層次：生理 (physiological needs)、安全 (safety)、親和 (love/belonging)、自尊 (esteem)、自我實現 (self-actualization) 等，由下而上次第出現並被滿足。主管必須瞭解個人的需求，並合宜地對待人們的各種需求。

②赫茲伯格 (F. Herzberg) 的雙因子理論 (第十三章會更詳細地介紹)，強調影響人類的行為有兩類因子。第一類是保健因子 (hygiene factors)，這類因子是人們基本的需要，如飽暖居住等基本人生存的需求，就像馬斯洛的生理需求一樣。企業必須能提供員工這些基本需求的滿足，否則員工不會願意工作，即使提供員工從中得到激勵亦是有限。而第二類因子可稱為激勵因子 (motivators)，這些因子是可以激起員工努力工作的原因，例如升官晉級、加薪、賦予更大權力、休假或給予榮譽頭銜等，只要是能夠讓員工願意投入更多的辦法都可視為激勵因子。

a. 人性觀點引起管理重心的轉變

傳統的管理理論把重點放在對事和物的管理上，它強調的是生產操作

標準化、材料規格化、工具效率化，建立合理的組織結構，有效的組織系統和明確的職責分工等。但是它們忽略了個人的需要和目標，甚至人被視為機械化生產的一部分，忽視人所具有的主動性和創造能力。人性觀點把管理的重點放在人及其行為的發揮與管理上。它通過對人的行為的預測、激勵和引導，實現對管理營運目標的有效掌握與開發，達到對人、事和物的有效控制，從而達成管理目標。

b. 人性觀點引起管理的方法的轉變

隨著對人性的認識和管理重點的變化，管理方法也發生了重大的改變。由原來的監督管理，轉變到人性化的管理。傳統的古典管理理論強調自上而下的嚴格的權力和規章制度的作用，人被視為配合機器生產的工具，透過工頭嚴格的監督以達生產目標。卻沒想到如此造成員工心理壓力而產生負面情緒，忽視社會關係和感情因素的作用以及人的發展潛力。與此相反，人性觀點則強調人的欲望、感情、動機，在管理方法上強調滿足人的需要和尊重人的個性，以及採用激勵和誘導的方式來培養人的主動性和創造力。例如企業界提出許多彈性的管理方法，「參與管理」、「目標管理」、「工作內容豐富化」等各種新的管理方式。

2.理論建構時期（1950 年到 1990 年）

二次世界大戰後五〇年代到六〇年代，各國經濟與社會都得到休養生息，逐漸進入成長的階段。美國在這個時期政府機構有突破性的發展，許多影響社會的公共政策（與蘇俄的對抗與軍備競賽）、民權法案、與重大建設相繼提出。同時民間大型企業也有大幅成長，像麥當勞 (McDonald) 速食店的連鎖經營，使小企業主可以借加盟方式與大企業同步成長。美國大公司同時在勞動成本較低的海外設立分支企業。美國人的生活隨著工業化而改變。由於大量使用機器生產，製造業僱用工人開始減少，更多的人進入服務業。1956 年白領僱員開始增加，擔任管理人員、教師、售貨員和辦公室職員。有些企業提供有保障的年薪、長期勞工合同和其他福利。由於這些變更，

勞工對抗僱主的勢力逐漸減弱，階級差異開始變得模糊 (U.S. Department of State, 2011)。

許多學者，包括社會學家、心理學家、經濟學家、人類學家、數學家等，同時許多在產業中從事的專業人員與管理者，都從各自不同的角度發表自己對管理學的見解。其中有影響的是巴納德 (C. Barnard)、賽門 (H. A. Simon) 以及杜拉克 (P. F. Drucker) 等。分別代表系統與組織學派、策略學派等。第一次世界大戰後，從軍事作業演習及後方補給的過程中，逐漸衍生出運用大量數學的管理理論，主張規劃和理性決策，稱為管理科學。

此時期亦見行銷與多角化發展的時代，行銷管理開始風行美國。廠商針對消費者做調查，研究消費行為，美國寶鹼公司 (P&G) 開始推動品牌行銷。行銷最初針對通路方面，包括批發、零售等，即使偶而有重視消費者需求，從消費者角度來開發商品。同時企業意識到景氣循環所帶來的危機，紛紛進行多角化經營，形成大型企業，最典型的是奇異公司，以及許多日本的大型商社和企業。

六○年代末到七○年代初，美國經濟面臨石油危機，日本及歐洲企業興起所帶來的挑戰。管理學界開始研究企業如何適應危機和動盪的環境，謀求生存並獲取競爭優勢。來自於戰爭的辭彙——「策略」開始引入管理界。錢德勒 (Chandler, 1962) 與安索夫 (Ansoff, 1965) 相繼出版重要的專書，開啟策略規劃的先河。1975 年安索夫出版《策略規劃到策略管理》，標誌現代策略管理理論觀念體系的形成。六○年代後，美國民生富裕，企業規模隨著多角化策略，普遍擴張快速，出現產品、市場、顧客和生產方法迅速發展的情況。許多企業針對不同的目標市場，成立個別事業部組織 (divisions)，不僅講求效率，提高品質，進一步以不同的策略，塑造產品不同的形象及生產結構。當時通用汽車旗下包括凱迪拉克 (Cadillac)、別克 (Buick) 等五款車種，分成五個事業部，藉由不同的通路，供消費者選擇。波特 (Porter, 1980) 提出五力分析（新進入者的威脅、替代品的威脅、供應

商的議價能力、購買者的議價能力和現有競爭者的競爭程度,(第十章將會詳細介紹)、三種基本策略(成本、差異和聚焦)、價值鏈的分析等,再通過對各種產業演進和基本產業環境的分析,歸納出不同的策略決策。這一套理論正好填補對策略管理的需求,並在全球產生深遠的影響。

3.新理論時代 (1990 年到 2010 年)

九〇年代以來,資訊化和全球化浪潮迅速席捲世界,跨國公司力量逐日上升,全球經營也成為大公司發展的重要策略,跨國資金的累積與流動不斷增加。知識經濟的到來使資訊與知識成為重要的戰略資源,而資訊技術的發展又為獲取這些資源提供了可能;顧客的個性化、消費的多元化決定了企業只有能夠合理組織全球資源,在全球市場上爭得顧客的投票,才有生存和發展的可能。這一階段的管理理論研究主要針對學習型組織及虛擬組織問題而展開。

美日企業從九〇年代起開始「企業再造」(business process reengineering),也是所謂的「第二次管理革命」。這十幾年間,企業經歷著前所未有的,類似脫胎換骨的變革。由海默 (M. Hammer) 與昌佩 (J. Champy) 提出企業再造理論 (1993) 引發企業在經歷大規模成長、激烈的競爭與資訊科技革命下,為提高運營績效與掌握市場趨勢,迫切需要進行第二次的產業革命。

在此同時,聖吉 (Peter Senge, 1990) 著《第五項修練》提出學習型組織才是新時代中理想的組織型態,他從系統動力學中找出組織維持長期競爭優勢的原因在於比競爭對手更能適應多變的環境。而組織長期發展的目的並非獲取極大的利潤,而是希望組織成員們能從工作中獲得個人成長、實現共同願景和成就具競爭優勢的團隊。然而,要想建立學習型組織,系統思考是不可或缺的「修練」(discipline)。

杜拉克 (1993) 亦提出知識經濟的概念,在新世紀初將企業全球化 (globalization) 及知識經濟 (knowledge economy) 標出新時代的特色為:
(1)將電腦與通訊產業結合,從有線的固定電信網路逐漸發展到無線衛星及

網路，掌握經濟發展的通路。

　　⑵財務金融產品不斷推陳出新，透過網際網路及資訊科技技術，變成虛擬
經濟，形成強大的經濟力量。

　　唯有讓知識、創新、管理、組織結合，知識才會成為生產力。例如許多跨國
公司掌握了市場顧客需求以及研發技術，不但不必從事實際生產，省去土地、設
備及勞動成本，甚至還可以運用網路將供應商和經銷商串連起來，以供應鏈的方
式進行全球貿易，充分發揮知識經濟的優勢。

第二節　中國哲學對管理的影響

　　中國與西方的哲學思想發展並非本書的主題，但是兩者分別對於東西方的管
理都有深刻的影響。西元前五百年至兩百年內，正好是兩者前後蓬勃興盛時期。
在中國是春秋戰國時期（西元前 770 年～前 221 年），而西方則是希臘時期（西元
前 510 年－前 323 年）。哲學思想早在現代管理學發生前甚久即已發展，而哲學思
想是影響人類生活起居各方面行為的價值標準。然而人類的管理行為應自有人類
起就逐漸發展出現，這樣的行為是人類生活起居的一部分。因此可說，自古以來
人類的管理行為，舉凡政治、經商、社會活動等都在哲學的價值思維的影響之下。
所以古埃及的金字塔工程與中國的萬里長城等都是人類文明中偉大的工程代表，
從管理的眼光看來，它們也代表當時管理工作的成就，若沒有精細的規劃與有效
率的運作執行，這些人類文化遺產也不會出現。另外，雖然現代管理學的發展甚
晚，但並不表示人類自古以來不重視管理，或管理工作不重要。而是古時管理的
工作並未像現代生活中充分被認知、抽離與研究，在雜亂無章的情況下，憑著主
事者的理解與體會進行管理與控制的工作，運氣好加上主事者的聰明或可成功，
但失敗的案例不在少數。隨著各種案例與經驗的累積，如失敗案件的檢討與反省
及成功案例的發現與記錄，成為後世追隨者重要的參考與學習的典範。

　　春秋戰國時代是中華地區思想學說最蓬勃發展的時期，可謂百家爭鳴百花齊

放的時代,中國主要的哲學思想學派也多在此時期成型。由於學派眾多無法在本書內一一述說,本書僅就其影響深遠且與管理思維有關的學派提出介紹,希望能夠提供讀者參考。或許將來有機會再將所有的學派對管理的關係一一分析。根據本書所提的管理兩大功能:**審豫**(控制與計畫)與**執行**(分工與布局)來看,筆者以儒家、法家與《孫子兵法》這三個學派思想提供各位參考。

　　中國傳統哲學主要由儒、道兩家各領風騷。儒家的代表人物有孔子、曾子、孟子等人。儒家思想強調禮即倫理,注意學習,所以尊重講求仁義、學養深厚的君子,重視仁民愛物的治理方法。道家強調萬物生成的道理,凡事應秉要執本,以順其自然為上,治身接物則務崇不競。道家的代表人物有老子、莊子等人。道家思想在組織與治理上的應用不甚直接明顯,而法家卻承繼道家的中心思想而成為大宗,因此本文捨去道家而以法家為主要討論對象。法家在荀子之後逐漸形成顯學,轉變道家的無為成為積極的崇法任事,因而形成影響中國思想的主流。中國哲學所重視的大體上不外是修己與治人兩方面,某些方面與本書所提的管理兩大功能正好契合。這些思想經過兩千年來的宣揚,已變成中國人生活的一部分。而提出《孫子兵法》則是與二十世紀末所流行的策略管理相呼應,有互相參酌的味道。

一、儒家思想的現代企業觀

　　現代管理演化自傳統政治與經濟行為,而儒家思想也是春秋戰國時代有識之士針對當時社會之動亂現象所提出之經營管理之理想,也影響了中國幾千年的政治運作。孔孟對於國家政事的運作所提出的概念,尤以倫理道德的價值系統,在分析當代中國企業管理行為時,常發現儒家思維模式竟非常適用。當然許多現代中國企業內部管理模式仍非常專制,老闆就像過去的君主帝王一般的有權力與威嚴。較佳者以儒商自居,如臺灣和信集團的辜振甫、受國學大家南懷瑾影響的潤泰集團的尹衍樑等。孟子云:「民為貴,社稷次之,君為輕」這樣充滿人本主義與近民主的思想在目前現代管理中仍不是主流,以歐洲所主張的產業民主的觀念中,孟子的思想仍是走在時代的尖端。由此可見儒家思想表現在現代企業價值觀建立

與管理機制上所具有的前瞻性，現代民主政治體制中不乏可以借鑑的例子。其對於企業規章制度之建立，法令規章之運行，塑造企業之和諧文化，並對企業組織成員內之思想與行為有莫大的啟發。

儒家思想的核心內容是仁、禮、中庸。仁主要是社會倫理與價值的中心，所謂仁愛、仁義、仁政等。如孔子提出「為政以德」，他用仁做為社會價值的目標。仁反對生活中的「苛」，宣揚仁愛的普世價值。他加強以血緣為基礎的社會聯繫，消除內部衝突，同時也有差等地把仁愛的觀念按宗法模式擴展到整個社會。禮即禮儀、禮節、禮教，是維護社會階級制度和秩序的基本規範。中庸是一種管理態度與方法，講究「不偏不倚」、「執兩用中」、「適量守度」，基本精神是通過折衷調和的手段，達到消除矛盾，避免衝突，穩定秩序的目的。

孔子論道以仁為主。企業要關懷員工、真情感化、與塑造有利個性。仁是義和禮的基礎，要求員工權宜應變，扮演合適的角色，首要使每位員工自己能安心、並且能使他人亦得平安。因為個體或群體的不安都是管理失效的原因，此所以企業可以效法孔子用「患不安」來測試員工所處的狀態，使其由不安而安，然後由敬業而樂業。

儒家注重「禮之本」，即團體秩序的起源。企業除了一般的行禮如儀，更應該真正設身處地，為組織理想的實現而著想，建立共識，彼此互諒，維護團體的秩序。企業組織大則有制度規範，小則有行為約束，都應該求正當合理，不必拘守傳統，也勿須順從流俗。制度合理化，是企業安人的原動力。

儒家思想以仁為本、以禮為基礎之思想架構，在現代企業運作之模式可以有下列之呈現：

1. 理想主義掛帥

對儒家思想而言，經營管理是手段，目的是追求大家更美好的生活。賺錢不是經營的目的，而充實生活、解決民生疾苦才是最終目的。由此看來，最近熱門的社會企業應是最符合儒家思想的經營模式。

2. 人性管理

員工是向善、求好心切的。管理的先決條件是創造良好工作環境，形成優良工作風氣，使員工安居樂業。儒家宣導仁以安人，仁發展為管理上的安人之道，才是符合人性的管理。

3. 適時應變

管理應確立目標和標準（經），賦予應有的責任和權力，使其在環境變遷時可以權宜應變。持經達變原是人的天性，但是權變必須合宜不偏離目標與正道（義），否則「離經叛道」就失去權變的真義。義為經權之根據，才有把握變通，促成真正的授權與發揮潛在的變通能力。

4. 要彼此被瞭解和同情

「所惡於上，毋以使下；所惡於下，毋以事上」（《禮記·大學》）。組織成員各自扮演不同的角色，禮就是各角色的規範與期待。若是每個人都能夠「己所不欲，勿施於人」，按照角色規範好好扮演自己的角色，即為合乎禮的表現。禮就是人與人之間的絜矩之道，彼此互諒互信，便是互助合作的基礎。

「安人之道」、「經權之道」和「絜矩之道」，組織內一切管理措施，均以安人為衡量標準。在各種計畫確定後，企業要視內外環境的變遷而持經達權以求制宜，謂之經權。在目標設定、面臨變化而有所變通調整，以及衡量績效成果時能夠將心比心，稱為絜矩。安人是仁的展現，經權是義的謹守，絜矩為禮的態度，三者密切配合才能從容中道。

孟子所提出之民貴君輕的觀念在現代民主社會都難見澈底落實，更何況涉及財富擁有或分配的企業經營，是難見員工權益優於股東或老闆的情況。最多在高科技公司中對有創意員工的尊重，通常亦以提供乾股邀請加入股東行列的結局而終。但這仍是針對少數有貢獻的員工為主，難以普及所有的員工。當然西方不少富豪像鋼鐵大王卡內基 (Andrew Carnegie) 在生前就捐出大筆財富成立基金會，建設博物館、音樂廳與圖書館，設立大學等回饋社會的行為是較符合孟子的理想。

中國戰國時代的范蠡，《史記》中記載他幫助勾踐興越滅吳，一雪會稽之恥，功成名就之後急流勇退，化名為鴟夷子皮，西出姑蘇，遨遊天下。期間三次經商成巨富，三散家財濟助百姓，自號陶朱公。這樣的行為不僅中國少見，西方社會亦是少見。如此舉動可謂儒家思想的極致表現。

二、法家思想的現代企業觀

　　法家是戰國時期重要之思想流派，其發源應可以追溯至春秋時期齊國的管仲。於戰國中期主要推動者為商鞅、申不害，而末期韓非子則為法家理論集大成。法家思想的出現乃是一群銳意革新且有機會施展的政治人物，在動盪的政局中務實且有績效的作為的結果。他們不僅有敏銳的觀察力更有解決問題的對策，幸運的是有許多掌握權力的王室願意實驗他們的想法。在成功達成他們的目標之後自然形成主導社會的思想與價值體系。法家思想的先驅者管仲治齊四十年，進行了一系列改革，對中央「尊王攘夷」，對內開放土地私有，發展工商（漁鹽、冶鐵），舉賢任能，寓兵於民，全面改革官吏、兵役制度，達到富國強兵，使齊國「九合諸侯，一匡天下」，成就齊桓公為春秋第一個霸主。

　　申不害為韓昭侯相，主張法治，尤重「術」，主張君主經常監督臣下，考核是否稱職，並予以獎懲，使能盡忠守職。他相韓十五年，「內修政教，外應諸侯」，使「國治兵強，無侵韓者」。申不害認為「君設其本，臣操其末；君治其要，臣行其詳；君操其柄，臣事其常。為人臣者，操契以責其名」。（申子，2014）。他主張分層負責，「一臣專君，群臣皆蔽」，並主張管理中必須考慮稽核之功能。

　　司馬遷稱韓非的學說本於黃老而主刑名，再吸收儒、墨、法各家思想，將先秦的治國思想加以整理，所著之書集法家學說之大成。韓非總結前人法治理論和施政經驗，完整地提出「以名責刑、以法為本、以術治下」的刑名法術之學，並主張以法為中心，「法、術、勢」三者合一的君主統治術。他主張加強君主集權，剪除私門勢力，選撥法術之士，「以法為教、以吏為師」，禁止私學，勵行賞罰，獎勵耕戰，謀求國家富強。韓非的文章與思想為秦始皇所讚賞，雖未能在秦朝任官且枉死於秦之監獄，但他的學說最終成為秦統一天下的思想基礎，為後世朝廷

治國重要的參考依據。

韓非說：「法者，編著之圖藉，設立於官府，而布之於百姓者也。」商鞅：「法令者，民之命也，為治之本也」（《商君書·定分》）。他主張不貴義而貴法，刑無等級（《賞刑》）。韓非也強調：「法不阿貴，刑過不避大臣，賞善不遺匹夫」（《有度》）。這是對傳統儒家「刑不上大夫，禮不下庶人」的宗法制度的否定。法的主要內容是賞罰，韓非稱之為「二柄」，即國君所擁有的兩個權柄。「二柄者，刑、德是也，殺戮之謂刑，慶賞之謂德」。韓非法治思想直接後果是富國強兵，中央集權，使秦躍居各國之首，最終完成一統大業。

法家「法、術、勢」的觀念對現代組織亦具參考意義，尤其是在現代政府的建制與運行。韓非的思想在當今的政府治理與企業經營管理都有指導作用。從制度的建立，賞罰的明確，領導之道，以及用人的手段都有高明的見解。依法管理者，憲令著於官府，刑罰必於民心，賞存乎慎法，而罰加乎奸令者也。法是現代管理重要的依據，法制管理的思想是不可一日或缺的。法在企業中呈現的形式，就是企業的規章、條例、紀律、政策、條令、指令、計畫等。

企業有許多的複雜的關係，例如所有人、經營者和員工的個人關係、個人與群體的關係、群體與群體的關係、個人與部門、群體與部門、最後部門與部門之間的關係。除此之外，尚有企業與外部環境產生眾多的關係。在此之時，這些複雜關係彼此交錯自然會產生一些歧見，進而衍生衝突。一般而言，要維持這些關係正常有利，而不產生衝突，就有賴於合理的行為規範與嚴格的執行法律。某些行為衝突可以通過企業既有的文化或法律得以解決。然而，相當大的部分問題常非法律預先可以設定，因此需要藉法律以外的途徑來解決，例如術與勢的運用。

法家和兵家對於勢的概念不同，兵家的概念在於對陣的雙方在兵力的布局，利用各種資源（地理、氣候、建築與人力配置）所形成的優勢。然而，法家的勢比兵家更為廣泛，連超乎戰場或軍事的範疇都是法家的領域。舉凡人所組成的組織，只要有權力運行的範圍都是法家的範疇。當然其優先適用的領域仍是政治組織。廣義的「勢」是指組織或領導者所擁有各種優缺點所形成的局面；狹義的

「勢」則是指組織或領導者所有的權力及其影響的範圍，也就是領導者造成的一種權力狀態。得勢的主要方法，一是靠制度所賦予的賞罰權力，也就是傅蘭奇與雷凡 (John R. P. French & Bertram Raven, 1959) 所謂的職權 (legitimate power)，有效且充分的運用，以確保地位的穩固。二是依靠個人能力以駕馭局勢，凝聚下屬的力量以完成任務或實現願望。

韓非子的法、術、勢理論認為要管好一個組織的核心問題是權力。法是權力的來源與依據，要制訂清晰且嚴格的規章制度、立即與有力的獎懲措施。規章制度和獎懲措施要明確，讓每個人都看到，而且每次獎懲也要公開，這樣命令才有人服從，權力才能有效行使。

術是權力的手段，領導者要有一些技巧和計謀，這些設計要做得恰當周密，不能讓下屬輕易看穿，以此保證實施的效果。這樣才能夠掌握有用資訊，徹底控制局面，洞悉下屬的言行，以便發現問題可以及時解決，確保事務順利進行。

勢是權力的展現，領導者要懂得樹立自己的權威，牢牢地把權力控制在自己的手中，確保自己的領導地位。領導者要善於利用環境造勢，然後因勢利導，由管理他人做事，而實現自己的宏圖大業。

法家有其特殊觀點，雖然其中心思想放棄了儒家傳統的人本思想，揚棄君臣間情義與信任而以法令規章嚴格規範之。這也就是以人性本惡而設定管理的手段與策略。對於處於激烈競爭下的企業，建立長久的法制功能是現代管理所不可或缺的事。然而，過度強調法制也有弊病，其中最常見者是因嚴刑峻法容易激化矛盾，甚至會危及組織的生存。在距今二千二百多年前書寫工具仍是竹簡與雕刻刀的時代，韓非已著作等身，《韓非子》一書共有二十卷五十五篇，其中孤憤中所言：「凡法術之難行也，不獨萬乘，千乘亦然。…智者決策於愚人，賢士程行於不肖，則賢智之士羞而主之論悖矣。…不以功伐決智行，不以參伍審罪過，而聽左右近習之言，則無能之士在廷，而愚汙之吏處官矣。」

這句話中反映出韓非思想的現代性，他談到君主對於身邊近臣的選擇與控制往往決定其統治的水準。昏君旁的愚昧之士會阻礙他進用賢能之士，另外，君主

若不察覺臣下的做事績效，只聽信近臣的話時，身邊則會都是無能與愚汙之人充斥。雖然韓非是兩千兩百多年前的人，他對現今政壇亂象竟有如此深刻的鑑察能力。

三、孫子思想的現代企業觀

《孫子兵法》不僅是一套有系統的軍事思想，而且經長時間的蘊育發展已自成一家是非對錯的哲學思維。其不僅為現代軍事學寶典，書中闡明之規劃、指揮、用人等項目更與現代管理理論相呼應。舉凡國家經濟、社會營運以及企業經營的策略，它均有相當深刻哲理可以適用，在現實生活中給人許多啟示和智慧應用。無論在軍事戰爭、政治、經濟、外交、哲學等方面的問題，人們都可以在孫子的學說中發現不同的應用觀點與執行技巧。

《孫子兵法》講求對人、事、時、地相互配合協調的遵守原則，除了具備系統與科學的性質外，更講求「贏」（克敵制勝）的原理法則。十三篇兵書形成中國的軍事哲學，也是外交戰場上的教科書，亦是人事互動的座右銘。舉凡間諜戰、商戰之上均可適用。所以除了在現代治軍，也在企業、商界裡見到廣泛的應用，同時在人生的各階段發展上，亦可以提供寬廣的思考空間和贏的策略。《孫子兵法》共十三篇，約六千餘字，言簡意賅卻內容豐富。從〈始計〉篇開始，到〈用間〉篇結束，把用兵的各個層面論述得細密而周全。由於作者以「捨事而言理」的敘述方式，將戰爭中的「計與戰、力與智、利與害、全與破、迂與直、敗與勝」等相互衝突又連結的辯證關係，分析得淋漓盡致。書中提出的重要戰略原則，直至今天仍然具有重大的意義。表 5–2 將《孫子兵法》各章節之摘要解析與對現代企業經營的啟示，作一完整性的彙總。

▼ 表 5–2　《孫子兵法》各章節內容之企管意涵彙總表

章節	內文重點摘錄	對現代企業經營的啟示
第一篇〈始計〉	五面向（道天地將法）；詭道，「攻其不備，出其不意」	謀畫致勝，企業經營的全盤規劃與運籌帷幄的勝利條件
第二篇〈作戰〉	「兵貴勝，不貴久」戰略原則	預算精、調配準，速戰速決

章節	內文重點摘錄	對現代企業經營的啟示
第三篇〈謀攻〉	「不戰而屈人之兵」之「全勝」目的、「上兵伐謀」的重要	談企業的競爭策略與合作氣度
第四篇〈軍形〉	善戰者，先為不可勝，以待敵之可勝	立於不敗之地以待致勝一擊
第五篇〈兵勢〉	將帥在編組、指揮、戰法上造成「勢險節短」的態勢	由組織、領導形成企業優勢
第六篇〈虛實〉	在兵力、配備、士氣、準備等方面形成「避實而擊虛」的作戰原則	企業經營同樣有掌握虛實的重要性
第七篇〈軍爭〉	運用「詐、動、分合」因應環境變化，建立「以迂為直，以患為利」的優勢	利用環境（風林火山）中的機會建立企業競爭的優勢
第八篇〈九變〉	靈活機動作戰原則	企業應變之道，在於管理者的素養與變通能力的培養
第九篇〈行軍〉	作戰要領：處軍（配置軍隊），相敵（判斷敵情），附眾（團結整飭內部）	環境與市場的認知、調查與情報的運用
第十篇〈地形〉	六種地形，天候綜合研判。「知己知彼，勝乃不殆，知天知地，勝乃可全」	天時地利人和的配合
第十一篇〈九地〉	地形對運兵計謀、將帥作風、士卒心理、敵後的反間等的影響	掌握市場特性，占據攸關利基，以利競爭
第十二篇〈火攻〉	火攻的種類、條件及實施的方法。「主不可怒而興師，將不可慍而致戰」	企業不用實火，但如何控制脾氣與拿捏競爭火候仍有講究
第十三篇〈用間〉	論使用間諜的重要及方法，敵情「不可取於鬼神，必取於人」	商業間諜的使用，於情報收集，技術發展，與市場掌握

　　長期以來，《孫子兵法》的謀略不僅被應用於戰爭中，而且被應用於政治鬥爭、外交鬥爭乃至體育競技中。經濟領域與現代企業和商戰也是經常被引用。把《孫子兵法》的謀略哲學應用於現代企業和商戰，始於日本的企業家（見圖5-4）。日本企業家大橋武夫1951年接管一家瀕臨破產的小石川工廠，後來使它成為世界聞名的東洋精密工業株式會社。他的成功就在運用《孫子兵法》的「神算」、「料敵」、「任將」、「得人」、「發機」、「出奇」、「上下同欲者勝、不戰而屈人之兵」等謀略（楊善群，1996）。日本新力電器公司能獲得巨大發展，就在於他們運用了孫子的理論，不斷推出質優價廉的新產品。新力成立之初，「日本製造」在歐美市場仍是廉價劣等品的用語，新力能夠克服不利的市場形象，贏得歐美消費

者的認同，其原因在於樹立良好的品牌形象——「守正」：注重企業形象與經營領域——電子。同時，強調創新發展——「用奇」：加速產品市場化、塑造自由思考、非官僚的環境、重視國際市場。

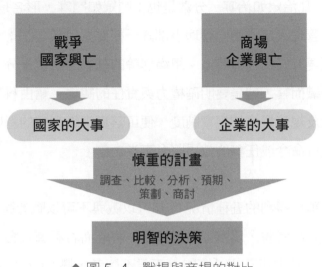

▲圖 5-4　戰場與商場的對比

1.規劃面

「兵者，國之大事，死生之地，存亡之道。」——〈始計篇〉

文中之「道」可以說是領導、管理者應具備之工具與方法，在戰爭中兵者是指作戰武器與軍事設備的運用，以求致勝之目標。而在商場上兵就是指商業上的手段，從產品的研發與設計之能力，到生產與品質的要求，到市場上顧客需求的掌握與滿足，到財務的籌措與運用等，在在都是企業是否成功的關鍵。「商場如戰場」乃是企業界的至理名言，可以說是企業家對兵法的理解和運用能力，直接反映在他們的經營運作之中。從企業的管理策略來看，如何制訂有效的經營戰略、籌劃各種資源與現場布局，均可自《孫子兵法》中尋得有意義的指導或啟發。現代企業經營決策者在創始之初，制訂發展方向時，必須先瞭解市場的需求、同業競爭能力和運行態勢、本身的設備條件和技術基礎，以及市場形勢和發展趨勢等，以敏銳的觀察力、

快速的反應力和果斷的決策，發現和選擇最佳的企業經營方法，以制訂適合企業生存和發展的經營方針。

2. 組織面

孫子曰：「凡治眾如治寡，分數是也；鬥眾如鬥寡，形名是也。」

孫子認為管理大部隊如同管理小部隊一樣要有組織編制；指揮人數眾多的軍隊必須要有好的指揮體系。組織理論的基本想法就是分工合理化，以現代企業組織而言，就是要明確權力與責任的關係，藉由科學的分析、合理的設計以及規範嚴謹的規章制度，便可落實組織管理的基礎架構。在如此架構上執行命令或任務的效果將會事半功倍。

3. 用人面

孫子提出預見勝利的五種情況：「知可以戰與不可以戰者勝，識眾寡之用者勝，上下同欲者勝，以虞待不虞者勝，將能而君不御者勝。此五者，知勝之道也。」 其中第五項「將能，而君不御者，勝」，在現代組織中尤有價值，原來隨民智大開現代組織所用之人的水準，也像以往君王傾一國之力所能召募之優秀人才相彷彿。因此現代組織中非常可能出現部屬才能高於主管的現象，正好可以印證孫子「不御」的現代益處。所謂不御，就是不要事事駕馭部屬，而要放手讓他們發揮。主管常有個迷思，只相信自己的想法與作事能力，而無法接受部屬更高明的意見，且不願相信部屬比自己強。從許多事實證明，有這種想法的企業主管無法激勵員工，往往在市場競爭中喪失良機。當組織代表在外進行磋商時，如果凡事無論大小都要報告請示，就很難應付環境與市場的變化及對手的競爭。杜拉克說：「一位經營者如果僅能見人之短，而不能見人之才，甚至刻意挑其短而非著眼於其他，這樣的經營者本身就是一位弱者」（齊若蘭，2009）。所以孫子講的是「將能」而不御，若是將「不能」也就無法託付重任；如此主管只好親為，那也就喪失了管理的基本意義。經營管理中，如何知人善任是非常重要的關鍵，古往今來，大凡有成就的領導者，無一不是靠「擇人而任勢」取得的。

4.控制面

「故將有五危：必死，可殺也；必生，可虜也；忿速，可侮也；廉潔，可辱也；愛民，可煩也。」——〈九變篇〉

自古以來，部隊會被殲滅，將領會被殺，和將領本身的軍事素養有絕對的關係。根據孫子一位將領有五種危機：有必死的決心，常被誘殺；有貪生的想法，常被俘虜；性格上容易動怒，敵人可激怒他以癱瘓他的戰鬥力；愛惜名譽、重視形象，只要造謠抹黑，就容易解決；標榜愛民，就去騷擾他。很多人讀到這段話，往往納悶：「孫子難道要將領貪生、怕死、不要臉、不重名譽、草菅人命嗎？」事實上，孫子用最簡潔而寫實的文字表達出微妙的管理真理：掌握敵人的心理傾向常決定事情的成敗禍福。孫子的五危論重在強調群我適應程度，這種原則在任何領導統御的場合中都屬於高級控制技術。它告訴我們，做生意、發展版圖，不可墨守成規或激進冒險，要把勇於進取的衝動控制在理智的範圍。

四、小　結

古今中外各種組織的經營，無論優劣成敗，總離不開其所處之環境中的公開的或隱含的管理哲學。而其經營的好壞與成敗，則取決於組織經營階層的領導視野、願景與執行能力。然而，學術期刊、坊間及各處書店所充斥的均是西方的商業管理理論，常是企業經理人自我增值的憑藉。孰不知中國經典古籍中所闡述的經營智慧，亦可運用於現代企業管理之中。吾人現在在書店中與學術期刊中漸漸可以看見這類書籍的出現，也吸引不少經理人員的目光。

中華文化博大精深，蘊含深邃的哲學思想，是人類智慧的結晶。古老典籍中相當多的學說流派不論是說理或作文，都蘊含了古人千年來的智慧結晶。管理思潮跟隨企業進步與競爭而調整，但先人學問的深遠，不論是儒家的仁愛所對應的人性管理或是法家所主張的強勢管理，仍然是現代管理所討論的基本依據，其中所蘊含的深遠思維可以成為現代管理的參考指標。管理人可從其中獲得啟示，改進其管理技巧，也可增強其管理智慧變成高效能的管理人。

▪摘 要▪

1. 產業與管理哲學的演進：二十世紀在資本與共產主義的影響下，經歷了近百年的挑戰與悲喜。共產主義強調的價值源於勞動，認為工具應該為社會全體共有，因此其所創造出的價值也應由社會全體平等共享。資本主義認為累積資本才是富裕之道，人們願意辛勤工作的原因就在可以累積個人財富，進而享受財富所帶來的富裕的生活。

    管理思想的演進，大致可分為三個階段：

    第一階段是草創時期，包括科學管理學派、管理程序學派、科層組織（官僚理論）學派、人性管理學派。

    第二階段理論建構時期，包括行銷管理學派、組織行為學派、策略管理學派；

    第三階段新理論時期，包括組織學習學派、組織再造學派、知識管理學派。

2. 中國哲學對管理的影響：中國傳統哲學主要由儒、道兩家各領風騷。

    儒家思想強調禮即倫理，注意學習，所以尊重講求仁義、學養深厚的君子，重視仁民愛物的治理方法。

    道家強調萬物生成的道理，凡事應秉要執本，以順其自然為上，治身接物則務崇不競。

    本節列舉分析儒家思想的現代企業觀、法家思想的現代企業觀、孫子思想的現代企業觀（分析說明：規劃面、組織面、用人面、控制面）等。

複習問題

1. 科學管理學派的主張為何？
2. 馬斯洛的需求層次理論為何？其與赫茲伯格的雙因子理論有無衝突？
3. 組織學習理論的系統思考與策略規劃有何異同？
4. 中國哲學對管理的影響的層次在思考層次面，還是行為價值面呢？
5. 《孫子兵法》是否對現代企業經營有幫助？

討論問題

1. 王永慶與郭台銘的管理顯然都符合科學管理學派，我們能否說這學派的理論過時呢？

2. 策略管理理論甚是流行，你認為他們為何不斷地有新觀點與新模型推出？

3. 你認為儒家的管理是否不夠嚴格但有利於人性，而法家正好相反？

4. 管仲說「倉廩實而知禮節，衣食足而知榮辱」，用馬斯洛的需求層次理論是否可以解釋呢？

5. 儒家的中庸思想有道理嗎?在解釋中國一帶一路或中美貿易戰爭上這樣的觀念有用嗎?

2

審豫

▌第 六 章 ▌

設身處地

本章係以 3 節予以陳述學習的內容:

1.何謂設身處地

2.設身處地的條件

3.設身處地的層次:第五項修練、情緒智商、心靈成長與企業社會
　責任

　　2015 年初臺北市新任的都市發展局(簡稱都發局)局長林洲民對有關社會住宅政
策的發言,可見設身處地的困難。這是新任市長柯文哲的競選政見,也是社會所關心
的話題。臺北市的房價在停滯十多年,2008 年國民黨執政後開始上漲,至 2010 年上
升的幅度達百分之百。但是年輕人的薪資水準卻仍然維持原樣,甚至有下跌情勢。平
抑房價成為 2014 年臺北市長選舉重要的政見。都發局規劃釋出市府擁有的捷運聯合開
發住宅做公共住宅,不料卻引起聯合開發住宅中其他居民抗議。他們憂心引進低收入
居民會影響房價與降低生活品質。第二天林洲民便在臉書發文「臺北人瘋了嗎?」批
評有能力負擔全額房價的人,為何要抗議折扣房價的人成為他們的鄰居?他還說「我
愛臺灣人;但是,今天,我不瞭解自私的臺北人」。

　　此文發出後,立即引來各界不少批評,認為這種要求別人犧牲利益的說法容易,
若是他自己是住戶或要他做同樣犧牲時,他未必如此輕鬆。對話中顯示現屋主與官員
間的見解不同。前者身臨其境有切身感受,其房屋或租或賣都立即面對價格的下跌。
後者顯然過度理想且沒有臨場感,以為人人都該像他一樣充滿理想與希望,且高興接
受市府的處理。由此看來,百姓從自身利益觀點看問題是無可厚非的。自由民主社會

要尊重個人的權益與自由，自利本來就是人的天性，政府不能要求人民為其政策犧牲奉獻。尤其是這些屋主在購買時並不知社區房屋被市府當作公共住宅的想法。在這爭議中吾人可知設身處地的重要，官員應從居民的立場去思考利害得失，才不會有離譜的言行出現。

　　本章乃管理功能審豫中之第一個重要的部分，設身處地 (presence)，這是一般人耳熟能詳基本做人的道理，在中國家庭中長大的每一個人很難不會注意這句話的意義，也是老生常談。有時候，這句話甚至因過於普通而在許多理論或經驗中被忽略。在西方管理理論中則甚少見到這樣的說法。然而，近年來由於東西文化的交流，這種傳統的教訓及心靈發展的技術，逐漸嶄露頭角成為新世代重要的管理課題。二十一世紀初以 《第五項修練》 一書風靡全球的美國學者聖吉在出版學習型組織系列的書後， 在 2004 年與其他三人合著了一本有關個人、組織、社會深層改變的書， 其書名便是 Presence。而這字的意思雖然國內被翻譯為完全洞悉（馮克芸，2012），可是我閱讀兩本書籍後覺得其實就是我們熟悉的設身處地。詳細內容就請見本章的說明吧。

第一節　何謂設身處地

　　設身處地在中文意思應就是假設自己處於別人立場而思考其得失輕重，以及如何採取下步的行動與作為，在此則是強調**從決策者的角度仔細思考問題與來龍去脈再做最後判斷**，若是決策者本人仍應做好同樣的融入環境與自身周邊各種情境與角度的動作，以確保最好的結果。由此看來，心境的調整以進入狀況應比主配角是誰更為重要。傳統上設身處地常是為是瞭解他人，體念旁人而進入他人的立場或角色中思考。但是在此處吾人提出設身處地卻是強調進入立場與角色的作為，因為我們發現現代社會中許多人即便是在思考自己切身的問題，往往無法進入情境而產生符合環境的思考與決定。這樣情況的理由是現代人的生活比以往更為複雜，常常會因處理過多事務、心有旁鶩而影響思維的方向，或因繁忙或未具正確知識與訓練而無法融入情境且正確的思考。因此，設身處地反而成為一個優秀管理者應具備的首要條件。

聖吉等人 (2004, p. 13) 定義設身處地 (presence) 為對現況的全然感知 (presence as being fully conscious and aware in the present moment)。然後，他們更進一步認為設身處地是深入的傾聽，超過個人先入為主的觀念與歷史成見 (as deep listening, of being open beyond one's pre-conceptions and historical ways of making sense)。聖吉等人所追求的是一種個人的成長，所謂的超然的感知能力。它與筆者在此強調的設身處地的能力雖有同樣的功能，但是筆者卻不想太著重於那神奇與全然的部分。畢竟每一次的決策都應對環境有充分的掌握，對牽涉的人事物有清楚的認知，但是如神般的全知全能並非你我血肉之軀的原始設計。賽門的決策理論之滿意解 (satisficing solution) 於此又可以證明其務實的價值。有關賽門的決策理論將在以後仔細說明。

聖吉所追求的境界是決策者的理想狀態 (perfect condition)，決策者在決策時理應儘量處於全然感知，深入情境的每一面，並不被成見或先入為主的觀念所矇蔽。然而，實際決策時所擁有的時間與資源限制，使得決策者無法每每處於如此理想的境界。只有儘量使決策者處於相似的狀態，以達到有效的決策。在單純的環境中若能設身處地，理當對環境變化有好的掌握，在需要面對處理時便可以有較好的因應。當環境開始變得複雜時，能設身處地的決策者理當有較好的處理能力。但是隨著環境更加複雜，且程度已超過決策者能應付的狀況時，那麼設身處地的作法或許會延誤反應的時間，或使得決策者驚恐於變化與資訊的超量而無法應付現況。這種情況應是強調要設身處地的理論者需要注意的問題。原則上，設身處地是好的，但是過度投入以致於影響正常運作就不是主張如此理論者的原意了。

與中文之「設身處地」相同，英語中也有一句常用的話 "in other's shoes" 意思幾乎完全相同。表示這樣的智慧在不同的語言社會中同樣受到重視。也可以說在管理之初，一位初任的管理者應該以設身處地做為他學習管理的開始。然而，即使是久經戰場的沙場老將在面對各種問題之時，首要之事仍然是設身處地，讓自己對於環境與可能的發展有比較好的掌握，如此再下一步動作時可以處於有利的先機。

聖吉等人 (2004, pp. 86～92) 又提出一個學習的第二種型式，一個 U 行動，這行動中設身處地是其核心部分，見下圖人對外界的感知從感覺 (sensing) 開始，將外界的資訊傳入個人知覺系統，然後進入設身處地 (presencing) 的階段。此時個人從深處去感受與處理所傳入的資訊，在此個人脫離表面對事務的看法，而從更深層與有意義的層面去解讀資訊，如此對於外界事務有更全面與更具卓著的見解 (a heightened sense of awareness and a panoramic sense of knowing)。再者，個人更將所得的新知化為具體的行動，成為實際對環境有所影響的作為，而稱之為實現 (realizing)。

感覺：一再
觀察以融入外界

實現：流暢
且快速行動

設身處地：
放空與反省

▲ 圖 6-1　第二種學習循環

吾人可由牛頓發現萬有引力定理的著名例子來看這個學習模式的意義。當蘋果離開樹枝而掉落地面時，牛頓與一般人的知覺應該是一樣：「蘋果成熟了，當風吹起其連接的果蒂禁不住風力而脫離，自然就墜落地面。」這樣的感知與想法一定重複出現上千遍，直到牛頓開始有不同的感受。

這樣的感受該是不再受以往的經驗或解釋的框架去看世界，而是試圖從不同的角度去思考這普通的現象。為何蘋果不像一般花的種子，隨風飄揚，而像石頭或木材會垂直落在地面呢？很顯然後者具有重量，而種子不也是具有重量？重量又是從何而來的呢？這一連串的問題使得牛頓不斷地要提出完整的理論以解釋眼前的現象。這樣的思辨是第二階設身處地時反覆不斷的主要活動。

最後，牛頓開始建構新的模型，產生了萬有引力的定理，此理論一出大致太陽

系中各行星的運動都在算計之中，可謂對現象的真實掌握，亦可謂臻於實現的境界。

在管理上亦可以有如此思辨的過程，例如大多數人都不願意向人借貸，對於負債有負面的感受。然而，從事企業卻必須面對負債，尤其舉債能力是企業經營能力的一項指標。從財務管理的角度而言，舉債才能讓原始資本發生更大的槓桿作用，即用較少的錢賺取較大的利潤。這種思考模式於企業經營中能有更深刻的體會，及至在產業中站穩腳步，成為舉足輕重的企業負責人，對於投資與經營乃有更宏觀的思維與見解，其足以影響所在的社會與國家。

第二節　設身處地的條件

葛容 (Mark Gerzon)（馮克芸譯，2012）在談如何有效成為領導者一書中，引用聖吉等人所提出的設身處地的概念，並提出六個設身處地的信號，他認為當個人出現這些狀況時，就可能是達到設身處地的境界。這六個信號是：開放心胸感受並察覺、敏於回應、保持彈性以利改變、注意效果、求變的創意、承認失敗的誠意（見圖 6–2）。從字面上來看設身處地就是融入環境，從這樣的角度看世界。感覺敏銳的人便可以掌握現場的關鍵，因而可以制敵機先。組織或公司的負責人就應有這樣的能力，才能有效地管理。否則，處處不進入狀況，只好隨波逐流，無法有效經營組織。企業的第二代接班時常常發生這樣的問題，由於與創業第一代有時間的隔閡，而且從小被保護未能有獨當一面、親自嘗試的機會，一旦接手往往發生適應不良的現象。除了使用天威難測的不露聲色那一招之外，也常利用恐嚇威脅的手段，無端發怒或罵人，欲藉此使做賊心虛者露餡而達到管理的目的。但是，這樣的管理非常消極，也無法掌握組織的發展。而且，會造成組織內部因循苟且的心態，凡事只求無過的做事態度。

政府組織中亦常見到如此現象，尤其是缺乏領袖人物的承平時代。許多政治世家或只求權位者往往在占據重要立法或行政職位後，不能設身處地地提出政治理想或發展政策，而浪費或耽誤了重要的國家事務。

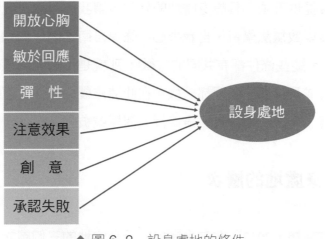

▲圖6-2　設身處地的條件

　　比對聖吉等人的第二種學習有關設身處地的放空與反省，葛容的六個條件顯然項目更多。兩者的內容各有不同，葛容的似乎多包含了感知部分，也多加了創意的項目。比較起來有點龐雜而且有些重複，例如開放心胸與彈性略同，敏於回應與注意效果相似，創意則有點超過，而不及聖吉的簡潔。

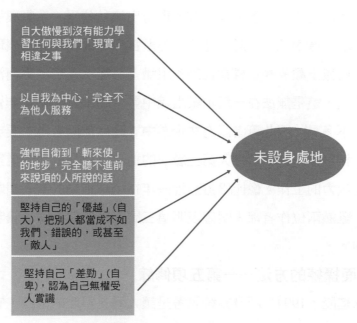

▲圖6-3　未設身處地的情況

另外，葛容提供五項不具設身處地的條件，讓我們可以自我檢視。這五項條件是：自大傲慢以致無法學習、自我中心、強悍自衛不聽任何意見、優越感與自卑（見圖6–3）。這些條件都有共同的特徵，那就是不敢開胸懷去聆聽外界的聲音，無論是自大或是自卑，表現都一樣。在此補充幾個條件：忽視外界資訊、懶於注意外部環境、視一切為當然、最後個人消極或被動。

第三節　設身處地的層次

葛容（馮克芸譯，2012）在書中尚提出設身處地的三個層次：智力、情緒與心靈。三個層次像是三種境界，各有各自的條件與現象（如圖6–4所表明）。然而他並未表示三個層次是否是互斥或是相容的，即若是具有設身處地能力者就能在三個層次都滿足其要求，或是不具設身處地者則在這三層次中都無法滿足。依照葛容的意思應該是三個層次均滿足者，才能算是真正達到設身處地境界。但是這畢竟非常嚴格，在智力與情緒兩層次都能清明、平和、不具攻擊或挫折感等都非常難得。更何況要能在心靈層面能夠表現得出無私公平、奉獻與透徹，這是神人的境界。甘地、曼德拉、耶穌、悉達多等聖哲級的人物才有的表現，一般人是無法想像的。心靈上願意捨棄權益在許多組織上已無法適用，更何況要犧牲個人的權益去就他人，這是無法在一般企業組織中發生的事。即使在非營利組織中，這樣的行為並不多見。因此筆者認為在企業中，應以前兩者為主要努力達成的境界。當個人有相當成就時，再進入第三層次的追尋，這是成功企業家與各行各業有成的人物應致力的工作。像比爾蓋茲近些年在全球推動的富人捐獻的概念就是明顯的例子。雖然兩位作者都未明確表明這三層面應如何操練，讓我在此提出三個可能的方向。

一、智力層面操練的方法——第五項修練

聖吉（郭進隆，1994）認為系統思考是讓人看見整體的修練，它提供一個架構讓我們看見相互關聯而非獨立的許多事件；同時也讓我們看見隨著時間漸漸發

智力層面	情緒層面	心靈層面
「是什麼」的察覺認知	管理自己的情緒能力	領導者生命中心「心靈」和「信仰」
☐ 自我覺知 ☐ 開放心胸 ☐ 清明的洞察力 ☐ 學習能力 ☐ 機敏 ☐ 彈性	☐ 情緒智商 ☐ 放心 ☐ 同理心 ☐ 挫折容忍力	☐ 有效行動 ☐ 奉獻 ☐ 領導 ☐ 扎實的知識 ☐ 定靜 ☐ 公平無私 ☐ 追隨 ☐ 透澈的觀察

▲ 圖 6-4　設身處地之層次

展的型態,而非瞬間即逝靜態的一幕。系統思考可察覺事物整體的微妙搭配,並看清複雜狀況背後的結構,以及分辨高、低槓桿解差異所在。系統思考源自美國麻省理工學院福瑞斯特 (Jay W. Forrester, 1961) 所提出之系統動力學 (System Dynamics),由於初期它主要應用於工業管理,故稱為工業動力學;隨著該學科的發展,其應用範圍日益擴大,遍及經濟社會等各類系統,故改稱為系統動力學。

　　根據系統動力學而發展的系統思考,有幾個描述系統的基本工具以及其所舉出的九種建構系統的基模 (archetype),分別介紹如下。首先是三個基本工具:

1. 正向增強的關係

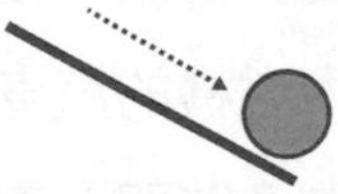

這圖形表示其兩端的事物的關係是彼此相互增強的。例如胃痛與喝冰水的關係是相互增強的。

2. 相互調節的關係

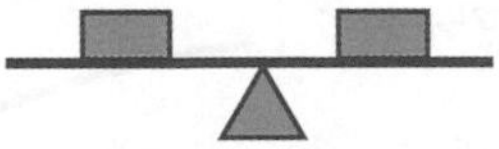

這圖形表示其兩端的事物的關係是相互制衡的。例如胃痛與吃胃藥的關係是彼此制衡的。

3. 時間滯延的關係

這圖形表示其兩端事物發生的時間會有滯延的現象。例如學習與善用知識

間就有滯延的關係，不是一開始學習就會善於利用知識，而善於利用知識者常囿於現有知識而延遲學習。

其次，就是被稱為系統基模的九種經常出現的系統樣態，原則上這些樣態說明某些事務的相互關係與彼此連動的可能變化的基本模組。藉由對於這些基本模型的分析，可以看出問題的全貌，掌握整體的癥結與解決的方法。在實際面對現實情況時可以加以類比與揣摩，長期下來可以發展出對事務的全面觀點，以及知道有效的處理關鍵。這是值得花功夫的訓練，也是近三十年系統思考在企管界風行不衰的主要原因。現在讓我們來看這些基模，並體會在現實生活裡以簡馭繁的單純之美：

1. **反應遲緩的調節環路** (balancing loop with time delay)

第一個基模就是反應遲緩的調節環路，許多政治與社會問題都屬於這樣基模所描述的狀況。例如空氣污染的問題與解決空氣污染的政策之間的關係就可以以這一個基模來描述。政府的作為常在很晚的時間後才發生，而施政又耗費許多時間，以致於實際狀況往往並未解決，而有反應遲緩的現象。以北京在 2014 年所舉行的亞太經合會議的例子來看，當時正逢北京空氣污染情況不良的季節，若依照慣例處理空污的話，種樹、改用電動車、鼓勵民眾搭乘公共交通工具、限制具汽油內燃機的汽車、研發非汽油燃料是常見政策。但這些調整的行動往往花費許多時間，產生滯延的現象，而對於空污的問題無法達到立即的效果。

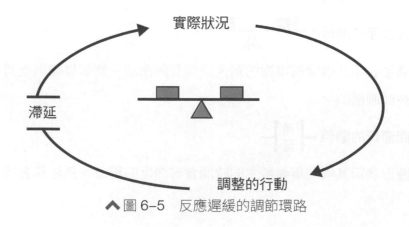

▲ 圖 6–5　反應遲緩的調節環路

2. 成長上限 (limits to growth)

本基模是由兩個迴路組成的，左邊是增強的迴路，而右邊則是相互調節的迴路。許多組織的發展就可以此基模來描述，例如一位農夫開發一塊山坡地種植果樹，當人力與資源投入後可見果園成長的現象，就像左邊的迴路所表達的，然而隨著果園不斷成長，土地未開發的面積逐漸減少，最後達到土地的限制而無法再像以往的情況不斷地成長。除非能夠有效排除限制的因素，例如購得或承租更多土地，否則必須停止成長。

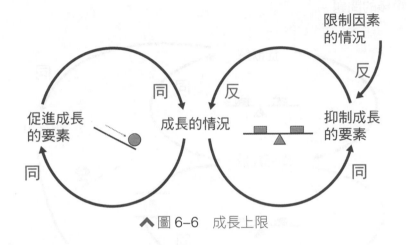

▲圖 6–6 成長上限

3. 捨本逐末 (shifting the burden)

本基模由兩個相互調節的迴路加上一個增強的迴路所組成。其中出現一個問題必須解決，而解決的方法有因陋就簡的症狀解，只求表面上通過，只要短暫的紓解問題，而不願面對問題。另一個方法則是對問題的根本解，通常需要花時間研究與找尋根本的解決之道。另外，症狀解本身會加速產生副作用，其更指向根本解的找尋。一個常見的例子就是對於個人生計（問題症狀）的維持有兩種解決方法，一是借貸（症狀解），另一是工作賺錢（根本解），當然找工作有其困難，尤其理想的工作是需要花時間尋找與努力的。在這兩個迴路外有一個更大的增強迴路，它說明了若持續採取症狀

解，即持續借錢，不僅問題沒有辦法有效解決，還會產生更多的副作用（債臺高築），最後仍要走向正途，憑個人努力爭取謀生的機會。本基模的英文之意為「移轉負擔」，其意應是自症狀解的角度，其有移轉目前負擔的從權作法，或許可以爭取到根本解決的時間或新的解決方法。而在不知根本解何在的情況下，吾人是多半會採取移轉負擔的作法。整體而言是不夠聰明，但就解決如燃眉之緊急事件，也經常為人們採用。經濟學家凱因斯 (John Keynes) 的名言：“In the long run, we are all dead.” 就是此意，但不免有目光短淺的問題。

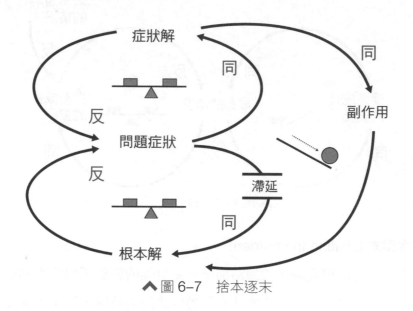

▲ 圖 6-7　捨本逐末

4. 目標侵蝕 (eroding goals)

本基模是由兩個相互調節的迴路所組成，主要是上面那圈迴路中的作用在降低目標，導致下面那圈迴路的改善行動無法有效發展。就像學生唸書的過程，難免遇到瓶頸，無法掌握學習的內容，例如數學中的三角函數。一般而言，對於新內容的掌握必須花功夫，試圖從自己已知的知識找出可以對應的內容，再延伸所能理解的主題，最後獲致融會貫通的結果。但無可避免的是會有遲滯的情況，有矛盾的觀念與新建的模式必須釐清，這些都

需要時間。此時若將目標降低，立即可將問題解決，壓力消除。就像不會三角函數沒有關係，反正考試不考，或者就選擇不用考此內容的科系。

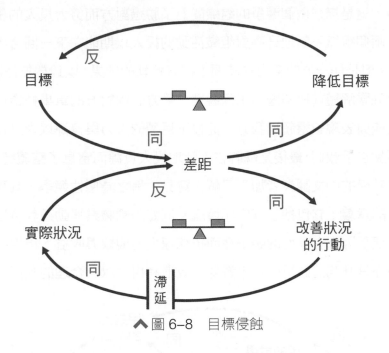

▲圖 6-8　目標侵蝕

這個基模有點奇怪，其實只需要一個相互調節的迴路即可完成，取成長上限基模的右邊的迴路即可（請見圖 6-8a）。

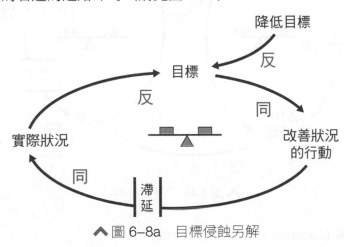

▲圖 6-8a　目標侵蝕另解

5. 競爭升高 (escalation)

本基模的內容是兩個相互調節的迴路所形成更大的增強迴路的關係（見圖 6-9），這是描述兩個競爭的組織間為了勝過對方而努力投入的相較勁的現象，兩個組織不斷地升高對組織活動的投入以期能在下一回合中一舉勝過對方。但是任一方的努力在時間上都有遞延的效果，以致於無法勝負立判。就像蘇聯解體前與美國的軍備競賽，雙方恐懼對方的軍事技術以及戰略系統性能與表現遠遠超過我方，而投下巨額的人力與資源以求維持優勢。歷史經驗告訴我們，最後是蘇聯在不斷地投入資源而窒息了整體經濟而崩潰。這些基模的中文翻譯者加入了個人意見，稱之為惡性競爭，其實原著並無負面的意義，它包括了好處與壞處。例如美國職業運動蓬勃發展的重要理由，便是因為有高度的競爭性而招徠龐大的觀眾與收益。市場經濟的運作原則亦是升高的競爭所帶來資源有效地利用，以及合理的利潤空間。

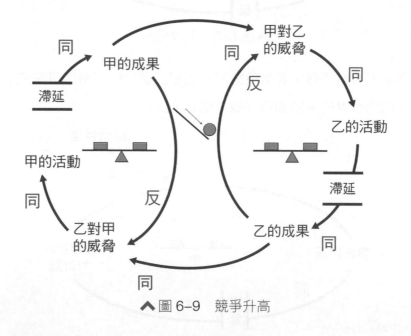

▲ 圖 6-9　競爭升高

6. 富者越富 (success to the successful)

這個基模是由兩個增強的迴路所組成的，上者的資源越聚越多，而下者的

資源卻越分越少。因此，本基模既可稱富者越富，也同時是貧者越貧。以資本主義社會的發展來看，常有財富越來越集中的趨勢，使得有錢人擁有土地與資金，再以土地與資金來牟利，如此以錢滾錢就創造更多的財富。同時社會上不擁有土地或資金的平民，因為所擁有的財富少，可以用來學習的錢就少，無法找到好職業或創業，如此財富更難以聚集，形成另一種的惡性循環。像許多因技術進步而相互取代的產品也是如此演化的。例如手機出現後對固定市話的侵蝕，智慧型手機又將普通手機取代。LED 燈泡出現取代白熾燈泡。同樣的，當零售的連鎖超商出現後，人們開始走向這些二十四小時營業的便利商店，購買可以滿足食衣住行育樂的各種需求，而以往在街頭巷尾的傳統雜貨店就一一消失，它們亦形成另一種的富者越富的基模現象。

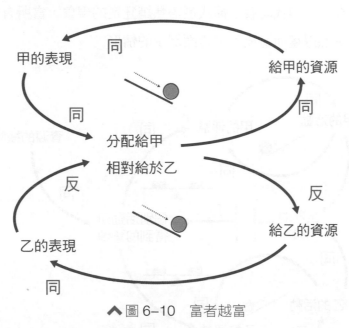

▲圖 6–10　富者越富

7.共同的悲劇 (tragedy of the commons)

本基模應該是由成長上限基模所衍生出的較複雜的基模，在其內部再增加一個增強迴路，成為兩個增強迴路對總資源的競爭現象。在中文企管書中

將此基模翻譯為「共同的悲劇」，而吾以為不如稱其為「共生的悲劇」更為貼切。從基模（所謂的基礎模型）的觀點而論，既為衍生就可以省去，以免造成太多基模反而影響了應用的簡潔。而一般而言，成長上限的發生，也不會單純到只有一個增強迴路。反而多個迴路存在的現象比較常見。這個「基模」以前述成長上限的例子亦可以解釋，就像果園中不是僅種植一種果樹，如臺灣中部梨山上就常見果農種植高山水梨與水蜜桃，兩種果樹均適合在高山寒冷的氣候，土地面積成為兩者的上限，在彼此爭奪種植面積時就會產生共生的悲劇。即若因水梨價錢高而想要多種水梨，卻發現水蜜桃已經占據了可開發的土地，反之亦然。本現象亦可以解釋臺灣市場上常出現的一窩蜂的現象，當市場胃納是一定的，生產廠商不斷地增加所造成彼此利益的爭奪，而一旦碰到市場上限時就會發生集體崩塌的現象，例如臺灣在九〇年代時發生葡式蛋塔熱銷狂賣的現象，當所有新店裝設完畢後，卻突然退燒而造成不少店面倒閉的情形。

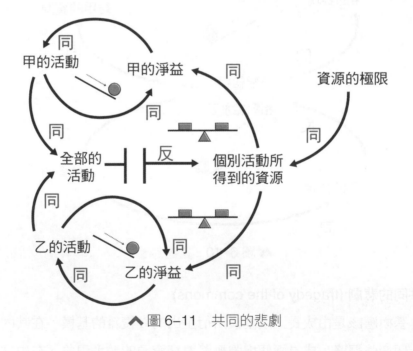

▲ 圖 6–11　共同的悲劇

8.頭痛醫頭 (fixes that fail)

本基模被稱為引酖止渴,其實從英文字面上來看更似頭痛醫頭,當然兩者所描述的現象非常類似。而這基模與前述之捨本逐末基模不僅結構相似,而且名稱在意義上都可以劃等號。差別在於捨本逐末基模中多了一個相互調節的根本解的基模,在圖 6–12 中再加一個相互調節的基模,兩者就相同了。也就是說頭痛醫頭基模中根本解是未知的。其實很多時候即便是在捨本逐末的狀況時,也常有不知有根本解存在的情形。

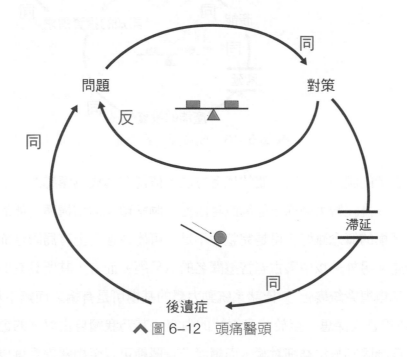

▲ 圖 6–12 頭痛醫頭

9.成長與投資不足 (growth and underinvestment)

本基模乃是由一個增強迴路與兩個相互調節迴路所組成的複雜基模。它是描寫組織遇到成長上限環路時,最好的解決方案是增加投資以提升企業的營運能力。有遠見的領導者會在企業成長前就準備因應的手段。但是經常發生的卻是組織未能及時投資,以致於發生成長上限,所引起的產能與產量的下修,正好符合原有的預期,使得決策者好像有不追求投資成長的遠

見。另外，這個基模就是成長上限加上目標侵蝕兩個基模所組成。同樣的，從嚴格的標準而言，本基模應該不是基模。

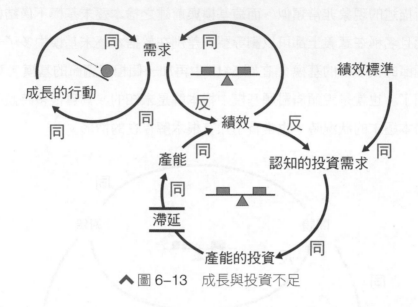

▲ 圖 6–13　成長與投資不足

　　系統思考的訓練是一套不錯的思考方法，值得有志成為領導的人好好參考學習。讓自己成為在智力層面上能夠設身處地，洞察環境的結構與可能的變化。然而，這些基模的概念雖好，可是完整性不足，可能在運用上有局限性而無法充分發揮其所能。另外，以中國古老智慧聞名的《易經》而言，其所具有的六十四卦所呈現的基模與系統變化，比諸系統動力學的基模可是有過之而無不及（見圖 6–14），值得吾人深思。至於《易經》的內容，其乃我國自古以來的經典著作，本書囿於篇幅限制無法詳細討論，而讀者若有興趣可以至相關學系選修，或自行研讀。切記不可以占卜算命之術視之，而應以人生哲學與環境情勢之基模的觀念下手，相信會有莫大的啟發。

	天	澤	火	雷	風	水	山	地
天	乾	履	同人	無妄	姤	訟	退	否
澤	夬	兌	革	隨	大過	困	咸	萃
火	大有	睽	離	噬嗑	鼎	未濟	旅	晉
雷	大壯	歸妹	豐	震	恒	解	小過	豫
風	小畜	中孚	家人	益	巽	渙	漸	觀
水	需	節	既濟	屯	井	坎	蹇	比
山	大畜	損	賁	頤	蠱	蒙	艮	剝
地	泰	臨	明夷	復	升	師	謙	坤

▲ 圖 6–14 《易經》六十四卦

二、情緒層面的操練方法──情緒智商 (emotional intelligence)

根據《心理學詞典》(Coleman, 2008)，「情緒智商是個人認知自己與他人情緒的能力，去分別並正確歸類不同的感覺，並用此資訊去引導想法與行為」。有不少相關情緒智商的模型被提出，而影響最大、總其成者應是高曼 (Daniel Goleman, 1995)。他的觀點被認為是總和能力說與特質說兩者之特長，輔以實際心理個案說明，造成很大的迴響。他將情緒智商定義為幾項能力與特質的總合，用以說明領導者的工作表現。研究證明擁有高情緒智商的人心理較健康、工作表現好以及有領導的潛力。例如高曼 (1998a) 的研究發現情緒智商在領袖重要工作中占據 67% 的成功因素，那是剩下其他傳統智商比例的兩倍之多。因此在過去二、三十年間，推廣培養情緒智商的訓練與書籍可謂汗牛充棟。

高曼 (1998b) 提出五個情緒智商的成分：

⑴自知 (self-awareness)：知道自己的情緒、優缺點、需求、價值與目標，並知道當依情緒反應做決定時對他人的影響。

⑵自制 (self-regulation)：涉及控制自己暴發的情緒與衝動，並依環境變化而調整的能力。

⑶驅動他人 (social skill)：利用關係驅使他人至期待方向的能力。

⑷同情他人 (empathy)：考慮他人感受的能力。

⑸自勉 (motivation)：為成就某一目標而努力實現的能力。

高曼將個人特質與才能混用於他的模型，引起了略早提出情緒智商者的反對。顯然這個名詞不是高曼新創的，而他借用這個名詞也未給這些人該有的引述。我想這是心理學派不同使然。高曼屬於心理分析學派而引用的觀念卻是心理實驗學派的成果。當然高曼的書使得他的理論有普遍的聲望與接受度，讓這些身處傳統學術圈的學者不太好受。而分析之前主要倡議者沙洛維與梅耶 (Salovey & Mayer, 1989) 所提的能力模型 (Ability model) 內容有四種能力：

⑴知覺情緒 (perceiving emotions)：辨別自己及他人情緒表現的能力。

⑵使用情緒 (using emotions)：以獲致自己所想要的結果。

⑶瞭解情緒 (understanding emotions)：從語言及環境中分辨他人情緒的細微變化。

⑷管理情緒 (managing emotions)：調節自己與他人情緒的能力。

由於高曼的模型是在能力模型之後才發表的，而且有意混入除了智商以外的變數，以增加解釋力，另亦可與能力模型有所區別。然而，以其後的衡量工具的發展而言，高曼的模型與能力模型的差別有限。尤其是增加的如社會能力部分，其非個人天賦能力，屬後來學習所得能力，反而實務上因較難衡量常被省略。自勉部分與情緒智商關係亦難以突出，也常被忽視。

高曼的書 (1998a) 中將原先情緒智商的模型由五個能力修改為四個，分別是：①自知②自制③他知 (social awareness)，與④他制　（關係管理，relationship management）。如此就很清楚可分為兩部分，一部分是對自我的認知與控制，一部分是對他人的認知與控制。一般而言，我們會認為女性的情緒智商應比男性要高。因為傳統智慧認為女性心細且對他人的情緒敏感，因此應有較高的情緒智商。管理界亦常說女性主管因為身為女性可以發揮較多的關懷與柔性領導。但是根據我指導的一篇碩士論文的結果卻大出人意外（林沛萱，2010）。表 6-1 就是她分析國內男女性在情緒智商的差異。

▼ 表 6-1　我國男女性情緒商數衡量

構面	性別	人數	平均數 (Mean)	T 值	顯著性	備註
情緒商數	男	121	72.40	2.435	.016*	男 > 女
	女	126	69.31			
自我情緒評鑑	男	121	19.16	−0.104	.917	
	女	126	19.19			
情緒的調節	男	121	17.13	3.226	.001**	男 > 女
	女	126	15.71			
情緒的運用	男	121	18.27	1.947	.053	
	女	126	17.51			
對他人情緒評估	男	121	17.83	2.323	.021*	男 > 女
	女	126	16.90			

* p < .05 顯著差異；** p < .01 非常顯著差異

　　讀者可以從表中第一行的平均數發現，男性情緒商數的總體分數是 72.40，其高於女性的 69.31，而且這是統計上可判定顯著的差別。同樣的，在情緒商數的細部分類評比上，男性在第三行的自我情緒的調節與第五行的對他人情緒的評估兩項數字上，也明顯高於女性的分數。這份調查嚴格說來，並不可以直接推論至全臺灣的男女性的情緒智商情況，但仍可以提供一點參考。畢竟目前大規模的情緒智商的調查尚未實施。

　　然而，男性在情緒智商的高分表現，多少也符合高曼在其書中對於女性在主管情緒腦部相關部分的發展上，與其生理上受荷爾蒙分泌高低週期循環現象的影

響也頗一致。

高曼研究個人情緒智商對職業的影響，他認為冰冷的理智和商業分析困擾著現代商業，情緒的瞭解與掌握對企業成功的影響更為重要。高曼提出 (Goleman, 1998a)，在高科技產業中高情緒智商能力比其他的智力和技術因素在企業中扮演著更重要的作用。個人和企業都能夠從培養這種能力的行為中獲利。

高曼特別指出，對企業領導者來說，情緒方面的因素更為重要。處於具挑戰性的工作職位的企業領導人通常擁有相當的智商，但若擁有較高的情緒智商應使領導者在工作表現上更勝人一籌。在企業高階管理層中，只有情緒智商而非一般智力才突顯真正的領導者。在表現傑出的企業的調查顯示，企業在同行業中表現出色的原因有三分之二可歸功於情緒智商，而只有三分之一應歸結為智力因素和專業科技。

在林沛萱的論文中最後結論可以發現：

1. 情緒智商與工作壓力成反比，表示情緒成熟者能夠有效應付所面對工作壓力。

2. 情緒智商越高者，對組織的承諾亦高，表示其對組織的忠誠度與投入亦越高。

3. 情緒智商越高者，其工作績效越高。這樣的研究結果對於組織領導人應有重要的啟發，那就是公司在聘用人才時，不僅要注意其基本的學養與專業外，員工的情緒智商亦是應該考量的重要因素。尤其是當工作具有挑戰性，工作壓力龐大時，如何有效監測員工的情緒狀況，提供員工有效的紓解情境與人員輔導，該是現代公司當務之急。

三、心靈層面的操練方法

1. 分享經濟 (sharing economy)

心靈層面的操練在正式管理學領域中尚無正式提出的理論。聖吉等人的強調修練的作法有向此方向發展的趨勢，但是此處仍將其列為智力層面的操練。原因無他，就是它的分析結果仍是自利為主，缺乏利他的發展與可能。

在資訊科技發達的二十一世紀中，分享經濟似乎應成為主流。在網上的活動尤其是平臺或網站的內容幾乎是免費分享的，只有附加的服務或實體交易才是付費的。以雅虎 (Yahoo!) 的崛起來看，其最先的網頁是以媒體經營的方式出現。瀏覽者是免費進入，免費使用，網路經營者希望流量越高越好，如此可以讓廣告商有興趣在網頁上登廣告，促銷它的商品與服務。從分享免費的角度來看，這些活動的確是利他的，而在此以前的報紙、廣播、電視也同樣是免費的服務，能說這些活動也是利他的嗎？平心而論，從某些角度而言，這些傳統的媒體，當初的基礎的確是有利他的成分。只是當規模越來越大時，廣告的收益與發行量（收視率）逐漸掛鉤，媒體老闆不再是新聞人時，媒體的經營逐漸變質，利他的成分就變得越來越小，收益變得非常重要，以致於偏離了原先設定的目標與該扮演的角色。

分享經濟可以有許多種形式，包括使用資訊技術提供個人、公司、非營利組織以及政府相關資訊，使得資源藉由重新分配、分享過剩的產能等，被有效率地使用 (Sundararajan, 2013)。這也是在人類社會步入二十一世紀在資訊科技與智慧行動上網越來越普及時，人類經濟行為亦應開始有所改變。這也是分享經濟與合作消費 (collaborative consumption) 行動的開始。通常是當有關物件的資訊（在網上市場上）被公布時，這些物件的價值可以因與商業、個人或社區的分享而增加 (Geron, 2012)。有名的例子便是創立於舊金山的 Airbnb，三個年輕人從自己所租的公寓開始的分享租房的構想。有點像臺灣的民宿，但是他們的服務是提供屋主出租自己房舍以賺取收入的機會。所有的招租與提供相關保障都由 Airbnb 負責。到 2021 年 9 月 Airbnb 在全世界 191 個國家 6 萬 5 千個城市中，共有超過 3 百萬筆出租資料。

合作消費是一種經濟的安排，參與者分享物件或服務，而非個人獨享。在網上的交易平臺如 eBay 等知名網站就發展成為許多個人間交易、住房、旅遊服務以及汽車共乘的合作消費的平臺。消費經濟可以是營利的、非營

利的、以物易物的、合作社方式的形式。分享經濟在 2000 年後開始出現，在人口成長與資源有限逐漸成為人類發展的問題時，如何讓「平民」不致於成為「貧民」的悲劇不發生，成為重要的課題。英國政府在 2015 年的預算中設定英國的經濟目標包括讓英國成為世界上分享經濟發展最好的地方 (Treasury, 2015)。

平心而論，分享經濟的層次仍在互惠，彼此各取所需，正好可以交換，而增加各自的福利。透過分享可以讓商業的利潤不至於成為個人太多的負擔，也讓社會中的中下階層百姓可以透過這種分享的機制減少負擔，並增加未實現的利益，但是其中並未有本文一開始所提的利他的意涵。從企業經營的角度來看，利他的行為只在企業的社會責任，以及企業的捐贈行為。

2. 企業的社會責任 (social responsibility)

企業的社會責任在工業革命發展之初並不受重視。然而二次世界大戰之後，某些活躍團體已經質疑企業公司僅有的單一經濟目標。一般大型公司缺乏任用婦女或少數團體為主管的紀錄，是否反映出企業不負社會責任且歧視的事實？產業在政府法令未規範下污染數百平方公里的土地，是否是忽視其社會責任的行為？這種問題在 1960 年前甚少有人提出。但是時代改變了，企業經營者現在需要考慮是否承擔社會責任的決策——在捐助慈善事業、對特定人士與團體的訂價、員工關係、自然資源保育、產品環保與品質以及是否投資極權（或違反人權）的國家等都是一些明顯的案例。

依據不同的時代背景與不同的立場 （如廠商、政府、消費者或非營利組織），社會責任有許多不同的看法。比較常用的看法包括社會責任是「創造利潤的附帶裝飾品」，是「企業追求利潤之餘的工作」、是「企業人自動自發之回饋活動」、是「企業關心更廣大的社會發展的作為」，以及是「企業回應社會需求的作為」。當然經過近四十年的發展，對於企業的社會責任的看法可落於兩個極端之間。在一極端是古典（或可稱為純經濟）的觀點，認為企業管理者的唯一社會責任就是把企業做好，使利潤極大。在另一極

端則是社會經濟的觀點，認為管理者的責任遠超過創造利潤，其尚包含更重要的保護及增進社會的福祉。

古典觀點的代表人物就是諾貝爾經濟學獎得主傅利得曼 (Milton Friedman, 1970)，他認為專業管理人並不擁有所經營的公司。廣義而言，他們也是受僱的員工，並應做好分內的工作。換句話說，他們主要的責任就是為了增加股東的權益而經營公司。股東的權益是什麼呢？傅利得曼認為股東只有一件所關心的：財務所得。若是管理者將組織的資源花在「社會公益」上時，他們便違反了股東們的託付，使得經營成本增加，而造成經營績效下降，使得股東權益受損，甚至影響社會資產分配。例如社會責任行動使得利潤與股利降低，股東便有損失。如果不然，那就必須降低員工薪資與福利以支應社會責任行動，那麼就是形成員工損失。再者，如果以漲價來支應社會行動，那就造成消費者損失。再來，如果漲價被市場拒絕而形成銷售量下降，導致企業無法生存。在這一連串發生的情形中，與企業有關的所有關係人都將受牽連。因此傅利得曼認為，當公司專業經理人追求利潤以外的目標時，如此隱含著公司經營者自我任命（即非經民選）為政府的官員。他懷疑企業組織的經理人是否有為社會決定如何行動（即制訂政策）的專業能力。傅利得曼認為這本是政治官員及民意代表們所要做的事。

傅利得曼的論點在經濟學純然理性分析的層面可以理解。試想如果企業因為採取社會責任的行動而增加經營企業的成本，結果這些成本一方面藉提高售價轉嫁給消費者，另一方面再經降低的股利由股東吸收。在競爭激烈的市場中提高售價，企業將減少銷售額。而在完全競爭的市場上，若社會責任未被所有的競爭者所接受，此時廠商任何價格的提高意味著喪失整個市場。在此種情形下，誰敢說要負擔社會責任使企業陷入窘境。

古典觀點認為競爭市場中，投資者自然有壓力去尋找最大獲利。如果一個公司無法將社會責任的成本轉嫁消費者，只能自行吸收而使公司獲利降低。長時間下來，投資者將資金抽離有社會責任的公司，而轉至那些不負擔社

會責任，有較高報酬的公司。這是否意味著如果一個國家所有的公司都負擔額外的社會成本，那整個國家的產業都將受到不必負擔社會責任的外國公司的挑戰呢？

其次，社會經濟觀點則採取不同觀點，他們認為時間已經改變社會對於企業經營的看法。這可以從公司合法成立的過程中清楚呈現出來，公司是由地方政府核准的，同樣的，政府亦可以撤銷公司的經營權。由此看來，公司並非僅對股東負責，他們亦對允許與支持他們的社會負有責任。

在社會經濟觀鼓吹者眼中，古典觀有一個主要的缺點——忽略了時間架構。社會經濟觀認為管理者應關心公司長期財務報酬的最大化。為了達到這目的，他們必須要能接受一些社會責任與其所有的成本。他們必須以不污染、不歧視、不作不實的廣告等健康合理合法的方式來促進社會的福祉，以爭取居民對他們的長期認同與支持。甚至他們也應該在改進社會的行動中扮演積極的角色，參與並幫助社區的慈善組織的活動。

社會經濟觀點支持者最後一個理由乃是現實。現代企業組織已不再是純經濟的機構。他們遊說、參與政治團體活動以及組織政治團體，以影響政治而獲得好處。社會接受並鼓勵企業能參與它的社會、政治與法律環境的活動。這在百年前可能並不為人所接受，但在今日這是現實。

維基百科 (Wikipedia, 2015) 中整理了美國大公司應如何出錢做社會責任的三個方式，請見圖 6-15。第一種方式視企業的社會責任為企業的慈善哲學，其目的在提供資金與技術，其好處在於推廣公司的慈善理念與負擔社會責任，短期利益、資金規模較小，影響因為資金規模小而小，公司能力與資源並未充分使用，公司政策與社會責任並未配套，對社會與企業的影響較小。

第二種方式視企業社會責任為風險管理，其目的在順應政府政策，其影響具較高的策略與執行效果，其好處是減輕執行的風險與影響，與維持外部關係。

價值

	目　的	影　響	利　益
CSR 為價值創造	創新的提供永續企業模型	基礎性策略及作業的影響	•共同價值 •提供競爭力與創新 •提供永續企業模式 •整合企業與社區 •發展人力資本 •融合企業策略
CSR 為風險管理	順服從	中度至高度策略與作業影響	•轉化作業影響 •轉化作業風險 •支持外部關係
CSR 為企業慈善	提供資金與技術	微量的策略與作業影響	•企業慈善與贊助 •短期利益／非永續 •少量資金 •稀釋的影響 •小量利用企業能力與資源 •企業與社會責任與功能的錯置 •有限的企業與社會影響力

▲圖 6–15　企業社會責任的目的與用途

第三種方式視企業社會責任為價值創造，其目的在創新與促進永續商業模式，其影響是產生策略與執行上根本的改變，其好處是共同價值，促進競爭力與創新能力，推出一個永續的商業模式，整合商業與社區，發展人力資本，融入企業策略之中。

彙總贊成企業有社會責任的原因有：

(1)公眾期望：自 1960 年以來，對企業的社會期望增加許多。大眾意見對於企業回饋社會的行動非常支持。

(2)長期利潤：負擔社會責任的企業有穩定的長期利潤。這通常源自好的社

會關係以及企業形象。

⑶道德責任：企業應該有良心。企業負擔社會責任就是對的。

⑷公眾形象：公司良好的公眾形象可以獲得更多的顧客、更好的員工、更多的投資資金等。

⑸更好的環境：企業參與解決社會問題，可以創造更好的社區與環境，如此可以吸引與保留有技術的員工。

⑹減少政府的干預：政府法規會增加企業營運成本與減少管理決策彈性。

⑺平衡權力與責任：現代企業擁有很大的權力，因此企業具有很大的責任。當權力超過責任，不平衡會產生不負責任的行為而危害大眾的利益。

⑻股東權益：社會責任長期會增加股票的價值。股票市場會反映公司較小的風險，與較高的投資報酬率。

⑼擁有資源：企業擁有較多的資源可以支持公眾及慈善活動。

⑽掌握時效：處理社會問題常曠日費時。企業可在問題初露徵兆時即處理，以免夜長夢多。

反對企業負擔社會責任的理由則有：

⑴違反利潤極大化原則：這是古典觀點的精髓。追求經濟利益的極大化即是企業盡其社會責任的表現，至於社會公益自有其他機構負責。

⑵混淆目的：追求社會目標混淆了企業的主要目的——經濟效率。一旦當經濟與社會目標都無法達到時，兩者所受到的傷害將會更大。

⑶成本歸屬：負擔社會責任會產生成本，這些成本終將轉嫁給消費者或股東。

⑷企業擴權：企業已是社會中有權力的機構，社會責任將使企業的權力更大。

⑸企業缺能：企業領導者是針對經濟目的而培養的，其在面對社會事件時常缺乏足夠的條件。

⑹缺乏適當課責機制：政治人物本應鼓吹並實現社會目標，也受相關機制

課其責任。而企業人士跨國經營，其並不必然要面對每一個社會。

(7)民意分歧：大眾對於這個問題的意見是分歧的。事實上，這個議題常引起熱烈的爭論。在如此有爭議的背景下的行動常會失敗的。

▪摘 要▪

1.何謂設身處地：本節以聖吉定義設身處地為對現況的全然感知。認為設身處地是深入的傾聽，超過個人先入為主的觀念與歷史成見說明。

2.設身處地的條件：葛容提出六個設身處地的信號：開放心胸感受並察覺、敏於回應、保持彈性以利改變、注意效果、求變的創意、承認失敗的誠意。

3.設身處地的層次：葛容提出設身處地的三個層次：智力、情緒與心靈來論述。

　(1)智力層面操練的方法——《第五項修練》。

　(2)情緒層面的操練方法——情緒智商。

　(3)心靈層面的操練方法——分享經濟及企業的社會責任探討。

複習問題

1.設身處地是重要的審豫功能，你能說你已具備這樣的能力嗎？

2.你能說學校的教育能教你如何設身處地嗎？

3.第五項修練的內容為何？

4.你的情緒智商高嗎？可以訓練嗎？

5.你的心靈成熟嗎？能瞭解他人的疾苦嗎？有意願去瞭解嗎？這個社會值得你去奉獻時間與精神讓它更好嗎？

6.《易經》是中國文化的智慧結晶，你認為應如何面對它呢？

討論問題

1.你認為設身處地的能力重要嗎？學校的教育能夠幫助我們建立這樣的能力嗎？

2.你認為系統思考能力能從《易經》中習得嗎？

▎第七章▎

情蒐與偵測

本章係以 4 節予以陳述學習的內容：

1.情蒐與偵測的定義

2.評估環境的技術

3.情報與資訊的來源

4.數位時代大數據運用方法與實例

　　在臺北市文山區一所不到二十年的小學中，可以見到不少教師從臨近成立時間較久的學校轉過來任教，其最大的理由便是原來小學的學生人數不再成長，反而有縮減的趨勢。再加上校舍老舊，使得其學區的學生紛紛轉到這所新成立的小學就讀。而現在小學平均一班的學生人數也從早年的 4、50 人，不斷地下降成為 20 出頭一班的現象。教學上理想的小班制一下子突然實現，但是學生的學習效果真的比以前進步嗎？從臺灣這二、三十年的教育改革經驗來看，好像並未有進步的跡象。學生突然減少是教育體系從未預見的現象，這使得新學校的設立不再成為必要。但是原來設立的師範學校不斷地培育出新的教師，舊有的教育系統發現不再能夠吸納這些教師，使得社會上突然出現許多流浪教師。這現象顯示政府長期忽視人口成長趨緩的現象，以致於到普遍招生不足時便顯得捉襟見肘。

　　大數據這個名詞在 2012 年左右出現，成為科技與企業管理的重要趨勢代名詞。許多市場調查機構如 IDC 便預測 2015 年將有超過 25% 的企業導入巨量資料方案（李欣宜，2015）。臺灣從企業到政府也開始重視大數據，希望導入大數據分析，幫助金屬、機械和紡織等傳統產業轉型，另外找出產業發展方向，在服務業中亦可透過大數據的

分析，及早掌握消費者的需求，以及發現企業經營之道。一時間大數據變成最熱門的名詞，甚至是企業改革的方向與解決所有停滯與問題的萬靈丹。然而，實際產業的發展與企業的運用仍在初步階段，大數據也非萬靈，必須謹慎處理它可能造成的影響。不過有一點是可以確定的，那就是大數據充分反映出本章的要旨，企業不可以輕忽情蒐與偵測的重要性。隨著數位化社會的發展，掌握資訊的能力是企業成功的不二法門。

然而，天睿公司 (Teradata) 首席技術長寶立明 (Stephen Brobst) 在接受《數位時代》專訪時說，他認為大數據這個詞將會在五年內消失，因為這是每家公司必備的基本功能，並認為從物理學家到社會學家都會是優秀的數據科學家（李欣宜，2015）。此話並未成真，2021 年初「大數據」這個名詞仍然流行。由於數位化的科技發展，使得累積交易紀錄的工作輕而易舉。各行各業可以隨時檢視自己客戶的消費習慣與方式，從而決定商品進貨模式與陳列方式，甚至打折促銷的方案。因此，數據時代的競爭標的不在大，而在如何解讀與運用這些巨量資料。擁有商業智慧與經驗的專業經理人，要從巨量資料中找出有意義的模式 (pattern)，再用商業方式把這樣的模式轉變成可以創造利潤的商業模式，那才是未來企業競爭的重點。

在本章我們將討論一些基本的情蒐與偵測技術的觀念與工具，我們將介紹三種評估環境的規劃技術（環境偵測、預測和標竿設定）。其次，我們將討論資料的來源。

第一節　情蒐與偵測的定義

情蒐的英文應是 information gathering，而偵測則是 investigation。兩者的意義相似，若是嚴格細分的話，前者是重視資料的收集，而後者則是強調事物前因與後果的調查。在本書中這兩個詞是相通的，並不嚴格區分兩者細部意義。司徒達賢 (2013) 認為情蒐可分為對環境的認知（事件前提的建立與驗證）以及資訊的來源兩類，可歸納成以下兩張圖。

一、環境的認知

圖 7–1 顯示一般經營決策的參考面向，內外環境、主觀認知，這些都是偵蒐

的目標。最後就是事實前提的掌握與驗證，以確定組織所面對的整體環境是如何。這些項目中會有一系列的參考變項可供深入瞭解，同時也就產生一定量的資訊需求。現在分別來看外環境包括政府、產業與競爭對手的因素。首先，政府的政策與法令規範了組織運作的大部分可行範圍，例如最低工資的調整就對組織人事費用有影響。

與決策有關 事實前提	●決策**參考數據** ●上級界定**政策方向** ●所能運用的**資源總量** ●未來經營**環境的展望**	利用**決策、備選 方案、事實前提、 前提驗證**分析方 式驗證
與決策有關 外部環境	●**政府政策** ●**產業趨勢** ●**競爭者動向**	重新編碼**總體環 境與任務環境**之 六大管理元素
與決策有關 內部環境	●**組織制度**與文化 ●**內部政策**與例規 ●**組織權力**結構 ●**上級授權**程度 ●管理者**領導風格**	分析**組織平臺、 高階領導、各級 管理、基層人員** 之六大管理元素
與環境的 主觀認知	●來自**主觀環境認知** ●**可驗證程度**不同 ●**資訊與知能水準**影響判斷與解讀 ●**認知能力與水準**是競爭力來源	提升決策正確方 式**主觀認知、客 觀驗證、降低主 觀性、客觀認知**

解決影響決策方向關鍵因素

▲ 圖 7-1　環境認知

　　其次，產業環境的變化，例如天然資源的枯竭就會使整個產業無法繼續生存，而地球暖化使得大西洋的海水溫度上漲，鱈魚北游的結果意外使得緬因州與波士頓外海的龍蝦大量繁殖，造成漁業的興盛。而競爭對手的多寡與競爭程度的激烈與否亦是外環境對於組織經營的影響因素。

　　再者，內環境則是組織內的影響因素，如組織的制度與文化，像軍事機構其

組織制度嚴密、層級清楚，威權文化盛行是其組織內環境的特色。其權力結構是否懸殊，領導方式是否開明或專制也都是影響組織表現的重要因素。

最後，主觀環境認知是司徒達賢的獨特的貢獻，他認為對於環境的解讀是主觀的，也會因人而異，因此相同的客觀環境會因不同的主觀認知，而有截然不同的解讀與因應。最後，就是有關決策事件本身的各個面向，例如可運用的資源、內部政策、運作的細部資訊等都必須掌握，以使決策品質提高、目標可達成。

這些對環境的認知是如何建立的、從整體的思維到零星事件的解釋與處理的方法為何？一般而言，從傳統的方法到現代科技的方法都有，前者是以主管親臨現場取得直接印象與感受；高階主管與其他相關公司的主管在政府或私人集會上見面的機會很多，也因此可以獲得許多寶貴的意見與觀點。例如二十一世紀初臺灣有線電視系統產業才開始建立，至今形成一個寡占的局面。在這少數廠商中，一家原本是傳統產業的公司卻成功插足這新興的科技服務業，且形成其關係企業賺錢的金雞母。據說是其關係企業負責人在某次餐會中，獲得政府負責此項政策的官員有利建議的結果。

其次，公司內部文化、公司權力分配模式以及主管領導風格，對於環境資訊的解讀與反應亦值得參考。威權文化的公司凡事由上而下，員工的工作就是被動地蒐集各種資訊，分析整理後交給公司決策者參考，再由上面決定整體的行事方向。然而，亦有全員參與式的文化，從證券投資業的經營型態來看，它們最符合民主的模式。從一早的晨會開始，便是一系列將早先收集並分析的資訊報告，再由首席分析師提出當天的主要策略，其後便展開所有的營業員與客戶的溝通與接單任務，在過程中不斷地做研判，再彙總情資於負責人以便進行總體方向的調整。

至於現代科技的部分，則是以各種資訊管理系統來蒐集、分析與整理資訊，以便提出建議或直接進行網上交易。現在經紀商以電腦進行撮合交易已行之有年，在預先設定的條件下進行交易可以省下許多人力與計算的功夫。

二、資訊的來源

現代公司雖然沒有一致公認的程序與方法，但是都必然設置複雜的資訊部門

與電腦系統以處理公司內外各種收集的資訊（見圖 7–2）。組織中的重要資訊不是自動出現在電腦螢幕上的，而是必須經由設計的組織結構與資訊流程才能產生有意義的情資。以下是如何建立組織內的人機系統的建議。

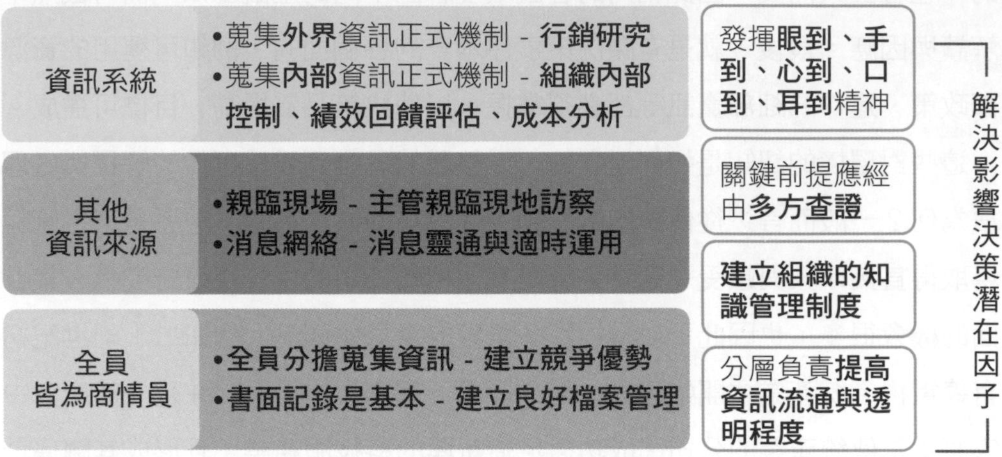

▲ 圖 7–2　資訊來源

1. 分析資訊需求

一旦確定決策行為，接著要知道哪些是有效決策所必需的資訊。由於組織內各功能部門不同，則其對資訊的需求也會有差異。例如行銷經理與財務經理所需要的資訊應該不同。因此管理資訊系統的設計，必須針對不同部門之不同的資訊需求。

另外，主管的資訊需求也會隨組織層級而有所不同。高階主管需要環境資料及綜合報告。另一個極端，低階領班則需要作業流程的相關報告。管理資訊系統要滿足這些主管各式各樣的需求，應詳細考慮各方面的資訊需求而設計出周全的管理資訊系統。

2. 分析決策系統

以現代的資訊科技水準，組織內主管決策所需要的資訊，應該可以透過資訊管理系統找到。雖然主管不必一定要從資訊系統中取得，但若是這份資

訊是有用的且以後也用得到，那麼下次資訊系統就應該能夠自動提供，如此才可說達到有效的資訊管理的層次。合理的程序如下：首先要界定出各種可能的管理決策，組織內各部門，從基層的領班到最高層的執行長等各級管理階層均應涵蓋在內。其次，便是釐清各級決策所需要的資訊。最後，再想辦法用各種手段以滿足各級決策所需要的資訊。

同時，應重新評估每個決策者是否適當？決策的層級是否適當？應該負責的決策部門？若是沒有事先釐清這些問題，就有可能誤導整個管理資訊系統的設計。如果不適當的人、遇上未事先分析好的問題而要下決定，那麼錯誤的資訊系統只是會使得錯誤決策做得更快而已。1995 年英國霸菱銀行 (Barings Bank) 就被其期貨交易員李森 (Nick Lesson)，運用當時的期貨交易系統設立不當帳戶並進行巨額的套利交易，並利用職權使內部的稽核行為失效。如此在短短二年半的時間讓成立了二百三十二年的銀行關門倒閉，這是現代資訊系統的方便性所造成的惡果的顯例。

3.整合決策

當各個功能領域及主管的需要被界定以後，資訊需求中重複的部分應該標明出來。雖然不同的組織層級以及各功能部門會有各自的資訊需要，但仍有重複的現象。舉例來說，銷售經理與生產經理都有可能需要某產品品質的分析資料。不過，銷售經埋需要這些資料來確保顧客滿意；而生產經理則需要這些資訊來控制生產製程中的品質變異狀況。對高階主管而言，縱觀全局的資訊更為重要，如何由細部資料中整理出代表的資訊，再整理加總起來成為一個整體的風貌，如此就可以做出整體發展的策略方向。

三、設計資訊處理

組織內部的資訊專技人員或是外界顧問便須進入作業來協助發展蒐集、儲存、傳遞及查詢相關資訊等事宜的實際的系統。理想系統的詳細流程圖在此時也會完成，其中會包括：資料的型式及來源、使用者的所在場所以及儲存量的要求等。另外，也會決定硬體與軟體配備的詳細需求。

在系統真正運作之前，仍須再次評估、確認系統能夠達到管理階層的期望。換言之，一套管理資訊系統效能的底線測試，便是它能否滿足各個主管資訊需求。如果管理資訊系統的運作不能做到滿足大部分主管的資訊需求，則對整個組織而言，這一套管理資訊系統仍有進步的空間。所有管理資訊系統永遠都在追求提供最佳化數量與品質的資訊的最終境界。

管理資訊系統下一個發展的階段會是怎樣的情況呢？可以確定的是個人行動資訊系統（如手機與平板電腦）的興起、更方便的網路將個人與其他用戶連結起來、雲端資料與運算機制的出現，使得工作方式與工作處所從傳統的禁錮中完全解放。人與人的時空距離，不再成為問題，人們可以跨洋跨國界的合作與溝通，面對面的交談可以經由虛擬實境的技術成為可能。

其次，管理決策自動化將是管理資訊系統下一階段影響深遠的發展。所謂專家系統乃是運用人工智慧的技術學習人類專家的知識與經驗，再編碼儲存於電腦系統中，然後可以像專家一樣分析及解決他所經常處理的問題。它的優勢在於可以重複操作，沒有喜怒哀樂的影響，不會生病，而且不會出現人類偷懶走捷徑的問題，可以說專家系統是一個可信賴的操作方式。

在自動駕駛車出現的今日，吾人應可預見未來開車不再是一般人可以享受的自由，而可能是要到遊樂場中去體驗的歷史經驗。畢竟考量可能出現的車禍比率與嚴重性，人為駕駛在未來社會勢將被淘汰，而改用更安全的交通模式。另外，在所有的人類智慧型競技如象棋、西洋棋、圍棋等電腦的優勢主宰趨勢下，人類已不得不向人工智慧稱臣（見圖 7-3）。未來這樣的競爭可能只剩下不同演算法的人工智慧程式在各種競技活動上較勁，而人類的智慧將轉移至更複雜與變化多端的項目之上了。

專家系統的特徵有三點：①具特殊範疇內的專業知識，而不傾向解決廣泛問題的一般知識②傾向使用邏輯推論而不使用函數定義③專家系統乃是處理特定事務，因此具這些事務的基本知識。未來當知識累積充足，人們將眼見人工智慧從事中高階經理所做的非結構化的決策。例如財務投資公司已經將卓越主管的專才

紀錄編碼儲存在專家系統中，可以在關鍵時刻提供重要的諮詢，甚至代為做出決策。

▲ 圖 7−3　AlphaGo 與李世乭的比賽

　　另外一項值得注意的發展則是行動通訊技術的進步。行動上網的空間已如空氣般地在地球四處蔓延擴散，澈底拓展電腦網路的運作範圍。相較之下二十世紀的人們所處的非網際網路時代在今日看來，可以說是與世隔絕、索然獨居。但由於行動上網技術的進步已促成無線溝通的普及，網路即可隨時隨地連結有需要的個人以及電腦。經理人使用隨身攜帶手機可隨時與外界保持聯繫，不必局限在特定空間辦公。資訊可隨時提供使用者而非配置在一定點，則原始傳統辦公室的觀念將會被全時空的機動決策者所取代。

四、偵蒐的目的

　　綜合上述偵蒐的定義與內容，吾人可以歸納出偵蒐的目的有下列數項。

(1)監測環境（政治、經濟、社會、科技）的變化。

(2)瞭解產業的發展。

(3)知曉對手的狀況。

(4)體會顧客的需求。

(5)掌握自身的機會與發展。

(6)提升企業的競爭力。

第二節　評估環境的技術

在本節我們將評估主管的審豫程序中的重要的技術：評估組織環境。就在不遠的二十世紀中環境分析還是一種非正式的活動，主要靠直覺判斷。如今使用結構性技術如環境偵測、預測和標竿設定，已經使得主管正確分析組織環境的能力大為提升。

一、環境偵測

組織不論大小，其主管都應重視「環境偵測」，以便於預測和瞭解環境的改變。這裡環境偵測指的是，過濾大量的資訊找出即將浮現的趨勢，並據以描繪未來的各種可能景象。經理人如何去掃描大環境呢？如何去確定趨勢呢？最有效的方法是按照一既定的搜尋程序，這包括閱讀主要出版品，如網路、報紙、雜誌、書籍和貿易刊物；和非主流文學作品，如政治偏激出版品和針對特定團體的期刊，這目的是在一開始的時候就能測知政治、社會、經濟、技術的趨勢。

根據 Robbins（王秉鈞主譯，1994），環境偵測的重要性是在 1970 年代晚期為美國壽險產業發現。那時壽險公司發現保單的銷售量正在下降，但是所有壽險產品銷售的環境訊號都顯示有利的：例如經濟和人口在成長，嬰兒潮世代剛完成學業，要進入勞動市場準備負起家庭責任。當時壽險市場應該擴張，但卻沒有。實際上，壽險業者並沒有注意到美國家庭結構根本的改變。購買保險的主要族群是年輕家庭、雙薪夫婦、多不願養育小孩。通常只有一份收入且有許多小孩的家庭，比雙薪沒有小孩的家庭更需要壽險。如此，一個數十億元產業竟然忽略基本的社會趨勢，明顯是低估環境偵測技術的重要。

環境偵測中成長最快的領域之一是競爭者情報，它蒐集競爭者的基本資訊：誰是競爭者？他們正在做的對我們本身有何影響？正確的競爭資訊可以讓主管及早預測競爭者行動，而不是只能做被動的應付。根據情報專家，一個組織在做重要策略性決策時所需要攸關競爭者的情報中，有 95% 是可以在公開的資訊中取得

的。換句話說，競爭情報並非要自己僱用偵探艱苦取得，而是從一般廣告、促銷文件、新聞稿、政府公告、年報、求才廣告、新聞報導以及產業研究，這些現成的資訊來源獲得。其他如商展、對手公司業務人員的報告可能是另一種資訊來源。很多公司會固定購買競爭者的產品，然後要求其工程師將其拆解，以便測知與學習新的科技創新。

其次，密集的環境偵測可能會出現一些議題，而且應該考慮其對公司現行或計畫中作業的影響。當然，並非所有議題都是一樣重要，通常須集中注意在少數最重要的議題上（大概是三或四個），再依此評估未來可能的發展。利用「未來景象」（scenario，見圖 7–4、7–5）的技術可以做到環境偵測的工作。所謂的未來景象乃是各人對未來可能發展的一致看法，其乃利用偵測所得的資訊勾勒並形成未來的景象，然後據此建立假設並提出預測。例如如果發現國會立法通過全國最低工資的可能提高，則物業管理公司可以預估幾組未來可能發生的景象，用以評估公司可能行動的結果。如果最低工資提高到每小時由 100 元漲到 105 元，對公司所聘請的最初階保全的成本就會上升，公司應如何面對已簽約的客戶？是自行吸收成本呢？還是向客戶提出，要求漲管理費用？若是《勞基法》規定所有勞工必須遵守週休二日的規定，對於增加的工作要以加班費方式支應時公司又該如何因應？這樣的改變對營運成本改變有何影響？競爭者會有何反應？不同假設將有不同的結果。這樣做的本意就是要預測未來，在未來各種特定條件下可能發生的景象作好準備，以降低不確定性。例如物業管理公司可以發展多套從樂觀最低薪資到不樂觀的景象，然後根據情況變化而選擇不同策略以掌握可能的優勢並在競爭中勝出。

組織經營者從哪裡取得資料來進行營收預測呢？通常是根據過去的營收為基準，例如去年的營收如何？以這個數字做些修正做為預估趨勢。其次，政治、社會、經濟及其他一般環境因素在未來有何改變跡象？再者，在特定環境中，組織的競爭者最近有什麼動作？這些問題的輪廓可能做為描繪營收的基礎。

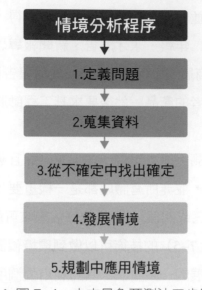

▲ 圖 7-4　未來景象預測法五步驟

情境分析

願景，理想，與未來計畫

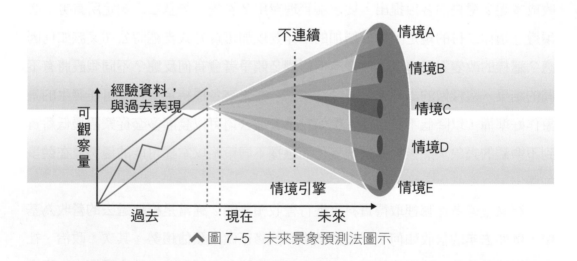

▲ 圖 7-5　未來景象預測法圖示

二、預測技術

隨著全球化與網路化的趨勢，各類商品與服務的需求越來越變化多元，隨著

各地不同的需求，企業提供的內容就必須針對不同的需求而有所設計。因此企業主管必須擴大偵測範圍，以獲取組織的因應與調整的重要訊息。我們可以看看在日本有名的例子。三菱商事於世界各地雇用超過 6 萬個市場分析師，主要工作是提供和確認市場訊息。其中，總公司員工約有 6 千人，而關聯公司、子公司和分公司員工人數約有 5 萬 6 千人。三菱商事在世界各地的分公司或子公司都設立員工實習基地，並派遣員工到世界各國學習和進修，希望培養具有全球視野和思維的領導人才。另外，擁有豐富工作經驗的專業人士、非日本籍的國際化人才，亦受到公司青睞。這樣的引進外籍人士的作法，逐漸在日本大商社中流行。三菱商事在全球化的背景下，不斷進行企業策略調整和建構新的機能，從單純的貿易公司發展成為銀行、智囊、情報中心、風險圍籬、投資媒介、企業大學等兼具多種角色的超級企業聚合體（張昭君，2012）。

在網路日益發達的現代，企業是否仍要派遣大量的員工到各地去蒐集自己所需要的商業資訊呢？從瞭解市場的角度來看，這項外派的工作仍是不可或缺的。畢竟臨場感是無法透過網路連線或電視鏡頭可以呈現的。外派的工作可能要在虛擬實境技術充分發展的那天可以取消，在那天來臨之前，對重要市場的親臨應是不可或缺的工作。臺灣企業對於這樣在海外市場設立分公司或情報蒐集單位的觀念仍不是非常熟悉，其原因在臺灣以代工作業興起，常專注於生產部分與產品開發，主要是爭取廠商的訂單，而非掌握市場與主動行銷。在這樣的發展經驗下，市場的部分常被忽略，也不知或捨不得投入大量經費去掌握市場。以至於即使有高明生產技術，也因市場受制於人而只能聽命於人，難獲得該有的利潤分配。

為了在國際市場上競爭，主管應有國際化的觀點和國際資訊來源。主管可訂閱資訊服務，例如《經濟學人》就有這樣的各地產業與經濟的資訊服務，它評閱世界各地的報紙、商業期刊和提供摘要。其次，電子服務網路亦提供專題研究和某特殊領域自動更新資料給主管。全球偵測對管理的價值主要取決於該組織全球性活動的範圍大小，如何掌握技術與主要市場第一手的資訊，全球偵測便顯得相當重要。企業負責人要隨時掌握生產原料的供應量與價格是非常重要的，尤其當

這些原料並非在企業所在地時更是關鍵。如何透過簽約或合作協定讓企業掌握關鍵原料的供應是企業的重要決策。像臺灣的石化工業由於本地不產石油，對於國際產油國家的供應合約便非常重要，如何在油價波動中保持合理的利潤，且不受價格影響，有賴於企業負責人的重要資訊的掌握、發展情勢的預測與控制，以及與產油國或組織的有效結盟與相互支援。

在 1986 到 1990 年之間，包括美國哥倫比亞和 MCA 的一些公司，發現他們的承載音樂產品的主要形式——黑膠唱片——幾乎消失了。消費者仍然想聽音樂，不過他們較偏好另一項科技產品形式——雷射唱片 (CD)，那些成功接觸且設想到這項科技對本身事業影響者，就有時間與籌措經費以更換新科技的生產設備，而優先回應市場的需求。諷刺的是，在二十一世紀網路發展之後，電腦數位錄音並儲存在磁碟機的形式更突破原先雷射唱片的限制，不僅音質與儲存空間大幅增加外，連實體的空間都不再需要了。使得新興的科技在不到二十年之久又經歷另一次的革命。以實體唱片發行的音樂產業再一次有翻天覆地的變化，這一次音樂出版的形式不再透過實體分配，而是在網路市場上下載。而在網路上新興的盜版侵權行為猖獗使得許多歌手與發行公司的利潤受到嚴重的侵蝕。新一代的音樂製作與發行者正重新訂定音樂的付費與聆聽的模式，以從中獲得該有的利潤。消費者在發現失去好聽音樂的寂靜後，也願意配合透過正式的下載管道 （如蘋果的 iTunes） 購買音樂。另外，以演唱形式的大型表演會正慢慢取代只要跑人潮多的地方辦簽唱會的形式。這也是科技改變產業經營形態的另一個例子。

企業均試圖預測科技的發展，以及新科技在商業上可能被使用的時程表。資訊網路、生物科技、機器人、無人車以及大數據運用與商業智慧等的創新，已經澈底改變人類生活方式。舉凡外科手術、藥品製造、自動化生產製程，以及行動通訊乃至行動運算的普及，這些新的現象都可以看到科技快速發展與傳統社會幡然改變的例子。很少組織能夠避免因科技創新所造成對本身產品或服務需求的根本改變。先前所討論的環境偵測技術可提供潛在科技創新的參考資料。

三、標竿法

標竿法 (benchmarking) 就是將本身與該行業中最佳的企業進行比較，從而提出可行的方案，以減少雙方的差距。這種將本企業經營的各方面與行業內一流的企業對照的過程，是一種綜合自身評價和研究其他組織的手段，將其他企業卓越的業績做為自己的日標，並有機會將業界最佳的做法移植到本身企業。實施標竿法的公司必須持之以恆從對比中建立優勢和避免落後。

總的來說，標竿法就是提供各個企業各種可衡量的面向一個績效表現的參考值，它可以是一種管理體系、學習過程，它更著重於流程的研究分析。其實中國古代戰略名著《孫子兵法》也有提到「知己知彼，百戰不殆；不知彼而知己，一勝一負；不知彼，不知己，每戰必敗」，就是與標竿法相似的道理。

標竿法起源於美國全錄 (Xerox) 公司，Xerox 這個名詞已是影印機的代名詞，日本的影印機公司在諸多方面模仿美國企業。由於日本競爭者介入瓜分市場，全錄從 1976 年到 1982 年之間，占有率從 80% 降至 13%。全錄於 1979 年在美國率先執行標竿法，總裁柯恩斯 (David Kearns) 1982 年赴日學習競爭對手，買進日本的複印機，並通過 「逆向工程」，從外向內分析其零部件，並學習日本企業以 TQC 推動全面品管，從而在複印機上重新獲得競爭優勢。標竿法的主要作用是：

⑴有助於確定和比較競爭對手經營戰略的組成要素。

⑵可以從任何行業中最佳的企業、公司那裡得到有價值的情報，用於改進本企業的內部經營，建立起相應的趕超目標。

⑶有助於技術和工藝方面的跨行業滲透。

⑷對競爭對手與對客戶的需求作對比分析，可發現本公司的不足，從而將市場、競爭力和目標的設定結合在一起。

⑸可進一步確定企業的競爭力、競爭情報、競爭決策及其相互關係，做為進行研究對比的三大基點。

比較結果能讓企業瞭解所處的地位和差距，但卻無法告訴企業如何縮小差距或超越對手。但是，比較的過程才是最重要的，因為如此能看到差距與可能趕上

的方法。全錄的標竿法的流程是：

(1)決定對象。

(2)決定資料取得形式與方法。

(3)決定績效量度單位。

(4)確定未來績效等級。

(5)公布調查結果。

(6)建立實用的目標。

(7)發展活動計畫。

(8)執行明確的活動和監控發展。

(9)調整標竿法管理。

一般的標竿法流程則包括：

(1)標定的具體項目。

(2)選擇目標：選擇具體的對象。通常，競爭對手和領先企業是首選對象

(3)收集分析數據：必須建立在本公司目前的狀況以及被設定的企業狀況的基
礎之上，數據必須主要是針對企業的經營過程和活動，而不僅僅是針對經
營結果

(4)確定行動計畫：找到差距後進一步要做的是確定縮短差距的行動目標和應
採取的行動，並將目標和措施融合到企業的經營計畫。

(5)實施計畫並追蹤結果：標竿法是發現不足、改進經營並達到最佳效果的一
種有效手段，整個過程必須包括定期衡量評估達到目標的程度。如果沒有
達到目標就應進行修正。

最後要注意的是設定較大的目標需花費較多的資源，且容易失去焦點，而設
定較小的目標則成果改善有限。

第三節　情報與資訊來源

對於任何組織而言，除了本身致力於情報偵測與收集外，有許多外部機構可以提供許多不錯的資料。當然由於這些外部資料的公開性質，使得其機密性不及自身取得來得具獨占性，但是仍是值得參考，畢竟普通組織不可能全部資訊均只靠自己取得。這些機構有政府組織、學術單位以及民間組織等，懂得充分使用這些外部機構，可以使組織本身獲得非常大的優勢。

一、政府機構

政府機構如中央政府的行政院主計總處、經濟部統計處，或地方政府的臺北市政府主計處與高雄市政府主計處，他們都會定期針對所管轄的業務與對象做完整的調查，以提供各方參考，做為政策執行是否有效的依據。這些調查便可以提供企業經營者一個對自己所處產業營運的全貌印象，也可做為決策擬定的依據。在行政院主計總處可以查到有關政府的預算如：歷年各級政府淨支出對國民生產毛額之比率、歷年中央政府收支概況表、歷年各級政府淨收支概況表以及歲入歲出簡明比較分析表等。另外，財經社會統計如：重要經社指標速報、經濟成長與國民所得、物價變動、工業生產、產業結構、國民消費與儲蓄、政府收支、賦稅收入、薪資、生產力與就業。最後有各種調查統計如：戶口及住宅普查、農林漁牧業普查、工商及服務業普查、人力資源調查、受僱員工薪資調查、人力運用調查、生產力統計、國富統計。而經濟部統計處則有外銷訂單調查、工業生產調查、批發、零售及餐飲業營業額調查、製造業投資及營運概況調查、資訊服務業、專業技術服務業、租賃業調查、外銷訂單海外生產實況調查、工廠校正暨營運調查、批發、零售及餐飲業經營實況調查等資料。

臺北市政府統計處依法掌理市政府歲計、會計及統計事項，有關預算（包括總預算、附屬單位預算、對議員所提地方建設建議事項處理明細表、臺北市政府對民間團體補（捐）助經費明細表）、會計決算（總決算、附屬單位決算及綜計

表、預算執行、中央各部會補助款、本府內部控制、財務弊端案例）、統計（統計資料庫查詢系統、統計電子書、統計指標、統計畫臺北、統計話臺北、市政統計週報、統計專題分析報告、性別統計、新移民統計、統計調查、本府各機關統計資料發布，以及連結行政院主計總處之統計學習資源專區、相關統計網站連結）、主計人事服務（職缺通報、人事動態、榮譽榜、主計人事電子報、讀書會、退休公教人員專區、公務人員退休法撫卹法改革、工友管理、行政中立、性騷擾防治專區、表單下載）、主計政風宣導（廉政電子報、機關安全、政風法令、廉政倫理、公務機密、政風案例、公務倫理宣導、公職人員財產申報）等資訊。

二、學術機構

國內學術機構如中央研究院與各國立大學的研究結果亦可以提供組織許多參考依據。例如中央研究院「調查研究資料庫」（內含：社會變遷基本調查（1984年起，每五年一次）、國科會補助之統計調查等）以及經濟研究所常公布國內各項經濟景氣調查數字等。中央大學經濟所則定期公布消費者信心指數報告，政治大學選舉研究中心則不定期公布選民意見調查等。另外，各大學的研究所碩博士論文是另一類調查資料的來源，根據不同專業領域，這些論文中所呈現的資料與分析是各型組織很好的參考資料。

三、民間機構

商業電視臺與廣播公司常根據尼爾森 (A. C. Nielsen) 市調公司所作的調查來做其節目收視率的參考。其公司常見的資料有消費用品研究資料、零售資訊、媒體研究資料（如收視率）。

其他市場研究公司如中華徵信所常接受委託辦理市場調查，另外公司本身亦會經常調查民間企業的營運資料，有所謂的各行業的十大公司的排名榜，其中有公司相當完整的資料。這些資料若經有意義的分析整理，可以提供組織公司決策的依據。

各廣告公司、各媒體服務公司、各專業媒體以及各式各樣的徵信社，亦有接受委託進行資料蒐集與分析的服務。在有線電視的時代，臺灣電視節目的收視率

調查竟仍然受制於尼爾森收視率調查，因為尼爾森公司長期發展一套計算收視率的方法，為各大廣告業者所信任，而據以決定對各個電視臺發行的廣告。然而，這套方法其實存在結構和調查方法上的嚴重偏差（王超群，2015），在資訊技術發達的時代，竟然各個廣告公司仍活在二十世紀中，只相信尼爾森在臺灣所調查的資料。

尼爾森公司現行的收視率調查，依分層抽樣方式抽出 1,800 戶家庭，公司會派員到家中裝設個人收視記錄器 (people-meter)，並使用特殊遙控器依家庭成員身分來做細部的資料收集。收視行為每天透過網路傳到公司電腦，隔天電視臺和廣告公司就會收到前一天各節目的收視率報表。在網路不發達的社會中尼爾森的方法或許是一個探索收視率的方法，但是在進入二十一世紀後，臺灣使用有線電視的住戶已大幅提升，至 2016 年 3 月國家通訊委員會公布的全國數位機上盒的裝設率已達 91.10% 這是一個非常高的數字。而數位機上盒可以設定雙向聯絡的功能，因此，在系統端是很方便收集用戶端的收視行為。在今天大數據的時代，這種用戶資料可以更廣泛與更精細地收集。只要不涉及用戶個人機密與隱私，而是以集體收視行為分析的話，其精確與代表程度遠遠超過尼爾森的統計方法。

四、非正式管道

非正式管道是指透過組織正式管道以外的方法進行資訊的收集、傳達和交流。例如組織負責人的私人社交網絡，同學、同鄉、鄰居等非正式關係所得到的重要消息。在許多組織中，決策時利用的情報常是由非正式信息系統促使與傳遞的。

透過非正式管道進行情蒐和正式管道情蒐不同，因為溝通對象、時間、及內容等常無法事前計畫，而且時機稍縱即逝。非正式管道是因為成員個人的感情和社會的偶然隨機而形成的。然而，這種社會關係密切與不設防的程度往往超越正式組織關係。

非正式溝通常常因對於信息需要的程度而不同，較正式途徑有較大的彈性，可以橫向流向，或斜角流向（diagonal flow，往上或往下），比較迅速與直接，並跨越許多限制。在許多情況下，來自非正式溝通的信息反而受重規。由於傳遞這

種信息常以口頭方式，可以不留證據、難以追查、對外不負責任，許多不能通過正式溝通管道傳遞的信息，可以在非正式溝通中透露。

然而，過分依賴非正式溝通途徑也有很大危險，因為這種信息遭受扭曲或發生錯誤的可能性相當大，且無從查證。尤其與牽涉複雜的問題，例如招標、重要技術突破或實驗結果，往往出現不少試探底牌的「謠言」或預測意向的風向球。這種混淆視聽消息的充斥，對於組織的判斷常造成困擾，其有待英明的領導者撥亂反正。

對於這種非正式管道的溝通方式，主管既不能完全依賴，也不能完全加以忽視，而是應當密切注意錯誤或不實訊息發生的原因，設法找出正確而清楚的事實。由於非正式溝通沒有一定手續或相當形式的限制，因此往往比正式溝通方便快速。這種非正式途徑在美國被稱為「葡萄藤」(grapevine)，用以形容它枝茂葉盛，隨處延伸。在我國則被稱為小道消息，或有嚴重刑事責任的內線消息。

非正式管道的資訊具有以下幾個特點：

(1)訊息內容越隱密（如國家領導人的健康），傳播的範圍就越廣，速度越快。

(2)越切身的消息（如電費上漲），越易引起人們關心與談論。

(3)傳播者常加上個人詮釋，往往增加雜訊。

(4)資訊傳播路線越長（即中間人越多），雜訊就越多，訊息失真的機會就越高。

管理者應該有對於非正式管道正確的認識與處理經驗，以避免對情勢誤判。若能有技巧地掌握非正式管道，適當引導外界的情勢與對訊息的解讀的話，便可以有效促進組織目標的達成。

相對於正式溝通，非正式溝通的優點是：不拘形式、直截了當、速度快捷、省略細節、及時坦承，以及真實反映發訊者的思想、態度和動機。非正式溝通能夠發揮作用的基礎，建立在良好的人際關係，能夠對情勢判斷有關鍵的影響，進而做出重要的決策。

非正式溝通的缺點表現在：連線不定、內容難考證、失真曲解，並且可能促

進組織內小集團、小圈子的形成,影響成員關係和團體的凝聚力。如果企業內部非正式的溝通渠道多元且失控,常因混亂的消息使得組織內部莫衷一是,而耽誤了重要的決策時機,如此對組織的負面影響就非常大了。

傳統的管理及組織理論,並不認可非正式溝通,且認為要將其消除或減少到最低。但是當代管理學積極面對非正式溝通現象的存在,認為應該加以瞭解、因應和利用,使其發生有效溝通的重要作用。例如主管可以發現在非正式溝通的網狀結構中,誰處於核心和「資訊中心」的地位,有時通過這種非正式的溝通網絡可以使信息更迅速傳達。另外,他也可以自非正式溝通中發現流傳的信息內容。不過,這些作法也有危險。過分利用非正式溝通的結果,會破壞正式溝通系統。同時,設法自非正式溝通中探聽消息,其結果會造成組織背後的一套「諜報網」和打「小報告」者,從而帶來管理上的問題。

對非正式溝通理想的立場和對策是:

⑴主管應使組織內溝通保持公開與開放,使不實的謠言無從傳播。若是主管越神祕,為造成資訊不對稱而封鎖消息,則各種不同的謠言就越猖獗。

⑵想要阻止或消滅已經產生的謠言,與其採取防衛性的口頭駁斥或說明,不如正面提出明顯的事證,或第三公正人士的檢驗,更為有效。

⑶猜疑和不信任乃是謠言與妄想的溫床。為避免發生這些不實的謠言擾亂人心士氣,主管應主動塑造組織內信任的氣候,不要有讓人懷疑的黑箱作業,或不公的對待。

⑷促進組織成員對管理當局的瞭解和實際無阻礙的經驗,使他們願意接受及信任組織的消息。

五、預測效能

毫無疑問,精確預測是非常重要的,也就是說企業主管都希望對環境或所關注事務未來發展有高的預測效能。然而,主管必須知道當環境穩定時預測常較正確,而環境越是動盪則預測越可能不正確。預測資料中最難掌握的是系統外的不確定因素,例如非循環性不景氣 (如石油能源資源枯竭導致的物價上漲)、突發事

件（如天災地震或熱門電影內明星所使用的產品或髮型所導致的熱銷）、新技術的出現（如蘋果手機與平板電腦的問世或無人駕駛汽車的上市），以及市場中競爭者的策略性行動（如為爭取市場占有率所採取的折扣促銷行為，或是針對特定市場所推出的專用產品，如慢跑鞋或登山鞋）。

雖然預測無法永遠正確，在此提供一些改善預測效能的建議：

(1)使用簡單的預測技術，其結果常優於複雜的方法，而複雜的方法常陷入過度運算（機關算盡卻失去掌握先機的現象）的泥淖。

(2)「現況不會改變」的假設在科技更新快速的現代經常是錯的，進入二十一世紀後，科技進步的速度並未減緩，從智慧型手機與運算器到智慧型生活，人類生活方式又有澈底改變的可能。

(3)不要依賴單一的預測方法，應使用多種方法預測，然後互相參考並調整，有時並不能加起來再平均，因為變數與單位都不一致，這樣的態度在做長期預測時更應如此。

(4)不要過度自信，認為你能正確地辨認出趨勢的轉捩點，因為那些看起來明顯像是轉捩點的常是隨機事件，也就是說人都是事後才聰明的認出它們，但是在事前卻毫不知情。

(5)預測的正確性隨預測時間長度而下降，縮短預測的時間可以提高預測的正確性，但是其價值相對也很低，因為眾所周知。

第四節　數位時代之大數據運用方法與實例

數位時代的興起使得大量資料的儲存、收集、分析與探勘成為可以。因而造成資料分析與統計領域成為熱門，也導致分析與運用大數據的開發工具更加快速、更有效率。以下介紹大數據的定義、分析方法與相關工具，以及在如此強大的資料工具下如何保障與維護人們的隱私。

一、大數據的定義：4V

在數位時代中數據成為生活的必需，如個人的銀行存款紀錄、網頁瀏覽紀錄、購物網站中的消費紀錄，而大數據就是將所有人的這些資料累積起來的全貌。若是沒有強大的電腦運算能力，這些銀河般巨量的資料不可能有效的分析與運用。但是在今日超級電腦功能之下，各式各樣的統計分析工具便可以描繪出人類生活的巨觀樣貌。萊尼 (Doug Laney, 2001) 指出資料分析的挑戰和發展有三個方向：量（volume，資料大小）、速（velocity，資料累積與轉換的速度）與變（variety，多樣性），合稱 3V。現在又加上一個向度，那就是真 (veracity) 為第四特點，統稱為 4V：

1. 資料量大

大數據與傳統數據的差異在於資料量遠大於傳統數據。以量化表示大數據指在一天內可生成 1TB 以上的數據，等於 128 個 8G 隨身碟。也因為資料量大，因此衍生出大數據這一新興科學的方法與應用。

2. 資料多樣

與早期散在各處的個人銀行紀錄、健保紀錄不同，大數據的資料類型龐雜，單一平臺上的紀錄，就包含照片、文字、語音、超連結等多種數據形式。由於形式多元複雜，大數據儲存也需要不同於傳統數據的儲存技術。

3. 資料即時

大數據生成速度飛快，由於網際網路興起與資訊設備普及，以 LINE 為例，如果用戶超過 20 億的臉書在臺灣的 2 千萬個用戶每天發一則資訊給 10 個人，就會有 2 億筆資料流動。隨著每一個人隨時隨地創造數據，數據生成的速度與量非過去可比擬。

4. 資料真實

隨著資料取得、儲存的成本下降，大數據也發展出確認資料真實性的功能，以過濾虛假與異常的數據，如此分析出來的結果才能準確預測。

處理大數據資料時常使用人工智慧、機器學習等技術分析巨量資料，這整理

資料並找出其中規律的過程被稱為資料探勘。

二、大數據分析應用：臺灣新冠病毒之防疫

2020 年 2 月 5 日一艘不幸染疫的鑽石公主號，在疫情不明時有 2,700 名旅客入境臺灣，引發高度相關防疫作為 (Chen et al, 2020)。當時行政院副院長等臨時組成的指揮中心利用大數據方式來追蹤疫情，在一天內完成郵輪乘客的電子足跡地圖。針對可能接觸郵輪乘客的民眾，利用電訊公司發送細胞簡訊，民眾中有出現呼吸道症狀、或是因肺炎住院的案例，進行一個月的追蹤研究。

指揮中心一共詢問 24 輛遊覽車和 50 部計程車，稍後更透過旅行社提供的行程表確認旅客遊玩的路線，找出旅客所到的地點。大規模發送細胞簡訊針對所有旅客曾經暴露的地方，都予以標示。

由基地臺大型數據交叉驗證，再藉由手機地理位置定位方式分析，迅速找出有可能接觸的 62 萬 7,386 名民眾。當時共有 67 位接觸者出現不適，篩檢結果都是陰性（見圖 7–6）。

成功防疫有四大關鍵點：**掌握旅客路線、找出可能接觸者、運用健保給付資料監控接觸人口、以大數據分析對篩檢無反應的肺炎住院病患。**

傳統流行病學對接觸者的追蹤，是透過特定社區針對感染及健康狀況進行調查，並無法應付像鑽石公主號乘客沒有固定居所、行蹤的情況。但此次疫情中心利用大數據分析、智慧接觸追蹤技術、細胞簡訊警示，結合健保資料庫追蹤新冠肺炎可能病例，進行檢測或隔離。這比傳統的流行病接觸者追蹤方式，更聰明而且有效率。

三、大數據的憂患：隱私

儘管大數據應用範圍廣泛，但數據的使用有侵犯使用對象的隱私之嫌。尤其是擁有個人資料的平臺如臉書、Google+ 等因數據外洩而引發隱私問題的事件層出不窮；政府亦有濫用百姓私人數據而侵犯個人隱私的問題。如此會動搖百姓對數據平臺使用的信心，甚至可能導致不願使用該服務的行為。

因此政府與企業在蒐集數據前，應告知使用者將提供何種數據給第三方，以

及數據可能的使用方式，並應維護使用者的隱私權。但當所有人隨時隨地都在產生數據、當數據對人的生活影響漸增，隱私與正當使用的界線也值得探討，隱私也將成為未來大數據發展的方向。

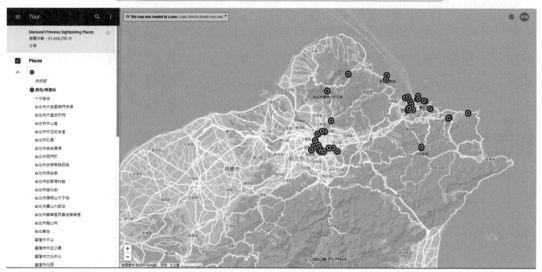

⚠ 警急警報

警訊通知
〔警示〕因武漢肺炎疫情，1月31日6AM至5:30PM若赴以下地點 http://bit.iy/2SpSxeT 請自主健康管理至 2/14，留意發燒或呼吸道症狀。疫情指揮中心1922

▲ 圖 7–6　鑽石公主號靠基隆時下船旅客足跡及可能接觸者之細胞簡訊涵蓋圖

▪**摘　要**▪

1. 對環境的認知與事實前提的獲得與驗證：以司徒達賢對於一般經營決策的參考面向，從內外環境、主觀認知，到事實前提的掌握等有一系列的參考變項，相對而言也就有一定的資訊需求。
2. 評估環境的技術：
   (1)環境偵測：宏觀視野，偵測全球。

(2)預測技術：預測未來的技術可大分為兩類：定量和定性（或稱質性）。

(3)情報來源：政府機構、學術機構、民間機構、非正式管道。

(4)預測效能：精確預測是非常重要的。

3.情報與資訊來源：

(1)政府機構：如中央政府的行政院主計總處、經濟部統計處等，定期針對所管轄的業務與對象做完整的調查，以提供各方參考，做為政策執行是否有效的依據。

(2)學術機構：如中央研究院與各國立大學的研究結果、論文可提供組織許多參考依據。

(3)民間機構：如做電視收視率調查的尼爾森市調公司。

最後就是各種的非正式管道。

4.數位時代之大數據運用方法與實例：本節談到因應大量儲存機制的發明與網際網路建制，發展出來的應用大數據與深度資料分析技術，而出現的掌握市場與社會動向的方法。其發展緣起、可能應用與可能的弊端都有陳述。

複習問題

1.環境偵測和預測有何關係？

2.何謂一個景象 (scenario)？競爭者情報如何幫助主管構築一個景象？

3.標竿設定如何改善組織的產品品質或製程？

討論問題

1.假設你在臺北市商業區經營一家大型美式速食店，而你想知道每一種套餐應做多少份、每班應設幾個收銀員，哪些規劃工具是你用得著的？如果需要，哪種環境偵測你可能會採用？

2.「你無法教策略管理，做好策略管理常是個人天賦與運氣使然」，你同意或不同意？請討論。

3.「預測是浪費主管的時間，因為沒有人能精確預測未來」，你同意或不同意？請討論。

▎第八章▎

控制與績效評估——審的功夫

本章係以 4 節予以陳述學習的內容：

1. 何謂控制

2. 控制制度因不同國家而有不同

3. 績效評估

4. 2020 年新寇肺炎疫情反映世界各國的控制

　　隨著科技與工程的進步發展，人類可以登陸月球、建築摩天大樓、舉辦數以百萬人計的跨年晚會，以及改善居住環境的各種污染達到綠化的目的。這些人類的偉大且複雜行為都需要有完整的規劃與設計，訂定清楚的工作目標，設計有效的執行方法，最後在完成任務時能夠有效的確定完成使命。所有成功的企業家或政治領導者都應該擁有評估組織表現是否合乎預期績效的能力，並在績效不彰之時指出執行環節的問題。尤其是當大家都認為局勢發展無望之時，要能提出有效的反制方法，並力挽狂瀾。這種評估與掌握表現的能力是組織能否成功的關鍵。二十一世紀初蘋果面臨空前的挑戰，由於電腦系統的優勢逐漸被微軟逐年的新視窗系統趕上，新產品推出與市占率萎縮下，不得不宣布要開放其硬體的授權，讓 PC 的業者也可以複製，以增進其市場占有的空間。但是此時創辦人賈伯斯適時回公司，立即停止並回收上述開放的政策，而展開一系列復興的作為。從 iPod 到 iPhone 的推出再創蘋果另一個顛峰，就是最近的例子。

　　2014 年 7 月 23 日臺灣復興航空運輸股份有限公司 GE222 班機，從高雄市飛往馬公機場在下降至目的地途中墜毀澎湖縣西溪村，共造成 48 人死亡，10 人受傷，另也導致民宅受損。飛航安全調查委員會事後公布失事調查報告指出，飛航組員操作連續

違反標準作業程序以致釀成悲劇，復興航空管理高層安全承諾令人質疑。失事調查報告指出飛航組員未遵守標準作業程序、溝通、協調及對危機應變與失誤管理都有不當。飛安會實際訪查復興航空，發現不只這名機師，公司內許多人員都有同樣不尊重標準作業程序狀況，顯示航空公司安全管理成效不彰。GE222 班機進場時是現場能見度最差的時候，飛行員看到跑道機會非常低，當錯過目視進場點決定重飛時，已距樹叢太近，來不及重飛，最後墜毀（中央通訊社，2016）。

　　這慘痛的事件告訴我們有效的控制，尤其是及時且有效的掌控才是管理成功的關鍵：儘管有多好的先前管理程序如規劃、設計、執行等程序，但是若無精確及時的評估與控制的方法，提供管理者精確且及時的資訊，組織是難以永遠保持良好的運作以達成目標的。從上述墜機事件中可知航空公司的管理當局安全管理成效不彰，許多機師都不遵守標準作業程序，在溝通、協調、危機處理等都嚴重失誤，顯示公司並未做好有效評估與控制工作，使得公司陷入如此嚴重的危機，更造成整個社會的人命與資產的損失。這是管理程序中關鍵性功能，若是不能發揮，整個管理程序都將是白做。

第一節　何謂控制

　　控制可以定義為，組織內用以確保相關活動能按照原先計畫目標完成，其間所有監控並矯正任何偏離的相對活動之表現。由此可知評估是控制不可分的機制，若無有效的績效評估，不可能做到有效的活動控制。組織內所有的經理人都應該是績效評估與控制機制的一環，並具有正確的評估與控制的觀念，即使所屬單位工作表現甚是單純且不曾偏離計畫。經理人在評估已經完成之活動並將實際績效與期望標準比較之後，他們才知道自己單位的表現是否合適。如此組織才能藉有效的評估與控制，達成組織的目標。然而，控制系統是否具有有效的評估標準，即能否掌握促使目標達成有意義且切實的監控數據與干預手段。因此可以說，能幫助經理人達成組織目標的評估與控制系統，就是一個好的控制系統。

　　另外提醒一聲，控制也是管理第一功能審豫中的審的功夫。它是讓計畫成功

的重要基礎，因為憑藉審視手邊立即的資訊，可以讓規劃的品質更好，更有成功的把握。控制也就是開放系統中的回饋機制，讓系統可以隨環境的變化而緊密調整（如圖 8-1）。

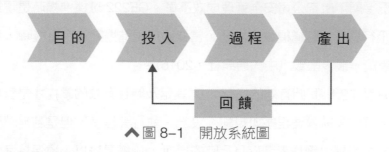

目 的　　投 入　　過 程　　產 出

回 饋

▲圖 8-1　開放系統圖

一、控制的重要性

儘管現代組織中均重視規劃制度、建立適當的組織結構以有效率地促進目標的完成，以及強調團隊、指揮與激勵員工發揮所能。然而，事實上並非所有經理人都能達成目標，他們也無法保證所有活動都能按計畫進行。由於控制是管理功能中的最能因應這樣問題的一環，因此控制的重要性不言而喻。可以說，控制機能的價值就在於它與計畫及指派活動的緊要關係上。

在第一章中，我們談到規劃的基礎就是設定目標，並說明目標可以提供經理人做事的方向。然而，只是描述目標或命令部屬接受目標，並不能保證能達成目標。「理想常難實現」。事實上，好的經理人必須緊隨著任何行動，來確定其他人所會採取的行動及所欲達成的目標是與計畫一致的，以便能夠順利的獲得及達成目標。

一位重要的管理先驅弗力 (Mary Parker Follett) 曾對管理作如是的定義 ：「管理是透過人們來完成事情的藝術」 (the art of getting things done through people) (Graham, 2003)。對於管理的定義，孔茲 (Koontz, 2001) 提出更完整的定義：「管理是透過他人並在正式組織內完成事情」(Management is the art of getting things done through others and with formally organized groups.)。由此看來，管理的本質不在親自處理所有的事情，如此事必躬親無助於事情的完成。重要的是在完成任務與達

成目標。因此，經理人要學習有效且充分的授權及提供充足的資源，讓部屬能夠完成所託。而在處理人際關係時，許多經理人發現授權是相當不容易的，最能說明的理由是害怕部屬會做錯事而必須承擔責任。因此，許多初任主管職的人都儘可能自己執行而避免授權。然而，這樣凡事自己來的作法無法持續長久，假以時日在經理人發展有效控制系統後，這種不願授權的情況就會減少許多。通常控制系統應能提供相關的資訊，如市場的反應、部屬的表現，以及組織內的評估等訊息提供經理參考。如此整個完整的授權與控制機制使得組織的工作得以順利進行。在經理人授權，部屬掌握有效資源與權力，讓任務順利達成，這一系列的活動中可以看見有效控制系統的重要性。

▲圖 8-2　瑪莉・弗力

二、控制程序　(control process)

控制程序包括三個不同的步驟：**①實際的績效的衡量②將實際績效與先設的標準比較③修正偏離標準的管理行動**。在我們仔細介紹每個步驟之前，要瞭解在進行控制程序中，績效標準也應該是已經存在或是正在形成的過程。這些績效標準是依據各種具體且可以衡量的表現所訂定的特殊標的，這些標的也就是在審豫中所慢慢形成的。如果經理人在預審的過程中設定出明確的目標，這些目標應該是具體的、可衡量的，且能比較驗證的。在這種情況下，依據可衡量及可比較的成果所訂定的標準就是所謂的目標。從具體經驗中我們可以發現，標準是在反覆不斷的比較與尋找中發展出來的，因此可知以往所強調的在控制之前就已經完成

規劃的說法過度理想化，其與現實的情況就有比較大的差距。

1. 衡量方法與標準

請參考前節有關績效衡量的方法與標準的內容。

2. 比　較

比較實際績效和標準之間差距的程度可以決定管理手段是否要介入。某些績效的行動變化是可以預期的，因此決定可接受的變動範圍是非常重要的，超過此範圍的偏差則變得十分重要並且引起經理人的注意。因此在比較的步驟中，經理人應該要特別注意變動的範圍大小和方向。

3. 採取管理行動

控制的最後步驟是採取管理行動，經理人有兩種管理行動可以選擇：一是針對績效不彰部分進行介入，例如藉工作流程改善、工作方法改善、更換作業人員、更換負責人員等方法改善實際績效；其次是修正標準，可能是因為當初目標設定太高，或未能預期環境的改變，導致實際表現不如預期，此時最簡單的方法就是調整標準，讓它合乎現實。當然這樣的修正手段不能經常使用，否則會使公司績效長期不彰而面臨倒閉的命運。

改善實際績效時，主管是該採取暫時的或根本的改善行動？暫時改善行動 (temporary corrective action) 是馬上修正問題以使績效能夠恢復常軌；而根本改善行動 (fundamental corrective action) 是瞭解績效如何及為何發生偏差，然後再加以改善。一般而言，經理人沒有時間採行根本改善行動，於是總是用暫時改善行動在「到處滅火，亡羊補牢」，然而有效率的經理人會分析偏差的原因，永久性地除去標準和實際績效間的偏差因素，以增加營運利潤。2016 年 6 月華航空勤人員趁公司董事長與總經理因民進黨新總統的上任而換人時，將與公司爭議許久的加薪與差假問題做為理由發動罷工。此乃臺灣多年來第一次的罷工行動，由於公司高層人事更換，新接手者對整個局勢掌握能力不足，也未爭取到原任者的支持，上午接任下午就要上談判桌，結果採用的就是解決暫時問題的手段，如此衍生公司內其他工會的罷工，就是一個明顯的例子。而原先公司高層早已有多項腹案，且

經桃園市地方政府勞工局調解與仲裁仍進行。公司也有緊急徵調臨時空服員的準備，如此基本完整的方案在高層換人的過程中無法實施徒然耗費許多資源，訂下超過華航能負擔的條件，且無法有效解決勞資爭議。

　　有時績效偏差是不切實際的標準所引起的，也許是目標訂得太高或太低，在此種情形下，應該修正的是標準而非績效。職業運動界常發生球季中運動員已經提早達到了季前所設定的目標，他們就會進一步提高這一季的目標水準。有時在季前就會設定若打入季後賽就有額外的獎金，若超過多少場次會再有多少額外的薪給。比較麻煩的問題是是否該降低績效標準。如果某一員工或單位實際績效遠落後於目標，則合理的反應是將此差異歸因於標準太高。例如學生考試成績太低，可能會認為題目太難使得及格標準太高，而不願接受自己表現不理想的事實。同樣地，銷售人員不能達到每個月的業績，可能將原因歸因於標準設定太高而無法實現。但是當人們不能達標時，他們經常的反應是攻擊標準本身。所以做為績效評估人員，如果你相信標準是合理的就要堅持原則、說明立場，且堅定地告訴員工及主管你的理由，以及如何修正行動可以實現達標的期望。

三、控制的類型

　　依傳統說法可以用介入活動，也就是發生控制作用的時間點來區分控制的類型。其可以在行動開始前、進行中或在施行後啟動控制程序。我們稱第一種方式為事前控制、第二種是事中控制、第三種是事後控制。這種以介入時間點為區分的方法是可以理解的，然而在本書的管理功能之審豫觀點之下，所有的控制均應始於行動之前，若無這樣的準備，很難有卓越的成績。即使是回饋性資料，它也是下次行動前重要的參考，若無下次行動，那麼回饋再精確也沒有用。

1.事前控制 (preemptive control)

　　事前控制亦可稱前向控制，是對問題最有效的控制。因為它是在事情發生之前先根據經驗或設想，預先防止可能發生的問題。在實際活動前即啟動控制程序，也就是發揮防範於未然性質的控制方式。例如公司的經理人可能在贏得一筆重要合約前，即增加預設相當的資源與僱用新進人員，如此

可以縮短合約的準備時間。由此可見，事前控制的重點是經理人在問題發生以前即已採取行動。

事前控制可使管理階層預見問題的發生，早期介入調整而免於事後補救，所以是比較理想的控制方式。在今瞬息萬變的時代中，此種方式所產生的效益與對即時和正確的資訊掌握，形成管理的常態。只有二、三流的經理人才固執於其他兩種類型的控制方式。

2. **事中控制** (on-going control)

事中控制又稱同步控制，控制程序開始的時間與活動時間相同，也就是在工作進行中同步執行控制。如此管理階層可以在問題還未擴大前爭取時間改正問題。直接監督應是其中最直接的應用。當經理人直接觀察部屬行為時，他能借監督員工的行為預知可能發生的問題，並有機會立即介入與修正。當然修正行動到生效之間尚可能有時間延遲，不過比起等問題發生後再循體制修正作法，其延遲已經降至最低。現代資訊科技設備能夠做為同步控制的工具，立即回饋是資訊系統的基本功能，只要在系統設計時加入回饋功能，便可以輕易地取得活動執行中的回饋資訊，而有效地管控活動的執行。當錯誤發生時，系統可以早期發現並早期回應，這樣的表現已是所有先進系統必備的功能。

3. **事後控制** (aftermath control)

事後控制也就是回饋控制，是最常被使用的控制方式，也是一般人心中典型的控制方法。它是在行動發生後啟用用以掌握行動如期發展的程序。公司內部的品管亦是事後控制的例子，這是生產線上最後一道程序，目的在確保產品符合品質的要求。這種控制方式有個大的缺點，當知道有問題時，損失已經產生。此時能做的有限，充其量是亡羊補牢。但既然這是一般人的觀念，就會產生一種迷思，以為事後控制是唯一可行的方式，而無法有防患於未然的效果。

事後控制與前述兩種控制比較有兩項優點。第一，事後控制提供規劃是否有

效的資訊，假如得知實際與標準績效間的差異很小，這證明規劃合乎目標；如果差異很大，則應制訂新計畫以增進更大效用。第二，事後控制可提升員工動機。員工知道他們的表現，就有可能調整努力方向以爭取更大的績效表現。

四、如何達成有效的控制

不是所有的控制都有好的結果，有些適得其反。如何達到有效的控制，從成功組織中常發現一些特性，值得我們關注。這些特性的攸關性常視情況而有所不同，這裡歸納下列幾項使控制更有效的特性：

1. 正　確

錯誤的資訊會使經理人做出錯誤的決策，使得組織的效能下降。因此，精密的控制應該是建立在可信賴且有用的資料之上。

2. 及　時

回饋的資訊可促使經理人注意偏差，能有機會預防嚴重的損害。然而，過時的資訊即使是最好的，也是沒有價值。

3. 簡　潔

要反映組織表現所控制的變數難免多元，但是不可無限增加使得控制的工作難為。為了節省處理及計算的精力與時間，經理人應該以最少的控制變數來掌握預期的結果。

4. 敏感度

有效的控制機制必須有足夠的敏感度去反應環境的變化，借以發現新機會。只有很少的幸運組織可以面對不變的環境，一般的組織必須因應時間和情況的改變。

5. 被利用度

如果一個組織的控制系統未能被瞭解，則其價值就等於零。一個難以瞭解的控制系統容易使員工遭受挫折，最後被忽視。

6. 合理的要求

控制標準必須是合理且可達成的。如果標準太高或不合理，則會失去激勵

作用。大部分員工都不希望冒被上司責難的風險，而採取違法、不合道德的措施。因此控制必須使用合理的標準，以激勵人們有更高的績效表現。

7. **策略性**

管理階層無法控制組織中所有事情，即使可以，其效益終究不敷成本。所以經理人應該將控制放在與組織績效相關的因素上，包括重要的活動、操作或事件。就是要集中注意最可能發生偏差或導致重大損失的地方。例如注意組織整體士氣要比注意清潔工有無打卡上班來得重要。

五、控制的反效果

你可曾注意那些在大賣場退貨部門工作的人？他們似乎不太關心顧客的問題。他們變得墨守成規，常忽略他們工作的本質是為顧客服務，而不是造成顧客的困擾。但是退貨的顧客好像變得不太像顧客，而像找麻煩的鄰居。他們不再對公司有價值，因為他們正要向公司退貨，想要討回先前所付的金錢。更麻煩的是，他們退回的貨物會造成呆帳、瑕疵品、占據空間與維護費用的負擔。除非公司有明確的政策（像美商的方式，相信顧客、退貨從寬的原則）以處理退貨，一般而言退貨常造成顧客與員工的衝突，形成對公司形象的嚴重打擊。合理的控制手段可以解決問題，而不合理的程序（例如要顧客跑不同的單位、填寫過繁雜的表格以及長久的等待）往往造成衝突，不僅無法解決問題更成為混亂之源。

從學術研究發展的角度來看臺灣近年來公私立各大學的發展，亦可以反映缺乏整體性的控制手段而導致全盤失控的現象。首先，臺灣的大學教育自日本統治時代起就有帝國大學臺北分校的基礎，而二次大戰被國民政府接收後，雖經 228 事件的影響，雖然許多臺大學生被牽連，但當時臺灣大學的教授們並未有太大損傷下（歐素瑛，2011），再加上從大陸隨國民政府來臺的學者紛紛加入教員的行列，使得戰後在學術教學方面維持一定的水準。臺灣的大學教育隨著經濟環境改善，在 1980 年後開始有自美深造嬰兒潮的學子願意返鄉擔任大學教授一職回饋鄉里。這群學者也很快地在學、官、產各界嶄露頭角。直到 1990 年後臺灣公私立大學蓬勃發展，各大學開始引進美國流行的評鑑與升等制度，希望在臺灣複製美國

的成功經驗。這樣的想法有它的道理，想用一套控制制度使得臺灣的大學學術水準走向與美國一樣境界。眼看這樣的制度實施了三十多年，臺大的世界排名仍在百大左右，其他學校的排名也在其後上上下下。

然而，隨著臺灣經濟發展長年停滯，大學的成長亦有限，使得臺灣各大學的新血難以大幅成長，而有學術成長退步的現象，其有多項原因：第一，優秀學者多被外國以優渥的條件挖角；第二，現在系統中的教員多已升等，缺乏努力研究發表的誘因；第三，以國外為主發表的研究缺乏深度與原創性，更有為美國做研究的現象；第四，人文與社會科學領域本應以國內環境為主，其範疇與現象常無吸引國外研究者的目光，而造成發表的困難；第五，自然科學領域掛帥，而以其標準放在人文社會領域常有扞格不入的現象。以中研院院士的選拔來看，每屆新增院士以自然科學領域為多，人文社會科學領域者鳳毛麟角，造成研究人員稀少、相對研究經費長期的缺乏，形成惡性循環。仔細分析上述現象，可以發覺其根源在於績效評估與控制機制的不良。在這許多飽學之士生活的系統中，竟然無法預見這些問題，也無法有效扭轉僵局。

這些例子舉例說明了當控制無法變通或者控制的標準不合理時，可能會發生的情形。人們常忽略了組織的整體目標，有時非但組織無法掌握情勢，反而讓不良的控制系統綁架了組織。

第二節　控制制度因不同國家而有所不同

組織運作的方法在不同國家常是相當不同的。對於跨國組織而言，距離可能會造成制度運作的差異，而若想用一套對績效衡量與控制的方法，常常無法如願。隨著組織的成長與服務對象的拓展，外地的負責人與經理人較不易統一在同一制度與方法下完成總公司的要求。針對這種跨國家與文化的差異，有不同的處理方法。傳統上以一套制度與方法統一實施在各個地方，要求所有地區組織都依照一種方法與一套標準，這些方法與標準通常是創始地區所發展出來的。二次世界大

戰後美國因為屬於戰勝國，而且駐軍遍及全球，在軍事優勢下所發展出來的聯軍統帥制度與方法，自然以一套制度與方法就可以遂行全球。其後，在美國創立的公司如可口可樂、奇異、麥當勞等，因其產品的風行全球，也就順理成章地將原來在美國發展的制度一起擴展到世界上其他地方。由於其標準化的作業，同時要求其他地區的當地政治、經濟與社會組織與制度也比照辦理，而使得一套制度與方法推行到世界各地。我們可以發現全世界的麥當勞漢堡都味道一樣，點餐的方式亦一模樣。即使麥當勞如此標準化的企業也難免遇到國家文化的限制而必須調整，如印度信仰是以牛為聖物，所以是不能有以牛肉為主要內餡的漢堡做為主要的產品，必須為印度開發新的漢堡內餡。而 2001 年麥當勞在美國法院的訴訟面臨 1 億美金的賠償，正式向消費者道歉說他們的說法不實。原來早在 1990 年，麥當勞曾大張旗鼓地宣揚他們已經開始全部用植物油製作薯條，以饗美國的素食者和印度教徒。但後來發現，事實並非如此。在北美，薯條先是用牛油炸過，再經冷凍後運往各分店煎炸出售 (Telegraph, 2016)。

　　由此看來，一個跨越國境的企業必須考慮因不同社會經濟水準、生活習慣、信仰、文化而有的不同，不可一視同仁，以自己的組織情況推想所有其他的地區。同一家公司在墨西哥的工廠可能生產與美國工廠相同的產品，但在墨西哥工廠使用勞力的程度可能遠超過美國的工廠（利用墨西哥廉價勞動力的優勢），使得兩地工廠的單位成本無法比擬。然而，若是採取另一種方式讓各組織可以自行調整、因地制宜，又如何讓總公司取得可資比擬的營業資料，以瞭解各地組織運作的狀況。在臺灣創立的元祖麻糬，1993 年到大陸設廠，想不到原來在臺灣成功的商業模式無法成功移轉大陸。臺灣成名的麻糬與禮品市場是以臺灣當地人的口味，引進日本生產與包裝技術成功打動臺灣人的胃。但是在上海地區這樣的麻糬口味並不吸引當地人，甚至當地人認為是在家自己動手即可得的食品。尤其是當地人比較習慣鹹的糯米年糕的形式，而且並不適合送禮饋贈的品項，使得剛到大陸拓展生意的張秀琬董事長受到相當大的挫折。

　　在張董事長親自坐鎮上海，不惜重新以再次創業的精神投入之下，總算找到

上海甚至內地人的偏好，調整大陸元祖的重點商品與定位後，大陸元祖的生意不僅站穩，甚至超越臺灣元祖的規模。這就是因地制宜的最佳範例。設想當年若是元祖仍以臺灣的商業模式在上海苦撐，可能今天就難見到大陸元祖的發展了。同理，大陸北京有名的全聚德烤鴨館自 2009 年就傳說要來臺灣高雄開店，但是一直未成行，據說光是像進口鴨子來臺就碰到問題，因為全聚德用的是 3.5 公斤北京的鴨子，而臺灣多半使用 6 公斤的宜蘭鴨，兩者在油量與脆爽感上並不相同。講究一式標準的全聚德烤鴨最後並未在臺灣展店成功。同樣，2012 年來臺設店的俏江南餐廳也在兩年後因經營成績不佳而歇業。是否能融入臺灣市場，抓住臺灣消費者的口味成為重要的關鍵。這其中不僅是控制系統的功能，更是在績效上能否跳脫原來的成功模式，在臺灣先尋找到有效的績效制度，再循標準化的方法建立控制制度，最後可以達到成功跨境的目標。

在控制方面最為明顯的是組織控制哲學差異，是相信人治或是相信科技系統。因為即使在科技最先進的組織中，領導者對人的信任常使得科技無用武之地。各國政府最高層的控制手段，最後仍是在人事的安排而非單以控制系統就可以取代。畢竟領導者只有一人，即便是控制系統可以讓他無所不在。但是管理上的控制幅度（span of control，見圖 8–3）大小仍限制了他可以監控的範圍與深度。所謂控制幅度乃是指一個主管所管轄的人數。在資訊科技不發達的年代，主管的控制幅度有限，必須親自跟在身旁監控，因此在古時軍隊便用三人一伍有伍長，三伍一班有班長，三班一排有排長，以此類推至連長、營長、旅長、軍長、師長等，所以早期軍隊的控制幅度就是 3。在現代科技高度發展的組織中，控制方法除了將規則標準化與直接監督以確保一切依照計畫進行之外，同時也採取間接控制——特別是與電腦有關的報告和分析。如此使得主管的控制幅度大增，也使得組織的層級可以縮小，使得軍隊可以減少軍、營、排、伍長的職位與層級，其控制幅度就是 9 了。

再嚴密的控制系統都無法完美，因為環境在變化，影響績效表現的許多因素也在變化，所以當個人或組織想要只藉著固有的控制系統去達到目標時，問題就

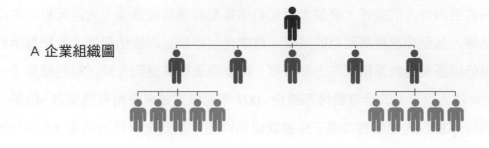

A 企業組織圖

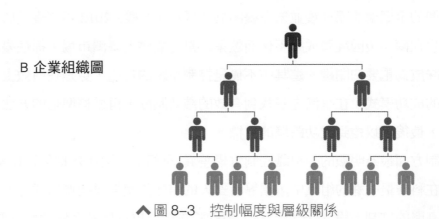

B 企業組織圖

▲ 圖 8-3　控制幅度與層級關係

發生了。因為控制系統已無法掌握變化，即使做出調整也無法有效修正變化，最後的結果當然也就無法如願。例如臺灣金車企業從蘇格蘭引進威士忌的釀造技術與設備，想在臺灣生產威士忌。在所有的廠房設備依原廠顧問專家的建議而設立，甚至原料麥汁與麥芽亦從蘇格蘭進口，最後生產的過程仍必須不斷地監測，發現與原廠的差異，再設法調整釀造的時間與製程的修正，最後希望能產生與原廠相同的水準的威士忌。雖然經過嚴密的監控與調整金車公司仍然發現，臺灣的亞熱帶氣候使得發酵速度變快，相對而言發酵時間就應該縮短，其他溫度高所釋放出來果香與糖分亦不同。如果依照原來的控制系統可能就會糟蹋辛苦搬運的設備與原料了。如何預知整體情況的發展與變化，再透過有效的監督與預想來尋求異常的解釋，最後再發出有效的調整以表現出最佳的成績。

　　人們為了避免因控制系統顯示績效不佳而遭長官譴責，就會在自己能夠掌控

的範圍內想盡辦法來影響各種績效評估資訊使其對自己有利。雖然實際上表現的並沒有那麼好，熟悉內情的職員們會在評量方面下功夫，讓自己在評鑑的數字上看起來很好。同時有許多證據顯示，為了績效而竄改或隱瞞相關資料的行為並不罕見，而資料被竄改的可能性取決於那件事的重要程度。組織中重要的活動可能會有獎賞的差異，因而有較大的誘因促使員工在這些特別評量上追求表現良好。當獎賞攸關利害時，具不良念頭的人就趨向於在表現紀錄上動手腳，讓自己的表現輝煌，例如扭曲確實的數據、強調自己的成功以及隱瞞失敗的真相等。

2016 年臺灣兆豐金控在紐約的分行，被美國紐約州金融廳 (DFS) 以涉及違反《銀行保密法》及《反洗錢法》(BSA/AML) 相關規定罰款 1.8 億美元。美國紐約州金融廳於 2015 年 1 至 3 月間對兆豐銀行紐約分行辦理一般業務檢查，並於 2016 年 2 月 9 日檢查報告中指出該行 2012 年之匯款交易，在防制洗錢及可疑交易申報上，涉及違反《銀行保密法》及《反洗錢法》相關規定。據說美國紐約州金融廳查出兆豐銀多年來有近 100 億美元異常交易。這個事件突顯了臺灣當局對於跨國金融機構的管理失職且失能，竟然在美方數度提出警示後仍被兆豐金的內部管理高層隱瞞不報，直到董事長以其他理由去職後才爆發出來這管理上的大漏洞。這事件突顯臺灣跨國金融組織的管理不善，同時過度相信人治，以為派自己可以信任的人選負責就可以萬無一失。哪知道國際金融體系運作因為匯兌交換頻繁，其必須有一個公認客觀、一致、透明的機制讓金錢的流動可靠、安全以及合法。這套系統是不會認人臉或人際關係的，導致兆豐金控的弊案終於在美國的認真執法下被揭發，而且付出慘痛的代價。這事件可以反映出跨國組織的管理問題受文化、制度與人性的影響甚大，如何能設計出反映績效，抓好控制，並優良表現的組織呢？有待有志者仔細思量。

我們的結論是控制有好有壞。控制系統的僵硬，會造成比原來控制系統本身所要解決的問題來得更嚴重的後果。

第三節　績效評估

　　績效評估乃是針對組織的表現做客觀、有系統及理性的檢討與比較，得到一個表現優或劣的綜合性的看法。因此如何衡量與衡量的項目，是績效評估的重要面向，本節中將詳細介紹。

一、如何衡量

　　為了要瞭解組織行動的績效如何，經理人必須收集相關的資訊，以達到準確反映活動表現的水準。如前所說，控制程序的第一個步驟即為衡量。讓我們看看「如何衡量？」以及「衡量哪些項目？」首先，衡量實際績效的四種資訊來源是：口語交談、正式的工作統計報告、直接觀察及個人書面報告。每項方式都有其優缺點，然而，四種方式的合併運用不但可增加資訊來源，並且能提高正確資訊的機率。現代的經理人經常使用個人親身的觀察當作控制的方法，這與以往領導者高高在上、不食人間煙火的狀況大為不同。所謂走動管理 (management-by-walking-around) 在許多行業中都被強調，一般認為這可以提供許多在正式報告中無法列入的資訊。從認知角度來看，設身處地於實際環境中可以讓主管對實際業務的掌握能力更深入與明確。可以避免閉門造車，與下情不上達的問題。

　　口語交談應是最常亦最方便的資訊取得方法，舉例來說經由報告、會議、協商、一對一的談話、透過電話或視訊交談均可以獲取資訊。在衡量績效方面，此種方式獲取之資訊會有一些干擾變項，例如報告者可以事先安排與設計去美化內容，當然亦有報告者過度緊張而無法正常表現，兩者都有失真之虞。但是口頭報告取得資訊的方式迅速、雙向溝通，並允許多頻道（如語言及腔調）的表達，使得評估有更多更及時的參考。口頭報告有原始資料保存的問題。然而，現今電腦影音技術與智慧型手機的進步與普及，使得口頭報告可以有效地加以錄製，並可以長久保存，但是應在錄影與錄音之前取得受試者的同意。

　　進入二十一世紀後，電腦在組織中被廣泛使用在處理各種的資訊工作上，使

得經理人可以使用完整、確實，且正式的工作統計報告來衡量實際績效。同時，統計報告的衡量方法並不只限於單純數字的形式，電腦統計分析軟體可以輕易地以統計圖表、數字表列、幾何圖形與線性及非線性迴歸分析等工具，提供經理人所想像任何的評估績效的形式。雖然統計資料更容易並有效地顯現相關程度，但仍應記得此種報告方式對其相關活動，僅能提供可以數量化的資訊。因此，要知道統計報告僅能顯示一般能夠數量化衡量的表現，而這並不是所有現象的全部，尚有其他非能夠數量化衡量的因素，如熱誠、謙遜、寬容、大度、有遠見、有品味、有上進心、好相處等，有待經理人思考。

主管直接觀察可以獲得受試者未經過濾的第一手資料。如此可親自觀察相關的績效表現，經理人亦有「讀出弦外之音」的機會。這也是所謂的「走動式管理」的好處，其能提供其他資訊來源所無法提供的臉部表情、音調與臨場處理技能的參考。中國古時皇帝或高官常微服出巡，其目的亦是相同。但不幸地，當量化資料被認為是客觀時，個人觀察通常被認為是相對不佳的資訊來源。它受到抽樣數量過小且有偏差、過度主觀，且有被察覺而有刻意表現的問題。另外，個人觀察也受主管的時空限制，無法有客觀全面的認知。最後，員工可能認為經理人的明察暗訪對員工是一種缺乏信心或不信任的表徵。

最後，在公家組織或大型企業內，實際績效常以個人書面報告方式加以衡量，如同營業報告般它比口頭報告或直接工作記錄方式更慢，但卻較為正式。這種書面報告的形式通常比口頭報告為扼要及深入。此外，書面報告亦易於登錄和參詢。只是這樣主動呈報的書面評估資料常費時費力，對於不願花費時間申報的員工就會有遺珠之憾。

瞭解四種衡量績效方法不同的利弊之後，經理人便可以使用這四種技術以達到廣泛控制的效果。

二、衡量標的

在績效評估程序中，衡量內容（項目與比重）比衡量方法更為重要。錯誤的效標不止無法反映績效，更將會造成嚴重的誤導後果。例如臺灣就曾有陸軍出身

的參謀總長要求三軍比照陸軍進行體能檢測，其中 5 千公尺競速對空軍與海軍而言，就顯得不實際。畢竟艦艇甲板有限，若全艦官兵都每日在甲板練跑，而甲板並非設計為練跑功能，難免會有不適合或意外事件發生。若空有一身健跑能力卻無法勝任大風大浪的暈眩，這樣的海軍是無法作戰的。此外，就大範圍而言，衡量內容決定組織內員工努力的方向。

適於一般管理情境的衡量效標，例如員工滿意度、離職率或曠職率。另外，對於經理人其責任範圍內，正常績效即表示應將單位支出保持在預算之內。然而，任何評估系統都必須考慮到不同經理人業務的歧異性。例如製造工廠的經理可以每天生產量、每天個別生產線不良率、呆料、累積庫存等方式衡量績效。一個政府部門的主管就可能以政策案件執行量、再細部計算每政策案件的每天公文處理件數、每日會議參加數目（發言次數）或與民眾服務溝通數量來衡量。一般公司的行銷經理則可以負責商品之市場占有率、每日銷售量以及相關之行銷企劃案之設計與推動情況來衡量。由此可見不同的經理人有不同的績效衡量方法，不可混用。

數量化的績效衡量方式對某些活動是相當困難的。例如衡量公司內部化學研究員或心理輔導員的績效要比衡量業務推銷員的績效困難許多。化學研究員的績效要長期才看得到，而心理輔導員更是在危機發生時才能見效果。但是績效管理者努力將大多數工作與行動切割成許多可以衡量的小目標，根據這些目標的達成度計算工作者的績效。策略性而言，經理人必須決定一個人、一個部門或一個單位對其組織的價值，並將該種價值轉變為可衡量的標準。例如對化學研究員就是其研究工作是否能夠在一定期間內突破組織內生產技術的關鍵瓶頸，讓組織的產品或服務有強大的競爭力。而心理輔導員的績效就在能否釋放核心員工之工作壓力，能否積極早期發現有問題的員工早期治療，而不要等問題變嚴重時才亡羊補牢。

大多數工作或活動是具體並且可衡量的，然而某些績效指標無法以數量化表達，主管必須找尋並利用其他可以逼近的衡量方法。當然這樣的衡量方法有其限

制，但是總比沒有標準或忽略控制功能來得好。假若一個衡量活動是非常重要，則藉口其不易衡量而不加以應用是不適當的。在此情況下，利用非正式的績效衡量方法實屬不得已。例如中國境內高速公路收費站的女性收費員，在早期常被駕駛員抱怨服務態度不好，有著一副晚娘的面孔。於是現在可以發現，在各高速公路收費站收費員的笑容成為必然的要求，從車輛進入到駛出要維持一定的笑容。這樣的要求就衍生了用筷子撐住笑口的作法，造成現在進場後收費員都有一致性的僵化笑容，形成一種矯枉過正的現象。當然，利用任何一種分析或衡量方法時，應該瞭解到其應用上的限制。

三、衡量的焦點

衡量的焦點就是主管必須要掌控的項目，經理人應關心組織的進行事務能維持一定水準或更精進而提升組織的效能，但是沒有任何單一的指標可以評量組織效能。生產力、效率、利潤、士氣、品質、彈性、安定和員工缺勤等，無疑的是與組織整體效能有重要關係的效標。因此，依組織的功能角度可以將組織活動集中在五個領域：生產、市場、人員、研發以及財務的表現。這五大功能也是企業管理傳統上研究的主題。

1.生　產

一個組織之所以成功有很大一部分是仰賴它有效率的產生貨物和勞務的能力。生產控制技術是設計來評估組織的轉變程序如何有效能且有效率地運作。臺灣經濟發展初期就是靠著引進生產技術、建立科學式生產廠房、進而爭取到有效的訂單而能夠形成良性循環，最後廠商的獲利與員工的收入使得整個社會得以大幅進步。同樣的，臺灣經驗也在上世紀末傳到中國，在短短二十年澈底翻轉中國的民生經濟。生產技術的掌握以及有效的生產制度建立是組織成功的重要關鍵。

典型的生產控制包括：監視製造活動以確定符合預定計畫；確定在可能最低成本時購買原物料，並使其供貨時保持適當的量和品質；監視組織產品或勞務的品質，確定它們會符合預定的標準；以及確定設備被妥善地維護。

有關生產控制的部分另有生產管理這門課詳細的介紹與說明，本書在此不
贅述。

2.市　場

有效能的組織，能滿足在其所處環境中市場之需求，經由消費者的支持，
組織才能永續生存。其最有力的表現便是居高的市場占有率、品牌知名度
以及高於一般水準的利潤率。

無分國內外，一般人在理性考量大學之辦學績效時，常從招生人數多寡與
新生平均分數來看。有趣的是，他們卻不考慮畢業生的潛在雇主如何看待
學校的教育，即使國內《天下雜誌》長期出版有關公私立大學受各界聘任
意願的調查結果，這是為什麼？因為大學的生存與該校畢業生能否找得到
工作並無直接的相關。同時，學校績效另有其他評估的方式使得評估更為
複雜，例如大學接受教育部補助金額多寡、申請國科會補助專案的數量與
總金額、接受民間捐贈的金額，以及接受民間委託研究專案與總金額等。
當然，亦可以使用該校師生發表的論文篇數，該學校與所在城市與社區關
係密切程度為標準。另外，公立大學需要與國會議員及教育部官員拉攏關
係，以爭取有利的預算與委託案。私立大學則將他們的精力集中於向畢業
校友及慈善家募款，以增加學生獎助學金與貸款、學校營運經費以及各項
建設發展經費等。這些人都是對私立大學的服務與生存重要的影響者與消
費者。

由此可見，一個成功的組織必須能識別能影響它的各種力量，除了直接的
市場（消費者）以外，如政府機關、投資機構、股市分析家、勞工工會、
上下游的廠商等，然後滿足他們的要求。這些各方的力量，可以說是組織
的利害關係人 (stakeholders)，或是另一種說法就是策略對象 (strategic
constituencies)。策略對象的觀念來自政治學的理論，假設組織面對的是來
自各種利益團體 (interest groups) 頻繁且競爭激烈的要求。因為這些利益團
體的重要度是不相等的，所以組織的效能在於它是否能識別出具重要的或

具策略價值的對象，並滿足他們的要求。進一步來說就是在經理人必須同時滿足這許多不同面向與不同性質的目標，他們（利益團體）往往控制了組織賴以為生的資源。

利益共同體的觀念在二十一世紀中更顯得非常重要與關鍵，畢竟企業是生存在整個人類生態之中，相關的議題也隨時會反映在企業的經營項目或必須反應的環境之中。那麼到底什麼是「具策略重要性之對象」呢？這有待高階主管平日的訓練、觀察與經驗。不管這工作如何困難，能夠找出且滿足策略對象就能產生許多利益。因此有策略對象的觀念，就能使經理人避免觸怒那些有足夠力量阻礙組織營運的團體。同時，如果經營者知道誰的支持對組織的健康是必需的，就能修正組織目標的優先次序以反應那些策略對象間隨時在變動的權力關係。

3. 人　員

組織是發揮群體力量的地方，經理人必須設計工作方法並透過他人來完成。因此對經理人來說，員工是否能表現得如預期是很重要的。對於人的控制，最直接的方法就是藉著直接的監督和績效評估。日常工作中經理主要的功能就是在監督組織運作，而且在問題發生前或當時介入並改正問題。好的經理人應能預見或即時指出員工工作時可能的風險，同時也應能夠提出執行的正確方法，並且根據問題而建立將來做事的正確常模，此即標準作業程序 (standard operating Procedures, SOPs)。由於組織複雜，但藉著不斷地建立標準作業程序而使得組織負責人可以聚焦注意力於重要、即時且未納入常規的問題。

員工的表現應被評估，如果表現是被肯定的，員工的行為應會被獎賞，例如加薪、晉升、表揚、獎金或假期。如果表現在標準之下，經理人應要求改善並依照偏差的程度規範職員，如減薪、降級、調職或解職。管理者員工行為控制上有很多的方法，在實際的操作上，從選（確認並僱用價值觀，態度和人格）、訓（新生訓練、正式訓練、師徒制）、用（工作設計、正式

規範、目標、酬賞、直接監督)、退(懲罰、辭退)上有許多的方法都被經理人使用,以強化員工達到要求的可能性。

4. 研 發

一般公司都不知如何研發,而研發又攸關公司的未來發展。即使在美國矽谷都可以發現對於研發的重視與管理常是公司成敗的關鍵。美商昇陽電腦 (SUN Microsystems) 公司雖是一個由史丹佛大學三位研究生所成立的公司,其中兩位工學院的博士生就專注於研發工作(Andy Bechtolsheim 負責硬體,Vinod Khosla 負責軟體),而一位商學院的學生則擔任管理的工作,在成立初期技術占據成功的關鍵角色,但是重要決策仍在三人共同商量後做出,尤其在商業營運上仍仰賴後來公司上市後成功企業人士的加入才能有效地掌握發展方向。Bechtolsheim 在公司成立初期便帶著創業所得成立其他許多新創企業,成為美國有名的天使基金投資人與技術顧問,他的影響在美國許多著名的網路產業公司中都有紀錄。而他最大的收益來自對谷歌的初期投資 10 萬美金,至 2010 年變成 17 億美金的收益。從 Bechtolsheim 個人的故事中可以發現新創公司的創業者不必維持在原始公司,或許是最好的選擇。除非原始公司有足夠的空間讓他可以發揮所長。公司在創新過程中必須釐清創新與管理的關係,讓彼此得以相輔相成,避免互相掣肘。

從公司的角度來看研發管理有幾個重點:

⑴技術創新必須建立在組織目前的基礎上。由於世界的技術是不斷地在創新與改善,任何一種新產品都反映不同背景與需求的技術創新突破與改進。如何確定組織的技術水準足以推動新產品的技術創新是新產品研製成功的關鍵。絕對不可以過度樂觀莽撞,亦不可以太悲觀保守。

⑵研發管理必須嚴格控制技術創新的隨機性和不確定性。技術創新就是在產品研發過程中使用組織不熟悉或者尚未開發的技術,如何預期新技術帶來的效益,有效監控研發過程中各個檢測點,有效規範技術流程使其

可以被監控與對應。

(3)技術創新必須建立在充足的財務支援與高階主管支持的基礎上。由於技術創新需求在產品的生命周期內不斷變化和增加,在科研過程中必須鎖定技術創新的變化,使其控制在系統預期設計的狀態。

(4)市場需求是企業創新的主要來源。在開發新產品前要確定當前市場的需求,並預測市場需求量足以支應新產品的開發與上市。

(5)在新產品開發過程中,應凍結市場需求的變化,所有的開發與研製過程都必須嚴格控制在系統規範管理的控制流程中。

(6)市場新的需求一般在系統升級產品或新立項的產品中考慮。

5.財　務

財務是最明顯且容易反映組織績效的工具,尤其是記帳與報表(會計功能)更是為了這個目的而設計的工具。因此,每一位經理人都必須瞭解組織的會計制度以及各類報表的意義,俾能掌握或控制組織的發展狀況。舉例來說,經理人可由每季的收入報告中發現超支費用。他們也可能從財務比率測試以確定是否有充足的現金支付目前的費用,以控制債務及讓組織的資產具生產力。非營利組織的主管亦可經由財務控制而達成經營有效率的目標,例如運用預算控制醫院、學校和政府單位的營運目標的設定與達成,及成本的監控與節約。

傳統上預算是做為計畫的工具,然而在預算的使用上,它也具有控制的功能。所以在管理教科書中,預算不僅在規劃中被提及,在控制部分亦被提及。好像它是兼具兩種功能,其實它可以證明規劃與控制的不可區分性。因為在編列預算時,必須具體提出可以衡量的數據給各種有興趣的利害關係人(如投資人、捐助人、經理人、員工、消費者或受益人等)參考,組織的表現是否合乎當初的設計。由實際測量的數據與預先規劃的數據相比較,就可以知道組織表現如何。這種比較預期水準和事實之間的作為就是現代管理的真義。

表 8–1 陳列組織中常見的財務控制的變數，它們均是從組織定期產生的財務報表（如資產負債表和損益表）裡可以計算得出。它們代表組織在籌資、設立以及營運上的表現，從這些數據各界就可以得知組織經營的好壞。相信各位讀者應該在初等會計和財務課程裡面學過這些變數，不然在未來相關的課程中也將會學到，我們在這裡不需要詳細說明。然而，提到它們是為提醒各階管理者可以使用這些變數當作內部控制工具，便能馬上知道目前組織經營資產、債務、存貨、生產與行銷的績效。

▼ 表 8–1　常用財務控制變數

目　的	比　例	算　式	意　義
變現能力	流動比率	流動資產÷流動負債	測試組織應付短期負債的能力
	酸性測試	（流動資產－存貨）÷流動負債	銷售困難時可正確測試變現力
營運能力	負債資產比	總負債÷總資產	舉債能力
	存貨週轉率	銷售類÷存貨	生產效率
	資產週轉率	銷售類÷總資產	資產使用效率
獲利能力	邊際利潤	稅後淨利÷銷貨總額	產品利潤
	投資回收	稅後淨利÷總資產	資產獲利的能力

第四節　2020 年新冠肺炎疫情反映世界各國的控制

　　2019 年底在中國武漢地區爆發了新型冠狀病毒肺炎 (COVID-19)，是繼 2003 年的 SARS 後第二個侵襲人類、來自蝙蝠身上的冠狀病毒。由於此次病毒的傳染方式與 SARS 大不同，所造成的危害也遠大於 SARS。與 SARS 病毒不同，新冠病毒由呼吸道侵入人體後迅速沉至下呼吸道與肺部，使得初期症狀表現不明顯與採檢方式要深入且困難。其次，新冠病毒在患者未發燒前就有傳染能力，使得對它的防治更加困難。因此在感染的社區中，會發現大量不具症狀的帶病毒者透過咳嗽將病毒大量擴散在人群中，造成大量的人群感染。在南韓大邱市某新興宗教

中一個超級帶病毒者透過宗教集會與膜拜儀式傳染了上千的教友，形成當地嚴重的疫情。

新冠病毒的致死率雖在 4%～10% 間，但是一旦感染的人數眾多，也就相當嚴重。以美國為例截至 2020 年 5 月 25 日，已有 1,662,302 人感染，98,220 人死亡，死亡率 5.91%。全球共有 5,495,061 人感染，346,232 人死亡，死亡率 6.30%（聯合報，2020）。至 2021 年 1 月 20 日，美國有 24,233,759 人感染，401,362 人死亡，死亡率下降至 1.66% (Johns Hopkins University, 2021)。一般印象以為受感染者以老年人死亡居多，以美國紐約州的統計來看，老年感染者的死亡率約 14.1% (Worldometer, 2020)，是平均死亡率的兩倍多。歐洲國家的死亡率偏高，大概是因為這些國家以老年人居多的才促成這樣的統計結果的。

在面對一個新疫情，各國都是一樣束手無策，沒有特效藥，沒有疫苗，連檢測的方法都必須重新建制，唯一可以依賴的就是過去的防疫經驗。亞洲首當其衝，在年初就受到直接影響。各國的防疫方法與手段不同，過去 SARS 的應對經驗亦不同，所反映出來的結果自然也不同。從各國的防疫經驗，也呈現出不同管理與控制的結果。

及至 2020 年 12 月世界各國開始研發出對抗的疫苗，經過各國藥檢單位通過後開始大量注射，但有效的控制直至 2021 年 1 月底還尚未出現。

一、中國的管控

2019 年 12 月 26 日，呼吸與重症醫學科醫生張繼先首次發現並上報不明原因肺炎，並懷疑該病屬傳染病。武漢市中心醫院在 12 月 27 日將一份樣本送往北京博奧醫學檢驗所。12 月 27 日，廣州微遠基因公司組裝出接近完整的病毒基因組序列，並將數據共享給中國醫學科學院病原生物學研究所。中國醫學科學院在 1 月 11 日把數據提交到全球共享流感數據倡議組織網站，這項分析是該資料庫中採集日期最早的樣本。1 月 5 日凌晨，復旦大學張永振團隊從武漢市樣本中檢測出一種新型 SARS 樣冠狀病毒，獲得病毒全基因組序列。

1 月 12 日，世界衛生組織 (World Health Organization, WHO) 將此病毒命名為

「2019 新型冠狀病毒」(2019-nCoV)，並在 1 月 30 日公布為國際關注之公共衛生緊急事件 (Public Health Emergency of International Concern，PHEIC)。2 月 11 日，國際病毒學分類學會將 2019-nCoV 正式命名為 Severe Acute Respiratory Syndrome coronavirus 2 (SARS-CoV-2)，WHO 同時將此病毒引起之疾病正式命名為 COVID-19。

1 月 20 日起，由於臨近中國春節春運，大量返鄉人員流動出現，在篩檢試劑盒開始發放並檢測後，武漢市以外的中國其他地區包括廣東、北京、上海等地，開始通報有大量確診個案。同日，中國工程院院士鍾南山首次公開表示此次肺炎有人傳人跡象，並且已有醫護人員感染、呼籲民眾戴口罩及避免前往武漢。中國國家衛健委於當日發布公告，新型冠狀病毒感染的肺炎納入法定乙類傳染病，按甲類管理。

從 1 月 31 日至 2 月 12 日的兩週內，中國湖北省以外多所城市宣布實施封閉式管理。據不完全統計，共有至少 9 個一級行政區（4 直轄市 4 省 1 自治區，共 156 個二級行政區）與其他省市至少 51 個二級行政區，共 207 個（含 26 個省會與副省級市）；其中升級為全封閉式戰時管制的城市，有 2 個二級行政區，至此中國對疫情的管控開始定型。

中國宣布並執行嚴格的封城管理後，已有效地控制疫情，除了武漢地區有爆量的感染與死亡外（約 82,922 人感染，4,634 人死亡），其他地區的數量在可控制的範圍內逐漸平息下來。中國並在治療方法上採取中西並用，傳統與現代互行下，有相當成績，且可外援義大利的疫情控制。雖然中國並沒有找到特效藥，所有治療也以輔助性為主，如呼吸器與體外循環器等。唯一有用的是病毒檢測的方式。而在緊急時刻，中國決定將所有疑似症狀的患者通通移入臨時搭建的方艙醫院，以避免進一步擴大傳播。方艙醫院的興建與運用顯示中國對於危機處理的迅速且有效。雖然在初期有人懷疑政府用簡單的醫療設備處理輕症病患，似乎是草菅人命，事後也證明如此分隔輕重症患者，集中力量處理重症患者，是高明的作法。

二、臺灣的表現

2020 年 1 月 15 日衛生福利部衛授疾字第 1090100030 號公告，新增「嚴重特殊傳染性肺炎」為第五類法定傳染病。1 月 21 日，臺灣出現第一例來自中國武漢的確診個案。隨著疫情在武漢日益嚴峻，臺灣在 1 月 20 日成立中央流行疫情指揮中心，快速整備各項防疫應變措施，防止疫情擴散。政府以「防疫、紓困、振興」三大步驟因應，於防疫上從境外防疫，延伸至社區防堵及減災，另針對受疫情衝擊的產業與事業亦以不分產業，秉持「雨露均霑、立竿見影、固本強身、加速公建」四大原則提出紓困方案，並於 2 月 25 日公布《嚴重特殊傳染性肺炎防治及紓困振興特別條例》，做為進行防疫作為及籌措資金的法源基礎。行政院依特別條例編列預算首波 600 億，另政府各部門彙整既有預算及基金近 400 億元，總計千億元投入紓困振興，從顧家庭、護弱勢到挺企業和顧產業，涵蓋個人稅務、家庭支出到產業紓困、減稅等。其後隨著全球疫情的日益加劇，再修正《特別條例》，將特別預算再擴充 1,500 億，加上移緩濟急及基金加碼 1,400 億，以及 7,000 億貸款額度，總計達 1 兆 500 億元（行政院，2020）。2 月 2 日，教育部通令全國高級中等以下學校（含國小、國中、高中）開學日延後兩週至 2 月 25 日。全國各大專院校多數亦跟進該政策，將開學日延後兩週至 3 月 2 日。

臺灣因有之前 2003 年的抗煞 (SARS) 的經驗，在一得知病毒是與冠狀病毒相關時，便第一時間謹慎處理。除了當年留下多處醫院中的負壓病房立即啟用，並宣導民眾戴口罩、頻洗手、避免進入公共場合等。再加上醫療體系優良健全，能夠迅速檢測病毒，對於感染病患可以施以治療。另外，發動產業生產能力，迅速建設口罩工廠，生產人人需要的外科口罩。加上政府推行實名配額購買的方式，使得人人可以取得足夠的口罩。截至 2021 年 1 月 17 日臺灣僅有 868 人感染，7 人死亡。

三、美國的情形

美國是 1 月份遭新冠病毒入侵，至 2 月已有數起死亡病例。至 3 月底美國全國 50 個州都被感染。到 5 月 28 日美國已成為全球感染人數最多 (1,745,911)，死

亡人數亦是最多 (102,114) 的國家。

　　川普政府在 1 月 31 日宣布公共衛生緊急事件，2 月 2 日禁止旅客由中國武漢入境，停止中國航空入境，但未禁止美國人由當地返國，亦未做任何病毒測驗。美國並未有 SARS 嚴重感染的經驗，也似乎認為這波疫情應僅止於亞洲。因此整個 2 月未發展檢測準備，也未建立足夠的醫療設施與器材。

　　2 月 25 日美國病管中心 (Centers for Disease Control and Prevention, CDC) 警告大眾要準備地方群聚感染的發生。3 月 13 日美國總統川普正式針對疫情宣告國家緊急事件。此時美國才要求公衛機構與私人企業發展檢驗工具。政府也開始以《國防生產法》(Defense Production Act) 徵用民間廠商建造呼吸器等醫療必須設備與醫療相關材料（如防護手套、隔離衣、口罩等）。至 5 月初美國已達到 650 萬次測量，平均每天可測 25 萬次的規模。

　　3 月 16 日美國白宮發出停止超過十人的集會的建議，3 月 19 日國務院建議美國公民避免所有的國際旅行，同時限制所有曾至伊朗及歐洲旅遊的外國人。4 月 11 日起美國各地疫情爆發，各州政府決定禁止並取消大型集會（包括文化、展覽與運動），停止商業活動，關閉學校及教育機構。在美國東西岸人口集中及交通發達如紐約州、加州、密西根州與華盛頓州等，都成為疫情慘重地區。

　　直至 5 月底美國疫情仍消減有限，僅是原先熱區的逐漸平緩之際，美國南方幾個州與全美居民，在川普總統頻頻與公衛機構唱反調的行為下，開始對居住、公開活動與上班開市的限制感到不耐煩，要求解除限制與恢復商業活動。這造成美國疫情的起伏與失控，在三個月的搖擺政策中交出最糟的成績單。從感染與死亡人數來看，美國對疫情的管控可謂非常失敗。美國既未發展大規模的檢測，亦未建制完整的隔離病院或醫療區域，未限制國內的人口流動，任憑各州長自行決定是否封城。到最後，美國成為疫情最嚴重的國家。

四、南韓的情形

　　1 月 20 日，大韓民國疾控部門將傳染病危機預警級別由「關心」提高到「注意」。防疫人員對體溫超過 37.5 度或有呼吸道疾病症狀的旅客，將確認健康狀態

和接觸個案,綜合考量居留、存取地點等流行病學資訊後決定是否隔離。1月27日,南韓政府對新冠肺炎疫情的警戒登記由「注意」提升到「警戒」。

2月20日上午,南韓確診30個個案中有23人與確診的第31例患者在大邱廣域市的新天地教會接觸。市長權泳臻懷疑大邱社區爆發新型肺炎疫情,促請市內250萬名居民留在家中。2月21日,南韓中央防疫對策本部長鄭銀敬上午於記者會表示,境內確診的156例個案中,有98人與大邱新天地教會有關。對此,國務總理丁世均主持應急會議將大邱市和慶北清道郡劃為疫情重點管理區。政府表示為了防止疫情擴散,決定暫時禁止在光化門廣場、首爾廣場和清溪廣場集會。中央防疫對策本部於記者會表示,已掌握大邱的新天地教會信徒第一波名單共4,475人,其中544人出現症狀,防疫本部將對全體信徒做篩檢。大邱和慶北等地區雖出現集中感染,但疫情屬社區傳播的初期,尚未進入全境擴散,仍可通過現有的防疫體系予以控制。

2月22日國務總理丁世均發表希望全體國民暫停宗教等聚集在室內或是在人群密集的戶外活動。2月23日,總統文在寅召開疫情對策會議,決定將疫情預警上調至最高的級別,加強應對措施。2月25日,中央政府決定對大邱和慶尚北道地區最大程度的封鎖。

2月26日,國會全體通過「冠狀病毒三法」,包含《傳染病預防及管理法》、《檢疫法》、《醫療法》。規定一級傳染病導致醫藥品等物價上漲或供給不足,保健福祉部部長有權禁止出口口罩、手消毒劑等物品。另外,保健福祉部部長或市長、郡守、區廳長在發生一級傳染病時,可以將疑似傳染病患者強制隔離在自家或醫療設施中。如果病患拒絕住院治療時,處以1年以下有期徒刑或1千萬韓元以下罰款的懲罰條款。此外,法務部部長可以禁止來自傳染病流行或可能流行的地區,或經由該地區的外國人入境,同時優先提供老人和兒童口罩。國會成立冠狀19對策特別委員會,由19名朝野議員組成。

3月5日,總理丁世均宣布將慶山市劃入傳染病特別管控區,並宣布6日起禁止口罩出口,同時對口罩實行限購。3月6日,南韓宣布將停止日本人短期逗

留時免簽證的制度，並停止已發放簽證的效力，同時提升赴日旅遊警示。3 月 15 日，文在寅宣布將疫情較為嚴重的大邱市和慶尚北道慶山市、清道郡、奉化郡劃為特別災難地區。3 月 19 日起，入境管制範圍擴大至全球所有國家和地區。同日文在寅承諾向小企業提供 50 萬億韓元的緊急經濟措施。4 月 4 日，南韓政府決定延長「社交距離嚴守期」兩星期，直至 19 日。

　　5 月 6 日，南韓開始轉入正常生活和防疫工作並列的生活防疫階段。5 月 8 日，因首爾爆發夜店群組感染，政府發出行政命令，要求全國的夜總會等娛樂場所停業一個月。南韓學校線下復課時間一律推遲一週。

　　南韓對抗疫情，除了有先前 SARS 與 MERS 的經驗與南韓國民對政府措施的配合外，南韓企業發展能夠應付大量且快速篩檢的藥劑是其中關鍵。如此在初期可以對可疑受感染的民眾立即篩檢，有效地隔離確診的病患，使其不會繼續傳染他人而造成群聚感染。這是運用有效檢測工具，達到有效管控的理想結果。

　　從控制的本質而言，若無有效檢測能力是無法瞭解疫情的發展與嚴重情況，更遑論能有效控制。從美國總統以下不斷地猜測疫情，並不斷地懷疑醫療人員，只憑自己的臆測就想打贏疫情，實在是太天真，更白白犧牲了數十萬人民寶貴的性命。

▪摘　要▪

1.控制的定義：組織內用以確保相關活動能按照原先計畫目標完成，其間所有監控並矯正任何偏離的相對活動之表現。由此可知評估是控制不可分的機制，若無有效的績效評估，是不可能做到有效的活動控制。

2.控制程序包括三個不同的步驟：
　(1)實際績效的衡量。
　(2)將實際績效與先設的標準比較。
　(3)修正偏離標準的管理行動。

3.改善實際績效時，主管是該採取暫時的或根本的改善行動？暫時改善行動是馬上修

正問題以使績效能夠恢復常軌；而根本改善行動是瞭解績效如何及為何發生偏差，然後再加以改善。

4. 控制的類型：依傳統說法可以用介入活動，也就是發生控制作用的時間點來區分控制的類型。其可以在行動開始前、進行中或在施行後啟動控制程序。我們稱第一種方式為事前控制、第二種是事中控制及第三種是事後控制。

5. 使控制更有效的特性：正確、及時、簡潔、敏感度、被利用度、合理的要求、策略性。

6. 當控制無法變通或者控制的標準不合理時，可能會發生反效果的情形。人們常忽略了組織的整體目標。有時非但組織無法掌握情勢，反而讓不良的控制系統綁架了組織。

7. 組織運作的方法在不同國家常是相當不同的。對於跨國組織而言，距離可能會造成制度運作的差異，而若想用一套對績效衡量與控制的方法，常常無法如願。一個跨越國境的企業必須考慮因不同社會經濟水準、生活習慣、信仰、文化而有的不同，不可一視同仁，以自己的組織情況推想所有其他的地區。

8. 何謂績效評估：績效評估乃是針對組織的表現做客觀、有系統與理性的檢討與比較，得到一個表現優或劣的綜合性的看法。

9. 衡量實際績效的四種資訊來源：口語交談、正式的工作統計報告、直接觀察、個人書面報告，四種方式的合併運用不但可增加資訊來源並且能提高正確資訊的機率。

複習問題

1. 控制的種類有幾種？
2. 控制與管理的差別？
3. 如何讓績效評估正確且有效？
4. 口語交談為何是有用的績效評估方式，但又為何會失真呢？
5. 如何做好有效的口語交談？

討論問題

1.不同的功能部門（例如生產部、業務部或會計部）的控制是否不同？

2.公務機關的「績效考核系統」常失靈，你認為關鍵在哪裡？

3.在和諧的組織氣氛下，有可能建立和維護「有效的標準」和控制嗎？試解釋之。

4.你認為 MBO（目標管理）和 TQM（全面品質管理）計畫能促進控制程序的進行嗎？
試解釋你的答案。

5.你預期下列的組織會特別強調什麼效標？

　(1)地方的超商連鎖店。

　(2)台塑石油直營加油站。

　(3)公立圖書館。

　(4)國防部。

| 第九章 |

規劃——豫的功夫

本章係以 5 節予以陳述學習的內容：

1. 規劃的基本觀念

2. 規劃與目標，兼談目標管理

3. 心智模式

4. 場景規劃

5. 預　算

你是否記得曾經看過一個組織在其宣傳網頁上所陳述的目標呢？ 遠東商業銀行在其網頁中宣稱：「在劇烈競爭的金融環境之下，本行將秉持著誠、勤、樸、慎及創新之經營理念，致力於為大中華市場之個人及法人客戶提供最完善之金融理財方案，並朝向成為大中華區專業精緻銀行的願景邁進，俾使本行能高獲利，讓客戶、股東及員工皆滿意，而達企業永續經營之目的。」（遠東銀行，2016）通常這類的聲明會持續出現在企業網頁之上有三至十年之久，因此讀者可以從其中找到企業長期追求的目標。以遠東銀行而言，成為大中華區專業精緻銀行的願景不算困難，或許早就達成，只是視其股東或管理當局如何解讀了。若是已經達成，還能算是願景或目標嗎？一般而言，這樣的聲明是四平八穩地陳述企業的目標，但業者常忽略其現實性與達成的可能。另外，消費者文教基金會其網頁上的宗旨乃是「推廣消費者教育、增進消費者地位、保障消費者權益」。這三項工作是消基會的組織目標，但是仔細分析這三項工作的目標並不具體，也無客觀的衡量指標。因此，一方面可以說消基會已經達到了它初創設時的目標，甚至推動立法院通過《消保法》的訂定，並在中央及地方政府設置消保會的組

織及消保官的職位，以確保消費者的權益。而另一方面消基會仍在為許多消費者爭取權益，其會務持續在運作，好像仍有未盡的目標。從此非營利組織的存續與否亦可以引起許多有趣的爭論。

　　本章中將要介紹幾個規劃的方法，三者概念由來已久，被不同的組織與管理者所愛用：心智模式 (mental modeling)、場景規劃 (scenario planning) 與預算 (budgeting)。這些方法源自不同的學派與背景，但都是先從實務中應用而逐漸被學術界所採用，各自在發揮規劃功能上有深遠的影響與不可忽視的效果。因此，在本章中要介紹這幾種方法。

　　心智模式的盛行是由於這個概念就是聖吉 (1990) 在管理界的暢銷書中的第二項修練所致。然而，心智模式這個名詞並非聖吉所創，它是來自相當久遠的二十世紀初心理學家所提出人對環境事物變化所形成的概念的用詞，目的在解釋過去思想與行為的關係，並希望可以這樣的概念去預測當事人未來行為之用。2000 年後，心智模式已成為管理與教育學習上重要的用語，在管理上它意指個人及組織中對於組織經營的現狀、其所面臨的環境，以及未來可能的發展趨勢的整體概念。心智模式已成為新世紀管理上的顯學，管理學者及企業組織高階經理人都需要對此觀念有相當的認識。尤佳者是能掌握組織與個人的心智模式的發展與應用，讓它成為組織管理的利器，增進組織的績效與長久競爭能力。

　　然而，並非所有的管理學者都支持上述的觀點。知名策略管理學者魯梅特 (Richard P. Rumelt, 2011) 就表達對聖吉所造成的旋風有不贊同的說法。他認為策略不是美麗的口號，所謂的願景往往與響亮的口號同義，這些口號常是空洞與不切實際的。像諾基亞那句有名的口號「科技始終來自於人性」在其事業最高峰時引人矚目，但是在其將手機事業賣給微軟時這句話就顯得相當諷刺。因為它好像是說明了諾基亞失敗的主要原因。魯梅特認為策略應該有清楚的診斷、明確的政策以及詳細的行動方案。單單有美麗或偉大的願景是不足以成事的。看來是針對 1990 年以來所盛行的《第五項修練》做一個辯駁，既然空虛的願景都不是策略，更何況個人所抱持的心智模式呢。

　　魯梅特雖然認為美麗的口號不是策略，但是他卻認為美國甘迺迪總統在六〇年代

所提出要登陸月球的呼籲不是口號，而是可及的目標。這樣的說法其實混淆了他的理論，造成不一致的失誤。因為以其對策略的定義，當時美國初期探索太空的情況，既沒有相關的技術與太空航行的知識，更沒有明確的執行方案，只有一個令人炫目的目標。然而在將近十年的努力後，美國太空人終於率先登陸了月球表面，劃出人類探索太空的里程碑。

其次，場景規劃則是完全出於業界的應用，尤其是軍事沙盤推演與大型企業的策略規劃的產物。因此它的方法多元，不同組織有其自己的偏好與方法，有強調它的長期規劃能力，但多注重它在單一時間點上如何縱觀全局，將所有可能的變化與影響納入考量。再找尋出有效的方法讓自身組織的利益可以達到最大，按部就班地達成原先所設定的目標。由於這種規劃的方式有其好處，而在管理學界並未有完整的介紹，因此本書乃希望引進這業界已盛行有年的方法，讓讀者可以參考。

最後，預算規劃與執行，它乃是正常組織必須編訂的工作，政府機構有一定的編訂、審查、執行及審計的程序。它太過制式以致於常被忽略。即使是非營利組織如財團法人與社團法人每個年度開始前，必須將下一年的預算送交董（理）事會審議通過，年度結束後亦須將預算執行情形分析並列表經董（理）事會通過；兩份報表都須呈報主管機關核備。所以有心的管理者若能充分應用預算制度，也能達成規劃的目的。

雖然預算常為一年期的計畫，它與長期規劃仍有分別。但是若能放長規劃眼光，在短期內亦可以有兼顧長期目標的策略功能。本章介紹審慎功能中的規劃之基本觀念、規劃與策略的關係以及策略規劃的方法；同時亦將說明正式及非正式規劃的差異、管理者為什麼要規劃、管理者所使用的各類計畫、影響計畫的關鍵因素、目標在規劃活動中所扮演的重要角色。

第一節　規劃的基本觀念

一、規劃之定義

規劃 (planning) 有什麼意義？依 Robbins (2008) 的定義，規劃包括：定義組織

之目標及標的、建立達成標的之策略、發展全面的計畫體系以整合及協調所有活動。因此規劃不僅關心要完成什麼（目的），同時也關心如何完成（手段）。所有的管理者都在從事規劃，只是有正式與非正式的分別罷了。非正式規劃沒有形諸文字，也很少或不會與成員分享組織的目標。這往往是許多小型企業中規劃現象的側寫，只有身兼管理者的所有人擁有他意圖達成的境界，以及如何來達成的期盼。此類規劃非常的一般化且缺乏連續性。當然非正式規劃也會在大型組織中出現，而某些小型企業也會有非常精緻的正式計畫。

本書中的規劃是指組織內正式的規劃。目標常涵蓋數個年度，因為，有些目標並非短時間內可以達成。就像小學生作文常有標題：「我的志願」，它們需要長時間去實現。這些目標會以文字的形式寫出，同時正式公告給組織中所有的成員。最後，組織內會發展出達成這些目標之明確的行動方案，亦即組織經營者清楚地界定出組織如何由現今通向未來的路徑。

二、規劃的功能

管理者為何必須規劃？因為規劃可以提供組織發展方向、預估政策所造成的影響、將不必要的浪費與重複降至最低，並設定目標以隨時掌握進度。

規劃可以建立組織內協同一致的努力，同時提供管理者與非管理者明確的工作方向。當所有人員都知道組織將何去何從，以及他們對目標必須提供的貢獻時，他們便能夠協調安排活動，相互合作，以團隊的方式工作；反之，若組織內缺乏規劃會造成目標與行動不一致，因此妨礙了組織達成目標的效率。

規劃，就像下棋，促使管理者（棋手）向前看、預先判斷可能的改變、考慮各種行動所形成的結果、選擇適當的行動與後續行動等，規劃可減低不確定性。如同好的棋手，好的管理者會有高明的判斷及多層次的行動方案，以因應各種可能的變化。高明的管理者同時可對環境的改變有全盤的掌握，及多元的反應對策與行動方案。良好的規劃也可避免多餘及無謂的行動，可以在事前有清楚的認知與方向，在行動中有和諧的連繫與協調，有效率的執行與目標的掌握。就像電影《不可能的任務》中的情節一般，對所有行動的掌握像有劇本一樣的完全依計畫

行事。

　　最後，規劃可以為組織重新建立或檢討目標與相對應的標準，有助於控制整個行動的進行。從此看出，好的規劃是不能離開控制的功能的，這也是本書強調**審豫**功能的主要目的，兩者不可偏廢。如果無法確定要達成的目標是什麼，組織又如何能夠判別相對的行動是否達成目標？規劃中組織應該發展具體的目標。而在行動中，我們將實際績效與目標相比較，找出明顯差異，然後進一步地設計矯正行動。如此繁複的相互稽察與調整，是不可能僅用規劃或控制單獨的功能而可以達成的。兩者如鳥之雙翼，缺一不可且不可單獨存在。

三、規劃與績效

　　照理說，一個有計畫的組織表現應該比沒有計畫的較好。就現代公司的經驗來說，這樣的說法不見得會得到肯定的。首先，正式組織尤其是上市公司的組織，依法且依章程是必須要在年度前提出新年度的計畫與預算報告。但是並非所有上市公司都會賺錢，景氣好時，即使不做計畫的非上市公司也可賺可觀的收入。以上市公司如此諸多的數量表現來看，平均獲利若是負值時，表示即使做規劃也不見得績效會好，這樣的時期也不是少見。若以現代新成立的公司而言，在政府有計畫地輔導下，其多半有不錯的規劃與策略。但是即便如此這些新成立的公司仍無法避免所謂的新生者的咒詛 (the liability of newness) (Freeman, Carroll, & Hannan, 1983)，90% 或更高比率的新創企業都將倒閉。這豈不是對正式規劃的一大反證嗎？最起碼我們不能太有把握地說，有正式規劃的組織總是表現得比較好。

　　研究規劃與績效關係的中外報告非常多，常已成老生常談。他們大多有以下的結論。第一，一般而言，高利潤、高資產報酬及正面財務結果的組織多半會有正式規劃，規劃是這些理想結果的必要條件。第二，越賺錢的組織或績效越好的單位，其必然有較高的規劃品質與適宜的計畫執行。最後，未能有效掌握環境因素常是規劃失敗的主要原因，然而規劃的目的不就是要洞燭機先，預先掌握環境的變化嗎？因此也間接指出規劃本身的失敗而造成績效不彰。當政府管制、強力工會等環境力量限制管理當局的選擇範圍時，規劃對組織的績效影響相對較小。

為什麼呢？因為環境對管理當局的限制增加，組織可有的選擇相對變小，除非組織超越預期的創新行為，否則績效都將受限。例如製造商為了有效地與低成本的外國競爭者競爭，必須將部分關鍵零件移至海外生產。但是如果此一廠商與工會的合約中已明訂禁止將工作移轉海外，此刻規劃的選擇就大幅受限。另外，環境中突然的變化，也會動搖原本配合得宜的根基。歷年來新技術的突破，例如智慧型手機的出現，就影響了原先單純通話手機供應商所做的計畫。在環境不確定的條件下，沒有理由期待有計畫者一定就會表現得比較好。

四、對規劃的誤解

有關規劃的誤解不少，以下列出一些常見的誤解，並嘗試澄清這些誤解背後的原因。

1.規劃會浪費管理當局的時間

很多人認為凡事只要有想法就應立即行動，不必被費時的規劃工作耽誤了行動的時機。但是莽撞地行動常會使得事情失控，頻頻應付突來的問題，使得原先的美意無法實現。而規劃的目的並非預先設限或一定要得到某些結果。有時規劃的結果並未實現，但規劃的程序也有價值。因為規劃要求主事者徹底思考到底想要做什麼，以及如何去做。這項澄清的工作本身具有相當價值。管理者若做好規劃工作，將對事情發展的方向與目的有一個概念，能集中心力並掌握成功的機會。因此這符合中國古老的智慧：凡事豫則立的原則。

2.規劃可阻止環境的改變

很多人認為有規劃就可以避免環境改變所帶來的改變。其實並不然，規劃或許可以延後改變，但是終究無法消弭改變。因為個人或是個別組織無法對抗大環境的改變。無論管理當局做了什麼，最終改變一樣會發生。管理者從事規劃的目的是去預估改變，並針對其來發展最有效的因應。而非抗拒改變，最後成為改變的犧牲者。影音數位化革命後，CD 唱盤零售店與電視錄影帶出租店的產業開始不再熱門，隨著一家家唱片商與錄影帶店的

關閉，這樣的商店面臨巨大的挑戰。若是以為可以利用規劃來避免倒閉的命運，像是增加零售項目如餅乾、農產品或 3C 產品，或許可以撐一段時間，但是終究抵不過市場的趨勢。除非順應改變將店面的實物販售或租賃改為針對影片或音樂的多元服務，如變為卡拉 OK 店或影片欣賞店，或許能在變革中走出一條路來。

3. 規劃會降低彈性

規劃會帶來限制，一切行動應符合事先的規劃。因此對行動而言，規劃代表了行事的限制。尤其是對突然而來的變化，就必須依照規劃中的預計而照章行事。萬一規劃不足時，公司往往依據對規劃的依賴而決定暫停行動或是取消行動。其次，規劃隱含承諾，當在主管規劃後就不再啟動規劃時，規劃的內容就變成後續行動的限制。若是規劃依道理是一項持續不斷、反覆檢討並重新執行的活動時，規劃就不會是一種限制。反而是更有效的管理程序，因為可以不斷地檢討更新而更能反映公司的意向。事實上，經由慎思熟慮及清楚分析的計畫，較諸一些資深主管腦中一套套模糊的經驗假設或臨時想像，來得更容易做檢討與修正。更進一步地，所謂的彈性就是反映出公司的規劃有沒有認真的執行，還只是在老闆面前虛晃一招的騙人遊戲。

4. 規劃只是做做樣子，真正的決策仍要看老闆的意思

在東方社會中這樣的想法非常普遍，雖然依照規定每年都必須要有策略規劃會議，擬定未來努力的方向。會議結果也會有具體的書面紀錄，但是正式工作時常不見策略規劃的影響，一切照舊。若有人以為策略會議的結果要認真執行，往往發現不是自己一廂情願，或是被其他人當做瘋子。只有老闆的意願才是真的，所以在策略會議後要看老闆是否真的當真，否則一切只是虛應故事罷了。這樣的結果使得沒有人會認真參與策略規劃會議，在會中的提案也只是腦力激盪的訓練，不能當真的。

五、規劃的類型

規劃的分類依據有：性質（策略性與作業性）、時間幅度（短期與長期）、明確度（細部性與方向性，specific vs directional）等構面來探討。然而，這些分類方式彼此並非獨立（即不相關）的。舉例而言，在長短期的類別，與策略性及作業性的類別之間，就有非常密切的關係存在；通常策略規劃屬於長期的計畫，而作業計畫則屬於短期的計畫。

1. 策略與作業計畫

一般而言，應用於整體組織、建立全面目標、探尋組織在環境中定位的計畫，謂之策略計畫。而落實目標與定位的各種相關細節計畫，則謂之作業計畫。策略及作業計畫的差異在於：時間幅度、範圍，以及是否具有一套已知的組織目標。作業計畫含括的時間幅度較短。例如組織中每月的、每週的、甚至每日的計畫都是作業計畫。策略計畫則含括較長的時間幅度——通常五年以上；另外涉及的範圍比較廣泛，對細節的觀照較少。最後，策略計畫著重目標的形成，作業計畫則常根據已經設定目標來發展後續細節，並提供完成目標的詳細方法與步驟。

2. 短期與長期計畫

一般上市公司年底一般要提報董事會下年度公司經營計畫與預算，並經董事會討論通過。這是法定董事會要討論的項目。而年度計畫算是長期，還是短期計畫呢？一般而言，三年以內的計畫都應是短期計畫，而三年以上到五年以內的計畫算是中期計畫，而超過五年以上的計畫才可以算是長期計畫。當然三年或五年的界限應不是固定的，應視組織規模與作業的週期而定。例如以房地產公司而言，一棟建築要花兩至三年的建設才可以使用，一旦通過政府的使用執照，其使用年限長可五十至一百年。以這樣的經營標的而言，長期計畫至少應涵蓋其使用年限範圍或許應再長些才合理，而其短期幅度亦應以建設與籌備時間為主，應至少三年。若從傳統上財務分析師以短期、中期及長期的觀點來描述投資報酬。短期分析短於一年，長

於五年的分析則歸類為長期,中期分析的時間幅度則介於其間。管理者也採相同的分類方式來描述計畫。

3. 特定與原則計畫

理性來說,特定計畫看起來優於原則計畫。特定計畫有清楚訂定的目標,毫不含混,所以不會有誤解的問題。舉例來說,若是公司負責人想在未來十二個月內增加 20% 的營業額,他可以設計一套明確的步驟、預算分配以及達成目標的時間表,這就是特定計畫。然而,特定計畫並非永遠都是正確的。因為原先預測的情境不見得會如期發生,當事情未如意料發展時,管理當局應保持機動以回應非預期的改變,此時反而使用原則計畫會比較好。

原則計畫界定一般指導原則,它提供事件應注意的焦點,但卻不會限制管理者的行動。一項特定計畫可能要求管理者每一步的行動。然而,原則計畫則可能訂出一個範圍,例如放棄原先的作法而另選擇一個新的市場定位,重新摸索及設計新的細節。原則計畫的彈性是顯而易見的,而這項優點是以犧牲清楚度做為代價,這是所有管理者必須加以權衡的。

六、影響規劃的關鍵因素

照理說,人無遠慮必有近憂,組織尤其如此,長期計畫永遠是應該具備的,至少是應該在組織負責人心中有譜的;至於短期計畫在合理狀況下更應具備,可是新創企業百廢待舉,有時連市場上做生意的方式都不懂,又如何做出層層兼顧的詳細計畫呢?只有如中共改革開放時期重要的領導人鄧小平所說名言:「摸著石子過河。」走一步算一步的應變方式。這樣的情境從管理理論之標準程序來看是不及格的,但是從實務與結果來看,其不失為解決問題的良方(所謂的heuristics)。同樣地,在某些情境下,原則計畫較細部計畫來得有效,畢竟「尺有所短,寸有所長」啊!到底決定這些情境的關鍵因素為何呢?以下我們將討論數個影響規劃的因素。

1. 組織中的層級

一般而言，低階管理者的規劃活動應為作業規劃。隨著層級上升，他們的規劃越來越策略導向。大型組織的高階主管，他們的規劃活動應是屬於策略性的，抽象層次高，時間跨距亦遠。但是仍得視最終主管的意向而定。畢竟企業中的執行長獨裁者仍居多，他們可以任意決定資金與員工的去留，使得策略規劃集中於一人之手。而在小型企業中除了兼具所有者與經營者於一身的老闆外，其他的管理者無論位高或低，兩種類型的規劃都必須參與及執行。畢竟人手不足，老闆一人無法顧全，所謂「三個臭皮匠勝過諸葛亮」是也。

2. 組織的生命週期

組織雖不具生命特徵，但是由於它們是人的組合，常具有法律上的人格權而被稱為法人，因此它們與人類及其他物種一樣會在世界存在而形成一個歷程，這常被稱為一段生命週期。這生命週期自組織形成階段開始，接著成長、成熟、最後總歸會衰退與滅亡。照理說，不同生命階段中組織的規劃應該是不同的。因為所面臨的問題不同，在各階段中，計畫的策略性、長度與細部性均應隨之調整。

在創立初期，組織應在產品的創新與滿足市場的策略性定位上多著墨，若能讓組織能有效立足，其作業的效率性與標準作業程序的設計都在其次。管理當局較依賴方向性計畫，此時保持彈性是重要的。目標常不清楚、資源是否能確保未定、客戶或顧客對公司的信賴也常不可靠。方向性計畫，在此階段允許管理者在必要時可以做些改變。但是隨著組織落地生根展開營運，細部性計畫的推出應是公司持續獲得利益的不二法門。因為細部性計畫不僅可提供一清楚的方向，它更可建立一組最詳盡的參照標準，據以比較實際績效。

在成長階段時，會發現目標越來越確定、資源的承諾較強、客戶或顧客的忠誠也逐漸開發，因此相應而生的計畫也就變得比較容易訂定。組織的成

長曲線會由快速而緩慢下來，在沒有新計畫下達到停滯。這時可以說達到組織成熟期，組織開始被許多經常業務填滿，這些多屬事務性的工作，也多容易預測。因此，細部性計畫或依標準作業程序推展是最常見的工作。最後，從成熟到衰退，因為目標必須重考量、資源必須重分配以及其他種種都需要調整，計畫工作因而必須從細部性轉為方向性。

3. 環境的不確定程度

環境不確定越大，計畫越應具有方向性且應經常檢討，即提高檢討的頻率以便迅速及時地反應環境變化與做相關調整。當有重大的科技、社會、經濟、法律或政治局勢的改變發生時，舊時所訂定的明確定義及詳細的作法，不但無助組織的績效，反倒較可能成為進步的障礙。當環境不確定性高，細部計畫常無用武之地——而組織往往做出高成本及低效率的行動。例如在 2000 年代初期，網路興起，各式電子商務雲湧而起，當時傳統媒體與出版業的衝擊很大，均面臨廣告量的大幅減少與印刷成本的高漲，使得日常營運都見困難。在當時廠商必須從事的計畫與預算等就應該為方向性且策略性。甚至，改變越大計畫就不可能精確。通常一年為期的利潤計畫之達成率可達 90% 以上，相較之下，為期五年以上的利潤計畫的達成率則若有 80% 就很高興了。因此面臨快速變遷環境的組織，管理者應追求彈性。

4. 對未來承諾的時間長度

第四項因素與計畫的時間幅度有關。計畫承諾越大，管理者應從事越長的時間去規劃。所謂承諾乃指組織資源的投入，承諾愈大投入則越多。同時，相對於承諾規模，計畫應有足夠時間的幅度，以期能充分涵蓋到所做承諾的實現。但是一般而言太短或太長的規劃常是無效果的，不是無法見到成果，就是離成果發生太遠而無法查知。以現在世界各國中各種民選的職位均設定為四年為例來看，民選首長難以超過四年以上的政績做為政見，以致於現代政治少有長治久安的政府或首長出現。以美國總統為例，民主黨與共和黨兩黨近兩百年的輪替，近年來幾乎八年一換成定律，但所換上的

人選不是因政見而被選擇，卻是因前任者八年無明顯政績而被唾棄。只有雷根總統之後的老布希總統突破同一政黨執政八年的限制，卻也在四年後被柯林頓以新手之姿淘汰，縱有波灣戰爭大勝的戰績仍被翻盤。

政府缺乏長期承諾的弱點在國家缺乏長期目標的現象被突顯出來，但是在商業界中也不少見。由於財金市場以季報表為主的呈現方式使企業負責人的考核期比政界更短，讓商業界中有長遠眼光者更少見。大多數企業負責人莫不汲汲營營於短期目標，而難有長期經營的胸襟與願景。從企業間多從事於購併而少從事於自我建構的作為亦可見一斑。

多年前管理完善的公司一定擁有一個大型的企劃部門，他們提出許多五年、十年、甚至更多年的計畫，並且每年更新。例如奇異電子就曾經擁有一個350名員工的企劃部，產生上百個鉅細靡遺的精細報告。如今，規劃工作成為事業部主管的責任，計畫本身僅涵蓋較短的時間，而且似乎也考慮到較多的備選方案。GE 的企劃部至上世紀末時縮減為 20 人，他們的功能為對主管提供諮詢服務。GE 的事業單位主管每年必須發展五個備選方案，各指出未來兩年中事業單位所面臨的機會與障礙。

在一個動盪的世界中，沒有人會認為自己可以精確地預測未來。但是這並不意味計畫不重要。完善的組織不會耗費時間於擬訂詳細的計畫。而是他們為未來發展多套的敘述性情景描述。根據環境中的種種（如經濟復甦、石油危機、地球暖化、環保運動興起等），發展出許多套的情景描述。當過去公司費盡心力所構建的長期計畫，在遭遇到許多非預期的環境變動，而變得一無是處後。許多公司組織才體認到彈性規劃取向的重要。甚至一些非營利事業組織也經歷到相同的經驗，例如醫院及大學的管理當局遇到人口結構的改變、與日俱增的競爭、政府補助的萎縮、飛漲的成本等環境力量，迫使組織的管理當局必須發展出更彈性的計畫。

大學教授的終身職決策，就是闡釋承諾觀念的極佳範例。當學校決定給予某教授終身職的待遇，它便對此人終身的承諾。因此終身職的決策，應能

反映學校對此教授教學與研究專才有終身需要的評價。當學校給予一位三十多歲的講師終身職待遇時，它應該有一個涵蓋至少三十至四十年，此講師在學校持續教學的準備與需求。有趣的是在二十年後，許多大學發現許多科系停招或教學科目教職不再需要時，便陷入不知所措的困境。觀察這些學校是否能從過去的錯誤中學習到經驗，將是一件很有趣的事。

第二節　規劃與目標

　　規劃與目標的關係密不可分，若不含目標則規劃不知何所止，若僅有目標而不做規劃，則空有理想而無實現的方法。

　　目標 (goal/objective) 乃是指個人、群體或全體組織對於組織未來發展所希望的結果，在此所指的是攸關組織的目標，而非個人或組織中之小群體的目標。當然有可能是相同的，但多半不是相同的。照理說，目標應提供方向給所有的管理決策，而形成衡量實際成就的準則，因此目標是規劃的基礎、起點、標竿與後續發展的依據。

一、目標的多重性

　　一般人總以為組織好像只有一個目標，如賺取利潤是企業唯一的目標，而努力宣揚理念，爭取支持以實現理想就是非營利組織唯一的目標。然而，實際上若對公私立行號組織進行調查與分析可知，所有的組織都應具有多重的目標。例如企業除了賺錢之外，同時也會追求提高市場占有率、開發新產品與技術、永續經營及滿足員工福利。社區裡的天主教堂除了提供「赦免罪孽與死後升天的期望」外，它也有幫助窮人、提供社區發展與教化、培養信徒平等自由民主的觀念等多重目的。由此看來，組織績效無法僅憑單一指標就能有效衡量；單一目標如利潤，常會忽略其他長期組織發展績效相關的目標。甚至單一目標常會造成過度偏差的實務表現，因為管理者常會只重視單一指標的績效，而忽略組織其他的重要目標與工作。

二、實際的目標與陳述的目標 (real vs stated objectives)

當你看到組織陳述的目標與實際作為大異其趣時，切莫驚訝。至於在一個公司中發現有一組目標的陳述是做給股東看的，還有另一組是給顧客看的，更還有其他的是給員工及社會大眾看的。這樣的情況應該並不特殊，畢竟真正的目標是在總綰兵符的執行長的手中。在中國這樣事事詢問負責人意見的組織文化中，陳述的目標與實際目標不同的情況更常見，也比較不會出事。反之，在西方那凡事依據文件的文化之下，若目標不同可能最後的結果也難保一致。

書面陳述的目標應被視為「組織為了向各類觀眾表示負責，或解釋某些事物關係所提出的說法」，在某種範圍內其應是組織作為之有效且可靠的指標。目標的內容取決於這些觀眾想聽且實際聽到的話。然而，管理當局敘述一組一致且易瞭解的目標，比解釋多重目標內容來得容易。如果你想知道一個組織的實際目標是什麼，可以仔細去觀察組織成員實際的作為從而推測之。行動往往定義組織內各目標的優先順序。如果一個大學宣稱他們的目標是：縮減班級人數、促進密切的師生關係、積極地使學生參與學習；然後，卻開設 300 人以上的課程的情形就顯得突兀。或是某標榜快速、廉價服務的汽車維修廠，對更換機油的普通修理項目卻收取高價，也是違反常理。凡此，努力將實際目標與陳述目標一致是非常重要的，別的不說，它最起碼可幫助組織行動一致，凝聚眾人的力量。陳述的目標乃組織希望大眾相信有關組織目標的官方正式說法。陳述的目標可在組織的章程、年報、公關的文宣品以及管理者所做的公開陳述中發現，或許發現其中有矛盾出現，主事者應主動去調整書面資料，以免有欺騙大眾的行為。

陳述目標與實際執行目標或會產生矛盾，乃是因為組織事先無法針對不同情境做精準的調整與適應。例如 2016 年華航與其空服員工會相關加班薪資與工作條件的爭議，工會利用中央政府輪替的空檔，加上公司主管人事即將調整的時機，提出調整加班薪資與上班時點提前以納入員工至機場的通勤時間的不合理要求，並以罷工為要脅。管理當局一方面不願意接受工會提議，在同一時間，公司又宣稱會提高員工待遇與工作條件以避免抗議事件擴大。在反覆的資訊傳送後，公司

最後屈服在政治與社會壓力下，同意工會的要求，但賠上了股東應有權益。

三、實務的目標設定

目標常出現在組織管理高階實施的控制中。如製造商的總裁告訴他的生產副總，他對下一年度製造成本的期望；同時告訴行銷副總，來年他所期望的營業水準。又如首都市長告訴他的交通局長，未來一年中交通目標，化為實務數字如各種交通運量，各項交通建設的進度，以及交通事故發生率下降幅度等。

實務上目標設定常由高階所設定，然後分解為組織各層級的次目標。這種例行公事式的目標設定常是一個單向的過程，由高階遞延標準於低階者。假設只有高階才能看得到全局，故而只有他才知道什麼是最好的。另外，責任多屬高階扛，所以，低階多聽命於高階。

除了由上而下環環相扣外，目標設定通常大多從高階全方位的目標，演化至各部門的細部目標。至於其邏輯性常不必太完整，畢竟尚未實施，誰也不知道各細部的條件究竟是如何，有些目標必須到實際發生時才可能實際掌握可能的狀況。所以在高階的目標比較抽象，而至低階時變得比較具體，但是低階也會有發展得出乎意料的情形。各個部門經理常應用他自己對目標的一套理解，來形成細部化目標。其結果是，當目標由上輾轉而下的同時，隨之也喪失了其清晰度與統一。

四、目標管理

目標管理 (Management by Objectives, MBO) 是一套制度管理大師杜拉克在紐約大學當時的 MBA 課程中所發展出來並風行一時的制度。在此制度下，明確的績效目標是由下屬與上司共同決定的，目標的達成度會定期做檢視，而報酬則係以此達成度為基礎來做分配。目標管理不只是拿目標來控制，更將它視為激勵的方法。在組織內由上而下，一段一段的討論、設定與檢核，充分發揮審豫的功能，讓目標設定得合理、執行得切實。

1.何謂目標管理

組織設定目標以進行管理並不是新的觀念，它應該與人類成立組織的歷史同步誕生的。畢竟組織成長就應該有它的潛在目標，更何況正式組織更會

明文記載它的成立原因與經營的目的，以確定其方向與爭取各方的支持。
杜拉克推行的目標管理重點在將組織整體目標轉化為各單位、各個成員之
細部目標，如此使得目標不致於成為裝飾，而是組織在期限內可實現的願
望。因此，在本書中所提的目標管理應是指由杜拉克所提出，有一套制度
與管理預算制度的目標管理，簡稱 MBO。

目標管理提供一套管理程序，定期在組織中由上而下地設定與檢討各階層
的目標，俾使每個部門，甚至每一個人，未來一年的目標更具體，更容易
執行與檢視。由此可知，組織的整體目標如何轉化為各層級（事業部、部
門、小組及個人）的細部目標。在這樣的設計中，因為較低階的單位主管
也參與自己單位及本身的目標設定，可以說目標是「由上而下」 (top
down) 設定的。但是由於下階層亦有參與整個目標設定的過程，其中的資
訊也會有「由下而上」(bottom up) 傳遞的機會。其結果形成了一個上下層
級相互銜接的目標層級體系。對個別成員而言，目標管理可提供他明確的
個人績效目標。進而個人對其所屬單位之績效應有之特定貢獻也可以明確
地界定。如果所有的個別成員均能達成他們的個人目標，他們所屬單位的
目標也可盼達成，而組織整體的目標也將得以實現。目標就再也不會有上
下脫節的現象。

2. 目標管理的基本要素

目標管理辦法的四項要素是：①期限設定明確②決策上下參與③目標落實
細節，以及④績效立即回饋。目標管理辦法通常是一年期的規劃與執行，
訂定非常明確，而期中的兩至三次的期中檢討與調整，使得計畫能如期有
效地達成。辦法中對相接的上下層階層的主管的參與要求亦到位，不能有
馬虎行事的態度與作法。對目標的陳述應該以可以量化或確定品質的術語
仔細列出；絕非空泛的形容詞如「降低成本」、「改善服務品質」、「增進產
品功能」等描述就可以蒙混過關。這些空洞的期望用語應該轉化為可以衡
量的有形數字或實際表現。如「降低 1% 的不良率」、「保證電話訂貨訂單

在二十四小時內處理完畢」以及「確保退貨率低於1%」等等，均為各種可能的細部目標。目標管理制度中，目標設定不由老板或公司高層片面決定，而將這些單面的目標換成為主管與部屬共同參與決定的標的。如此上下成員一起選擇目標，容易達成共識。

制度中最後一個要素為績效立即回饋，目標管理制度在設計上加入定期回饋工作進度與目標間的相對關係的查核機制。這樣給予組織與個人持續且及時的回饋，所有成員均可隨時瞭解並修正自己的行動；另外，定期的正式評估會談可以達成充分且及時的溝通，主管與部屬不僅可以一起審視作業的進度，並對整體發展獲得更深的掌握。

3. 目標管理有效嗎？

這問題的答案從許多大型公司採用目標管理的行為上可見一斑，若是沒用，應不會有如此之多的企業採用；同時，新的管理制度也莫不將目標管理當作基礎與視為當然要件，而在其上建構新的制度。因此，目標管理制度的效能已在普遍的採行與接受上被各界肯定。至於是否有明確的數字可以證明，因為本制度在推行後以實務界的應用為主，因此在各公司內部因應各自的條件與環境各別有所調整，各別發展新的因應方法。因此，無法說某一公司成功就是制度的成功；同理，某一公司的失敗也未必是制度的失敗，所以難以表面的成功與失敗來檢定本制度的績效。

經驗顯示，明確但有難度的目標，較沒有或過於抽象之目標（如做半導業的領航者），更能引領出較高的產出。及時回饋對績效而言，也有正面增強與鼓勵的影響。針對目標是否達成的回饋，可令個人與組織適時得知自己的努力水準是否足夠或離實現目標尚有多少距離。它可促使個人在達成目標後，會不斷地再提升自身能力以期望達成更高的目標。它同時也可以告知個人，如何改善自身作為以有更好的績效。目標管理雖未明白指出，但卻隱涵目標必須在現今組織人力物力可以達成的範圍之內。一般而言，當目標困難到需要一個人或一個組織比平常多出一點力時，這種目標最為有效。

　　另外，目標的設定是上下層共同設定的，所以可以說是參與式的。而參與設定的目標比較上司片面決定的目標，誰能導致更好的績效呢？理論上參與設定目標應該比較好，有趣的是，實務上很難區分兩種設定方式的優劣。畢竟目標設定後還有許多相關的因素會影響決策。有參與的目標或許共識強，但仍有可能因其他因素而無法達成。而由上面所決定的目標或許正好設定出有利的方向，而引導組織最終的成功。因而，在此我們無法如目標管理的支持者般地倡議參與的優越性。無論如何，參與似乎能促使個人建立較困難的目標，而因此糾集群力以達成目標。這是所有管理者應銘記在心的重要因素。

第三節　心智模式

　　心智模式是在我們內心深處有關自我、他人、環境及其中其他組織等的觀念、說法以及因果關係；它受個人後天習得的知識、經驗以及自身整理而形成的成見所影響。心智模式通常表現為個人習以為常、理所當然的心中立即的看法或見解，常為個人直覺的反映。由此可知，心智模式是個人行為的常模，是個人處理問題的基礎，以及個人日常生活的依據。

　　心智模式 (mental model) 是克雷克 (Kenneth Craik) 在 1940 年代提出的，之後被認知心理學家詹森雷爾 (P. N. Johnson-Laird) 和明斯基 (Marvin Minsky)、派珀特 (Seymour Papert) 採用，並逐漸成為認知科學、心理學、決策理論甚至管理學等常用的名詞。福瑞斯特 (1971) 定義心智模式是「我們在腦中所呈現世界的影像，它只是一個模型，它僅有我們對真實世界所篩選過的觀念結構」。

一、心智模式的形成

　　心智模式的形成是個人在環境中接收訊息刺激，經由個人根據先有的知識篩選、分析、歸納後，形成個人對環境事務的見解，其相關因素與之間的關係便成為個人對特定環境事務的心智模式。同時，心智模式不斷地接收新訊息，這種過程就會不斷地強化或修正原有的模式，進而使得個人在環境適應與運用知識更加得心應手。

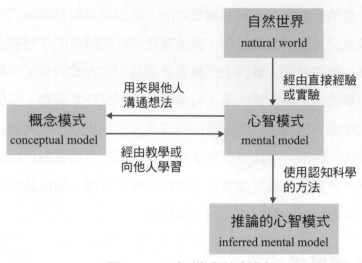

自然世界
natural world

經由直接經驗
或實驗

用來與他人
溝通想法

概念模式
conceptual model

心智模式
mental model

經由教學或
向他人學習

使用認知科學
的方法

推論的心智模式
inferred mental model

▲圖 9-1　心智模式形成過程

二、心智模式的功能

　　心智模式是在人內心的觀念模型，用以描述外界現象，其狀態、特性、運作形式、控制因素與可能的發展方向。個人建立心智模式的方法應有幾個方向，首先是學習，甚至是模仿。從個人相信的對象開始，像是父母親應是最早的心智模式的來源，舉凡宗教、道德、規範與世界觀最早都應是來自父母親。除非個人是由他人帶大的，像祖父母或是奶媽。其次，就是老師與同伴了。隨著個人的成長，主要心智模式的來源應是透過書本的先知先覺者，這些人類知識的巨擘們如中國的孔孟老莊；西洋的蘇格拉底、柏拉圖、亞里斯多德等；宗教上各宗派的創教者佛陀悉達多、摩西、穆罕默德、耶穌；以及科學家笛卡爾、牛頓、愛因斯坦等。而個人改善心智模式的方法主要有兩種，一是反省，通過反思與檢討去改善自己的心智模式；二是對比他人的想法，從別人的意見與思維方法中比較個人的心智模式內容與運作方式是否有需要改進之處，所謂見賢思齊，見不賢而內自省，均可以讓自己的心智模式得到淬鍊。心智模式主導我們如何看待事物，更直接決定我們的認知途徑與結果。良好的心智模式可以確定我們行事為人，可以幫助我們克服困難，解決問題，更能增加知識與經驗，當然能使我們工作得更有績效。基

本上來看，心智模式即是人們對於世界的理解方式，透過詢問「這是什麼？為什麼這樣？這樣有什麼目的呢？這個東西是如何運作？它會造成什麼後果？」將這些問題簡化成下列的架構圖：

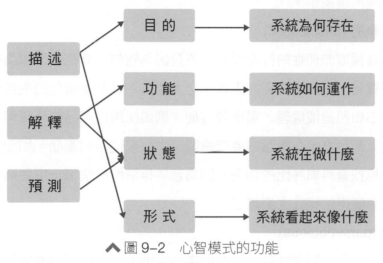

▲ 圖 9-2　心智模式的功能

諾曼 (D. A. Norman, 1983) 觀察許多不同工作人員的心智模式，歸納出六個相關的看法：

1. 不完整的 (incomplete)

大部分人對事務的心智模式是不完整的，表示我們對所從事工作的認知各有特色，也各有觀點，各有領悟的深淺，因此心智模式的內容也大多不相同。

2. 局限的 (limited)

同前一個性質可以得出，人們的心智模式是有限制的。因為不完整，因此就會有限制。尤其是當個人的心智模式未能涵蓋到的範圍更是如此。

3. 不穩定的 (unstable)

人們記憶中的心智模式不是一成不變的，常會根據外界資訊而調整內容以適應現況。因此其內容是不穩定的，尤其是經常調整變動或長期未使用。

4. **沒有明確的邊界** (no firm boundaries)

相類似的觀念或功能經常會混淆或重疊,使得模式與模式間有重疊的現象,只要能解決問題,也都無妨。當然會有衝突的情況,那就會引起所謂的認知失調的現象了。

5. **不科學的** (unscientific)

人們常採取非理性的行為模式,不是因為迷信,而是他們認為如此做省事且不費神。有時不重要的事項不必太認真,過度邏輯化的生活也不見得有趣,不如照習慣處理,還比較方便。例如採購日用品如牙膏與肥皂等事,一般人都是直接在熟悉的商店選購家中原來使用的產品,如此方便且省去花心思找資料與評比的功夫。因為若要科學地採購每一項生活用品,那生活就會變得忙碌且太嚴肅了。

6. **簡約** (parsimonious)

簡單明瞭是人類生活甚至生存的重要原則。重要的智慧原則往往都很簡單易懂,重要的自然原理原則有時竟然簡單的令人難以置信。例如牛頓的力學定律 $F = MA$,或愛因斯坦的相對論質能定律 $E = MC^2$ 等都是相當簡約的方程式,去解說吾人身邊看似複雜的環境。即使複雜的人際關係,人們希望以簡約方式分析好人與壞人,便可決定之後的重大決定。當然聰明的人會說這是不理性的,可是好像百分之九十的人都如此決策。

三、如何更新／改善心智模式

聖吉 (1991) 說:「心智模式的修練始於把鏡子轉向內在;學習挖掘對世界的內在圖像,讓圖像浮出並嚴格審視。」在這過程中,我們檢視自己的想法,並且也藉著開放自己的想法接納他人的檢討與意見。如此藉著互動的思考,可以反省我們對周遭事物的看法。

人在順境時,從來不想改變,只會繼續當前的看法和作法。但是隨著外界環境變化,目前的作法未必有效,可能引起危機。面對逆境,我們不能坐以待斃,認為環境不能改變。反而應該積極面對環境危機,以新的思維重新解讀環境,找

出關鍵因素，做出有效的對應，以爭取成功。

聖吉 (1991) 認為系統思考 (Systems Thinking) 可以幫助我們面對危機時見樹又見林，從個別立場出發考慮並發展整體的觀念架構，用開放、務實、求真、穩健的態度去找尋事物的真相。從理解事物的基本模式，借著科學的立論、假說、測試、驗證和結論等程序，建立禁得起考驗的心智模式，達到對環境與事物的掌握、改進和發展。

改善心智模式若成功可以為個人或組織提供最高的槓桿效益。這是一項很艱難的工作，因為我們並不習慣經由反思和探詢的方式去理解並改變自己的看法。當我們練習時，可以借內省的功夫讓我們掌握思維方向與結論。另外，從心智模式的正確心態來看，應如何維持良好的心智模式可從下面的心態得到指示。

1. **要有開放態度接受新的觀點與意見，並願意改善心智模式**

個人透過反思 (reflection)——內在自我反省——去察覺自己的心智模式的內容，以及這模式是否在運用中或推理上有任何問題，或應該修正的部分。因為所有事件都有許多面向，沒有一個人能夠完全掌握所有的資訊。因此，一個人針對多變的環境不斷地修正與改善自己的心智模式，能有助於對事物的理解與掌握。這是學習，也是集思廣益的好處。另外，專業組織就可以藉著建立完整的經驗檔案與專責團體，可以對特定的事物做最好的控制。例如一個專門舉辦演唱會的組織，因為累積多年的辦理經驗與不斷重複的辦事方法，如此可以說形成一個辦理演唱會的心智模式，可以提供專業的規劃與執行的服務，讓歌手與觀眾可以享受完美的演出。

個人除了自省可以精練自己的心智模式，另外就是應儘量吸收新知，藉閱讀、對談或參加演講的機會，淬鍊自己的思維與調整自己的思想。經由閱讀古人經典文章、與師友對談時事或歷史，或參加各種演講以獲得最新的知識，以上這三種機會讓自己的心智模式可以精進，而不致於陳舊或落伍。另外，小團體的讀書會也是非常好的方法訓練自己的心智模式。

2. 經集思廣益的心智模式思慮較周詳，經得起考驗、具有價值

個人的觀念因學習與成長經驗會有有個人色彩與觀點的局限性，其見解不見得會不正確，但是難免偏狹的角度與視野。如此形成的心智模式與大眾多元與客觀的知識與觀念會有差距。成語有「三個臭皮匠勝過一個諸葛亮」的說法，就是說明集思廣益的好處，與個人有局限的顧慮。理論上來說 (Senge, 1990) 可以運用探詢 (inquiry) 的方式達成更好的學習。探詢就是一種與外在世界互動的學習方式，在與他人面對面討論過程中，對複雜及意見不同的問題，各人開放地分享自己的想法背後真正的觀點，如此建立真正的學習，而非只是強化個人原有的看法。

從公司經營的角度，集體思維應是正道，企業中若不鼓勵員工提供意見，只要求遵守命令與規定，長期下來養成員工被動上班的心態，不僅無法發揮群策群力的功能，還造成員工被動無聊的感覺，也不會有共同的意識，無法形成有效率的團隊。

3. 兼顧探詢和辯護 (balancing inquiry & advocacy)

在團隊中個人（尤其是領導者）不應堅持己見，而應追求團隊成員之間看法一致。切記不要將自己的心智模式強行加在別人身上，而應經過公開的辯論程序讓不同意的一方心悅誠服。在團隊中本應追求共識，但是達成共識的方法不是利用職位權勢威逼，要求在下者順從高位者的想法，而是以互動方法去探索彼此對內、外在世界的看法，經由彼此充分討論，合理溝通的方式達成共識。參與者溝通時，應兼顧探詢和辯護，且應避免審問或命令的形式，否則不能達到有效溝通的目標。所謂探詢乃是請教別人對爭執事務的看法及可能的理由；辯護則是針對自己的看法及理由的論述，讓他人更容易瞭解與接受。

西方民主思潮的起源即是這種探詢與辯護方法的發揮所致，中國戰國時代的孟子與莊子中亦記錄多項探詢與辯論的故事，其亦顯現當時多元思想對動盪多元社會的反思。知識分子利用這種辯論的方式尋求對社會問題最好

的解答。即使秦漢統一之後，知識分子在朝廷中仍有議論國是之功能。儒家定於一尊亦是經過長時間的討論辯證後的結果，只是後來流於廟堂上之學術考據與科舉文章，逐漸地與現實脫節後，變得教條化與政治化而失去探索真理的原始功能。

4. 領導者價值應以對組織願景及成員心智模式的貢獻來衡量

領導者的價值在形塑激勵人心的組織願景，在實現願景的過程中幫助新進者與組織成員在心智模式上接受組織願景，並設定好個人相對應的工作目標與進行方式，使得組織願景能夠逐漸實現。賈伯斯當年創設蘋果的願景，就是希望把電腦變成每一個人都可以擁有，在身旁隨時可以使用的工具。這樣的願景成為蘋果早期員工共同的願景，賈伯斯有本事與魅力讓員工認同他的理想，每個人的思考模式亦逐漸像他，如此創造出早期麥金塔個人電腦的輝煌事業。麥金塔電腦的特色也描繪出現代電腦的雛型，如視窗、滑鼠、精準顏色呈現等，都成為現代電腦的標準。

這種對於共同願景的提出與認同，以及逐漸完成目標的方法設定與分別努力，最後共同檢視產出與理想的差距，已成為現代生產程序的經典作為。在這樣的組織中由上而下的溝通與共識是必要的，而領導者在形塑與實現願景的過程有無可推卸之責任。賈伯斯的繼任者庫克 (Timothy Cook) 則不僅要承續之前願景的實現，如何提出下一階段的公司願景，乃是其是否能成功繼承使命的最大考驗。畢竟連賈伯斯也並未提出新的公司願景，下一個工業尖端產品技術不見得是蘋果所能有效掌握。從蘋果的歷史亦可看出它在 1990 年代麥金塔電腦風行時，未能掌握下一階段的網路技術而差點被歷史的洪流淹沒。

5. 要珍惜淬鍊自己心智模式的機會

不要害怕提出自己的看法，若有人能提供更高明的看法時，應該把握機會學習，更應建立固定的機會或管道能向此人多學習或請益。人在成長中有幸認識許多有益於成長的師長與朋友，若能找到能夠不斷提出不同思維與

意見的來源，應深自慶幸，更應把握每次的學習機會，直到自己認為能完全掌握他們的思維與想法。中國自古尊師重道，但是現代人有點偏離正道，學生畢業後上焉者充其量會拜年送禮，但卻忘記了將重要抉擇提出請益。如此大失古人尊師重道的旨趣，徒然浪費了一個改善心智模式的機會。

第四節　場景規劃

場景規劃 (scenario planning) 乃是一種預設組織所面臨的環境，根據環境細節內容而設計出來組織所應有的行動方案。由此看來，場景規劃乃是屬於一個組織在某一時間點下根據其自身條件與環境特性，所做可以達成目標的整體設計。近年來場景規劃成為熱門的用語，我想是應與其在軍事上被大量引用，甚至在許多軍事情報中扮演重要的規劃工具而被其他商業與政治的行動引用的結果。

場景規劃方法始於一組為政策制訂的分析專家所發明的模擬方案，或稱其為沙盤推演。這方案中包括政策制訂者所面臨的未來的環境現象，如人口結構、地理情境、軍事配置、政治現況與產業現狀等。這些關鍵影響因素可歸納為屬於社會的、政治的、經濟的、環境的以及科技的影響趨勢。這套分析方法可以讓規劃者在規劃中不致於目光狹窄至只想自身而忽略了環境的影響，尤其是關鍵影響因素的掌握。

場景規劃可以應用聖吉 (1990) 提出的《第五項修練》：系統思考的方法，將組織所面臨的各種事務與影響因素納入考量。其中有些因素，如對未來發展的洞見、新的價值觀念以及新的科技發展等，不是簡單量化的方法可以融入，借著多元思考的方式，可以使得規劃更具體、更切合實際。

一、場景規劃的歷史

多數學者將場景規劃的發展歸諸於康恩 (Herman Kahn) 於 1950 年代在蘭德 (RAND) 公司承接美軍相關任務時所發展的技術 (Schwartz, 1991; The Columbia Encyclopedia, 2008; Chermack, et al, 2001; Lindgren, et al, 2003; Bradfield, et al,

2005)。1961 年康恩成立 Hudson 研究所，在那裡延伸他的技術於社會與公共政策的預測工作。他的一項頗受爭議的工作便是利用場景規劃於核戰而建議這是可以打贏戰爭的 (Kahn, 1965)。同時法國人伯格 (Gaston Berger, 1957) 也發表了相似的「觀點」(prospective) 預測技術。至 1970 年代場景規劃便成為 Hudson 基金會、SRI 公司，以及法國 SEMA Metra 顧問公司的分析工具，而 DHL 快遞公司、荷蘭殼牌石油公司與奇異公司也將這方法納為主要的分析工具。

1973 年發生的石油危機，使得許多大公司紛紛採用場景規劃做為長期規劃的工具，殼牌石油公司是其中的佼佼者。即使後來許多公司不再使用，殼牌石油仍是忠實的使用者 (Wack, 1985)。而殼牌石油公司的持續使用也使得這項技術縱然沒有廣大的使用者基礎或學術研究背景，但仍然成為一個經理人可以從中獲益的長期規劃工具 (Mercer, 1995)。

二、軍事場景規劃

在任何戰役中細節的執行都非常重要，常牽一髮而動全身。現代軍事戰爭中沙盤推演已是不可或缺的環節，在所有的重要戰役進行前都會執行，以求確保戰事進行符合預期。因為，沙盤推演可以檢視原先的假設與推演是否可以順利進行，亦可預估可能發生的問題。例如天候、地形、部隊運動的情勢等。以下是在軍事行動中場景規劃的步驟。1990 年波灣戰爭中聯軍的攻擊策略是非常經典的奇襲行動，在集結完各國部隊後，兩軍沿著科威特及伊拉克與沙烏地阿拉伯的國界做南北對峙。各方以為戰爭將沿國界進行。殊不知聯軍採取左勾拳的策略，由伊拉克重兵屯駐的戰線後方進行攻擊，一舉切斷了伊拉克前線與後方的聯繫，藉著優勢的空軍癱瘓伊拉克的空軍，進而摧毀其龐大且裝備優良的陸軍。在短時間掌握整個戰局，是一個精彩的戰役。圖 9–3 便是一張描繪這場戰役的沙盤推演圖，可供各位參考其功能。

1.定義場景，展開局勢以便比較

通常應有二至四個場景。借由設定不同的影響變數而觀察不同的變化。可考慮設定最佳與最糟場景，如此可以仔細比較，在兩極端中做選擇。

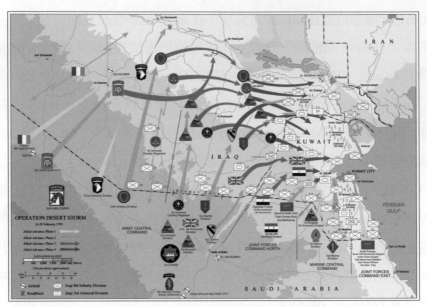

▲ 圖 9-3　波斯灣戰爭場景規劃圖

2. 描繪場景

寫下發生的事以及可能原因，這有助進一步的分析。幫每一場景取一個具代表性的名字（如橋頭、水岸、碉堡、鞍部等），以便後來引用。

3. 評估場景

它們是否與目標相關？它們內部是否一致？它們是典型的嗎？它們是否代表相對穩定的結果情境呢？

4. 應用科學方法

針對每一場景找出數量化的衡量方法，如時間、應用裝備、人員配置以及應用戰術等，以明確表達出場景中變數的關係。科學化地處理每個場景的建構與運行，使得場景規劃執行與結果更加明顯，以找出關鍵因素以提升效率並確保戰果。

5. 統整全局、發現決策關鍵

找出各個場景變數的相互關係，利用細部分析與推導，讓決策單位掌握關鍵的因素，使得組織能夠有效地控制戰局，並能夠獲致勝利。

三、民間企業的場景規劃

民間的場景規劃始於 1970 年代初期荷蘭殼牌石油公司 (Royal Dutch Shell Plc)，殼牌石油的預測一直都比其他石油公司早而且準確。有趣的是這方法在外界所引起的重視遠超過殼牌石油公司，使得其他公司從中受惠。場景規劃不僅是一項技術，同時也是一項藝術，這表示使用得當可受益，但使用失當卻會陷入困境 (Schoemaker, 1991)。 2005 年三位曾任職於殼牌石油的分析 (Peter Cornelius, Alexander Van de Putte & Mattia Romani) 家發表了一篇論文，充分檢討殼牌石油近三十年的場景規劃技術 (scenario planning)，值得大家重視。

這套規劃方法雖然看來很簡單，但是與其他長期規劃方法的不同在於它的核心部分——即是如何產生場景。這方法共含有五個步驟：

1.決定變數與假設

第一步是檢視環境分析結果決定何者是組織未來運作重要的影響因素。這些影響因素就是環境中的變數，通常會隨時間不同而改變的。既然有變數，於是就可以擬定變數與變數間的關係，那就是假設了。

這是分析過程中的一步，決定是何種力量影響局面。有時在前置的環境分析中，參與者不免自行猜測環境中具影響力的因素，因而在潛意識中已有相當的認定。當然這並非場景規劃正式的結果，其仍有待正式的認定。預設立場是場景規劃中經常發生的問題，參與者常混淆這兩個階段中該有的行為。在第一階段中仍應客觀正視所有可能的變數與其可能的關係，以免疏漏重要的假設或變數。有時要求參與者把時間範圍推至十五年以上時，可以避免參與者只想把現時狀況延伸的企圖，而可以從更客觀可能的變化去思考。

腦力激盪 (brainstorming) 是本階段常運用的技術，可以確保窮盡所有的影響因素的納入考量。它的方法如下：在一間不受外界干擾的會議室中，六到十人進行討論。可以使用一個大白板，再發給參與者一疊空白 3M 的隨意貼，各人可以將自己的想法寫在隨意貼上再貼在白板上。從環境分析的

結果變數先列出，再發展到各人所想到未包括在分析中的變數。各人可以儘量天馬行空地提出變數與假設。此時，不必有任何反對、批評或取笑的作為，目的是要讓可能的假設儘量出現。

然後再刪減不合適、不合理的假設與變數，找出有趣且有意義的假設與變數。經過充分的討論與思辨後，參與者應有共識何者是目前有意義的假設與變數。

2. 發展適當的分析架構至多可含七到九個小場景

第二步是將所有經篩選後的變數納入一個有意義的架構中。建構有意義的架構的方法應可以利用一般研究架構的思維模式，設定有前因變數、中間干擾變數以及結果變數，複雜者再加上環境影響因子，及組織內部影響因子後，就會是一個可以包羅萬象的分析架構。或者引用《第五項修練》的系統思考模式建構一個完整的系統結構，其中各個變數所扮演的角色、功能與動態關係等都可以納入規劃。

此階段中參與者說故事與論理的能力甚為重要，因為必須先要建構一套完整的架構，可以說出全套（來龍去脈）的故事。然後，再要能夠分析出各個變數的關係，以及在時間推演下的發展方向與變化。由於不同人員的參與此時多則可能有七到九組不同的架構，各自說明組織所面臨的環境與應進行的事務。

3. 縮減至兩到三個場景

本階段主要的任務是將多個小場景減少及合併成為兩到三個較大的場景。這對參與者是一大挑戰，通常需要經過一段時間的討論與意見整合。當然除了辯論的激烈外，最好的結果是激發出能拯救組織或扭轉情勢的創意與洞見。在過程中參與者對現況與未來趨勢也可以有比較清楚的認識，也可以針對即將發生的情勢有預先的準備，以及能夠應付可能發生的事故。

沒有理論說應該減到二到三組織架構，但這應是合乎常理的結果。畢竟若是太少或太多都不符合組織運作的經濟，不是成本過高就是效益太低。就

個人同時處理的注意力而言，三組架構也是能夠駕輕就熟又可以兼顧幾種變化可能的作法。

補充場景 (complementary scenarios)：從經驗來看所選擇的場景最好能夠互相有補助的效果，如此在準備的過程可以方便推導。其次，若是主要場景選擇錯誤，可以從補充場景中得到支持，或許補充場景可以替代主場景而掌握到錯失的現況。也就是說補充場景可以充當替代方案，讓之前的錯誤估計可以有所補救，而不致於錯得太離譜。另外，如此也可以分散當初規劃得過度集中於一部分的風險。當然，若要同一組人同時規劃三組架構，有時不僅規劃深度不足，而且會相互干擾。最好是能同時有三組人馬專心規劃，如此使得規劃能夠完整且深度足夠。當然規劃的過程中三組人馬可略增加，過程亦可以溝通重要資訊，使得各組做得事半功倍。

至於如何指派各組的成員，可以先依個人直覺認為何組比較符合自己的判斷而決定。一旦人數滿額，尚未選擇的人員就要在剩下的分組中選擇了。如此安排可以讓成員對自己的判斷更投入，亦可以讓主管對於個人直覺能力有所知曉。對於以後判斷的信任程度亦可以提供參考。

4. 描述場景

本階段中成員要將每個場景的細部情境仔細描繪出來。將可能的發展做全面性展開，經常是依時間序列一一展開，在每一時段中針對各個變數與事情的發展做詳細的描述。對可能的影響因素做仔細的掌握，提出有利於組織的對策與立場，以及如何讓情勢的發展有利於組織。在每個場景的小組織中都應該有完整的資料，可以提供主管在每一個時間點時，知道組織的進度、預期與實際表現如何？情勢的發展是否如事先的期望，若是沒有意外則可以照表操課，而結果亦應在事先規劃之中。

如果個案有變化，所謂的補充場景就可以接手，重新展開在主要場景中的偏離預估的發展。對組織而言，即使這部分是偏離主要評估的發展，但是由於規劃的方式，這偏離仍在組織掌控之中。而此時補充場景的規劃是否

到位便是接手成功與否的關鍵,一般而言,這也是考驗各個補充小組專業與用心的時機。

5. **認清可見議題**

最後階段應檢視各場景中對緊要結果最具影響的因素是什麼,這是組織在未來規劃行動中最應掌握的。當然團隊成員的能力、經驗、合作方式以及團隊氣氛都是很重要的。除了發現組織未來可造之才的部分,在場景中找出未來管理應注意的重點,甚至可以設下檢測點,可以預警組織可能的危機,以及應該執行的脫困之道。

四、場景規劃的限制

由於場景規劃的背景是軍事與民間企業,可以說是從實務中演變而來的,導致場景規劃技術並未有完整的理論基礎、規範性的描述與充足實證研究以佐證之。當然許多管理上有名的模型或方法,如馬斯洛的欲望五階層說、BCG 模型等也都是源自商業界的實務問題,經有系統的處理後,逐漸找到處理的方法,便記錄下來做為事務或行為的管理工具。當初也沒有深厚的理論基礎,但在不斷地應用後成為業界的標準,而學界也樂意以它做為研究的對象,也就慢慢形成一門管理的學說。

因此,有關於場景規劃的限制也因其源自實務界而有一些考慮如下:

1. **不夠客觀,無法用數據做清楚的衡量**

這的確是場景規劃所面對的問題,因此在使用這工具時應注意讓場景的選定與變數的設定更為客觀。其方法就是讓觀念的形成不僅是個人的主觀意見,而是讓它經過眾人思考與辯論過而成立。透過眾人的檢視而賦予被選擇的場景與變數有客觀認定的基礎。

2. **場景的認定多憑一心,因此,各種方法均可,只要有場景產生**

例如用長期與短期、全球與在地、改善與改革的比較,或個人思考與團隊討論來產生。如此下來,場景規劃的品質便與參與者的程度及討論進行的水準有相當大的關係。從學術標準來看,這是本方法的一大挑戰,也會是

本方法要能成為普遍接受的規劃方法的關鍵。由此看來，本方法不適合新團隊，因為要互相適應的點太多，可能難以產生共識而破局。其次，開放的態度、追求真理與問題解決團隊的氣氛亦很重要，畢竟若是忽略最終目標，成員常被眼前明顯的事務或細節所矇蔽，而無法完成任務。

3. 整合定量與定性的分析有很大的挑戰

場景規劃中應用的方法多元，使得最後整合的功夫非常困難。端視主持會議者的智慧，如何架構出整體事件的來龍去脈，並能簡潔方便的分析掌握，讓定性與定量能夠充分發揮相乘的效果。這是對組織負責人很大的挑戰，也只有有能力的領導人能夠駕輕就熟，讓這分析工具完美表現出其應有的功能。設想二次世界大戰設計出諾曼第登陸戰役的天才，就是一個完美的場景規劃的展現。同樣的，對於美國紐約的 911 恐怖攻擊事件的回應，也反映出缺乏場景規劃下的嚴重後果。場景規劃方法在重大事件發生時尤其顯得重要，例如日本 311 的核能電廠的事故等，也都證明其方法必須被重視。

五、場景規劃使用要點

場景規劃應注意下述幾個要點，若能充分掌握訣竅對組織策略規劃有很大的幫助。

1. 設定具體的觀察範圍

場景的使用可以讓人設定明確的範圍，在其中期望讓組織的目標與手段都能納入研究，在合理的分析後應能找到兩者的關係，俾使組織以後可以根據其關係而掌握兩者的相互發展。例如一個連鎖速食店欲在某鄉鎮開店，那就可以設定幾個場景做為新店的地點。然後將預先的經營模式納入，看各個變數（如附近外食人口數、其他食品店數、交通方便性、商圈規模與成熟度等）的數值如何，最後用各點的評比數值擇優完成決定。

2. 注意一致性

在每一階段中都應注意檢查每個組成分子是否如其最初的選擇一樣維持原

有的特性。如果不是，那就必須重回最初的場景去重新定義這個成分，以免鬆弛了場景的設定，其後果就是無法建立有效的架構關係，其預測或控制也就會不準確了。當然，重回之前的階層就表示有些功夫必須重做，這是維持原先架構嚴謹的必要手段。不可因貪圖一時的方便而忽略了依規矩而行的重要。

3.正向思考

場景規劃最大的好處來自於用宏觀或不同一般的觀點去看問題。在場景規劃中從最初場景的設想到最後場景的確定，成員都參與了過程，因此可以有對現況的共同認識，在日後事務的處理上也比較容易溝通與理解。同時，心中有數個不同的見解也有助於個人知識與經驗的成長。

六、場景規劃小結

場景規劃可以合併其他策略規劃方法使用，利用場景規劃的大架構融合其他方法的假設與計算可以相輔相成。例如利用達菲法於場景內生變數的評估或可以提供場景規劃更精準的評估，而使模型更符合場景表現的呈現與變數掌握(Rikkonen, 2005)。而達菲法本身即是一種反覆多次運用針對特定議題的看法，並統計多數意見的專家會議，要求專員參考上次會議多數意見後，再次表達自己的意見，如此幾次會議後便可整合共識以達成對特定事務的有效評估方法。

第五節　預　算

所謂預算即是事前將估計在一段時間內可運用的總資源，依某種原則分配到預先擬定的各個活動上的數量計畫。預算通常是一年，當然特別計畫就可以超過數年，如臺灣 2017 年所提出的前瞻計畫就是四年以上的計畫，此時稱其為策略規劃便非常有道理。主管通常要為收入、費用以及機器設備等的資本支出設定預算。預算經常被用來控制及改善時間、空間以及資源的使用，在這種預算中所使用的不再是金額而是其他數值，例如人工小時、產能利用率或生產單位，這種預算可

以是以一天、一週或一個月為期的活動。

預算為何如此流行？這應該是各種組織都有資源使用效率的要求，組織在獲得相當財務支援下，有責任與義務將其發揮最大的效用。預算正是一個預先將成本分配在各項任務上的工作。在一個以金錢衡量一切的世界中，拿貨幣預算做為指導各部門（生產、行銷或研究等）的工具，在邏輯上是行得通的。預算便成為大部分主管（不論層級）喜歡用來明確陳述目標的規劃工具。

預算的方法基本上有兩種，到目前為止最為普遍的方法是所謂增額預算 (extra-item budgeting)，但近年來，有些組織中的主管也嘗試使用零基預算 (zero-base budgeting) 以提高其預算的效能，接下來我們將探討這兩種方法。

一、增額預算

增額預算有兩個明顯的特徵：第一，預算是分配給部門或組織單位，接下來該單位的主管再將預算分配給適合的活動；第二，每個期間的預算都以前期的預算為參考點，只有增額改變的預算才需要被審查。這產生一個問題，當預算分配到組織單位時，容易消失在單位諸多的活動中。因為組織常有多重的目標，因此必須進行相關的活動，增額預算並不考慮活動，他們只把焦點放在分配預算。在多重目標下，我們可總結如下：

(1)有些目標比較重要。

(2)單位主管迷失在多重細節上，缺乏有效率的焦點和明確性。

因此，當高階主管在尋找無效率和浪費時，增額預算的問題就顯現出來。事實上，無效率容易在增額預算中產生，因為它容易被隱藏。在典型的增額預算中，沒有任何預算會被削減，所有預算都是從上期分配數開始，加上通貨膨脹的成長，再加上新增或擴充的活動。由於高階主管只看那些增額的部分，結果是忽略了有些活動早已過時，卻仍然照給預算。

二、零基預算

零基預算最初由美國德州儀器公司所發展，要求主管必須對提出的預算重新仔細說明，不論過去的分配如何。這樣的設計可以應付之前增額預算的第二個缺

點——萬年預算——的問題；即行事活動一旦被建立，就可以長期存活下去，這種現象特別容易在政府部門出現。所謂的蕭規曹隨這一個歷史上有名事例便可以說明其流行的程度。當然，這樣制度有其優點，就是援用前例便可以不必花太多的功夫重複之前的行為。

零基預算要求主管能證明預算使用的正當性，他們必須說明單位的每筆預算理由，在零基預算編列的過程中組織所有活動都要重新評估，以瞭解刪除、減少、維持或者是增加的理由。

以某特定活動所需準備的文件而言，通常是由執行經理負責，包括預期成果或活動目的、成本、人力需求、績效衡量方法、行動替代方案，以及從組織整體觀點來看執行與不執行的後果。當部門經理完成評估，就送往高階經理，由他們來決定該花多少以及該花在何者。如果正確的執行，則零基預算的程序就能仔細地評估組織的每項活動、賦予其優先順序，以及得到各活動是該繼續、修正或是終結的結論。

零基預算並非完美，跟增額預算一樣，它也有缺點如：增加文書作業和準備時間；主管想要爭取的預算，就會在其好處上灌水；最後，經驗上發現其評估結果與增額預算也沒有太大的差別。

零基預算因執行困難與所須消耗的費用並不適用於每個組織，大組織中的權力遊戲通常會腐蝕零基預算好處。反過來說，它可能是在較小的政府組織、企業中的支援幕僚單位或衰退中的組織最具效能。例如企業幕僚單位的行動很少直接與產出活動有關，所以很難評估其與組織營運績效相關。同樣地，零基預算也適合用在削減資源的情況，當組織面臨必須縮減和財務緊縮時，其主管特別需要有效分配有限資源的工具，零基預算正是這樣一種工具。

本章介紹三個在實務界普遍被使用的規劃工具。前兩個方法的重點均在以宏觀的角度看待組織或個人所面對的世界，希望能有清楚的觀點，可以讓隨後的對策或解決之道更切實或更能符合理性的期待。心智模式源於心理學的研究，再輔以系統思考的系統性與客觀性；而場景規劃則是從場景出發，運用場景的技術將

問題釐清，同時亦可決定相關重要變數，因而找出解決問題之道。前者重結構與關係邏輯，後者重場景與推演過程。兩者各有重點，可以提供組織負責人不同的選擇。最後的預算的方法更是實務界用之經年，而早已納入公務機構成為法定必須執行的項目。但嚴格說來，若僅是一年的規劃，充其量僅可視為短期計畫，其策略意涵仍比較低。只有超過三年以上規劃才能視為策略規劃，畢竟眼光要宏觀，手段要致遠，氣魄要偉大。

▪摘 要▪

1. 規劃的基本觀念：規劃乃是為實現目標而進行的手段和活動以及事先的考量。規劃的功能在提供組織發展方向、預估政策造成的影響、降低不必要的浪費與重覆、設定目標掌握進度。高利潤、高報酬及有正面財務結果的組織多半有正式規劃、越賺錢的組織或越有績效的單位，必然有高的規劃品質與適宜的計畫進行。依性質分有策略計畫與作業計畫，依時間長度分短期與長期計畫，依明確度可分一般計畫與特定計畫。影響規劃的關鍵因素有組織層級、組織之生命週期、環境之不確定程度與未來承諾強度。

2. 規劃與目標：目標是規劃的基礎，目標是規劃的起點、標竿與後續發展的依據。所有的組織都具有多重的目標。陳述目標與實際執行目標或會產生矛盾，乃是因為組織事先無法針對不同情境做精準的調整與適應。目標管理是重要的規劃工具，其中四項要素為期限設定明確、決策上下參與、目標落實細節以及績效立即回饋。

3. 心智模式：目的在解釋過去思想與行為的關係，並希望可以這樣的概念去預測當事人未來行為之用。

4. 場景規劃：出於業界的應用，如軍事與大型企業的沙盤推演。將所有可能的變化與影響納入考量。

5. 預算：預算規劃與執行，是正常組織必須編訂的工作，有一定的編訂、審查、執行及審計的程序。

1.請比較一個組織之使命及其目標。

2.組織之文化與其策略間有何關連？

3.對一組織而言，成長策略是否總是最佳之策略？請解釋之。

4.何謂心智模式？

5.何謂場景規劃？

6.心智模式與場景規劃的異同為何？

7.一家新創公司各方面都需要仔細規劃的情況，是心智模式還是場景規劃適合它的需求呢？請述明理由。

8.一家成熟的企業，如麥當勞連鎖速食店，在面對特別節日來臨時，想要推出促銷活動時，哪一種規劃方式比較適合呢？

討論問題

1. MBO 之所以會是一種目標設定之合理技術，其基本原因為何？你認為它在大型組織還是中小型組織中較為有效？為什麼？

2.麥當勞在其所屬產業中之策略為何？

第十章

策略規劃

MEMO

本章係以 4 節予以陳述學習的內容：

1.解釋策略規劃

2.分辨不同層次的策略

3.介紹事業單位層次策略

4.解釋何謂創業精神

　　本章將接續前章討論有關豫之功能的精采部分，即所謂策略規劃的概念。這是企業管理的精華，也是無論商業或社會組織各行各業經營的本質性的問題，更是管理顧問公司所提供的核心服務的內容。自有現代企業經營，策略規劃便是每一個企業、每一個組織必須思考清楚且能具體回答，並能切實執行的重要工作。這也是許多管理大師的畢生精華，提出清楚、簡單、容易操作的模型，去分析企業所面臨的環境與自身條件，找出可行的方向，最後設計並落實可行的方案。這些方法與工具在各行各業中已使用頻繁，成為通用的術語與說法。但是也常因濫用或誤用而造成模型與分析的失效，導致只有表面功夫，不見實質效益。這也是台塑集團的創辦人王永慶先生對於策略反感的原因，他認為實事求是，不需要那麼多美麗的辭藻與圖形，混淆了企業努力的方向，迷惑了注意的焦點，誤以為規劃後就會實現，自滿於空虛的規劃空間中，而忘記執行的重要。這也是每一個管理人應該心生警惕的重點！

第一節　策略管理與創業精神

　　二十世紀七〇年代以後，美國產業的發展開始高速的成長，在這樣的環境中管理者通常都假設：公司前途穩定成長，一片大好。每個公司的計畫，均是將過去作業的數字以 5% 至 10% 的成長率向上延伸，就像二十一世紀初的中國產業發展。然而，七〇年代的能源危機、八〇年代的經濟管制取消、九〇年代的科技改變，以及新世紀漸增的全球競爭，這些環境的改變使得穩定成長的假定不再存在。這改變使得企業經營必須考慮因應環境的多變與不確定。同時，經營管理相關科系的學者也不斷地推出各種針對環境變化而調整的方法。其中一種強調理性分析與建立系統的方法逐漸成為主流，組織可用以分析環境、評估組織之優點及缺點、界定機會與威脅何在、最後決定具體的行動方案。策略規劃的價值於焉得以肯定，企業策略成為現代企業管理教育中的核心課程，也成為現代企業經營實務中的主流。幾乎所有上市公司在其上市與年度報告中都必須有企業經營計畫與策略。至於策略是否有用，大抵成功的企業認為其有用，而失敗的企業則可能無法表達其意見，或是說其無用，而其失敗可能就是不用策略的明證。

一、策略的層次

　　一般而言，凡是經營有成的組織都擁有多元的業務，不管當初是有意或無意的發展，都自然衍生出許多相關的業務。美國奇異公司就是一個擁有多元事業體的組織，從燈泡、家電產品，到航空、能源、運輸、金融、醫療等產業。台塑集團企業則同時從事石化、醫療、教育、汽車等行業。我們知道不同的事業部門所面對的產業環境不同，市場型態與需求亦不同，應該需要不同的策略去指導、協調與統整。另外，這些事業部門以上的總公司更需要統整與協調各事業部的各功能部門以便統一行動以發揮綜效 (synergy)，並可以得到規模經濟 (economy of scale) 之功。所謂規模經濟之意，乃是指各部門可以統合部門相同資源如資金、能源、原物料等，可以統一採購與分配，而收降價、減少倉租與運輸等成本的精

減。因此，我們必須將總公司層次、事業單位層次、功能部門層次的策略分開探討。

1. 總公司層次的策略

如果組織擁有多於一個事業單位，則它需要總公司層次的策略。這個策略嘗試回答下述問題：我們應該是什麼樣的事業組合？總公司層次的策略決定了各事業單位在組織中應扮演的角色。如在遠東企業集團最高管理當局總公司層次策略，協調並整合紡織、百貨、水泥、建築、電信、金融以及其他事業部之事業單位行動。

2. 事業單位層次的策略

事業單位層次的策略關心在各個事業領域中應如何競爭？對僅有單一事業（集中）的組織，無論其規模小或大，其事業單位層次的策略與總公司策略應該是一樣的。但是對多元（分散）的事業組織而言，每一個事業部均應擁有自己完整的策略，用以定義其市場（顧客）以及產品或服務。通常這樣的事業單位也多以公司型式成立，與獨立的公司無異，但是其決策必須接受總公司的節制。例如遠東集團企業之下的亞東水泥公司就是一個例子。它在水泥業的經營就像幸福水泥公司一樣，經營礦場，決定產量與價格。但是在集團企業內的交易與合作，就不同非集團成員的交易。其最後的決策亦必須報告總公司，常在有總體業務考量下，必須配合預先的設定共同行動。

當一個組織身跨多個不同事業領域時，將每個事業單位視為策略事業單位 (strategic business unit, SBU) 的想法應有助規劃的進行。一個策略事業單位代表一個單一事業或一組相關的事業。每一個策略事業單位擁有個別的使命及面對不同的競爭環境與競爭對手，這造成一個策略事業單位必須擁有獨立的策略。例如美國奇異公司即是一個擁有多元事業體的公司，管理當局就應分別設立許多個策略事業單位。

策略事業單位的規劃觀念如下：組織將事業單位視作為投資組合來管理，

每一個事業單位要求要有清楚定義的策略,以產品／市場定位。在組合中的各事業單位,各自依其能力及競爭需要訂製發展其策略,但在其他事業體相關的領域或功能業務則仍需在全組織統籌設計下,配合發揮最大的綜效。整個公司集團的管理,以追求全體組織利益最大化為目的——達到銷售與盈餘的平衡、保持資產組合於一可接受及可控制的風險水準。

3.單位內功能部門層次的策略

單位內功能部門乃是指如生產、行銷、人力資源、研究發展、財務、會計、總務等相關的部門;而其所考慮策略的內容應是:如何配合上層事業單位的策略以發揮最大的功效,如何協調各功能部門統一行事、相互支援,以及如何讓功能內的工作更有效能。假設統一食品公司的西點麵包事業部開發了一個新的品牌聖娜 (Semeur) 提供高檔的法式西點麵包。該事業部的行銷部門就應發展一套策略(功能層次),以確保該新品牌在引介階段能被消費者接受,並可迅速展店。

本章討論的焦點在總公司及事業單位層次的策略,其原因在於功能部門策略的重要性比前兩者較輕,它要在前兩者策略定型後才逐步發展完成。在研究者及實務工作者一直所注重的策略性架構而言,它的重要性較低。

二、策略設定程序

策略設定程序共有四個步驟,包括了環境分析、組織自身的評估、使命與目標的設定,以及最後策略的制訂。我們將對策略設定程序的各個步驟予以詳細的探討:

1.分析環境

對環境分析是策略程序中關鍵的部分,因為任何組織行為不可能閉門造車,其必須在環境中施行,也就受環境的限制與影響。換言之,組織環境決定管理當局所有可能的選擇。因此一個成功的策略,一定是有效地配合與適用環境資源與機會的。例如日本松下電器集團 (Panasonic) 從家庭電器設備起家,一路上隨社會需求與工業技術的發展,他們本著創新的電子技術,

在全球市場上提供從消費性電子產品至工業設備、建築用品與居家住宅等多樣化的產品、系統和服務。進入二十一世紀，電腦網路與電化科技的突破發展，智慧型的家電開始進入人們的生活，日本松下電器 (Panasonic) 就開始推出新型的家電產品如電冰箱、洗衣機、電視機等。分析松下電器各事業策略的成功，就在於是否能洞悉環境中科技與社會文化的改變。

組織的管理階層必須分析組織的環境，他們必須知道：當前的競爭狀況如何？有哪些進行中的法案通過後會對組織造成影響？組織營運所在地的勞工條件如何？當管理當局能夠精確掌握環境中發生的事情，以及瞭解哪些可能對它的運作產生影響的重要趨勢時，策略設定才有良好的基礎。

2.分析組織資源

其次，我們自組織外部的檢視，轉向內部的檢視。我們應知道組織的員工具有哪些技能與能力？組織的資金狀況如何？產品開發及創新上的紀錄？公眾對組織及產品或服務之品質的看法？這個步驟讓組織認識一件事實，那就是無論組織的規模、資源有多大，它還是會因資源與技能的不足而受到限制。一個小規模的汽車製造商（如納智捷 (Luxgen) 汽車），就不可能僅因管理當局看到市場中有機會，就貿然投入電動車或無人駕駛汽車的研發與製造。納智捷缺乏成功進入電動車或無人駕駛汽車市場所需之資源，因此它無法與特斯拉 (Tesla)、福斯 (Volkswagen)、豐田 (Toyota) 等廠商在市場上相互抗衡。

然後，管理當局應界定出組織獨特的能力 (distinctive competence)，或是企業獨有的競爭武器 (如企業特有的技能與資源)。台灣積體電路製造有限公司 (TSMC) 以其在晶圓製造先進製程技術，自行定義了半導體產業中特有的晶圓代工的生產方式。它可以為約 470 個客戶提供服務，生產超過 8,900 種不同產品，被廣泛地運用在電腦產品、通訊產品與消費性電子產品等多樣應用領域。

其次，要瞭解組織文化以及帶來助力與負擔是非常重要的。尤其值得管理

者留意的是，主流及次級文化對策略不同的影響。例如所有的成員對組織的主流文化都有清楚的瞭解，如此管理者不必擔心新進員工融入組織的問題。麥當勞的主流文化（重視產品與服務品質，以及顧客滿意）非常明顯，它會有完整的訓練制度與養成方法，使新進員工快速接受其文化價值。當然主流文化也有不好的一面，那就是不容易變革。一個主流文化，可能會成為組織策略改變重要的障礙。事實上，如麥當勞強烈的速食文化使得管理當局無視現代社會對於健康的重視，而遲遲未推出適當的策略反應。如此擁有主流文化的成功組織，可能反而因其成功的經驗而絆住其可能的調整。

一般而言，文化對於冒險、開發創新、績效評估與獎酬設計等有不同程度的影響。策略選擇涉及以上因素的設定，因此文化價值會影響管理者對策略的內容。例如在保守的組織文化下，管理者會偏好防禦性的策略，以期將財務風險降至最低。此時，管理者對環境中的改變，採取的是反應而非預防。管理當局最常做的就是強調降低成本及降價促銷既有的產品線。相反地，當創新被高度肯定時，管理者則偏好以新科技及新產品的開發，來取代更多的服務地點或更好的銷售人力等作法。

3. **界定組織的使命與目標**

所有經營上軌道的組織都有明確的使命，因為使命定義組織的目的、經營範圍以及未來可能的藍圖與願景。例如組織經營何種行業？組織的產品或服務範圍？以及組織未來可能的規模、樣式與型式。李維特 (Levitt, 1960) 很早就提出一個觀念，他說美國鐵路業的沒落就是因為它錯誤定義自己的行業。在上一世紀中三〇及四〇年代間，如果鐵路業能夠將自己視做為運輸業，不專注於鐵路業本身的發展，而早將盈餘投資在新的運輸工具（例如汽車與飛機）的設計與開發的話，它的命運可能就大不相同。

你認為亞馬遜公司 (Amazon) 的使命是什麼呢？ 如果你認為亞馬遜公司是經營網路書店的話，那麼你就錯了。雖然亞馬遜公司是以網路書店起家的，

而早期顧客也以書籍的購買為主要目的。但隨著亞馬遜的成長，它已成為全美最大的網購公司，公司使用當初所發展出來的書籍配銷系統進入更廣泛的電子商務，將觸角伸進到所有可能宅配的貨品之上。而在短短十多年間亞馬遜的營業額已超越實體的超商與超市，成為美國最大的商品配銷公司。2015 年 7 月 24 日亞馬遜發表 2015 年第二季財報，該季銷售額超出市場預期，公司股價大漲 18% 突破 580 美元，公司市值接近 2,500 億美元，超過了零售巨頭威名百貨 (Walmart)，對於電子商務產業而言，這是一個里程碑式的時刻。

決定事業的根本任務，對企業或非營利組織而言是同樣重要的。醫院、政府機關、大學一樣也要界定自己的使命。例如大學必須決定訓練何種專業人才？或是何種領域的研究人才？是為企業培養可立即上手的技術人員？還是在實驗室中鑽研基本科學的基礎研究人員？它的學生是來自全國排名前 5% 的高中畢業生？還是那些雖然學業成績欠佳但智力與性向測驗分數較高或較適合的學生？這些問題有助於澄清這所大學的目的為何。

4. 形成策略

總公司、事業單位、功能部門等層次的策略，均必須一一予以制訂。這些策略的形成，均應遵循各組織所採行之合理之決策程序。組織必須有評估各種策略的既定的方法與模式。發展在各個層次上相互一致，並可引導組織對其環境中可用之資源及機會的全套策略。

當管理當局發展出一套組織競爭策略時，第四個步驟就算大功告成了。也就是說，管理者將組織定位於有（或即將發展出）相對優勢之地位上。這需要對所處產業之各組織的競爭實力做詳細之評估，過去時間內的競爭行為也多少設定了產業內競爭的規則。成功的管理者將會選擇最有利的策略，發展並維持此優勢。

第二節 總公司層次之策略

總公司層次的策略有哪些？一般而言，總公司的管理當局應該能說明組織的發展態勢與方向。通常表現為：總策略 (grand strategy) 及公司組合矩陣兩種形式。

一、總策略

威名百貨、福斯及蘋果是《財富》雜誌 2016 年全球 500 大企業排名前十名中三家營業額特高的公司。威名是第一名，二至四名是中國的石油公司，其反映出中國這些年來經濟突飛猛進的態勢。當然不同的公司在面對各自的經營環境似乎有不同的發展方向。威名百貨的管理當局似乎力求維持現狀，蘋果則穩健地擴張營運及探索新的事業（如無人汽車與穿戴式的行動裝置），福斯則因應有關排氣污染不實的報告有所縮減並重新調整內部控制制度。這些不同的發展，可以總策略的觀點加以解釋。

1.成長策略

對一般企業而言，成長具有神奇的說服力。尤其是對創業主，成長更是其創業以來所享受的美好世界的基本現象。業務不斷地成長、公司規模不斷地擴大、營運種類不斷地增加、人才不斷被引進、廠房不斷地擴建、公司的影響力也不斷地增加。這樣的景象是每一位成功的組織創辦人的經歷，同時也是組織經營成功的表徵。去問問阿里巴巴集團的馬雲、臉書的祖克伯 (Mark Zuckerberg) 等人，所得到的答案大致如此。在此成長策略意指增進組織營運的層次，包括更多的收入、更多的員工、更多的市場占有率等。成長可以透過直接擴充、購併（類似的）公司或多角化（購併不同的公司）所達成。

例如威名百貨、麥當勞等就是以直接擴充的方式來成長。當富邦銀行吸收了台北銀行時，它是以購併來成長。當台塑企業跨入汽車業時，它則是利用多角化來達到成長。1990 年代美國奇異公司的總公司策略焦點集中於科

技、服務及核心製造之上。在奇異一百多個事業單位中，只要是不能符合三者條件之任一者，都遭到拍賣的命運。這項策略導致超過十萬個工作職位被刪除，其中還包括了 RCA 這家有名的電視製造公司，其旗下尚有美國國家廣播電臺 (NBC) 這家美國三大無線播放的電視公司。

2. **維持策略**

一個維持策略最大的特徵為保持現狀而沒有明顯的改變。舉凡持續以相同產品或服務提供給同樣的顧客、保持市場占有率、維持固定的投資比率等，均是此類策略的範例。大型組織，尤其是經過第一代創辦人奮鬥努力而打下的局面，常常在接班人繼承後採取維持策略，希望保有原先所占有的局面。福特汽車便是個鮮明的例子，在亨利福特 (Henry Ford) 輝煌經營之後，其子艾德塞福特 (Edsel Ford) 接手，一方面父親仍居幕後指揮，蕭規曹隨的結果原先的策略已不能適應市場需求的成長與轉變，使得公司營運被通用汽車一一趕過。

管理當局何時考慮維持策略呢？往往是當負責人滿意於組織既有績效，以及環境顯得穩定而不變時。除了意外的接任者，如蘋果的執行長庫克接任之初，甚少管理者願意承認自身採取的是維持策略，然而，從公司的新創產品與事業部的投資行為來看，行家可以很容易地界定出某組織是否是採行維持策略。在股票市場中，新創與成長似乎擁有公認的吸引力；反觀維持策略，除非公司擁有絕對的市場占有率與主導能力，像美國輝瑞 (Pfizer) 藥廠因為在 1998 年上市的男性壯陽藥威而剛 (Viagra) 獲得巨大的利益，在購併另外兩大藥廠後成為全世界最大的製藥公司。由於其藥品受專利的保護，在二十年內是沒有任何其他公司的挑戰，可以穩穩的享受全部的市場利益，此時，即無所謂的成長策略。另外，獨占企業也常常享受同樣待遇，而不會重視成長。然而，這往往會導致管理當局的自滿，而會有退步或與環境發展脫節的現象。

美國電報電話公司 (AT&T) 在電話業務上由於掌握技術的優勢與專利，只

靠長途電話與市話就可以獲致高額的獨占利潤,而並無意於無線電話的開發 。 直到北歐芬蘭與瑞典的電信公司開發出 GSM (Global System for Mobile Communications) 系統的數位無線電通訊, 在世界掀起行動通訊的革命後,AT&T 才驚覺發展時間與關鍵已被他人掌握,想急起直追已時不我予。雖然,AT&T 掌握市話與長途市場以及無線通訊的相關技術,但是長期放任不理的結果,讓 AT&T 眼看行動通訊業務的大幅成長,以及逐漸取代長途與市話的業務。

3. 縮減策略

傳統來說,除非是面對即將結束營業的部門,很少企業願意承認在採行縮減策略,意即有目的地減少營運規模或範圍。然而,在近三十年中,許多傳統大型企業的凋零,管理衰退 (managing decline) 逐漸成為領域中常見的議題。其中較為明顯的理由有市場環境的改變:如外國的競爭者加入、政府解除對行業的管制、重大科技突破造成現有技術的被取代等。例如電影院的生意隨著數位播放的技術與電影上市的選擇,已使傳統的電影播放業者不得不採取縮減策略,而選擇逐漸退出市場,或讓資本雄厚的大型電影院購併,使自己在市場上更有競爭力。臺北街頭以播放西洋藝術電影著名的長春戲院就是一個明顯的例子。在顧客消費行為逐漸變化的市場中苦撐多年後,轉讓給西門町起家的國賓戲院。新東家重新裝潢與調整影片內容(但仍維持部分藝術電影的播放),重新找回在原地點的競爭力。

在不景氣時代採取縮減策略的公司不在少數,其中不乏國際知名的公司如:麥當勞、可口可樂、柯達軟片以及花旗銀行等。2008 年的世界金融危機使得許多美國的金融機構如:花旗銀行、摩根史坦利公司、美林證券以及美國國際集團 (AIG),無一不是採行縮減策略以應付全球的金融災難。

二、經營組合矩陣 (business portfolio Matrix)

經營組合矩陣是當前流行的總公司層次策略分析方法,這套方法由波士頓顧問群 (Boston Consulting Group, BCG) 在 1970 年代初期所創 。 它引進了一個兩維

的架構將組織所有的事業單位定位在這空間中，並可藉此定位計算所有事業單位的表現，而找出哪些事業單位是對組織有利的，哪些單位值得投入關注與資源的，哪些單位沒有前途，以及哪些單位應該趁早收掉或賣出以免消耗組織的資源。

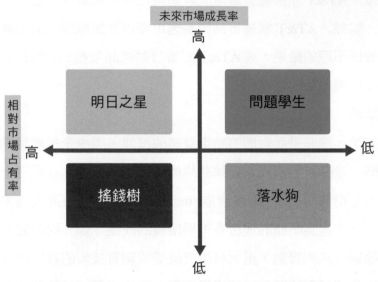

▲ 圖 10-1　波士頓顧問公司投資矩陣模型

　　圖 10-1 為一個 BCG 矩陣，其中橫軸代表相對市場占有率（所謂相對乃是指相對於市場中最大廠商的營收，自己的營收所占的比率）；而縱軸則是整體市場的成長率。所謂高的相對市場占有率指此事業單位為產業中的領導者，而高的市場成長率則被定義為（去除通貨膨脹影響後）至少每年 10% 的成長率。若依兩軸各分高低兩群，這矩陣就可以界定出四種事業單位：

1. **搖錢樹（cash cows，低市場成長，高相對市場占有率）**

   此類產品應居成熟階段，可賺取鉅額的現金；是企業的金母雞，是主要獲利來源，其盈餘是支持企業內其他單位成長的動力。

2. **明日之星（stars，高市場成長，高相對市場占有率）**

   這事業單位的產品位於高速成長的市場，且擁有支配性的占有率；但是否能產生長久獲利的地位則是未定，須視市場競爭最後勝利者屬誰而定。

3. **問題學生**（question marks，**高市場成長，低相對市場占有率**）

這是風險高的產品，主要是市場成長率雖高，但是公司的主導市場的能力不高，也不能預見未來的發展方向。即使產品可能獲利，但僅擁有很小的市場占有率，難以確定是否掌握流行的趨勢。

4. **落水狗**（dogs，**低市場成長，低相對市場占有率**）

公司在這第四個類別的營運既無足夠的市場成長動力支持，也沒有掌握市場發展的能力。這裡的事業單位是毫無希望可言，其命運不是賣掉就是結束營業。

BCG 矩陣假設學習曲線的存在，其假設公司會盡心地優化產品的製造程序，使得單位成本會隨著產品製造數量的增加而降低。特別值得一提的是，當一個事業單位保有最高的市場占有率時，它即應享有最低的成本。我們再來看 BCG 矩陣在策略上的涵意，管理當局對各群事業單位，應採行何種策略呢？

一般認為組織可以暫時犧牲短期利潤，以換取較大的市場占有率，或可獲致較高的長期利潤。因此，管理當局應對其歸為搖錢樹的事業單位儘可能的謀取利潤，限制變更僅須保持原有的水準。同時，將產自搖錢樹的大筆現金投資於明日之星事業。期望明日之星事業的充沛投資可獲得較高的利益以為回報。當明日之星的市場漸趨成熟，成長減緩之際，明星事業有機會發展為錢牛，那是最好的結果。對於問題學生的事業單位必須有智慧的眼光，要看出其潛力與可能的衰敗風險。其中有些單位應該賣掉，有些可能會發展成為明日之星。但是由於問題學生事業有倒閉的風險，管理當局應該對於此類投機性事業維持一定的數量。落水狗事業的處理應比較明確，應盡早出售或清算掉，很少有經驗的顧問會建議公司繼續保有或再投資。出售落水狗事業所得的現金，可用來投資有希望的問題學生事業。例如根據 BCG 矩陣的理論，可能會建議遠東企業賣掉它的水泥生產事業單位，而積極要求遠東百貨事業部，發展成為搖錢樹的事業，對其採取撿取現金的策略；而對明日之星事業如遠通或遠傳則重在增加投資，增強在業內的競爭力的方向。問題事業如遠紡或遠東建設，則應採取審慎檢討，明智投資的策略。

用投資組合的觀念（特別是 BCG 矩陣）來分析公司多角化的發展策略，已經是各大企業與管理顧問公司分析的必要方法，常是分析報告的必然內容。但是也逐漸有聲音來檢討這樣的方法是否真如其所宣稱的有效，也有許多質疑的聲音。何以如此呢？至少有四點理由可解釋之。第一，許多組織發現增加市場占有率並不必然會降低生產的成本。理論上產品成本應隨經驗曲線延伸而下降，不幸的是，並不是所有產品或服務都能符合這點。第二，投資組合觀點假設組織中所有的事業可以合理的分成數個彼此獨立的單位。對於大型、複雜化的組織而言，如何分割與各事業單位的涵蓋範圍就會有許多不同意見。第三，與理論預測相反，許多所謂的落水狗事業常較其他擁有市場支配地位之成長中的競爭者，享有更高的利潤。最後，在整體經濟成長趨緩之時，以及市場只能有一個領導者的事實下，半數以上的事業單位會被界定至落水狗類事業，形成不易區分的問題。

然而，公司投資組合矩陣仍然是個非常好用的觀念。它提供了一個觀念性架構可以解析不同性質的事業單位，以及建立資源分配的優先順序。但是明智的管理者仍要記住，在現實世界中它仍有限制，端視組織對市場與技術的掌握。

第三節　事業單位層次策略之觀念性架構

從策略事業單位的角度思考發展策略比較實際與具體，比起大型企業的總管理處而言，是比較單純且清楚的。因為可以避免因為同一企業必須相互支援而進比市價還要高的貨品的無奈。一般而言，中小企業多屬單一策略事業單位的獨立組織，它們的策略就與大型組織中的策略事業單位相同。當然中小企業要比較自由且具競爭力，畢竟沒有大老闆要報備，也無需採購高於市價的同集團的產品。從觀念性架構而言有三種分析模式可資參考。

一、競爭策略 (competitive strategies)

策略規劃最常被引用的觀念來自哈佛大學商學院的波特 (Porter, 1985) 的競爭策略。他歸納了三種經理人所選擇的競爭策略架構，至於成功與否端視策略的

選擇是否適用。而所謂適用的策略則是指讓組織在其所屬產業競爭態勢中勝出之策略。波特最主要的貢獻，在於提供管理當局一個清晰的觀念架構，讓他們知道應如何創造及維持競爭優勢，以期能在產業中持續獲利。

波特的理論始於產業分析，波特認為某些產業在先天就較其他產業擁有較佳的獲利性，例如製藥業，此行業中的生產者都能有極高的邊際利潤。然而，這並不意味在貧瘠產業中的公司就無法賺大錢，關鍵在於建立獨特的競爭優勢。同理，我們可以發現在領導流行的產業（如智慧型手機或虛擬實境產業）中賠錢的公司；也可能在所謂的夕陽型產業（如成衣製造業或二手汽車零件的銷售業）中賺錢的公司。波特強調所有產業中都有成功的企業，訣竅在於掌握正確的策略。

波特認為在任何一個產業中，有五種競爭力量決定了產業中生存的規則，這五種力量（見圖 10–2）分別介紹如下：

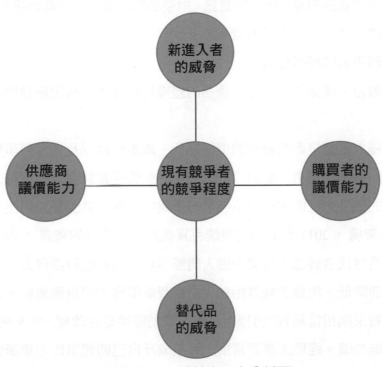

▲圖 10–2　波特之五力分析圖

1. 新進入者的威脅

現有產業中的公司，其共同具有某些因素如規模（包括資金、市場占有率、生產能量等）、技術能力、品牌知名度、稀有資源掌握力等，決定新競爭者想要進入某一產業的難度。

2. 替代品的威脅

顧客轉換購買競爭者產品或服務的可能性。其中應考慮的因素如轉換成本、顧客忠誠度、產品功能等因素。

3. 供應商的議價能力

供應商的壟斷能力（個數、競爭狀況）、原料特性、需求彈性等，決定供應商對廠商所施加的力量大小。

4. 購買者的議價能力

購買者購買的數量、擁有的資訊、對產品的需要程度（需求彈性）等因素，決定購買者所能產生的影響大小。

5. 現有競爭者的競爭程度

廠商數目、產業的成長性、產品的差異化程度等，決定廠商間競爭程度的強度。

以上五種力量直接影響廠商的價格高低、成本結構以及相對競爭優勢，進而決定了廠商的獲利性與生存能力（見表 10-1）。管理當局應以這五種力量來評估自己在產業的競爭力，即便在最不吸引的產業中也應有具競爭力與主宰能力的公司。根據此架構，2017 年臺灣的傳統百貨業應是極辛苦的產業，內部競爭者繁多，外在網路替代者興起，行業的進入門檻不斷地被其他行業侵入（如誠品即以書店進入）而降低，消費者權益抬頭，供應商規模變大而更難駕馭。相反的，臺灣的生技業看來則相當具有吸引力。當然產業動態總是在改變，今天熱門的產業，明天則未必能持續。經理人應經常對所屬產業及自己的競爭能力重新做評估。

▼ 表 10-1　決定產業獲利的五種競爭力

進入障礙	供應商議價力決定因素	替代品威脅的決定因素	買方議價能力的決定因素		競爭強度決定因素
			議價能力	價格敏感度	
·經濟規模 ·獨特品產品差異 ·品牌認同 ·資本需求 ·通路取得 ·絕對成本優勢：獨特學習曲線取得必要投入 ·獨特低成本產品設計 ·政府政策 ·預期報復	·投入差異性 ·對供應商的轉換成本 ·替代品的出現 ·供應商集中度對供應商的數量重要性 ·占總投入的成本比例 ·對成本或差異的影響 ·相對於產業內廠商向後整合的向前整合威脅	·替代品的相對價格表現 ·轉換成本 ·購買者對替代品的偏好	·廠商集中度相對於購買者集中度 ·購買數量 ·購買者轉換成本 ·購買者資訊完整程度 ·向後整合程度替代品	·價格／總購買 ·產品差異 ·品牌認同 ·對品質績效的影響 ·購買者利潤 ·對購買者決策的誘因	·產業成長 ·固定（儲藏）成本／附加價值 ·產能過剩 ·品牌認同 ·轉換成本 ·集中誠度和平衡程度 ·資訊複雜度 ·競爭者異質性 ·總公司考量 ·退出成本

1. 競爭優勢的選擇

依據波特 (1980, 1985) 的理論，沒有一家公司能夠在所有五力的層面均表現在水準以上，因此管理當局應當採取可增加組織競爭優勢的策略。管理當局可自以下三種策略中選擇：成本領導 (cost-leadership)、差異化 (differentiation)、集中化 (focus)。管理者究竟該選擇何種策略，應視組織長處及環境的狀況而定。管理者應避免陷於與產業中所有力量對抗的局面，同時，組織應發展無人與之競爭的長處以爭取最大優勢。

當組織企圖成為產業中之最低成本製造者時，它是遵循成本領導策略。此策略若想成功，組織必須成為產業中最低成本者，並且不能稍有懈怠。組織所提供的產品或服務品質，必須能與競爭對手之產品或服務相比，或者能為購買者所接受。

公司獲得這種成本的優勢的典型作法包括：作業效率、規模經濟、科技創

新、廉價勞動力、取得原材料的特殊管道等。採行此一策略的公司有：威名百貨、麥當勞及西南航空。

當公司企圖在產業中成為獨特且為購買者所高度評價的地位時，它即是在遵循差異化的策略。它可能強調高品質、特殊服務、創新設計、科技能力或是非比尋常的品牌形象。成功的關鍵在於所選擇的屬性必須有別於競爭對手，且其差異必須足夠到可為為了差異化所多支出的成本，合理索取更高的價格溢酬。我們可以發現不少的公司，至少在一個屬性上與競爭者有所差異。蘋果的智慧型手機、保時捷 (Porche) 的跑車、路易威登 (Louis Vuitton) 化妝品與皮件的行銷等。

以上兩種策略均是在整個市場中找尋優勢。集中化策略則是試圖在較小的經營範圍中，建立成本或差異化優勢。意即管理當局自市場中選擇一個或幾個部分（如某產品種類、某些通路或某地理區位），專門設計一套獨特的方案服務他們，其目的在開發或劃出一個較獨特的市場區隔。當然集中化策略是否可行須視區隔的成功劃分，以及是否可以獲利而定。DNC 針對運動與健身敏感的消費者對高品質產品及特殊性之需求，所開發的各式產品線，發揮的就是差異集中化策略。全聯社為了吸引都市的中產階級，透過提供多樣平價但具良好品質的日用產品（非精品或舶來品），所遵循的即是成本集中化策略。在分眾與小眾市場逐漸成為時代的趨勢時，集中化策略可能是企業求勝最有效的。因為上世紀的大眾市場不再，規模經濟已不再是唯一的競爭原則。

2.競爭優勢的維持

策略的長期成功需要持續優勢，即廠商必須能夠應付環境中多方的挑戰，無論技術創新、替代品出現、原料的掌握、消費者習慣的改變，以及競爭對手的各種市場手段（如殺價、模仿、謠言、挖角等）。這不是一件容易的工作，科技的改變、顧客口味的改變都是常見的事。更重要的是，有些優勢很容易為競爭者所模仿。管理者必須創造一些障礙，以使得模仿不易進

行或減少競爭者之機會。專利權及著作權的利用,即可降低被模仿的機會。當有規模經濟存在時,以降價來換取數量的增加,是一種有效的戰術。與供應商建立獨家的供應契約,可限制它們對競爭對手的供應。鼓吹政府課徵政策性的進口關稅,可以限制來自外國的競爭。但無論使用何種維持優勢的行動,管理當局絕不可以自滿。優勢的維持需要管理當局持續不斷的行動,如此才能永保領先。

二、SWOT 策略分析

安索夫 (H. Igor Ansoff, 1965) 認為策略規劃的核心在於對自身能力與環境適應的分析,於是提出 SWOT 分析,希望藉對兩者有系統的分析幫助企業作可長可久的策略決定。其中包含優勢 (strengths)、劣勢 (weaknesses)、機會 (opportunities)、威脅 (threats)。SWOT 分析可以幫助企業對所屬的環境與自身能力做整合分析,如此可以幫助企業診斷組織能力的優勢和劣勢,同時分析組織外部環境條件以確定組織的機會和威脅,以此做為企業對於未來經營方向的決定依據。

1. 優 勢

是指組織本身所擁有的優點,例如專業技術能力高、對客戶需求的配合度高、士氣高、資金充裕等條件。

2. 劣 勢

是指組織的內部不足之處,也就是弱點,例如人力不足、資金缺乏、經驗不夠等。

3. 機 會

是指組織所處的產業環境中出現有利組織發展或經營的因素,例如消費者對組織產品或服務上升的需求、組織擁有的資源變得稀有等,而組織應積極掌握有利的機會。

4. 威 脅

是指組織所處的產業環境中出現不利組織發展或經營的因素,例如組織生

產的產品或服務需求變小，或是市場上同樣的供給增加而阻礙組織發展。

內部優勢與劣勢為企業組織內部的條件，包括了人力資源、內部制度、固定資產等，外在機會及威脅為企業組織所處的外在環境條件，包括了政治因素、經濟因素、消費者習慣、法律制度等。

企業可藉 SWOT 分析蒐集資訊並對企業所面臨的情勢加以分析，而採取適當的行動將企業的優勢及機會充分發揮，而避免外部環境的威脅。SWOT 分析可促進組織成員參與討論，及時掌握有利資訊。

SWOT 分析因不同公司而有所差異，其關鍵在如何處理組織本身的優劣勢並制訂未來經營策略。韋里克 (Heinz Weihrich, 1982) 提出一套 SWOT Matrix-A，將內部優勢、劣勢與外部機會、威脅之複合關係以矩陣方式列出，提供策略擬定時之參考（表 10-2）。

▼ 表 10-2　SWOT 分析矩陣

環境 situation	優勢 strength	劣勢 weakness
機會 opportunity	SO: Max-Max	WO: Min-Max
威脅 threat	ST: Max-Min	WT: Min-Min

方至民 (2000) 則針對 SWOT 分析矩陣在策略研擬、規劃有下列說明：

1.優　勢

　⑴擴大領先差距。

　⑵善加利用優勢。

　⑶創造新的優勢。

2.劣　勢

　⑴尋找替代方案。

　⑵將弱點中性化，變成不重要。

⑶進行互補合作

⑷強化弱勢。

3.機　會

⑴積極把握機會，擴大戰果。

⑵充分利用優勢，掌握機會。

4.威　脅

⑴避開威脅。

⑵採避險措施。

⑶改變不利的發展。

艾克 (David Aaker, 1984) 認為，企業在進行策略規劃時的 SWOT 分析包括了五大分析類別，亦即外在總體環境分析、產業分析、消費者分析、競爭者分析及自我分析。經由 SWOT 分析後，企業可瞭解目前或未來的機會、威脅、優勢及劣勢，而能掌握及維持企業的競爭優勢。

三、價值鏈分析法

波特 (1985) 在《競爭優勢》著作中提出價值鏈 (value chain) 的概念，他認為企業經營是一連串的流程，而產品或服務的價值在這流程中逐漸增值，就是「企業價值鏈」。分析企業價值鏈，可幫助企業找出其核心能力，並決定企業的資源分配。企業應發展出獨特的競爭優勢，為其產品或服務創造出更高附加價值。波特認為企業流程從產品設計、生產、製造、行銷、運輸商品、支援作業或是進行服務所總合而成，這些活動反映出企業的個別差異、歷史觀點與既定策略，而價值鏈是企業瞭解其競爭優勢所在的基本分析工具。價值鏈活動會因其企業所在的產業與企業本身個別的策略而有差別，其基本結構可分為兩大類，亦即：主要活動 (primary activities) 及支援活動 (support activities)。就產業面而言，任何產業都是由一連串的價值活動總和。企業除了企業系統本身組成的價值鏈外，其與外部相連的組織，如上下游廠商的個別價值鏈，構成了完整之產業價值鏈。

如圖 10–3 所示，透過價值鏈的模式可以用來分析企業競爭優勢的來源，也

可以有系統地檢查公司內部所有活動以及這些活動如何連結。波特認為由於核心資源價值的不同，因此在經營價值鏈方面，會有不同的經營重點與方式，且對於不同的產業與當時時空背景下會有所不同，每一個企業選擇不同的企業策略在不同的階段也就創造出不同的價值。

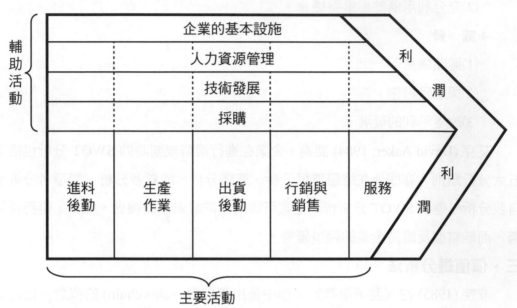

▲ 圖 10–3　企業價值鏈 (Michael E. Porter, 1985)

主要活動分為以下五類：進料後勤、生產作業、出貨後勤、市場行銷、服務。

1. 進料後勤

此類活動包括了接收料品、採購料品、儲存項目這一類的活動。如原物料的管理、倉管儲存及退貨等。

2. 生產作業

將原物料製作成最終產品或是服務的活動。如原物料加工、包裝、組裝、測試等。

3. 出貨後勤

將成品收集、儲存、運送到終端客戶所需要的活動。訂貨作業、配送流程等。

4.**市場行銷**

推廣銷售產品的活動。如業務人員、促銷行為、通路、廣告、定價等。

5.**服　務**

提供服務或維持產品價值有關的活動。如裝設、維護、產品使用教育訓練等。

　　輔助活動與企業組織所生產的產品或是提供的服務較無直接關係，但其輔助了主要活動的進行，分為下列四種：

1.**基礎設施**

由管理、規劃、財務、會計、法務、政府相關事務與品管等相關活動組成，基礎設施支援了價值鏈所有的主要活動。

2.**人力資源管理**

由應徵、僱用、教育訓練、成長、薪資等與人事相關的活動所組成，支援各主要活動之人事活動。

3.**研究發展**

足夠改善主要活動或支援活動相關之產品與流程的活動所組成，而不是指較狹義的研發，只針對產品來做研發。

4.**採　購**

採購並不只是對採購原物料而言，而是包含採購原物料、生產或作業用的機具、辦公室用品或建築物。採購活動不僅支援價值鏈的主要活動，也支援其他的活動。

　　透過價值鏈與價值活動的分析，可以找出成本型態 (cost behavior) 與差異化的來源，以做為降低成本或進行產品差異化的依據。

四、策略矩陣分析法

　　策略矩陣是由國內管理大師司徒達賢 (1995) 累積多年研究教學心得，吸納並轉化學者之理論所提出的重要策略分析方法。他提出一個分析的模型是利用波特 (1985) 的「企業價值鏈」為橫軸，再與司徒本人所歸納的「策略型態六大構面」

做為縱軸所交錯形成的交叉分析，並得到策略點。企業價值鏈由企業之生產與輔助活動所組成，策略型態六大構面是企業經營所應考慮的重點策略構面所組成。其中價值鏈位置和策略構面所交錯的方格位置點，稱之為「策略點」。策略的想法和作法都可用不同策略點間之相互關係來表示，所表示出的意義則稱之為「策略要素」。司徒達賢指出策略矩陣不但適用企業的策略分析，同時也適用產業分析。策略矩陣分析法的特色在用有系統的交叉比對方式，在策略矩陣的圖形上蒐集所有可行的策略構想及行動。策略矩陣分析法如圖 10–4 所示：

原料	零組件	採購	研發	製造	資訊系統	倉儲	運輸	通路	品牌	產品	企業價值鏈
A01	A02	A03	A04	A05	A06	A07	A08	A09	A10	A11	產品線廣度與特色
B01	B02	B03	B04	B05	B06	B07	B08	B09	B10	B11	目標市場區隔與選擇
C01	C02	C03	C04	C05	C06	C07	C08	C09	C10	C11	垂直整合程度之取決
D01	D02	D03	D04	D05	D06	D07	D08	D09	D10	D11	相對規模與規模經濟
E01	E02	E03	E04	E05	E06	E07	E08	E09	E10	E11	地理涵蓋範圍
F01	F02	F03	F04	F05	F06	F07	F08	F09	F10	F11	競爭優勢

策略型態六大構

▲ 圖 10–4　策略矩陣分析法

1. 企業價值鏈

企業價值鏈即企業組織中的「經營流程」，也是描述經營方式的一種方法。企業價值鏈由各個價值單元所組成，司徒提出價值單元 (value unit) 與波特 (1985) 所提出的價值活動 (value activity) 不同，價值活動都是「活動」也就是行為與動作的表現。價值單元除了活動，還包含「資產」，如採購與製造及研發是屬於活動、品牌與產品及零組件則是資產。「活動」及「資產」在策略上都有各自的重要性與運作空間，在經營流程分析中兩者都應該被考慮。價值單元即是價值活動與策略資產的共同稱謂，在企業價值鏈的價值

單元項目中為重要的策略決策。

2. 策略型態六大構面

司徒達賢 (2001) 提出企業組織的事業策略六個構面如下：

(1) 產品線廣度與特色

企業可能提供的產品及服務為何？企業的產品線是廣的嗎（即相關產品的種類多，可供消費者選擇）？提供的理由是什麼（品質好、成本低、有關鍵技術）？產品類別為何？能配合顧客的需求？產品間如何搭配？有什麼產品特色？特色是否符合市場需求？和競爭者比較後有哪些差別？

(2) 目標市場區隔與選擇

鎖定並滿足顧客需求是企業存活的基本要件，企業以提供產品或服務並從中獲利來達成上述目的。企業可依據產品或服務類型的各種標準將顧客劃分為許多市場區隔，以便針對鎖定的區塊進行推廣活動。這不同的市場區隔方式亦代表企業策略思維的選擇，其產品特色當然也都不相同。例如福特汽車的市場定位便與法拉利跑車的市場定位截然不同。

(3) 垂直整合程度的取決

產業價值鏈的長短決定，即代表企業的經營流程項目中某些價值活動是否要自製，或是委外製作。企業自己要從事多少項目或多少階段，這就是垂直整合程度的決策。耐吉 (Nike) 運動商品就是一個很好的例子，它從創立品牌開始就決定不設製造部分，而是將其委託日本，後來移轉至臺灣與中國的製造廠商，如此讓其公司專注於產品開發與行銷部分，並運用了亞洲新興製造技術與低廉人工成本的優勢。

(4) 相對規模與規模經濟

規模經濟 (economy of scale) 是經濟學用詞，是指隨著企業經營規模擴大所帶來的效益，最常表現在產量增加所致固定成本的下降，以及規模龐大所致大量採購在價格談判上面的議價優勢。美國企業自 1960 年代開始，汽車生產與連鎖百貨業的興起都是這個經濟原則所促成的經濟現象。

而所謂相對規模的考量，即是以企業經營者的角度來看企業所處環境相對競爭者而言，企業所擁有的規模是否足以創造優勢，或應如何因應。

(5)地理涵蓋範圍

一個企業組織可以是地方性，也可以是全國性，甚至是全球性的。它可將同一地方生產製造的產品，銷售到不同的市場；也可將企業全球各地製造的產品，銷售到同一地區。這個策略構面乃是企業經營者要決定其經營的地理涵蓋範圍的大小。若是朝小範圍發展，那就是所謂的利基策略 (niche market strategy)，若是以世界為範疇的話，則可稱為全球策略 (global market strategy)。

(6)競爭優勢

所謂的競爭優勢可能源於單一的價值活動，或是源於多個價值活動的組合，有的則是來自於企業其他的策略型態，如產品線齊全或品質優良、擁有良好的通路商、規模大而成本低、在人力成本低廉的地區生產或擁有穩定的客戶等。

3.策略點與策略要素

價值鏈中的每個單元和策略型態六大構面所交錯的方格被稱之為 「策略點」。策略的想法和作法都可用不同策略點之相連結來表示，所表示出的意義即為「策略要素」；許多相關的理論與實務，其實都可以分析成若干個策略要素。競爭優勢的形成就是成功運用或是選擇策略要素的結果。一般而言，以企業自身的條件及擁有的資源、所處的環境、所面臨的對手都不同。在此之時，如何利用策略矩陣做有系統的策略思考及策略動作，常會有非常不同的結果。司徒的策略矩陣可以提供企業經理人一個有系統檢視環境與自身條件的策略制訂的工具，值得企業採用與管理學校推廣。

五、以 TQM 做為策略性武器

越來越多的公司用全面品質管理 (total quality management, TQM) 來建立自己的競爭優勢。因為 TQM 關注的重點在於品質的持續改善，組織越能滿足顧客

對品質的要求，它就越能使自己與競爭者有所區別，進而可吸引及保有一群忠誠的顧客。尤有甚之，組織產品或服務品質及可靠度的持續改善，可以產生他人難以爭取的競爭優勢。漸進式的改善（TQM 的基本要素）是整體組織作業的一環，故而長期運作就成為一種累積優勢。從司徒的策略矩陣觀點亦可以發現 TQM 符合其策略型態六大構面最後一項之競爭優勢的條件。TQM 是可以讓企業在有效的運用下爭取到有利的地位。

但是，畢竟 TQM 僅是六大構面的一環，不應過度放大其功效，還要參考其他環境與價值鏈的發展才能訂出有效的競爭優勢。這也是波特 (1996) 針對 TQM 及其他以提升生產效率為策略方法的說法之重要駁斥。

第四節　策略與企業家精神

從策略觀點來看，企業家較重視對外界機會的掌握，而非手邊的資源。企業家不懼怕面臨財務、事業及人際關係等風險，但重視事業的發展。企業家通常不在乎那些有關創業成功之不利的說法，如不到 1% 的比例的新公司會活過五年。一個對機會充滿信心的企業家，堅決相信他自己是統計數中贏的一員。企業家常有創意且有效率地利用有限的資源。更有甚之，當創業越流行，用以支援新事業的財務資源之可獲性反而越高。創業投資基金 (venture capital) 的興起，使得許多新創事業可以容易地找到起動所需的資本。最後，當資源的障礙克服後，企業家將會將組織結構、人員、行銷以及其他功能組成集於一堂，用以執行整體的策略。

一、何謂企業家精神

大部分人在描述企業家時會使用富創意、精明、幹練、敢冒險等形容詞。企業家亦多由小型企業創業開始。在此，我們定義企業家精神為一種做事的態度：不受限於現有的資源，但知道創造並掌握市場上可能出現的機會，透過各種型式的創新來實現他們的願望。

管理大師杜拉克就認為企業家型管理者為充滿自信、掌握機會、懂得創新、

不僅期待意外並利用意外的人。他們與那些視改變為威脅的代理型管理者截然不同。代理型管理者會被不確定性所困擾，偏好可預測的事情，傾向維持現狀。

二、企業家特質的內涵

有關以企業家為主題的研究中，最常見的就是嘗試去找出企業家有些什麼共同的心理特質。已有為數不少的特質被發現，包括：辛勤工作、自信、樂觀、果斷以及精力過人等。但是用以描述企業家之種種因素中，又以三種最為重要：企業家具有高度的成就需求、強烈地相信自己可以控制自己的命運，以及只承擔適度的風險。

這些研究讓我們可對企業家做一般性的描述。他們傾向獨立型態，如偏好個人承擔解決問題的責任、設定自己的目標並靠自己的力量達成目標。他們對獨立高度偏好，不喜歡受制於人。雖然他們不畏風險，但也絕不莽撞。他們喜歡可算計的風險，因為如此他們才能控制結果。

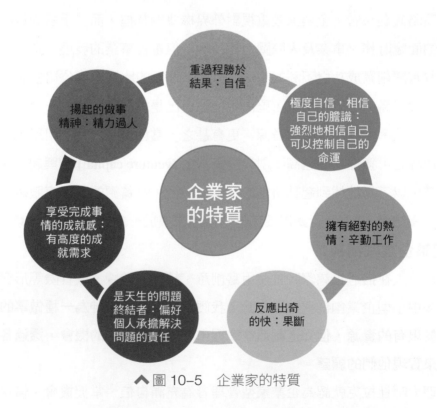

重過程勝於結果：自信

極度自信，相信自己的膽識：強烈地相信自己可以控制自己的命運

揚起的做事精神：精力過人

企業家的特質

擁有絕對的熱情：辛勤工作

享受完成事情的成就感：有高度的成就需求

是天生的問題終結者：偏好個人承擔解決問題的責任

反應出奇的快：果斷

▲ 圖 10-5　企業家的特質

　　有關企業家個人特質的報導與研究可以發現兩個現象。第一，具備此種特質的人，往往不甘心僅為大型組織或政府單位中之職員。這些官僚體系加諸員工的規定、法規等控制，會使得具企業家特質者感到沮喪。第二，開創事業所帶來之挑戰與各種無法預知的情境，使得具有企業家人格特質者感到有意義，並覺得能夠開創一個他們可控制的事業，可滿足他們承擔風險與決定自己命運的特質。然而，在他們眼中認知的適當風險，常常在旁人看來卻是高度的風險。

▪摘　要▪

1.策略的層次：總公司層次、事業單位層次、功能部門層次。

2.策略設定程式：環境分析、組織自身的評估、使命與目標的設定、最後策略的制訂。

3.總公司層次之策略：

　(1)總策略：成長策略、維持策略、縮減策略。

　(2)經營組合矩陣：波士頓顧問公司分析矩陣。

4.五力分析與競爭優勢分析、SWOT 分析矩陣、價值鏈分析法、司徒達賢的策略矩陣。以 TQM 做為策略性武器以顧客為導向，以品質為中心的管理方法。

5.策略與企業家精神：企業家精神為一種態度，個人不受限於現有的資源，但知道掌握市場上的機會，透過創新來實現他們滿足消費者的欲望與需求。

複習問題

1.請比較一個組織之使命及其目標。

2.組織之文化與其策略間有何關連？

3.對組織而言，成長策略是否總是最佳之策略？請解釋之。

4.管理者應如何在 BCG 矩陣中之四組事業單位間分配資源？

5.所有的小型企業管理者都是企業家嗎？請解釋你的答案。

討論問題

1. MBO 之所以會是一種目標設定之合理技術，其基本原因為何？你認為它在大型組織還是中小型組織中較為有效？為什麼？

2. 麥當勞在其所屬產業中之策略為何？

3. 以一家你所熟悉的企業為例進行 SWOT 分析。這家企業擁有什麼樣的競爭優勢（如果有的話）？對照比較 BCG 矩陣與主策略觀念架構，你認為何種較為有效？為什麼？

4. 你認為企業精神是可以教的嗎？請解釋你的答案。

執行

第十一章

組織設計

本章係以 2 節予以陳述學習的內容：

1. 組織設計的基本概念
2. 組織設計的權變取向

　　一般而言，組織是眾人的結合而形成的團體，合法登記者就可稱為法人。這是法律上承認的個體，其可享如自然人一樣的權利（如財產權、著作權等），也須盡相關的義務（如納稅與遵守法律）。而組織結構乃是組織組成的架構與方式，就像是人類的骨骼，組織結構決定組織型式。看圖 11-1 臺灣遠東集團企業的關聯圖即可知此集團的組成分子、各個公司在其集團中的關係，以及可能的綜效與互惠的合作可能。

　　從設計的觀點來看，組織的結構可以依循三個方向來設計：複雜程度 (complexity)、正式化程度 (formality) 和集權程度 (centrality)。複雜程度指的是組織分化與人力配置幅度的情形。當組織中的分工越細、垂直的層級越多、各單位在地理上越分散，則人員和活動越難協調，這樣的組織當然也就越複雜。正式化程度是組織以規則和程序來指揮員工行為的程度。有些組織沒有標準化指導方針，其多半是規模小或初創的組織。有些組織如政府機構，則事事都用法令與管制規定來訂定其員工工作行為與功能。因此使用越多規則和管制的組織，其組織結構就越正式化，其部門化現象也越明顯。而集權程度乃是決策職權的所在的範圍。有些組織決策權力非常集中，所有的問題須送到高階經理手中，由其選擇該有的行動。有些組織決策職權下授給非常基層，稱為分權，讓基層可以立即決定不必經過層層上奏，如此曠日廢時，耽誤執行效率。

遠東集團目前轄下關係企業240餘家，經營領域涵蓋十大企業，本表顯示主要轉投資及投資關係。

石化能源事業
Petrochemical and Energy Bus.
東聯化學股份有限公司(OUCC)
亞東石化（股）公司(OPTC)
亞東工業氣體股份有限公司(ALFE)
嘉惠電力股份有限公司(CPC)
亞東石化（上海）有限公司(OPSC)
亞東石化（揚州）有限公司(OPYC)
遠東聯石化（揚州）有限公司(FUPY)

百貨零售事業
Retail and Department Store Bus.
遠東百貨股份有限公司(FEDS)
亞東百貨股份有限公司(YTDS)
遠百企業股份有限公司(AMART)
太平洋崇光百貨股份有限公司(SOGO)
太平洋中國控股股份有限公司(BVI)
遠東都會股份有限公司(FECS)
鼎鼎聯合行銷股份有限公司(DDIM)
遠東巨城購物中心股份有限公司(BCSM)

通訊網路事業
Communications and Internet Business
遠傳電信股份有限公司(Far EasTone)
全虹企業股份有限公司(Acroa)
和宇寬頻網路股份有限公司(KGEx)
遠通電收股份有限公司(FETC)
數聯資安股份有限公司(ISSDU)
德誼數位科技(DE)
安源通訊股份有限公司(Q-ware Com.)
全音樂股份有限公司(Omusic)
遠時數位科技(YSDT)

聚酯化纖事業
Polyester and Synthetic Fiber Bus.
遠東新世紀股份有限公司(FENC)
宏遠興業股份有限公司(EVEREST)
遠東先進纖維股份有限公司(FEFC)
遠東實達（馬）私人有限公司(PFEM)
遠紡工業（上海）有限公司(FEIS)
遠東服裝（蘇州）有限公司(FEAZ)
遠紡工業（無錫）有限公司(FEIW)
遠東服裝（越南）有限公司(FEAV)
遠紡織染（蘇州）有限公司(FEDZ)
遠紡工業（蘇州）有限公司(FEIZ)
亞東工業（蘇州）有限公司(OTIZ)
中比啤酒（蘇州）有限公司(SBBZ)
遠東石塚グリーンペット株式會社(FIGP)
遠東紡織（越南）有限公司(FEPV)
遠東新服裝（越南）有限公司(FENV)

金融服務事業
Financial Service Bus.
亞東證券股份有限公司(OSC)
遠東國際商業銀行股份有限公司(FEIB)
遠銀國際租賃股份有限公司(FEIL)
亞東證券投資顧問有限公司(OSIA)
德銀遠東證券投資信託股份有限公司(DWS)
遠銀資產管理（股）公司(FEIB AMC)
遠智證券股份有限公司(FEIS)

營造建築事業
Construction Bus.
遠揚建設股份有限公司(FECC)
遠揚營造工程股份有限公司(FEGC)
遠鼎股份有限公司(YDC)
遠東資源開發股份有限公司(FERD)

觀光旅館事業
Hotel Bus.
香格里拉台北遠東國際大飯店
(Shangri-La's Far Eastern Plaza Hotel, Taipei)
香格里拉台南遠東國際大飯店
(Shangri-La's Far Eastern Plaza Hotel, Tainan)

水泥建材事業
Cement and Building Material Bus.
亞洲水泥股份有限公司(ACC)
亞東預拌混凝土股份有限公司(YRC)
江西亞東水泥有限公司(JYDC)
武漢亞鑫水泥有限公司(WYCC)
亞洲水泥（中國）控股公司(ACC China)
四川亞東水泥有限公司(SYCC)
湖北亞東水泥有限公司(HYDC)
遠龍不鏽鋼股份有限公司(YLSS)
揚州亞東水泥有限公司(YYDC)
黃岡亞東水泥有限公司(HYCC)

海陸運輸事業
Sea/Land Transportation Bus.
裕民航運股份有限公司(U-MING)
富民運輸股份有限公司(FMTC)
富達運輸股份有限公司(FDTC)
裕民航運（新加坡）私人有限公司
(U-MING (SINGAPORE))
裕民航運（香港）有限公司
(U-MING (Hong Kong))
廈門裕民船舶服務有限公司
(U-MING (Xiamen))

社會公益事業
Philanthropic Organizations
徐元智先生紀念基金會(FEMF)
徐元智先生醫藥基金會(FEMDF)
徐有庠先生紀念基金會
(Y.Z. Memorial Foundation)
亞東紀念醫院(FEMH)
遠東聯合診所(FEPC)
豫章高級工商職業學校(YCVS)
亞東技術學院(OIT)
元智大學(YZU)

△ 圖 11-1 遠東集團企業組織圖（遠東官網）

當經理人進行組織結構的建構或改變時，他即是在從事組織設計的工作。當我們討論到經理人所做的結構決策，例如決定決策應在什麼層級，或應該有多少標準化規

則來規範員工，其所指的就是組織設計。歸納上述的說明，我們可以得到五個原則，在下一節中我們將進一步說闡述組織設計的這五項原則的調整與混合，以搭配出各種不同的組織結構。

第一節　組織設計的基本概念

在本節我們整理組織設計的五個基本原則，分析每個原則，使其能適用於今日複雜和改變的組織活動（見圖 11–2）。

| 分　工 | 事權統一 | 權責相符 | 控制幅度 | 部門化 |

▲圖 11–2　組織設計五原則

一、分　工

經濟學之父亞當‧史斯密在其名著中曾提到分工是工業進步的重要原因。分工是藉著眾人的力量改變原來由個人單獨完成整個工作方式，將工作分解成數個步驟，每個人只負責一個步驟。如此使得個人容易專精於部分的活動，集合起眾人便可以快速地完成工作。例如在裝配線上每個分站的工人熟練地重複著該分站的標準化動作，在短時間便可以完成眾人分開獨立作業數倍的工作量，就是分工最好的例子。

分工使得不同工作衍生出專門的技術可以在最短的時間內產生最佳的結果。如果未分工，則所有的工人都須要精熟所有機器操作，如此造成員工訓練養成的門檻增高，同時容易因個人精熟度的不同而產生產品品質不一的現象。因此到了工業革命後期，如何將工作切割成有意義的範圍，讓工人可以精熟其工作，又不致失於無聊是現代工廠管理與工作流程設計的一大課題。整體來說，分工仍然存在於大部分的現代組織中，我們應該瞭解在特定的工作上其所能提供的經濟性，

同時也應該瞭解其限制。

因此，不是無窮盡地分工可以提升生產力，而是有智慧地分析工作，找出適當的分割與運用機器的自動化與智慧型的生產方式。可以讓現代生產活動有更突破性的發展。讓機器取代重複、無聊與危險的工作，讓人擔任多變、需調整與整合性的工作。

二、事權統一

傳統管理學者如費堯等主張組織內應事權統一，認為一個部屬應該只有一個上司，而不應該有兩位以上的直屬老闆，否則該部屬會面對不同主管要求的衝突。就如我們常用雙頭馬車的貼切比喻，會令部屬有莫衷一是的窘境。但是這樣的觀點在現代組織中卻遇到了例外，許多公司都學習美國有名的寶鹼公司 (Procter and Gamble) 的組織，設計了具雙頭主管的結構，希望有效應付市場上多元且迅速的變化。事權統一在功能清晰及分工精細的組織是合乎邏輯的，而且仍然有效，現今許多的組織仍然遵循這個原則。

職權乃是指組織對於一個職位擁有者所賦予的權力，使其可以發出命令並預期被遵守。職權是組織重要的凝結劑，也是組織運作的啟動機。它經常是組織授予經理人，依法給予其特定的權力，同時限制其在特定的範圍內運作。照理說，每個職位依組織設計有其應有的權力，在任者經由職位而取得該項權力和頭銜。因此職權與在組織中的職位有關，而與個別經理人的個人性格與習慣無關。當然不同的個人可以因不同的性格與習慣，而將原本的職權發揮到不一樣的水準。例如，同樣是美國總統的小喬治布希便與歐巴馬的總統職權表現大不相同。前者以些微票數驚險贏得大選，上任後戰戰兢兢，希望獲得國會支持；而後者以大幅差距贏得大選，在行事風格上便顯得大開大闔。最後，一旦個人離開職位，就同時喪失該職位的職權，而該職權則屬於繼任者。

職權與權力這兩個名詞經常被混淆，職權是一種權力，其正當性是基於組織中對各職位職權的安排，職權與工作有關。相反地，權力指的是一個人影響決策的能力，職權為權力的一部分。也就是說，一個人因為職位而擁有的正式權利，

只是個人影響決策過程的一種方法而已。

你是否注意到高階主管的祕書通常權力很大，雖然實際上她們並沒有什麼職權。因為祕書相當於其主管的守門人 (gatekeepers)，有可能影響其主管所看到和何時看到的資訊。我們經常可以看到中階經理必須小心翼翼地對待薪水不到其五分之一的上級主管祕書。因為該祕書擁有接觸高層與掌握高層資訊的權力。員工如果是有親戚或朋友是在較高的位置，也可能較接近權力核心。擁有重要技術的員工也有相同的情況，該工程師的影響力可能超過其在直線位置所該有的。

一個人如何取得權力？ 傅蘭奇與雷凡 (1959) 曾經定義五種權力基礎 (power bases)：強制 (coercive)、獎賞 (rewarding)、合法 (legitimate)、專家 (expert) 和參考 (referent)。這五種權力基礎在管理學界經常被引用，而且是對想要增加自己權力的年輕主管非常有用的說詞。

傅蘭奇與雷凡認為強制的基礎乃是基於接受者的畏懼心理。人們對權力（尤其是暴力）的直接反應是害怕不順從時可能發生的負面後果，例如受傷或是死亡。通常這種權力可以實際施行，或威脅將要施行；可以對身體施加影響，例如毆打或限制行動。另外，就是工作上的處分，如減薪、降級或開除。

與強制相反的是獎賞，人們會因為好處而順從。因此如果擁有有價值的獎賞，那他就擁有權力。獎賞可以是任何事物，在組織之中獎金、有利的績效評定、晉升、指派有趣的工作、和善的共事者，以及較好的調任或工作地區。

強制和獎賞實際上是一體兩面。如果你能夠將對方具有正面價值的事物奪走，或者使其負擔某些負面的事物，那麼你對這些人就有強制的權力。如果你能夠給予對方某些具有正面價值的事物，或者移走對其具有負面價值的事物，則你對這些人就擁有獎賞的權力。另外，你不必擁有職位，也可以獎賞他人，在組織中友誼、接納，以及讚賞都是可利用的獎賞。

合法權力可以說就是職權，它是因為一個人經由選舉、任命、召募而在正式組織所擔任的職位而取得的。職位的職權包括強制和獎賞的權力，而合法權力的範圍還不止於此。更清楚地說，合法權力尚包含組織成員對於某職位職權的接納

態度（如領導權），當學校校長、銀行總裁或陸軍長官說話時，在其職權範圍內的老師、行員和士兵通常會聽從。

專家權力是個人因為擁有專長、特殊技能或知識而產生的影響力。近年來，由於科技知識的迅速發展，社會走向更專業分工導向，各項工作都有更深的研究與專業技術。因此，專家知識已經逐漸成為組織中重要的權力來源。當工作變得越來越專業化，管理上也就越來越需要「專家」來完成組織的工作。當某位員工的知識對相關工作是關鍵的，而且替代者越少，則該員工的專家權力就越大。例如臺灣東部花蓮、臺東的交通瓶頸在蘇澳與花蓮之間穿越中央山脈的道路建設，如何有效地建築一條安全的快速道路是非常重要的。負責規劃與執行這條快速道路的建設單位是交通部，交通部長本人若是工程建設出身，擁有相關的知識與經驗，則對這樣公路的規劃與建設就有幫助。反之，若是沒有任何交通與地質專業的主管，則可能就不適合介入太多，要請專家協助做成決定。

權力基礎中最後一類是參考權力基礎。它是當人擁有令人欽羨的資源或個人特質而受多數人的認同而產生的影響力。例如因為個人崇拜宗教領袖，則宗教領袖就對這人有參考權力；同理，電影明星與運動選手亦是因為知名度高而擁有高的影響力；人際關係好的人同樣有高的影響力。參考權力源自於別人的認同與崇拜，心中想跟那人一樣。因此，如果某個人的行為與態度令你崇拜而想模仿時，他對你就有參考權力。參考基礎亦可以解釋為什麼廠商願意花數百萬美元請名人做商業廣告為產品背書。行銷研究與實務均發現，名人能影響一般人對商品（如汽車、電子產品、化妝品，甚至房屋地產與名酒）的選擇。在組織中，具有魅力的個人，不管有無實際職權，亦能夠影響其上司、同事及部屬。

從這個理論可以讓人聯想到我們常說的論事的道理：情、理、法，其實也就是決定事情的基礎，情就像最後的參考（關係）基礎，理就是合乎常理的專家基礎，而法就是根據法律與職權基礎所擁有的權力。這三項基礎正好與傅蘭奇與雷凡 (1959) 所說的合法、專家與參考三個基礎相符。而前兩項的基礎，強制與獎賞反而像權力施行時所表現出的形式與樣態，是不必另行設為基礎的。至於三個基

礎的順序，則在各個國家文化下各有不同的重視，也反映出不同的國家文化差異。例如，臺灣與中國的習慣就以「情理法」為主，而英國則是「法理情」為重，至於「理法情」(德國)、「理情法」(法國)、「情法理」(義大利)、「法情理」(美國)等情況，括號內的國家是筆者直覺的填入，有待有興趣的研究者進一步去探究了。

三、權責相符

當組織授予某人職權 (authority) 的同時，也必須對其人課以相稱的職責 (responsibility)，也就是說當某個職位設有一定的權力之時，在位者也必須負起相當的責任去執行任務。個人光是擁有職權而缺乏職責時將十分有可能會濫用其權力；同樣地，當個人負擔某種職責卻沒有相關的職權也是行不通的。這種情形在總統制又設內閣總理的國家中常見，當今的第五共和的法國就是如此，所以只好在總統是多數黨領袖時行總統制，當總統的政黨淪為少數黨時，總統採取虛位模式，讓掌握多數優勢的政黨領袖擔任握有實權的內閣總理行內閣制。如此或許可以暫時解決不平衡的現象。

我們既知道職權與職責對等的重要性，但是部分職權必須下授經由部屬代為執行，如此試問，職責是否能夠也同時下授呢？從一般情理來看，這樣的觀念似乎是可以接受的。因為如此才可以維持權責相符的原則。可是學者從管理運作的角度卻不採這樣的看法，他們認為授權者仍須為其授出的決策負責。若是如此，職責無法下授，那麼又怎麼說職權與職責對等呢？

傳統的答案是從職責的兩種意義去瞭解：操作職責與最終職責，經理人授出操作職責，該職責可以往下授予，但有另一種職責——即最終職責將會保留，經理必須為其授予操作職責的部屬行動負起最終的責任。因此經理人可授出職權及與其對等的操作職責，但無論如何，經理人仍負擔最終職責，這是不能下授的。

學者同時也分辨兩種不同形式的職權關係：直線職權和幕僚職權。直線職權是指賦予主管指揮部屬工作的權力，其為主管對部屬的職權關係，它可以從組織的最高層分別下傳到最底層，具體的代表為指揮鏈。在指揮鏈上，經理人基於直線職權的權力指揮部屬工作，以及在不需徵詢他人意見的情況下做特定的決策。

反之，在指揮鏈上每位經理人也必須接受其上級主管的指揮。直線這個名詞是用來區分組織內不同的功能部門。一般而言，直線是指對組織目標（最終產品與服務）有直接貢獻的功能部門，例如生產和銷售經理就是製造商的直線主管；而與組織最終產品與服務沒有直接關係的部門，例如人事和會計則被視為幕僚部門。但是直線並不是僅以單位功能或名稱來決定，而應以單位的功能與組織目標的關係而定。例如對 104 人力銀行這家以就業服務為主的公司而言，其人事功能如薪酬制度設計、教育訓練、召募等業務與公司最終服務息息相關，雖然在其他生產事業中這些功能部門應是幕僚部門，但是在 104 人力銀行中其應屬於直線的功能；同理，對於勤益會計師事務所而言，其查帳、計帳等會計業務部門亦是其直線功能部門。

上述的定義並無問題，只是不將直線這個名詞局限在特定部門而已。另外，每個部門的經理人對其部屬均有直線職權，雖然並非每個經理人都是在公司直線部門之上，後者決定於其功能是否對組織目標有直接的貢獻。

當組織逐漸擴大及複雜化後，經理人員會發現其越來越難有充分的時間、專門知識或資源來做好相關的工作。組織為了應付這樣的情況，於是創造幕僚職權的功能來支援、協助，以及減輕直線人員的負擔。例如一所醫院的院長加上各科主任，在醫療行為外無法專業且有效地處理醫院物料採購，於是設立一個採購部門，該部門就算是一個幕僚部門。然而，要記得採購部的主管對所管轄的採購人員擁有直線職權。

傳統人力資源管理的學者從職位設計的角度，會假設各個職位固有的角色與功能是組織發揮功能的基礎，他們認為各職位就像汽車引擎上的各部分，各具功能各司其職。在傳統組織中如市政府，這樣想法可能是對的。組織比較簡單，幕僚較不重要，主管只需要依賴少許的技術專家。經理人在組織中的職位越高其所擁有的影響力就越大。但現在管理研究和實務工作中都發現，權力來源多元化了，其不完全與職位的高低相關。職權雖是組織中的重要概念，但是隨著不同人與環境變化，組織內的編組隨時可變，個人對組織的影響力亦隨時在變。

四、控制幅度

一個人到底能夠有效地指揮多少人呢？這是所謂的控制幅度的問題，早期頗受學者的重視，然而他們對於確切數字並不一致。傳統學者認為幅度不宜太大，不應超過 6 人，以便於能維持緊密的控制。但是學者發現組織層級是一個相關的因素，同樣的總人數，若控制幅度越小則組織的層級就越多。另外，組織層級越高的經理人所面臨人事與資源分配的問題越多，使得高中階經理人的控制幅度要比低階經理人小。這從生產線上領班可帶領 2、30 人工作沒問題，但總經理底下若超過 2、30 個部門就會有應接不暇的情況出現。

為什麼控制幅度的概念重要呢?因為它決定了一個組織有多少層級和經理人，假設內部技術與外部環境相同,能夠將控制幅度放得越大的組織應越能節省成本。假設兩個均僱用 729 人做為基層作業員的組織，其中一個組織的控制幅度每層均為 3 人，另一組織則均為 9 人。計算下來前者（控制幅度 3）的組織人力分配是 1 + 3 + 9 + 27 + 81 + 243 + 729 人，總計是 7 層 1,093 人。後者（控制幅度 9）的組織人力分配則是 1 + 9 + 81 + 729 人，總計是 4 層 820 人。兩者差三層級與 273 位經理人。這多出的經理人薪資則是控制幅度較寬的組織可節省的人事費用。兩相比較，很明顯地，寬的控制幅度在成本方面是有「效率」的；但在決策品質與命令傳達方面，窄的控制幅度可能較具效能。

在二十一世紀網路時代中，越來越多的組織增加控制幅度，利用網路與資訊技術將控制幅度增加，同時亦追求決策品質的增加。控制幅度逐漸被認為應視情境變數來決定，例如很明顯地受過越多訓練和經驗越多的部屬，其所需要主管的督導就越少。其次，擁有良好訓練和經驗的經理人可以有較寬廣的控制幅度。其他決定控制幅度的情境變數包括部屬任務的相似性、任務的複雜度、部屬所在的集中程度、工作程序的標準化程度、組織中管理資訊系統的完善程度、組織文化的強度，以及經理人所偏好的領導型態。

五、部門化

經濟學鼻祖亞當‧史密斯認為現代經濟的發展就始於商業生產行為的分工與

專業化。而專業化的具體表現就是在組織內設立部門。專業化之後所產生的專門技術員工就需要加以在組織上予以特別的設計與安排，將相同的技術員工集合在一個部門，可以統一指揮運用，如此使得部門所執行的功能、所提供的產品或服務、目標顧客、所涵蓋的地理範圍，可以更有效率、更便宜，且更快速地送到消費者的手中。

最常用來劃分組織部門的方式就是依組織所執行的各項功能來區分，可稱為功能部門化 (functional departmentation)。廠長可以把工廠的各專門人員分別依照工程、會計、製造、人事以及採購等不同性質，加以組織起來成為許多部門。功能部門化可以用在任何型式的組織，只要把功能調整以反映組織的目標和活動即可，例如醫院可以分成研究、醫療（下分各個科別）、住院、急診、兒童、會計、總務等。

以台灣高鐵公司的組織架構為例，他們以功能部門化的方式劃分組織，公司中的每個主要功能都劃分成一個部門，有專門的主管負責。不過從部門設計上可看出其缺乏現代管理的代表性單位——行銷部門，反映出傳統公務運作的思維，由此可見高鐵在運行這許多年，業務的成長與消費者滿意度的精進上仍有不少可以改進的空間，更遑論其一直處於虧損的狀況，還一度有破產之虞。

如果組織的活動是單純的服務而非產品，則可以將每項服務獨立，例如會計師事務所可以將會計簽證、稅務、審計、管理顧問以及其他業務等，分別設立獨立的部門，再設置一位主管指揮單位的業務目標與執行。如此設計仍可以歸類於功能性組織。

競爭環境已經使得管理的焦點重新回到顧客身上，為了能夠更體貼地知道顧客的需求，而且迅速地加以回應，許多組織開始更為強調顧客別的部門化。例如許多公司把總公司的行銷專才下放到現場。使公司更能辨認顧客的要求，並且更快速地回應。因此，組織想要爭取的顧客也可做為部門化的基礎，例如辦公用品製造商的業務部門，可以分成零售商、批發商及政府機關三個部門，各自負責自己的客戶，可以根據不同的需求設計不同的包裝、規格、送貨方式與訂價。例如

針對政府部門可以在各種產品上列印機關名稱，並用大包裝以節省處理手續與費用。成衣業更以男女性別與年齡來區分不同的業務部門，畢竟他們的需求迥然不同。一般百貨公司的分類就是以主要顧客對象的分別而設立的。另外，大型律師事務所可以依所服務公司或個人客戶來區分組織內的部門，例如大型公司的法律諮詢部門、非營利組織的法律顧問，與個別法律諮詢的部門。部門化的基本假設是，將具有共同的問題和需求的顧客集合起來，運用部門化建立專為其服務的專業人員團隊，如此最能符合顧客的要求。

　　另外，地理區域亦可做為部門化的基礎，公司可以將銷售市場依據地理分布的範圍而區分為東區、西區、南區、北區等不同部分，再設立專屬的部門以因應其不同需要。例如可口可樂在臺灣的分公司，就會應臺灣地區不同的飲料習慣而設計不同的產品內容與包裝方式。早期可口可樂因為是外來口味飲料，只要單一口味與單一包裝就可以創下銷售佳績。但是隨著新鮮感逐漸消逝，可口可樂就要引進其他口味與汽水來吸引消費者的注意。尤其臺灣的茶飲及現泡飲品是市場上的大宗，可口可樂必須能夠推出相似的產品以爭取有利的市場版圖。不幸的是，可口可樂一直未能抓得住臺灣飲品的趨勢，也使得臺灣在飲品市場強勁的創新能力（如珍珠奶茶）未能被可口可樂吸收，反而見這家世界第一飲料的公司逐漸退出臺灣市場。同樣道理，在臺灣的公司亦可以用地理區域來劃分部門，像中油的油品行銷事業部即是以臺灣地理分布為劃分處別，其下分別有基隆、臺北、桃園、竹苗、臺中、嘉義、臺南、高雄、東區等九個營業處（見圖 11–3）。如此可以依各地的特別需求設定油品供應的方式，如加油加氣的服務在山區多的中部就有高山設站運送的考慮，企業購油的服務在高雄地區重工業密集之處就有埋設管線直接運輸的需求，最後倉儲運輸的服務在基隆、臺中、花蓮與高雄等地區有港區進口與運輸的設施安排與營運。

　　產品亦可以做為劃分部門的基礎，以大宗貨物交易的公司，像美國的寶鹼 (Procter and Gamble) 與荷蘭英國的聯合利華 (Unilever) 公司，都是大貿易商發展出來的企業，他們銷售的產品非常多元，從食品、飲料、清潔劑、個人保健用品等都在提供項下。因此，其組織結構便以產品做為部門基礎，如此能夠針對各自

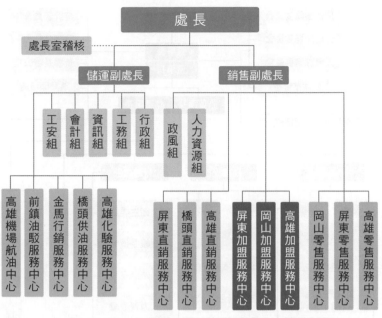

▲圖 11-3　台灣中油油品行銷事業部組織圖

的問題深入研究、分析與設計。各部門下甚至有完整的生產、行銷、財務與研發單位，就像一個獨立的公司。其實在發展過程中許多部門是被購併進公司，其原本就是一個獨立的公司，也因此還保留原有的品牌。像聯合利華公司中有名的立頓茗茶品牌，就是源自 1939 年開始的冗長購買行動，直至 1972 年才完成併入公司。另外，吉列刮鬍刀是 2005 年被寶鹼公司購併的著名品牌（圖 11-4）。

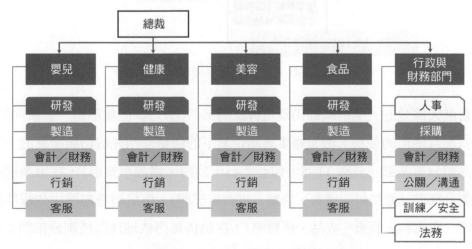

▲圖 11-4　美商寶鹼產品組織圖

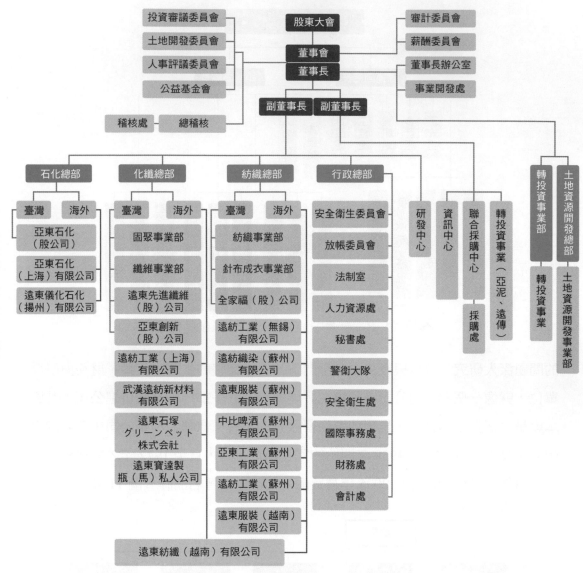

▲ 圖 11-5　遠東紡織事業部門組織圖

　　目前大部分的大型組織都仍延用傳統的部門化方式，但並不是一個原則到底，而是有混合使用的便利。例如遠東集團企業下的紡織部門先依紡織產業的上下游的產品劃分事業部（見圖 11-5，如亞東石化公司、纖維事業部），在事業部內依功能劃分部門（如紡紗、織布、染整、成衣等部門），再於製造部門中依程序劃分次部門（如原料、製造、成品、運輸等），在銷售部門依地理區域劃分部門；然後

又在各地區銷售部門下再依顧客加以劃分部門。有兩個趨勢值得一提，那就是顧客部門化的重要逐漸提高，這反映了市場競爭日趨激烈的情況；第二，組織內利用跨部門的工作小組來打破部門化出現的本位界限。

現在也常看到用工作團隊完成組織目標，許多公司成立跨部門的工作團隊，其中包括：福特、波音和蘋果。隨著任務的技術趨複雜和多樣化，管理部門也開始引入工作團隊和任務小組來解決特殊與創新的問題。

第二節　組織設計的權變取向

在現今各種組織蓬勃發展的現象看來，並沒一種所謂「理想」的組織設計能夠適用任何情境，就像我們在其他管理概念所發現的一樣，所謂理想組織設計乃是適應各種影響因素而逐漸發展出來的。在本節中我們將探討兩種基本的組織設計模式，以及其各別適用的權變因素。

一、制式和彈性組織 (standard and flexible organizations)

如果考慮前一節所談的各項組織原則，科層式（即制式）組織結構將會是理想的選擇，因為它幾乎符合所有的原則。根據指揮統一原則，確保正式層級職權的存在，使每個人都有一位上司負責控制與監督。在組織中的較高層級維持小的控制幅度，創造一個金字塔型、非個人化的組織結構。當組織的階層大幅增加後，高階主管就會制訂許多規定和辦法來規範下屬，因為無法經由直接觀察來控制低階層的行動，只得用規定和管制來事先劃好行動的界限，以確保其能按標準方式來運作。學者相信經由分工設計可使工作變得簡單、例行且標準化，進一步經由劃分部門而增加組織的專門化與非個人化，如此整個組織更像一部設計完整與分工精細的大機器。

從要求績效與發揮組織效能上，我們可以發現高度複雜、正式化和集權的組織幾乎是各時代的需要。這樣結構才能發揮有效率的機制，它也同時具有完整規則、管制和例行化來引導與管理組織。這樣的設計也可以避免個人能力與性格的

差異而使組織發生表現不一狀況,透過標準化能使組織的運作維持穩定和可預測,混淆和模糊可因此而減少。

　　彈性組織（即傳統所稱的有機式組織）是與制式完全相反的一種組織形式,它是以彈性為訴求,希望以組織的調整能力來面對多變的環境所創造出的低度複雜、低度正式和分權的組織結構。這樣的組織效率不是最高的,但是組織達成目標的能力因為犧牲效率而提升許多。常出現在非以固定模式經營的組織,例如建築師事務所面對不同的地主需求而要提供一個全新創造的建築設計。大型建築師事務所的內部組織乃是依不同的專案而設置的,成立之初是在公司內部廣泛的徵才,再在專案中把這些各部門挑選而來的人才努力地訓練成部門的高手。

　　哈佛大學的錢德勒教授 (Alfred Chandler) 首先提出關於策略與結構關係,他根據對美國前一百大公司的研究,追溯這些公司五十年的發展過程,加上綜合像杜邦 (DuPont)、 通用汽車 (GM)、 紐澤西州的標準石油 (Standard Oil) 和西爾斯 (Sears) 等公司的個案歷史而做出的結論 (Chandler, 1962)。錢德勒發現公司策略的改變發生在組織結構改變之前。他發現組織通常從單一產品或產品線開始經營,在這種單純的條件下所選擇的策略,通常不需要太複雜的結構。公司的決策由一位資深經理來決定,組織的複雜度和正式化程度都很低。然而,隨著組織成長,其策略就會變得更加精深且貼切,組織結構也變得複雜且多變。公司從單一產品線開始,通常在原產業中擴張,接著購併供應商或經銷商而直接控制原料,或將其產品賣給顧客,進行產業上下游的整合。例如通用汽車不僅製造汽車,同時擁有製造冷氣、電化設備和其他汽車零件的企業。這樣的垂直整合策略提高組織間相互合作的程度,可進一步降低成本與提高工作效率。隨著組織策略的改變,企業從早期功能別的結構重新設計為事業部組織,以適應組織間複雜的協調工作。最後,在產業多角化的發展下,組織結構跟著調整到集團企業型的組織。多角化策略的結構形式必須能發揮資源分配、績效自主以及迅速協調,其特有的獨立事業部,各為特定的產品負責。總之,陳得勒認為隨著策略從單一產品、垂直整合、到產品多樣化,經理人會在具彈性化與僵化制式的組織型態間游走,最後找到合

適的運作型態。

從歷史發展上來看，策略與結構的先後關係是合乎邏輯的。理性上來看，若組織所處環境是必須靠創新才能生存的話，那麼彈性組織應能配合創新的策略，因為彈性和適應性能使得組織應付多變與新創的環境。相反地，如果組織所面對的環境已是成熟的產業，而組織又是多年在其中有深厚的經驗，那麼組織常採取的是防衛策略以追求穩定和效率，那麼最好的便是制式組織。

意義何在？將投入轉換成產出的處理過程或方法是研究科技的共通課題，而這些處理程序或方法依其例行性的程度而有所不同。一般而言，越是例行性的科技，其結構就越可能標準化。所以我們認為適合例行性科技的管理應該是制式組織，越是非例行性科技越應該是彈性結構。

二、從問題本質與工具方法之雙維考量組織結構

培洛 (Perrow, 1967) 在研究不同於製造業的產業（如醫院）後，把他的注意力放在人類各種組織所發展的科技知識，而非僅限於生產的科技上面。他認為可以從兩個構面來看科技：①組織工作的常規性，即員工工作遇到例外情況的數量；②解決這些例外情況方法的方便性，即有無提供解答的適當科學方法與作法。他稱第一個構面為「任務變異程度」(task variability)；第二個構面為「問題可分析程度」(problem analyzability)。

高度例行的工作，其任務變異少，在每天的運作中少有例外的工作，包括：在汽車廠裝配線上的工人和麥當勞內場做漢堡的廚子。與例行工作相反的極端，即是工作上有許多的變異和例外，這就像建築設計的工作、企管顧問工作以及海面鑽油平臺上的救火工作。

第二個構面——問題可分析程度——即解決方法搜尋難易程度。一種情形是有清楚的解題方法，一般人可以利用既有的方法找出解決辦法。例如汽車製造方法對研究汽車製造的工程師而言，是有既有方法可循的。如果要在新模型設計下製造汽車的各個部分，只要做合理的修正應可以完成任務。另一極端的情形就是面臨難以定義與解決的問題，就如一位建築師受命設計一幢建築，不僅要符合新

修正的建築法規和限制，同時有一些問題是你以前從未遇過的，沒有任何科技可茲利用。像高第 (Antoni Gaudi Cornet) 的聖家堂的建設，自 1882 年開始至今仍未完工。其間負責興建的建築師除了依賴自己過去的經驗、判斷和直覺去尋找解決辦法，並要吸收新的科技方法，運用新的機器、工法與材料，再經由模擬和試誤，找到可以完成使命的辦法。聖家堂現任首席建築師佛里 (Jordi Fauli) 預計 2026 年可完成主體部分，2032 年可完成全部裝飾。目前 18 座高塔中，東、西、南三個立面共 12 座鐘塔已完成，分別代表耶穌的十二門徒。教堂中央 6 座高塔則尚未完成，代表《聖經》四福音書的四位作者、聖母瑪利亞以及耶穌基督。據瞭解，聖家堂計畫在 2026 年完工，是為了紀念高第去世 100 週年（自由時報，2015）。

▲ 圖 11-6　巴塞隆納的聖家堂

　　培洛使用兩構面——任務變異程度和問題可分析程度——來建構如圖 11-7 所示的 2×2 矩陣，矩陣中的四個格子分別代表四個依兩維高低而劃分的四種組織結構特色：它們是低變異、高可分析的例行工作 (routine jobs)；高變異、高可分析的工程工作 (engineering jobs)；低變異、低可分析的工匠工作 (craftsman jobs) 和高變異、低可分析的非例行工作 (non-routine jobs)。

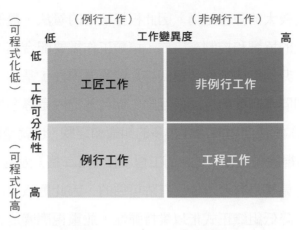

（可程式化低）（可程式化高）

工作可分析性

（例行工作）　（非例行工作）

工作變異度

低　　　　　　　　　　　高

| 工匠工作 | 非例行工作 |
| 例行工作 | 工程工作 |

▲ 圖 11-7　組織結構雙維圖

　　例行工作（第一格）是指已發展成熟的工作技術，其中例外情形很少，即使有問題也很容易分析，煉鋼廠、汽車、或石油提煉等均屬於這一類。工程工作（第二格）則是有很多的例外，但這些問題都可以理性、有系統的方式解決，例如造橋。每一座橋都有自己獨特的環境與橫跨需求要克服。因此，必須引用新的想法與技術以解決各種新的需求。工匠工作（第三格）需要處理例行性高、但是較難分析的問題，例如米其林三星餐廳大廚針對不同食材與不同品味顧客而推出的獨特晚餐，或藝術大師每一件新的畫作或雕塑；最後，非例行性工作（第四格）是最複雜的科技，它有很多的例外而且難以分析的問題，許多尖端科技的研究發展情況都屬此類，如對浩瀚宇宙的探索，美國洛克威爾公司所發展的各式太空船即是一個好例子。

　　總之，培洛認為能夠被有系統分析的問題適用第一、二格的科技；只能用直覺、推測或嘗試錯誤 (trial and error) 方法的問題，則需要第三、四格的科技。同樣的道理，如果是新的、不尋常的或不熟悉的問題，則屬於第二、四格科技處理的範疇；相反的，如果是屬於熟悉的問題，則第一、三格科技就可以適當處理了。

　　培洛的工作型態的理論對組織結構有何意義呢？培洛認為組織在控制和協調方法應隨著工作型態不同而不同，例行工作的組織結構需要結構化；相反地，非

例行性工作則需要較大的彈性結構。因此根據培洛的看法，最例行的工作（第一格）可以用標準化的協調和控制來完成，這類工作需要配合高度正式和集權的結構。在其對角端，非例行的工作（第四格）則需要彈性，基本上組織應該是專業分工的、所有部門間有高度的協調與互動，而且部門內是專業導向的。在旁邊的工匠工作（第三格）解決問題時需要最多的知識和經驗，也就是個人自主權很高，組織是扁平的，重視專業與創新的。而工程工作（第二格）因為其問題的變異大，但問題解決之道的蒐尋是有理可依、有跡可循的，因此應該要決策開放，接受能解決問題的方法，降低組織正式化以維持彈性，並重視應變能力。

三、從製造科技考量組織結構

在 1960 年代的初期，英國學者伍華 (Woodward, 1958) 就提出組織結構會根據所使用的科技而調整的理論。雖然科技並非決定組織結構的唯一因素，但無疑地，它的確是重要的因素。伍華的研究可以視為上一節培洛所提出的組織科技分析架構第二格中的工程工作類，而伍華是將工程工作再細分的研究。她先將製造科技做分類，再觀察不同類別的製造科技是否有不同的組織結構。她的假設是針對不同製造科技應有不同的組織結構使其能有效生產。當然，她有一個前提那就是所研究的對象都是成功的公司，因此其結構應該是成功配合生產科技的。

伍華研究英國南愛塞克斯郡 200 多家製造公司（如表 11-1），分析其結構因素如指揮統一、控制幅度等，試圖找出有意義的關係。起先她無法從資料獲得任何有意義的關係，直到她根據生產規模將這些公司分成三類，並發現呈現三種不同的生產方式（表 11-2），其科技的複雜性呈遞增。第一類是「個別生產」(unit production)，此乃製造客戶訂做的個別產品或小量產品，如西服店裁縫師所製作的西裝以及奇異電力公司為發電水壩所做的渦輪。第二類是「大量生產」(mass production)，其乃包括大批量生產工廠產品，如電冰箱和汽車等。第三類是使用技術最複雜的一類叫做「連續生產」(process production)，這包括以連續製程生產的工廠，如石油煉製業和水泥製造者。

▼ 表 11–1 南愛塞克斯郡的製造業之規模分布情形

僱用員工數	占 203 家廠商的比例	占全部人力（119,400 人）的比例
100 或更少	46	3
100～250	24	7
251～500	12	8
501～1,000	9	11
1,001～2,000	4	10
2,001～4,000	3	14
4,001～8,000	1	9
8,000 與超過	1	38
總　計	100	100

▼ 表 11–2 以員工僱用人數分析生產制度

生產制度	員工僱用數			工廠總數
	101～250	251～1,000	超過 1,000	
個別生產	7	13	4	24
大量生產	14	12	5	31
連續生產	12	9	4	25
總　計	33	34	13	80

　　伍華發現：①公司的生產技術類型和結構之間有不同的關係②公司的效能取決於技術與結構間的配合。例如公司層級隨使用技術的複雜而增加，個別、大量和連續生產的廠商其層級的中位數是 3、4 和 6。更重要的是，從效能角度看來，在各類公司裡越是成功的公司，其階層數目越接近其各類別的中位數，但並非所有關係都是線性的。例如大量生產廠商在複雜程度和正式化程度都很高，而個別和連續生產在這兩方面卻都很低；就規則和管制來說，對個別生產的非例行性技術而言是不可能的，而對高度標準化的連續生產而言又沒有這個必要，其發現的摘要列示於表 11–3。

　　伍華的結論認為特定的結構與技術的類別有關聯，成功的公司必須能夠因應技術類型而調整組織結構。在各類技術中，結構成分越吻合中位數則效能越佳。她發現製造廠商的組織結構沒有單一的答案，因為在個別和連續生產配搭有機式結構的效能較好，而大量生產配搭制式結構效能才佳。

表 11–3　伍華組織研究成果摘要

分 類		個別生產	大量生產	連續生產
管理階層數目		少	中	多
控制幅度		窄（21 至 30 人）	寬（41 至 50 人）	窄（11 至 20 人）
管理者與非管理者比例		低	中	高
組織特性		彈性組織；直線及幕僚無區別；有機式	制式組織；區分直線及幕僚；科層式	彈性組織；直線及幕僚間無區別；傾向有機式
溝通方式		口　頭	書　面	口　頭
情境需求	作業溝通	需　要	不需要	不需要
	作業檢查	較不重要	很重要	很重要
決策行為		短期、零星、數量多	改變期多、平時少	長期無改變、數量少

四、從湯姆森的工作相依理論看組織結構

對於組織所運用的科技而言，湯姆森 (James Thompson, 1967) 有不同角度的觀點，而非僅限於製造工廠之內，他是依照組織使用各種技術的方式來區分不同的組織與工作。依照湯姆森的工作相依理論 (task interdependence)，「相依」意味工作（即應用技術）間相互依賴的程度。相依程度低表示可以獨自完成工作，較少互動、諮詢或合作的需求；高度的相依則表示必須和其他技術合作。當相依增加，工作間的協調也會增加，因此組織必須設計適當的溝通和協調機制，才能夠有效地處理跨技術間的工作。相依的觀念也可以進一步延伸到跨組織的合作關係上，除了影響企業間的合作，而且還會決定合作關係的長短。企業之間相互依賴的程度越高，雙方發展長期合作關係的可能性也越高。

湯姆森提出三種組織技術運作模式，第一種是「協調型」 (mediating technology)，這是技術間最少相依的形式，一般組合式的生產工廠都屬於這樣的分類，例如汽車製造、家電生產、系統傢俱製造等產業都是如此，它類似前面伍華所提的大量生產的技術。這樣的成品必須經由數種不同的技術合作完成，如汽車的引擎與車體是不同技術的成果，但是彼此在生產過程是分離進行的，最後由組裝部分進行最後組合。這樣的工作方式又稱集合型 (pooled)，彼此的關係不緊密但相關連。使用標準化的協調方法，協調成本較低（請見表 11–4，第一列）。

第二種是「長鏈型」(long-linked technology)，這是生產程序中技術間的關係緊密的形式，系列生產的工廠即屬此類，當然伍華的連續生產的工廠更是如此。例如石油裂解、製藥工程、餅乾食品製造等。這樣的工作方式又稱次序型 (sequential)，前後工作的關連性高，事前的設計與安排比臨時協調重要，協調成本中等，工作垂直整合要求高 （請見表 11–4 ， 第二列）。 第三種是 「密集型」 (Intensive technology)，這樣的生產過程不再分階段，全部集中在一個空間進行，多項技術在不同時間內帶入以形成最好的效果，這與伍華所謂的個別生產有異曲同工之效。這樣的工廠技術像牙醫、禮品店、理髮店、汽車維修廠等均是。這樣的工作方式稱互動型 (reciprocal)，技術間的關係高，因此協調要求高，協調成本亦高，常由一人扮演多重功能以降低協調問題並節省成本而形成特有的專業技術 （請見表 11–4，第三列）。

▼ 表 11–4　工作相依與三種類型的技術

科技類型	工作相依性	主要協調方式	降低不確定的策略	協調成本
協調型	集合型 Ⓧ Ⓨ Ⓩ （例如分別工或連鎖工）	標準化	增加接受服務的人數	低
長鏈型	次序型 Ⓧ→Ⓨ→Ⓩ （例如生產線或連續生產）	計劃或排程	多餘備料垂直整合	中
密集型	互動型 Ⓧ↔Ⓨ↔Ⓩ （例如綜合醫院或研究機構）	相互調整	專業性	高

由此看來，伍華與湯姆森的理論有相同的結果，對技術的分類雖使用不同的名稱，但有相當大程度的巧合與重複。可見對於製造技術與所配合的組織結構有很大的驗證性與參考價值。

五、環境、規模與結構

在本書第三章中介紹過環境是管理的一大限制，許多研究也顯示環境同時也是組織結構成形主要的影響力量。基本上，制式組織在穩定的環境中最具效能，而彈性組織在變動大和不確定的環境最能突顯其作用。環境與結構的關係可以幫助解釋，為什麼在變動劇烈的環境下，這麼多經理人將他們的組織改造成扁平、靈敏且富彈性的結構。全球化使得所有的競爭者失去在地優勢，而不可避免地加速產品與服務的創新，同時也發現顧客對高品質和快速交貨的要求，這些都是動態環境下組織結構設計所面臨的挑戰。制式結構無法應付迅速變遷的環境，結果就是我們看見經理人們重新設計他們的組織，使其更為有機化。

一般而言，組織結構形式會隨著組織的成長與發展而變化。例如進入大型組織型態（指僱用2千人以上者）時，組織會傾向專門化、水平和垂直分化、設計更多的規則和管制。但是規模與組織結構間的關係並非是線性的，而是趨緩的曲線，隨著組織規模的擴大結構變化程度逐漸減小。為什麼呢？基本上，當組織成長到2千名員工的規模，要使如此多的員工同步進行高效率的工作，必須要建立更加機械化的生產程序。此時，組織若再成長至3千名員工，組織的結構並不需要有太大的調整。但是原有3千名員工的組織要加倍成長時（即增加3千名員工），可能該組織就會變得更加機械化，以增加其營運的效率。這是影響組織結構設計的另一個原因。因此，在現代社會中就會發現組織結構在制式與彈性設計的理念中擺盪，永遠沒有一個完美的設計，只有不斷地調整與嘗試。

▪摘　要▪

1.組織設計的基本概念：分工、事權統一、權責相符、控制幅度、部門化。五種權力的基礎是強制、獎賞、合法權力、專家權力、參考權力。控制幅度決定了一個組織

有多少層級和經理人，假設內部技術與外部環境相同，能夠將控制幅度放得越大的組織應越能節省成本。

2. 組織設計的權變取向：制式和彈性組織、陳得勒教授首先提出關於策略與結構關係。陳得勒發現公司策略的改變發生在組織結構改變之前。從問題本質與工具方法之雙維考量組織結構，培洛提出一個以兩個構面看科技的模式。伍華 (Woodward, 1958) 提出組織結構會根據所使用的科技而調整的理論。湯姆森依照組織使用各種技術的方式來區分不同的組織與工作。

複習問題

1. 較寬或較窄的控制幅度，何者較有效率？為什麼？

2. 為什麼學者認為職權與職責應該相當？

3. 一個幕僚部門的經理人可以有直線職權嗎？請解釋。

4. 權力的五個來源為何？

5. 部門化有哪些方法？

6. 解釋培洛的技術分類架構，並解釋其對組織設計的涵義？

7. 在哪些條件下制式組織有效？反之，哪些條件下彈性組織有效？

討論問題

1. 你能夠調和以下兩個命題嗎：

   (1) 組織應該越少層級才能促進協調。

   (2) 組織應該控制幅度越窄才便於控制。

2. 職權和組織結構如何相關？

3. 為什麼瞭解權力如此重要？

4. 你所讀的大學是機械式或有機式組織？這樣的結構你認為合適嗎？請解釋。

┃ 第 十 二 章 ┃

各種組織結構與工作設計

> **本章係以 2 節予以陳述學習的內容：**
>
> 1.各式組織結構
>
> 2.工作設計

　　臺灣宏碁公司創立於 1976 年，從 100 萬新臺幣的微處理器的小企業，成長至四十年後的全球頂尖資訊通訊公司。從硬體設計製造、微電腦處理機、個人電腦、平板電腦、智慧手機、電競產品、虛擬實境 (VR) 裝置，到以物聯網和服務導向的整合應用科技，宏碁希望建立為消費和商用市場結合軟體、硬體和服務的整合性產品與服務。宏碁公司的使命是打破人與科技的藩籬，在全球約有超過 7 千名員工，致力於研發、設計、行銷與服務的工作，並在超過 160 個國家設有通路進行產品銷售。

　　根據宏碁的官網，宏碁營運分為兩大事業單位：一是新核心事業 (new core business) 致力於個人電腦相關 IT 產品的研發、行銷與服務；二是價值創新事業 (new value creation business)，包含 BYOC（bring your own cloud，宏碁自家雲的簡稱）雲端服務事業單位，以及電子化事業服務單位。兩大事業單位都以「打破人與科技間的藩籬」為共同使命，相互整合運用彼此的資源以發揮最大綜效。希望與客戶創造有價值的產品與服務，以智雲體 (BeingWare) 概念連結個人所有的物聯網 (IoT) 智慧型裝置，創造獨特的價值與智慧，並形成智聯網 (Internet of Beings, IoB)，如此打造整合軟體硬體與服務的縱向營運模式。

　　宏碁創立時，使用「Multitech」品牌十餘年之久。1987 年，董事長施振榮認為企業為長期發展的使命，應該修改不合時宜的名字，而決定放棄這個價值 2 千萬美元的

品牌。施振榮認為「Multitech」字母太長難記,容易與其他高科技公司重複。於是決定重新設計新的品牌,誓言把它塑造為世界知名品牌。第一次變更中,品牌改為「AceR」。

2000 年,宏碁陷入虧損,施振榮提出品牌與代工分家策略,將宏碁集團切割成「宏碁」、「明基電通」、「緯創」等三個泛宏碁集團,正式成為獨立經營的個體。2001年,王振堂擔任宏碁總經理;蘭奇 (Gianfranco Lanci) 擔任宏碁歐洲區總經理,期間大力發展筆記型電腦,成為歐洲第一大筆記型電腦品牌。

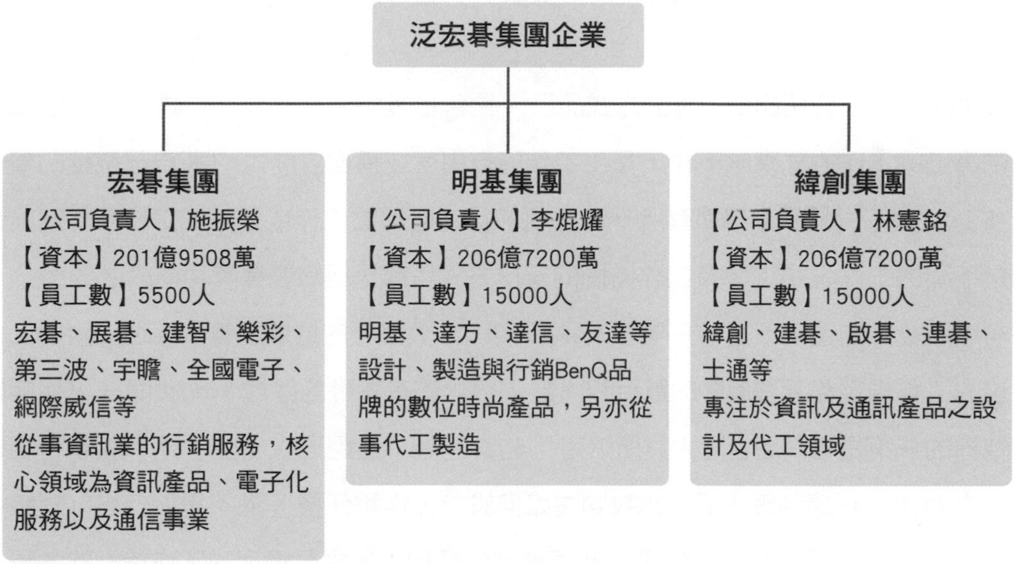

```
泛宏碁集團企業
```

宏碁集團	明基集團	緯創集團
【公司負責人】施振榮	【公司負責人】李焜耀	【公司負責人】林憲銘
【資本】201億9508萬	【資本】206億7200萬	【資本】206億7200萬
【員工數】5500人	【員工數】15000人	【員工數】15000人
宏碁、展碁、建智、樂彩、第三波、宇瞻、全國電子、網際威信等	明基、達方、達信、友達等設計、製造與行銷BenQ品牌的數位時尚產品,另亦從事代工製造	緯創、建碁、啟碁、連碁、士通等
從事資訊業的行銷服務,核心領域為資訊產品、電子化服務以及通信事業		專注於資訊及通訊產品之設計及代工領域

▲圖 12-1　泛宏碁集團組織圖

2013 年 11 月,宏碁公布第 3 季淨損 131.2 億元,每股淨損 4.82 元,董事長王振堂請辭下臺。宏碁精簡全球人力 7%,成立變革委員會,施振榮任召集人,公司進入史上第三次變革。公司宣布發展自建雲以及轉型為結合硬體、軟體與服務的公司。宏碁企業集團成長的個案反映臺灣在經濟發展中企業經營的寶貴經驗,一家憑資訊技術以100 萬新臺幣成立的小公司,在面臨多元與動態的環境與市場的改變,藉著不斷地調整組織結構與功能,將公司從製造業的高科技公司轉變為放眼市場、以科技掌握市場脈動的後現代公司。

在這一章，我們將會介紹管理階層可以採用的多種組織結構方式。上一章中介紹了組織理論的基礎，僅簡單介紹幾個組織結構設計的原理原則，以及幾種組織分類與具代表性的組織結構。然而，在實際世界中，組織很少是依循上一章的分類原則而設計的，而是根據環境與營運作業的需要，自行設計各式組織結構與作業方式，呈現出非常多元且獨特的組織結構。本章將分別一一介紹這些具代表性的組織結構。原則上，沒有標準或完美的組織結構，只有因應環境與公司內部需要而設立的組織結構。當組織結構能夠實現工作目標時，它會被保存，甚至被其他組織學習引用；但是當組織結構不再能有效運作或成為組織運作時的阻礙，就有必要改弦易轍，重新設計一個適用的結構。

本章並不只介紹組織的設計方式而已，還包括其中工作的設計方式。不同組織結構中員工的工作方式應該不同，員工工作的自由度或稱自主能力（即自己裁量的權力有多少）因不同組織結構而有所不同。例如員工是獨立工作或是組成工作團隊彼此合作是不同的工作方式，以及工作時間的安排方式等都是組織發揮其功能的必要部分。通常組織設計的決策不是所有階層人員都參與，大部分的低層主管和經理人對於工作單位的工作規定和管理層級的數目和內容，很少能有置喙的餘地。一般而言，組織整體結構的決策是由高層管理人員所決定，也許詢問下屬經理人一些意見。就執行組織的功能而言，低層經理人通常比較關注如何設計工作和任務，而不是如何設計組織這樣的重大決策。因此在這一章裡，我們會考量經理人所需要處理的工作設計的各種方式，這也是他們所須負擔的職責之一。

第一節　各式組織結構

本章第一部分將介紹各種組織結構的形式，其演化的背景與各種優缺點。組織結構本身因為環境與時代觀念各有不同，而會有多元的形式，很難說有完美或第一的結構，而是以能夠完成使命者最好。

一、明茲伯格的結構五元素論

明茲伯格 (Mintzberg, 1983) 在上世紀八〇年代提出一個組織結構的模式，其中內含五個結構元素，再以這五種元素在組織內所扮演功能的顯著多寡決定組織整體呈現的現象，以此涵蓋所有可能的組織結構形式。因此以下將以他的框架來介紹本章中各種組織結構形式。明茲伯格所提的五項組織結構元素如圖 12–2 所示，像是一條鐵軌的橫切面左右放上兩個雞蛋。首先是高層 (strategic apex) 在鐵路上緣，其下是中間直線主管 (middle line)，最下層是作業核心 (operating core)，左邊的雞蛋是技術人員 (technician)，右邊的則是幕僚 (support staff)。現在假設每個組織元素所扮演的重要性為高、低、零三種，就可以有 $3^5 = 243$。由於篇幅有限本文不可能在此窮舉這 243 種的組織形式，其有待讀者有時間自己一一推敲了。僅在此以五種可能且常見的組織形式來介紹其內部元素的組合。

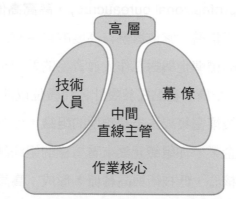

▲ 圖 12–2　明茲伯格的五項組織結構形式

1.簡單結構（simple structure，高零低零零）

本結構亦可稱為創業模型，因為其內部均為直線組成的直屬部門。所有的部屬均在直線控制之下，所有的行動都歸屬老闆的命令指揮，組織內不存在幕僚部門，所有部門都有直屬功能與彈性任務，沒有專職支援的部門與角色。小型與新設組織常採用這樣的結構形式，因為其彈性的設計與方便指揮，使得創業主不由得地使用這樣的方便形式，以達成目標。從組織元

素來看這樣的組織結構就是高高層、零中間主管、低作業核心、零技術與零幕僚，形成：高零低零零的組合樣貌。

2. 機械官僚結構（machine bureaucracy，低高高高低）

機械官僚結構得其名於高度工作標準化的形象，表示組織內部運作良好有如一部機器一般。生產程序以大量製造為主的公司多半使用這種類型的組織結構。因為工作標準化與生產程序的細部化，使得員工僅需少量訓練即可執行任務，然而由於規模宏大，所以中階主管與低層技術作業員工仍需要大量人力。權力的結構正式且清楚，政策與法規明確由上面制訂與執行。從組織元素來看這樣的組織結構就是低高層、高中間主管、高作業核心、高技術與低幕僚，形成：低高高高低的組合樣貌。臺灣的台積電、鴻海精密機械等高科技公司都是這類組織結構的代表。

3. 專業官僚結構（professional bureaucracy，高高高低高）

專業官僚組織並不集權，它依靠享有高度的自主權的專業人員執行任務。組織根據對技能的標準化與對工作人員資格的要求來達成其內部各功能的協調與執行。官僚結構的重點在於設計各種職位以期發揮綜合效能。通常，這類結構常見於技術密集或法規複雜型的組織，如各級政府機關、日式大型企業及代工型企業。從組織元素來看這樣的組織結構就是高高層、高中間主管、高作業核心、低技術與高幕僚，形成：高高高低高的組合樣貌。

4. 分權式結構（divisionalized form，低高高零零）

大型組織因應生產不同的產品而有許多獨立的部門出現，各自處理自己的需求。各個部門享有較大的自主權，組織中央雖號稱擁有資源統籌分配的權力，但細部作業決策則下放到各部門，中央常因循舊規而毫無決策能力，中間主管反而決定各個獨立的部門的運作方式。從組織元素來看這樣的組織結構就是低高層、高中間主管、高作業核心、零技術與零幕僚，形成：低高高零零的組合樣貌。許多集團企業的發展呈現這類分權式結構的特性。

5.特定編組的結構（adhocracy，低低低高高）

在變化急速的環境中，正式組織難以生存，因為其調整需要時間。因此出現了這種強調在短期內迅速適應的組織結構，可稱其為急就章式的結構。這樣的組織結構不具正式性，但具有許多擁有高度技能的員工。他們以達成任務為主，運用各種形式的彈性組織結構如矩陣式或團隊式結構以完成各自的使命。各部門共有的則是如銷售、人力資源、會計與財務等共通的功能，這些單位反而發揮關鍵協調功能。從組織元素來看這樣的組織結構就是低高層、低中間主管、低作業核心、高技術與高幕僚，形成：低低低高高的組合樣貌。像經紀型的組織，如電影製作公司、建設營造公司、廣告公關公司等多半屬於這樣的組織結構。

▼ 表 12-1　五種組織結構形式特性比較表

結　　構	主要協調機制	關鍵部門	分權狀況	
簡單結構	直接監督	上層組織	集權	
機械科層	工序標準化	技術部門	有限的水平分權	
專業科層	技能標準化	作業階層	垂直及水平分權	
分部門化	產出標準化	中級階層	有限垂直分權	
特別小組	相互調整	支援幕僚	選擇性分權	

二、簡單結構

一般而言，在多數國家中大部分的公司規模都很小。臺灣企業 98% 的員工人

數是在 50 以下。小型公司並不需要複雜的、正式的結構，它們僅需要簡單的結構，以發揮其特有的迅速適應環境的競爭力。如果「科層式的官僚組織」是形容大型組織的最佳用詞，那麼「簡單結構」就是大多數小型組織的最佳形容詞。對簡單結構的定義，常由「否定詞」而非「肯定詞」組成。例如它並不是一個精細的結構，它亦不是一個複雜的結構。如果你看到一個組織似乎沒有什麼結構，那麼它可能就是簡單結構。所謂簡單結構是指它的複雜性很低，正式化的程度也很低，而且職權通常集中在一個人的身上。它是扁平的組織，通常只有一兩個的層級，員工體系寬鬆，但是權力常集中於一個人的手中。

　　小企業無可避免地會採用簡單式結構，而且經營者和所有權人常是同一個人。圖 12-3 就是這樣的結構，這是一個連鎖便利商店的組織圖。劉先生擁有這家店，也負責經營這家店。雖然他僱用了三位全職的銷售人員，一位出納人員，以及兩位在週末和夜間上班的臨時僱用人員，但是舉凡召募、訓練、行銷、財務、總務等大大小小所有的事情都是由他掌控，由他決定。

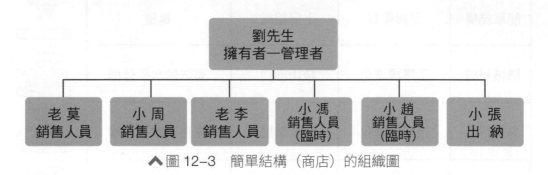

▲圖 12-3　簡單結構（商店）的組織圖

　　簡單結構的長處很明顯，快速、有彈性，而且成本不高、責任清楚。主要弱點是它只在小規模的組織中才是有效的。當組織擴大時，它就越來越不合適了，因為低度的正式程度以及高度的權力集中，使得管理者的工作負荷過重。當組織的規模變大時，多樣多層面的決策需求造成決策塞車，連帶使得決策的速度變慢，也使得品質變差。最後營運都可能陷於停頓，因為組織裡唯一的執行主管無法一直負責所有的決策。這樣通常是許多小型企業毀滅的原因。當一家公司的年度銷

售額超過 1 億新臺幣時,那重要決策待決的數量就很難讓集權的老闆繼續做所有的決策。此時,如果不改變公司的結構,公司就可能會喪失精準度與衝力,最後會面臨失敗的命運。簡單結構的另一個弱點是風險過度集中於一個人的身上。一場突發的心臟病或意外,就會把組織的決策與統籌資源的中心摧毀。

三、功能式結構

想像一下這個畫面:在一個功能式組織會議中生產部經理說:「各位!若沒有我們生產的產品,公司不具任何存在的意義。」此時,研發部經理打斷生產部經理的話說:「錯了!若沒有我們的設計功能,你們的產品又如何生產呢?」行銷部經理接著說:「你們不必忙著爭論!若產品全堆在倉庫中無法售出,設計與生產又有何意義呢?」最後,會計長憤憤不平地說:「其實你們說:生產什麼、設計什麼或是賣出什麼統統都不重要,因為若沒有我們列帳並核算出結果,是沒有人會知道組織究竟做了什麼。尤其重要的是到底賺不賺錢,是否有盈餘!」

上述的對話是功能式結構中主管比較不願見到潛在表面下的情形。在前一章,我們已經介紹過部門化的概念,所以對以功能別來設計的組織,應該會覺得熟悉。所謂功能式結構只是指將功能式的傾向,擴展到整個組織的主要形式而已。就像圖 12-4 所顯示的, 管理階層可以把相關和類似的職能專業集合在一起工作。 如此,也就是管理階層選擇了功能式的結構。

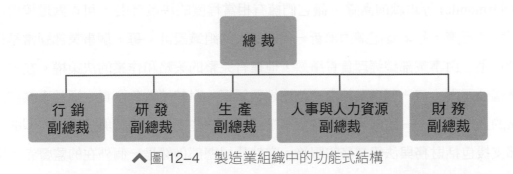

▲圖 12-4　製造業組織中的功能式結構

功能式結構的長處在於將組織內各功能專精化,它集合專長相類似的專業人員以產生規模經濟。如此可以降低人員和設備重複設置,而且可以創造員工相關

專才的相互學習、淬鍊與進步的機會，使得工作效率更高，可用「共同的語言」溝通，員工也有較高的滿意度。

然而，在這一節開始的個案情節就描述了功能式結構的弱點，因為追求各別功能性的目標，組織反而喪失洞察最佳利益的機會。同時，由於個別功能都不對最後整體結果負責，以致於個別功能部門間就變得有隔閡，造成對於其他功能的人員與事務瞭解甚少。而且因為只有最高管理階層能夠看到組織的全貌，所以他們就必須擔任協調的角色。由於各個功能的利益和角度頗為不同，當他們強調自己的重要性時就會產生衝突。功能式組織的另一個弱點是，它對於培養組織未來的經營者，只提供很少的訓練的環境。各個功能部門的經理人只能看到組織中各個區隔較偏狹的部分，也就是其功能內的事務，而對其他功能的事務所知有限。因此，這種機構並沒有提供功能部門經理人看待組織活動的廣闊視野。

四、事業部結構

美國的通用汽車，全錄公司，與本章首所介紹臺灣的宏碁電腦公司都是採用事業部式結構的公司組織。他們共同的組織結構形式，就像宏碁電腦公司一樣，參見圖 12-5。

事業部結構是在 1920 年代，由通用汽車和杜邦公司所創先採用於組織內部設置功能完全的小組，例如凱迪拉克 (Cadillac)、雪佛蘭 (Chevrolet) 及奧斯摩比 (Oldsmobile) 等車款的團隊，讓它們擁有相當程度的決策自由，可以對環境與市場迅速反應，是培養組織內部新一代領導人的組織設計。每一個事業部通常是行動自主，由事業部總經理負責績效，他擁有完整的策略和作業的決策權。在宏碁電腦公司內，每一個事業部由一位總經理領軍，對其績效負全責。通常事業部組織的上級單位——總部，會對各個事業部提供一些支援、協調與監督。典型的總部支援包括財務與法律業務的服務。當然公司總部仍然是一個外在的監督者，協調、控制各事業部。通常事業部的總經理可以自由地領導事業部往他認為合適的方向走，只要是在總部所設定的總體指導原則的範圍之內。有個常用的名詞叫「自負盈虧」，對各個事業部是非常重要的經營原則。因此，即使是事業部間的交易，也應「親兄弟明算帳」才是。

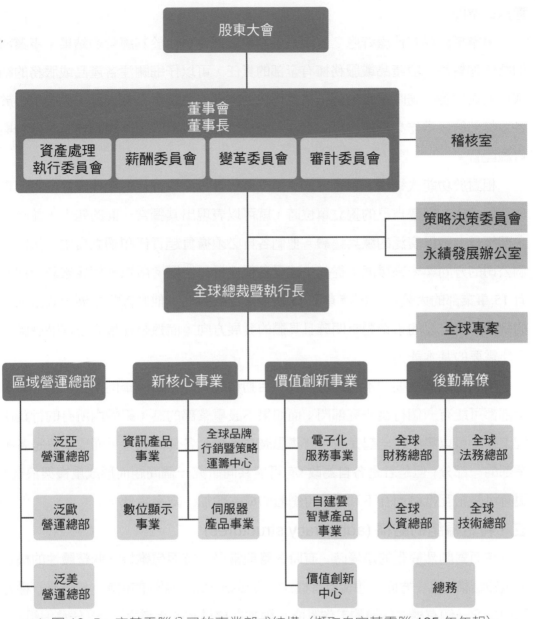

▲ 圖 12–5　宏碁電腦公司的事業部式結構（擷取自宏碁電腦 105 年年報）

　　當我們仔細看事業部結構時，可以發現它的「內在部分」也包含有清楚的功能性的結構。如此可說，事業部結構產生了一組自主的「小公司」，而在每一個小公司的內部有一個完整的組織形式，而通常是功能式的設計。如此在小公司發展完全時，可以放出去獨立成立公司，上市吸引更多的資金。可以發現有許多彈性

運用的空間。

　　事業部結構有什麼好處？答案是各個事業部會專注於其經營的結果。事業部的總經理對每一項產品或服務擁有全部的責任，可以仔細關注各產品或服務的細部作業與成長。同時，事業部結構也可以使總部的主管與幕僚人員，免於用心於各事業部的日常作業細節，可以專注於組織整體的長期的策略規劃控制、分析與資源配置。

　　相對於功能式結構，事業部形式是一個培養資深執行長的絕佳設計。各個事業部總經理在經營自己的獨立單位時，就可以表現出其獨當一面的能力，並在事業部經營上獲得廣泛的練兵經驗。他們各自必須擔負起責任和獨立自主，決定一個公司的方向與未來發展，從其中感受各種挫折和快樂。所以一個像宏碁一樣擁有 15 事業部的大公司，即擁有了 15 個事業部總經理，他們都將發展一個全面性的視野，對自己的事業體有明確且具體的發展方向，而這是在最高管理階層職位上所需要的基本能力。

　　事業部結構主要的不利之處在於，活動和資源的重複。舉例來說，每一個事業部都可能有一個行銷研究部門；而如果不設事業部的話，組織內所有的行銷研究工作，可以集中在一起完成，有集思廣益且綜合各部的效果，而成本只是各事業部的一部分。但是若是各自為政，有可能共同研究一個問題而形成重複與浪費，更有可能相互抵銷而互不利，使得總體的成本增加，效率降低。

五、特定編組的結構 (adhocracy structures)

　　在面對劇烈變化的環境時，有時候管理當局一方面想維持一個整體性的機械式組織結構，另一方面又想擁有有機式的組織結構富於彈性的優點。於是有一種方法便是把一個有機式結構的工作單位，附加在機械式的組織之上。「任務編組」、「委員會的結構」以及「矩陣式組織」，就是三個這種組織特性相互配搭的實例。

1.任務編組

　　任務編組 (task force) 是暫時的組織結構，通常是為了完成某項特定、明確而內容複雜的任務而組成，通常需要組織內不同部門人員的投入。我們可

以把任務編組想像成一個臨時、小型、在正式組織外成立的組織結構，組員待在小組之內，直到任務編組的目標完成為止。然後任務編組就解散，而組員可能會轉到一個新的任務編組，或者是歸建（回到）他們原先的部門、或者是離開組織。

任務編組是廠商常用的方式，例如義美食品公司要開發一種新奶茶飲品（厚奶茶）時，公司就會把內部對產品設計、食品研究、行銷、生產、財務等相關功能的專才聚集在一起共同討論，來開發產品、設計包裝、決定市場、計算生產成本以及預估利潤。一旦產品開發的問題都已經解決，準備大量生產時，任務編組就解散，而以厚奶茶為主的相關人員組織就整合到公司的永久性組織結構。新產品就交給內部一個產品經理負責，也就變成公司組織結構的一部分，或另設新部門專門負責新產品相關的業務，兩者都是可能發展的方向。

2. 委員會的結構

委員會的結構 (committee structure) 與任務編組一樣是結合不同經驗和背景的人處理問題，並且跨越功能別的直線隸屬關係的組織結構。委員會的結構可以是暫時的或常駐的。暫時的委員會與任務編組的性質更近，只是名稱說法不同，發展可能性較大；常駐的委員會則兼具任務編組的靈活運作功能，可以促進多元的投入，另一方面長久固定的結構可以增加結構的穩定性和運作的協調性。委員會的成員可以定期或不定期開會，以分析問題、提出建議、做出決策、協調活動、或監督專案等形式出現。委員會具有結合不同部門的資源與技術，來共同解決一個跨越領域的問題的功效。大學院校常常設立常駐的委員會來處理許多特定的事情，在各正式組織下均設有處理特別事務的委員會，例如學生事務處下就設有學生懲戒或規範委員會，負責處理學生的違規事務；人事室下設有教師升等評議委員會，負責評估老師的晉用、升遷與懲戒事宜；公共關係室下設有校友服務委員會，負責校友們的連繫與募款的工作。私人企業也利用委員會作協調和控

制的機制，例如許多廠商有薪資委員會，評估高階主管薪水和紅利的情況，提報給董事會決定；此外還有經費稽核委員會，藉不同觀點的成員達成客觀地評估公司的營運的情形。一些公司甚至把委員會當作是組織結構的中央協調工具，其中當然董事會的組成就是委員會的形式。在此之外，有些公司甚至組成包含公司頂層一級主管的策略規劃與管理委員會，針對性質特殊的工作，如策略規劃、公共關係、高階人事聘用與重大採購事項等，進行辯論並做出決策。這樣的公司中，永久的功能結構是用來處理企業的經常之作業，而暫時組成的委員會則是為了特定的議題而成立，例如商討處理因政府政策調整而出現的營運難題。

政府機構中亦有許多委員會的設置以因應許多不同的需要，其中常駐與臨時的委員會都有，依政策的需要而設置。例如在臺灣行政院下設立的大陸委員會，它的組成便是由各部會的副首長擔任委員，因為大陸事務牽涉到多個部會的工作，由陸委會統籌辦理比較具效率以及可以考慮多方意見。而在中國中央政府的設計便是在國務院下設臺灣事務辦公室，乃屬於事務偏坦，與臺灣的陸委會略有不同的運作方式。從時效上來看陸委會的設置應屬任務編組性質，是因應兩岸目前分治的情況而設，一旦分治的情況解決便無設置的需要。而兩岸均有的國家發展委員會則應屬常駐的委員會，它是為了國家發展的大問題而設置，希望能夠發揮集思廣益，建構策略思維的長久國之大計而存在的機構，由此我們可以想像其具長久設立的理由。

3.矩陣結構

矩陣結構 (matrix structure) 是一種因應多變的環境而衍生的設計，使管理者可對經營活動有合理的分割，進而掌握分割的活動；同時，在各個活動中可以更專精化，運用更專精的技術與人力而發揮最大的經濟效益。如今這種結構在各種產業環境均可見，如太空產業、高科技製造公司、和大型貿易公司中都很盛行。

傳統的功能結構可以有專業分工的優點。事業部結構則可以讓各個獨立的

經營部門更專注於自己的合理運作以爭取最大績效之上，但是其不可避免地會產生資源和共同活動重複配置的問題。假如公司是依產品別而設計組織結構的話，也就是說，公司所生產的每一類產品都有它自己的功能式組織結構支援，那麼其負責人對整體工作績效的貫注程度也會很高。假如每一項產品都有一位產品經理來負責所有和這項產品有關的活動，會造成每項產品都重複配備全套功能組織的專業人員，如此一來形成不小的資源浪費。能否有一種組織結構，結合了功能式專業化的優點，和事業部式以產品來區分部門產生的貫注於績效和計算清楚的優點呢？答案是肯定的，那就是矩陣式的組織結構。

然而值得注意的是，在矩陣式的結構下，產生了雙重的指揮鏈 (dual chain of command)，它打破傳統上「指揮權統一」的古典管理原則。原本功能組織中的各部門是為達成專業化的目的，但是矩陣式組織在功能性部門之外，設置另外一組經理人，他們專門負責公司內特定的產品、專案或計畫。(通常稱之為某產品、某專案或某計畫的經理)。圖 12-6 展示了一家航太公司的矩陣組織結構。我們可以看到，這個組織圖的上面部分，就是我們所熟悉的功能部門，例如工程部、會計、人事等。而在垂直的部分，公司新增加一排專案，每一個專案有一位專案經理負責，他可以從各個各功能部門調所需要的各種人手。這種從水平方向重新串連水平功能部門的組織結構設計，在傳統作法下創造新的橫向聯結的組織，如此把功能別和產品別兩種部門化的方式結合在一起，就形成了矩陣的意義。

矩陣組織中每一位員工同時有兩位上級主管——功能部門的經理和產品部或專案部的經理。如此雙頭馬車是如何運作呢？從組織設計來看，專案經理對於專案團隊內由功能部門來的成員亦擁有主管權。由此可知，丙專案的採購人員要同時對專案經理和採購經理負責。兩位經理共同擁有指揮此人的職權。一般而言，兩位主管職權的劃分通常是專案經理對該人員擁有和專案目標達成相關的職權，而功能部門的經理則對該人員擁有升遷、調

薪、教育訓練、年度考核等職權和責任。功能部門的經理和專案經理為了使組織能有效地運作，必須定期的溝通，協調彼此對共同員工的要求與獎懲。

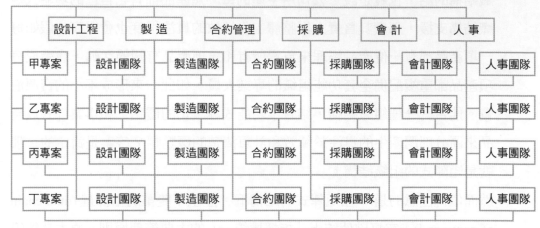

設計工程　製造　合約管理　採購　會計　人事

甲專案	設計團隊	製造團隊	合約團隊	採購團隊	會計團隊	人事團隊
乙專案	設計團隊	製造團隊	合約團隊	採購團隊	會計團隊	人事團隊
丙專案	設計團隊	製造團隊	合約團隊	採購團隊	會計團隊	人事團隊
丁專案	設計團隊	製造團隊	合約團隊	採購團隊	會計團隊	人事團隊

▲ 圖 12-6　某家航太產業公司的矩陣式組織

矩陣組織目的在創造出一種同時具有功能和產品部門的優點，又可以避免它們的弱點的組織結構。功能式的優點在於把專業的人員集中在一起，使專業人員可以充分發揮不至於冗贅，讓各種產品都能運用到這些專業人員和相關技能。但功能式的主要缺點則在於容易形成本位主義，造成協調各個不同專業領域的人員工作困難，無法在既定的預算和時間限制下，完成任務。另一方面，產品式部門化則剛好相反。它可以促進不同專業領域間的協調，利於預算控制與執行。並且對於策略資源與產品或專案的選擇精簡，因而有效率與效能。但是它的弱點是容易忽略對專業領域長期技術發展，並且資源重複設置，使得成本開支增加。

矩陣組織結構依其專案性質可分為暫時與永久性的結構。例如工程建設公司就是一種暫時性的矩陣式，因為組織內的各種專案都是單一獨立的個體，少有重複的機會。即使是重複的建設，如石油公司在各地的油庫設置工程，也會因地點、環境與人力資源組成的差別而有所不同。所以從時間的橫斷面來看，各個時間點上的組織結構都是特有而暫時性的。

每當公司獲得了新的工程合約時，公司就會從各個功能部門抽調人手，組成新的專案團隊。專案團隊的壽命就是專案進行的期間，從幾個月到幾年不一定。公司的許多專案各自的周期都不同，經常某些專案正要開始，有些專案已經進行了一段時間，也有些專案則正要結束。

永久性的矩陣組織，如依產品別而設的專案，常因產品受市場歡迎而持續很久，且穩定少改變。許多商學院校常採用永久性的矩陣結構，它們的「產品」項目即為新設的學程如電子商務學程、大數據分析學程、人工智慧與應用學程、物流管理學程及社會創新學程等，與傳統的科別與學系交叉包括行銷系、會計系、企業管理系與統計系等，如圖 12–7。專案團隊的各領導者為了他們的工作目標必須徵用各傳統部門的師資。矩陣組織的各個專案有清楚的責任，專案的成敗和團隊的領導者息息相關。如果沒有矩陣結構，可能就難以在各個發展方案之間進行專業人員的徵調。而且如果專案有任何問題產生，矩陣組織清楚的分工也可以避免專案與功能部門的領導人互相推卸責任。

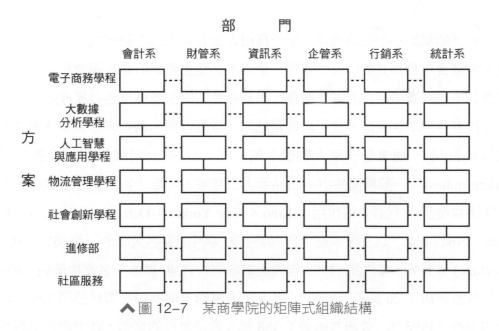

▲ 圖 12–7　某商學院的矩陣式組織結構

以上例子說明矩陣結構的優點：可以促進專案內複雜且互相依賴的工作之協調，同時又可以獲得跨功能部門的專業人士合作與達到規模經濟的好處。矩陣結構的主要缺點在於，它可能造成命令或計畫混淆的情況，以及容易促使權力爭奪。當組織不採用指揮統一的原則時，就會助長許多命令及權力模糊的情況。此時，員工應該向哪一位主管報告也會出現混淆的情況。這種組織中命令混淆和權力模糊的情況，就會播下鬥爭與衝突的種子。因為對於功能部經理和產品經理之間的關係，一般組織中並沒有明確的規定或步驟可供遵循，他們必須要協調，也就因此產生權力鬥爭。因此，管理者應權衡其間的利弊得失來決定是否要採取矩陣組織。

六、不拘形式的組織結構──網路結構

網路結構可能會是未來社會所流行的組織型式。網路組織設計常以小型組織為主，著重核心功能的運作，透過契約讓其他廠商執行製造、配送、行銷或其他活動。這種組織結構有運作的彈性，可以快速地掌握新的市場或新技術。網路型的公司向外界「徵用」它需要的人才，例如生產設備和各種服務，而不必「擁有」這些資源（見圖 12–8）。

網路結構對小型公司而言，是一種很方便且有力的經營形式，臺灣的經營環境非常適合這種形式的小公司運作。企業不必從生產線的原料頭做起，也不必一直做到送到消費者手中的零售服務。因為社會中的生產鏈已經發展成熟，小企業只要找到合適的切入點，便可以輕鬆地加入營運行列。例如電影業中就有許多獨立製片公司，通常是一家人數很少的公司。這些公司被稱為微型獨立製片 (micro-indies)，一般模模甚小，出品量也很有限，主要走國際影展路線和藝術電影院路線發行，代表公司包括：Kino、New Yorker、October、Zeitgeist、First Run、First Look，以及跟李安合作《喜宴》等片而聲名大噪的「好機器」(Good Machine) 等公司。據估計，1993 年美國電影業約有 40 萬 8 千名直接僱員，其中，主流片廠聘用了 26 萬名，另外 14 萬 8 千名電影人則為獨立製片公司工作，占總數的 36%。1993 年，美國共攝製了 388 部在戲院發行的電影，其中由獨立製片拍

攝的有 244 部，占總數的 63%。至於直接投入錄影帶市場發行的 250 部劇情長片中，獨立製片提供了 238 部，占總數的 95% 之多（台灣電影人論壇，2009）。

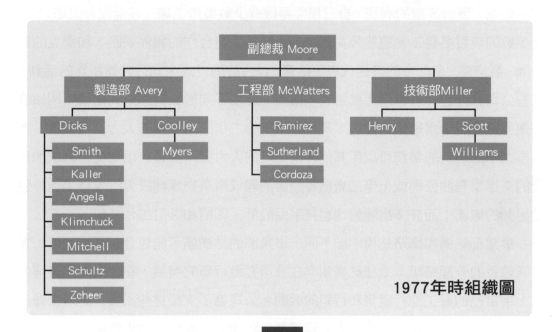

1977年時組織圖

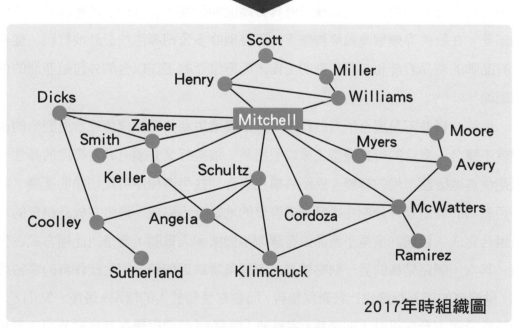

2017年時組織圖

▲ 圖 12-8　網路組織

3 第十二章　各種組織結構與工作設計

網路式結構也適用於大型的公司，例如耐吉 (Nike)、蘋果、優衣庫 (UNIQLO)、和宜家家居 (IKEA) 等大公司，它們可以經營每年數 10 億元美金的產品營收，製造高額的利潤，自己僅需要擁有少數製造工廠（甚至沒有工廠），以及少數的幾百名員工。這些公司創造了與許多公司合作的關係網路，和獨立的設計師、製造商、拿佣金的業務代表等洽商，以合約的方式來執行公司所需的活動。有些公司會外包一些營運活動給其他廠商，產生不同形式的網路式結構。例如許多銀行將信用卡處理業務外包，將接線服務的工作交由專業的人力公司負責，尤其是二十四小時的業務可以用其他時區上班的人力公司接替，以避免超時或加班費的支出；石油公司或化學工廠則將煙囪清理或廢棄物處理設備的維修工作外包給另外的廠商；而許多出版公司也把平面設計、印刷和裝訂工作外包。

　　事業部結構和網路結構明顯不同，事業部的結構儘可能包含相關的功能，並且有較長的管理層級。這種結構傾向在公司裡進行研究發展，在公司的工廠裡生產，用自己的員工進行銷售和行銷的活動。公司為了支援這些人員，必須去僱用更多的人手，包括會計人員、人力資源專員和律師。而網路式組織結構則不同，企業外包大部分的功能，使管理階層具有高度的彈性，並且使公司專注於最擅長的部分。在歐美等幾個成熟經濟體下，可發現許多公司專注於設計或行銷，從事自有品牌的產品設計和工程規劃的工作，而把生產的工作以合約外包給亞洲的供應廠商。

　　網路結構並不是適合所有的行業，例如連續生產如石油提煉或水泥製造的產業就不適合。適合的行業輕型工業或服務業，這些行業必須有非常高度的彈性，以便快速地因應市場的轉變。網路結構也適合某些生產程序可以切割的產業，將公司產品的製造過程分割在幾個產業群聚的地區分別完成，最後在成品銷售的地區組合完成。目前許多電子產品如智慧型手機與個人電腦，便是以此種方式在生產。其次，網路結構的另一缺點就是，管理階層缺乏傳統上對生產作業的緊密控制，供應商的可靠程度也比較難以預料，而會有受制於人的情況。最後一點則是，網路式公司本身在設計上的創新，容易被「剽竊」。公司很難在其他的公司負責指

揮生產時,緊緊地保住自己的創新。但是實際的情況是,由於現在電腦可以把不同的公司連結而進行溝通,因此網路結構越來越成為一種具有生存能耐的組織結構。

七、組織結構設計的選擇要點

既然有如此多種組織結構,那麼組織負責人應該如何選擇呢?各種組織設計是不是有其應該適用的情況呢?表 12-2 總結了七種組織結構適用的情況。例如適合專業化的大型組織的功能結構和事業部結構,他們也具備科層官僚或是制式的結構。

▼ 表 12-2 組織設計的各種選擇

設計方式	優 點	採用的時機
功能式	專業化產生的規模經濟	單一且大量的產品(或服務)的組織
事業部式	績效掌握精確、權責清楚	大型組織;多產品或多市場的組織
簡單型	速度、彈性	小型組織;創立的初期;簡單的環境
矩陣式	規模經濟和權責清楚	多產品或多方案的專業組織
網路式	速度、彈性和經濟	成熟產業環境;明確分工的價值鏈關係
任務編組	彈性、策略性	特殊、及時、跨部門、重要的任務
委員會	彈性	跨領域、多元需求的整合任務

組織新創時或環境單純時,當員工人數很少,簡單型結構就很有效。小型的組織員工工作多元,作業彈性比標準化重要。規模小使得非正式的溝通變得既方便又有效。新設組織草創時期都傾向採用簡單型結構,因為沒有時間花在組織結構上,同時完成工作比如何完成更為重要。由事業主個人來理解與把握單純的組織環境時,簡單的組織結構本身所具有的彈性,可以快速地應付無法預料的偶發情況。

矩陣結構希望能獲得專業化的好處——專精,而避免專業化的缺點——鑽牛角尖。當組織有多產品(或多方案)與傳統功能別部門時,就可以設立產品(或方案)經理,指揮跨越功能別直線隸屬關係的各種活動。

網路結構是資訊科技革命後的產物。廠商可藉由和其他廠商的密切合作，而不需要自己建造和經營涉及龐大的資本與營運效率的工廠。就如台積電本身是資本密集的半導體製造設備的投資，但可以藉由商業網路的合作，成為許多晶片設計公司的晶元製造工廠。如此方便網路分工環境對許多新創業的製造商非常適合，因為把風險和承諾都明確規範，使得投資成本可以降到最低。新創企業可以不需要考慮固定資產設備的興建與營運，而集中精神於公司的核心功能，如此減輕草創時期公司的財務負擔。但是，管理當局一定要善於選擇和加強與供應商之間的關係，因為任何一家合作廠商未能履行生意上的承諾，組織就會失敗。

任務編組和委員會都是制式結構之外的例外組織，它們都是當組織需要把跨領域的專家集合在一起工作的方法。因為任務編組是暫時性的設計，所以是處理有特定時間、標準而且又很獨特、不熟悉的重要任務的理想方法。一旦任務變得比較熟悉，而且必須重複進行，那麼組織就可以把任務編組，以更標準化和有效的方式來運用。

第二節 工作設計

如果仔細觀察一個組織，我們會發現它包含許多任務，而這些任務又分別隸屬許多個工作。同時組織裡的工作並非是隨意決定的，而是經過仔細考慮後所設計出來的，以使組織的功能可以發揮。如此，組織內的員工才能將自己的貢獻充分發揮。管理上，工作設計 (job design) 這個名詞是說明任務如何結合成為一個完整的工作。例行工作的任務是經常的、重複的、可標準化的，如行政祕書的工作；其他非例行工作的任務則是臨時的、不重複的、無法標準化的，如研發或行銷單位的工作。某些工作需要許多不同的且多樣的工作技能，而另一些工作則只需要較窄範圍的技能。某些工作因為要求明確的工作步驟，而限制了員工的工作自主權，而其他的工作則讓員工有真正的自由，自己決定自己工作的方式。某些工作由員工組成團隊一起工作時最有效果，另外有些工作則由員工個人獨立施做最好。

總之，不同的工作是由各種任務以不同的方式組合而成，而面對這些不同的組合方式就形成了許多種的工作設計。本節將介紹六項工作設計原則與一個工作設計理論模型。

工作專精化

就上一世紀前半而言，「工作設計」就等於是分工或是工作的專精化。各組織中的管理人員都在運用亞當·史密斯和泰勒等人所發展的原則，使組織內的工作更有效率，也就是把工作解成眾多細小的、可專精化的任務。

工作輪調

「工作輪調」(Job rotation)的出現便是為了解決工作專精化的缺點。這種工作設計可以使員工的工作不再單調、具多樣性及挑戰性，可以避免員工厭煩工作。實務上工作輪調的方式可以有垂直的和水平的兩種方向。

工作擴大化

早期增加工作內容的作法就是工作擴大化，這種作法增加了工作範圍；也就是說，它增加每個工作站中不同任務的數量，同時降低工作單調性，增加工作的多樣性。例如，汽車裝配工人原先只是鎖一個螺絲，擴大他的工作到組裝一套引擎模組。

工作豐富化

增加工作的深度(job depth)，使員工更能控制他們的工作。容許員工做過去上司所做的工作——特別是規劃和評估本身的工作。

工作團隊

當以團隊為基礎來設計工作時，就產生工作團隊(work teams)的概念，現代組織中愈來愈常使用團隊合作的概念在工作設計上。基本上工作是被指派給一個團隊負責，團隊內部再決定各個成員相應的工作，同時在有需要時進行工作輪調。

排程的選擇

最後，透過工作排程的調整亦可以達到改變工作設計的目的。例如，傳統上大多數的人都是一早離開家前往上班地點，在八點或九點前到達，大約固定工作八小時，一週五天都是如此。而現代則是隨著工作形式與社會需求改變。

▲ 圖 12-9　六項工作設計原則

一、工作專精化

　　就上一世紀前半而言,「工作設計」就等於是分工或是工作的專精化。各組織中的管理人員都在運用亞當‧史密斯和泰勒等人所發展的原則,使組織內的工作更有效率。這表示把工作分解成眾多細小的、可專精化的任務。但是正如我們前面提過的一樣,當工作內容趨向專門化時,工作的趣味開始降低,壓力也增加了。這時候員工們開始反抗,並表達他們的挫折感和單調無聊的感受,並在工作中強調社交而不在乎生產力,有意地忽視工作的品質以及沉溺在工作外的歡樂與派對中,於是工作效率不增反而下降。

　　面對上述的反彈,工作專精化仍然影響著許多新工作的設計。大量生產的工廠工人開始在裝配線上做簡單、重複的工作。同時辦公室中的職員坐在各自的電腦前,處理已經標準化的業務。即使是護理師、會計人員和其他專業人員,也都發覺他們的工作變得範圍狹小、專注於作業專精化的內容。以上種種變化的目的就是在於讓各種工作變得更有效率,單位產出更多,整體的生產力更高。我們亦可以發現專精化已從製造業流行到服務業中,餐廳的餐飲也因為米其林的評比,作為更標準化與一致化,當然這就是專精化的貢獻。

二、工作輪調

　　「工作輪調」(job rotation) 的出現便是為了解決工作專精化的缺點。這種工作設計可以使員工的工作不再單調、具多樣性、且具挑戰性,可以避免員工厭煩工作。實務上工作輪調的方式可以有兩種方向:垂直的和水平的。垂直的輪調就是指職位升級,可以增加員工的綜觀能力,看得見整體工作的風貌。當然,這樣的升級應是在員工經過更多水平輪調的資歷,累積更多的工作經驗後才得進行。因此當我們談到工作輪調時,通常指的是水平的輪調。

　　水平式的工作調換應有事前充分的計畫,也就是利用完整的人才培訓計畫,讓員工花充足的時間在某一項工作之上,以熟悉該工作的訣竅,然後再換另一項工作。如此可以培養一位領導這一系列工作的主管人才。這種方式在紐約華爾街的大型投資公司如美林證券,就很普遍。新進的股票經紀人先安排至公司高階的

合夥人跟班工作，在足夠的見習後，再選擇一個自己有興趣且可以應付的專精領域。

水平輪調也是隨著員工的工作情況而實施的，例如當工作已經變得沒有挑戰性時，或是工作跨域合作的需要，就可以把一個人調到另一項工作上。換句話說，為了培訓人才與因應環境的變化，可以持續地調換員工的工作。許多大型組織也用工作輪調來培養員工的管理才能，通常的作法是讓一個員工去跟隨學習和支援一位比較有經驗的員工。

工作輪調的好處在可以拓寬員工的見解和經驗。當員工在原本工作崗位上熟練工作的技巧後，常覺得單調和厭煩，而工作調動就會降低這些感覺。其次，當員工具有更廣泛的工作經驗時，就能瞭解組織活動的關聯性，也比較容易發展宏觀視野與擔負更大的責任，特別是管理的責任。換句話說，當員工升遷時，瞭解各種活動之間的相互關係和其中的複雜性，有助於他的適應，工作輪調正是讓他獲得如此知識的方法。

另一方面，工作輪調的缺點就是增加訓練成本，其次，當員工調任新職時，他的生產力也會降低，失去原先的職位發揮效率機會。第三，廣泛的工作輪調會產生許多經驗有限「新手」員工。即使有很大的長期利益，但是各工作崗位上的生手就會產生不少問題。第四，面對熟手被輪調的經理必須付出額外的精神做教育訓練與監督的工作，亦是成本與不效率的增加。第五，工作輪調也會對那些專注、積極、想發展特定專案能力的員工造成反激勵的效果。最後，有證據顯示當工作輪調並非員工自願時，往往會增加曠職和工作意外的狀況。

三、工作擴大化

早期增加工作內容的作法就是工作擴大化 (job enlargement)。這種作法增加工作範圍 (job scope)；也就是說，它增加每個工作站中不同任務的數量，同時降低工作單調性，增加工作的多樣性。例如汽車裝配工人原先只是鎖一個螺絲，擴大他的工作到組裝一套引擎模組。

然而，工作擴大化的努力常常面臨設計不良與熱誠不足的現象。常面臨員工

抱怨：「過去我有一份爛工作。但經過工作擴大化後，我有了三份爛工作！」工作擴大化可以解決過度專精化所產生的單調問題，但工作內容擴大後對員工添加更多的挑戰與犯錯的機會。

四、工作豐富化

工作豐富化 (job Enrichment) 的作用在增加工作的深度 (job depth)，使員工更能控制他們的工作。容許員工做過去上司所做的工作——特別是規劃和評估本身工作。經過豐富化之後，給予員工更多自由、獨立性及責任感來完成工作；工作的回饋使員工能夠評估與改正自己的表現。

如何使工作豐富化呢？在臺北街頭個人不難發現，便利超商員工的工作包羅萬象，在櫃檯後他一人的工作可抵許多其他相同工作的人好幾個合併的效能。同樣繳交路邊停車費，在超商可以在不到一分鐘之內完成。然而在郵局中可能仍在排隊等漫長的處理程序。在郵局櫃檯後辦公室中的人員負責審核前檯所有的交易，但是經常會發生業務積壓和高錯誤率的嚴重問題。一般認為，問題的根源是出在工作的設計之上。在郵局中為了防弊而將工作切割成數個段落，使得員工無法執行完整的工作，而花費許多時間在重複執行單一、例行性且零碎的工作。如此大幅降低工作的績效，同時浪費許多前來辦事民眾的時間。不像超商中的員工工作，它們更為豐富化。利用讀卡機與條碼掃描，他們將工作簡化，並賦予個別員工對既定服務範圍內，有完全處理與服務客戶的責任。在便利商店的工作當中，員工是直接和客戶接觸，並且從頭到尾負責整筆交易。一旦發生問題時，負責的員工也會直接聽取客戶的抱怨，並且有責任加以解決。結果如何呢？這一項工作豐富化的計畫，改善了工作的品質並增加了員工努力的動機與滿足。

便利商店的例子顯示，工作豐富化會降低缺勤與人員流動的成本；在生產力方面也顯示出資源的更妥善運用，以及更高品質的產品或服務。

五、工作團隊

當以團隊為基礎來設計工作時，就產生工作團隊 (work teams) 的概念，現代組織中越來越常使用團隊合作的概念在工作設計上，在此提出它的影響。基本上

工作是被指派給一個團隊負責，團隊內部再決定各個成員相應的工作，同時在有需要時進行工作輪調。團隊仍然有位監督者，負責督導整個團體的活動。通常工作團隊成員的技術水準大致相同，常可以相互替代與支援，因此也可以相互學習。在建築工地的技術工人就是常以工作團隊的方式進行工作，隨著建築進度的不同，而有不同的技術團隊的投入。例如基地建設屬於連續壁的專業團隊，他們有特定的設備與施作技術，是同一團隊的技術工人聯合進行施作。團隊的合作默契在長期共同合作下變得非常切合，也造成工程品質與效率的提升。而樓板工程則屬於另一專業團隊，他們內部的合作與分工也是他們工程品質與效率的重要基礎。

隨著上世紀末九〇年代企業界所風行的全面品質管理 (Total Quality Management) 風潮，以工作團隊重新設計組織內工作方式也襲捲所有的組織。最明顯的例子可見於大型製造業的現場，像在中國深圳的高科技電子業的製造工廠內，一條條的生產線代表著不同個人電腦 (PC)、遊戲機、智慧型手機的製造或裝配線。這些生產線因為廠商接單與運作的方式，可能代表不同最終品牌的產品，例如蘋果的音樂播放機 (iPod) 與微軟的遊戲機 (Xbox) 在隔壁兩條生產線上生產。由於工作團隊不同，這兩條生產線的產品不會交叉，連人員亦不會有任何互動。但是在生產線內部會有完整的分工與熟練的技術，將生產需求一一滿足。這樣的工作團隊即是將品質管理的觀念澈底落實在每一位員工身上，在工作中每位員工的任務與執行的狀況，都在事先嚴密的規劃與監控中，如此可以達到非常高的工作效率。員工對於團隊內的任務均熟悉，可以相互替代與輪調，在上班前亦有簡單的工作前討論，可以迅速進入狀況，並可以提出重要觀察以為工作改善的參考。

六、排程的選擇

最後，透過工作排程的調整亦可以達到改變工作設計的目的。例如傳統上大多數人都是一早離開家前往上班地點，在八點或九點到達，大約工作八小時固定時間，一週五天都是如此。然而，隨著工作型式與社會需求的改變，現代社會中工作的類型有非常大的變化。有像加州州政府為節省通勤時間而推行員工每週密集工作四天 (但錯開個人上班日期而達到一週仍有五天的服務)、彈性工時或是工

作分擔等。管理當局也可以考慮運用臨時員工，或電子通勤方式在家中工作。

1.壓縮週工時

我們將壓縮週工時 (compressed workweek)，定義為由四個十小時的工作日子所構成。雖然也有每週三天或是其他密集日數的變化方式，但我們仍然將注意力集中在四天四十小時 (4-40) 的方案。支持者認為，4-40 的方案對於員工缺勤、工作滿足以及生產力有良好效果。一些人則認為，每週工作四天給予員工更多的休閒時間，減少通勤時間，使組織更容易招募到員工，並享共用設備的利益。然而也有缺點，例如工作時間長，會使得接近下班時的生產力下降，增長的服務時段並不受歡迎、無法加班以及設備耗損等現象。因此密集工作日數並非工作設計的萬靈丹，它有環境的特性如大都會區的交通問題為前提。這樣的壓縮工時在需長時間值班的工作上經常可見，如大樓保全工作或遊覽車司機的工作均是如此。

2.彈性工時

彈性工時（flexible work hours，亦稱為 flextime）是一種工作排程，員工可以自行決定上下班的時間，只要一天工作總時數維持一定即可，每天包含一段共同五或六個小時核心時段可與其他員工協調或互動，其前後則是彈性時段。例如若午休一小時不算在內，核心時段可能是上午 9:00 到下午 3:00，而辦公室在上午 6:00 開門，下午 6:00 關門。所有員工都需要在共同核心時段上班，但他們可以在核心時段之前和／或之後來累積他們的工時。某些彈性時間的計畫允許累積額外的工時，使得員工每個月多休假一天。彈性時間在使用上的廣泛程度如何？1990 年前很少有組織提供這種上班排程，之後許多大公司都有提供彈性時間方案，連不少政府機關亦提供彈性上班的方案。因為若是設計得當，組織可以延長服務時間，又可以讓員工不必忙於一個時間上班或下班打卡，達到雙贏的目的。

彈性時間的實施效果又如何？多數證據顯示其相當可行。它可降低缺席率、提升士氣，並且提高員工生產力。對這些研究發現的解釋是，彈性時間使

員工排定其工時，而能與其個人需求作更好的配合，同時員工也能夠對其工時作一番斟酌調整。結果使得員工能將其工作時間調整至其個人工作效率最佳的時段，同時也比較能配合他的工作以外的事務。

當然，彈性時間也有缺點，特別是在對於管理工作上。它增加了管理者核心時段以外的時間，使得指導工作增加，複雜的換班工作產生額外的負擔，一些特殊技能的員工無法隨時待命所產生的困擾，使管理者在規劃和控制方面更麻煩，更耗費成本。另外，有許多工作不能轉變為彈性時間：裝配線的作業員、學校的老師以及戲班的演員等。

3. 分時工作

分時工作 (job sharing) 是自古以來人們應付工作排程上的一種調整，它允許兩位以上的員工，分割一份傳統上每週四十小時的工作。舉例來說，其中一個人可在上午 8:00 到 12:00 上班，而另一個人則是下午 1:00 到 5:00 上班。選擇分時工作的原因是它使得組織能夠集合多人之力完成一份工作，並且使得不能全職工作的員工可以得到報酬。例如退休人員和擁有就學年齡子女的人，可能無法符合全職員工的需求，但仍然可以從事分時的工作。此外，分時工作能夠提升生產力，員工的出勤率通常比較好。而且全職員工很少在整天工作中，以最大的努力來工作，但分時工作的兩位員工卻時常能有四個小時的「全力生產」。

4. 電子通勤

資訊及網路科技為公司開啟另一種工作方式，讓員工能藉由電子通勤 (telecommuting) 在家裡工作。許多白領工作者現在已經可以在家裡工作，員工可以透過家中的電腦經由網路與同事以及主管相連結。對員工而言，電子通勤的好處是減少通勤的時間和壓力，以及配合家庭需求。但是它也帶來新的問題。例如喪失辦公室的社會接觸、可能較少被考慮加薪或晉升、視線以外是否等於心思以外？這些問題的答案，都是決定未來電子通勤是否應該擴充的重要因素。

七、工作特性模型

哈克曼和奧爾德漢姆 (Richard Hackman & Greg Oldman, 1975) 提出一個有關工作內容的概念化的架構,來分析工作或指導管理者設計工作,名為工作特性模型 (job characteristics model, JCM)。他們提出五個主要的工作特性變數與可能的相互組合關係,以及對於員工的生產力、工作動機和工作滿足所產生的影響。這是一個對工作內容很深入的分析,值得我們一探究竟,也能提供管理者在設計組織內工作項目時參考。

根據 JCM,任何工作都可以從五個核心構面加以描述,其定義如下:技能多樣性 (skill variety),指工作內容多元,員工必須具備許多的技能才能勝任。工作完整性 (task identity),指工作是否設計成為一個完整的段落,亦即其可以與前後的作業有清楚的分割狀態,亦即無需前後工作站的幫助與參與,可獨立完成。工作重要性 (task significance),指工作對其他工作與人員產生實質的影響,即若無本工作的投入,在本工作流程後的工作將無法進行或大受影響。自主性 (autonomy),指員工對工作排程和執行的決定,享受的自由、獨立性以及斟酌調整的空間。回饋 (feedback),指在工作的執行上,個人直接獲得工作成果以及有關其績效的明確資訊的程度。

圖 12–10 就是 JCM 模型,注意前三個構面——技能多樣性、工作完整性以及工作重要性——如此合併而產生一件有意義的工作。也就是說,如果在工作中有這三種特性存在,我們就可以預測一位用心的員工應該會把工作視為有價值和值得做的。同時,有自主性的工作會使員工覺得對工作結果負有責任;而且如果工作能夠提供回饋,員工能瞭解他的工作表現的效率,如此更能對工作有認同感。

就工作的整合觀點而言,本模型認為當一個人瞭解(回饋結果)他個人(體驗自我責任)在某項最在意(意識工作意義)的工作上表現良好時,員工便會獲得內在的獎賞。當這三種情況出現得越多時,員工的動機、績效和滿足三者的正向關聯就越大,同時其缺勤或辭職的可能也就越低。如同模型所顯示,工作構面和結果之間的聯結的調和或調整,是藉由個人成長需求的強度——也就是員工對

於自信與自我成長的需要。這表示具有高度成長需求的個人，比較可能經歷前述的心理狀態。理論上來看，高成長需求的個人，當面臨上述正向工作狀態出現時，會出現較正面的反應。

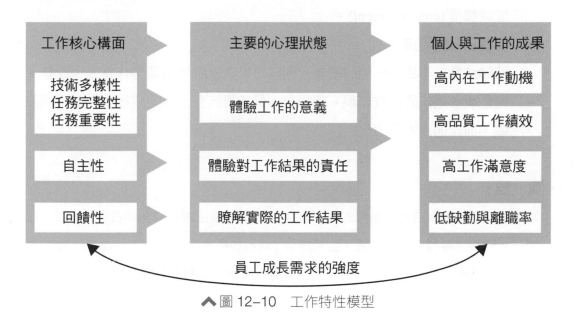

▲圖 12-10　工作特性模型

JCM 模型可以提供管理者在工作設計方面一些指引，例如以下幾個就是由 JCM 五項核心構面思維可以做的工作改變：

1. 合併工作

管理者可以將原本零碎的個別工作予以合併，組成一個整合且新穎的工作。這涵蓋了技能多樣性與工作完整性。

2. 設計自主的工作單位

管理者應該設計工作，使其成為一個可以辨識和有意義的個體。這會增加員工對工作的「擁有權」，並且有助於員工視工作為有意義且重要的生活。

3. 建立行銷的觀念

客戶是產品或服務的使用者，即使員工的工作與客戶無直接關係，但管理者應該在工作設計中建立員工服務客戶正確觀念。這會增加技能的多樣性、自主性以及對員工的回饋。

4. 工作垂直整合化

在工作業務上增加垂直功能會給予員工更大的責任與控制權。這樣做可增加工作的靈活度與應變能力，同時增進員工的自主性。此即實現所謂的增能或擴權 (empowerment)。

5. 開放回饋的管道

回饋使員工不僅瞭解他的績效，同時也可以瞭解他的調整作為是否改進、惡化或者是無關績效表現。理想上，員工應該在工作完成後，立刻得到回饋，而非偶爾才得知。

▪摘　要▪

1. 功能式結構將類似或相關職業的專家集中在一起。藉由讓具備相同技能的人在一起工作，而獲得專業分工的好處，並且提供了規模經濟。

2. 事業部結構是由自治的單位構成，其主管對一項產品或服務負完全的責任。然而，這些單位時常在其事業部式架構內，形成功能式的結構。所以事業部式結構常在其內部包含功能式組織。

3. 簡單結構的複雜性較低，正式化的程度不高，權力集中於一人身上。此類組織在小型企業中受到廣泛採用。

4. 藉由指派來自功能性部門的專家，參與專案經理所領導的一個或更多個專案，就是矩陣結構結合了功能式與產品部門。因此它擁有專業化及高度負責的優點。

5. 近年來網路結構廣受歡迎，乃是由於其高度的彈性。它使管理當局能以最少的資源，來進行製造、配送、行銷或其他主要的企業活動。

6. 有機式的附屬組織使得組織能夠具備反應性及彈性，同時又能夠維持整體機能性的結構。

7. 工作專精化是指將工作分成更小的任務。工作擴大化則是相反，它經由增加工作的範疇，來水平擴展工作內容。如同擴大化一般，工作豐富化也擴展了工作，但卻是垂直式而非水平。豐富化的工作使員工對其工作擁有更大的控制權，而且增加了工作的深度。

8. 工作特性模型中的核心工作構面，是技能多樣性、工作完整性、工作重要性、自主性以及回饋。

9. 彈性工時的主要優點是給予員工較大的自由，使員工能夠在不缺勤的狀況下，完成工作以外的事務。此外，也使員工能將工作排程與其個人之生產力循環週期作更好的配合。彈性工時的主要缺點是它為管理者造成了協調上的問題。

10. TQM 鼓勵低度的垂直分化、最少的人員分工以及分權的決策方式。

複習問題

1. 說明功能式和矩陣式結構如何在組織內產生衝突？

2. 為何簡單式結構不適用於大型組織？

3. 管理當局應該在何時使用下列組織結構？

  (1)矩陣式結構。

  (2)網路式結構。

  (3)任務編組。

4. 依據工作特性模式，來比較工作擴大化與工作豐富化。

5. 說明如何將工作加以豐富化。

6. 為什麼管理者要設置工作分擔的計畫？

7. 比較密集每週工作日數與彈性上班時間，兩者各有何優點和缺點？

8. 如果你是管理者，為什麼你可能不願對員工施行彈性工時制度？

9. 為什麼一些能夠擔任長期工作的專業人才，要找臨時僱用的工作？

10. 為什麼電子通勤在理論上比在實務上可行？

討論問題

1. 組織中是否可以沒有結構？

2. 哪一種結構的設計──事業部式、簡單式或矩陣式──你最喜歡在其中工作？哪一種你最不喜歡？為什麼？

3. 你是參與團體或獨自研究？哪種方式你覺得比較有效？請由你的答案來說明 1990 年代的工作設計。

4. 找出兩種你熟悉的工作：一種是你認為你會持續做下去的工作，而另一種是你絕不會去做的工作。根據工作特性模型，將兩者作一比較，並依據薪酬及其在社會上的聲望作一比較。

5. 你認為薪酬和聲望是否與高 MPS 有正相關？

6. 討論「由組織功能的角度而言，管理者要做什麼，需視其在組織層級中所占的層次而定」。

┃ 第十三章 ┃

激勵與領導

本章係以 2 節予以陳述學習的內容：

1. 何謂激勵

2. 各式領導理論

　　曾任臺灣全聯超市總裁的徐重仁說：「如何成為領導者？你得先懂兩件事。」對經營事業有企圖的人都想成為主管，想領導一支無敵的團隊。然而，徐重仁卻說：「並非所有人都適合當主管。」他觀察到，許多主管是碰巧被晉升，本身並沒有那個職位所應具備的實力。但是若想勝任，就得具備相關知識，以及好的領導心態，多檢討並努力學習。

　　多數主管面對績效不佳時，第一時間不是檢討自己，而是責怪部屬。其實很少有部屬是天生好手，他們必須經過訓練與培養，才能表現出該有的水準。因此即使是部屬出錯，往往問題還是在主管身上。

　　徐重仁說：「定目標要合乎邏輯。」首先，組織應先通過某種正式的程序以達成大家接受的水準，這才是有效領導的關鍵。舉例來說，組織計畫在兩年內要開多家分店，主管不是盯著部屬：「開幾家？」而是詢問：「怎麼開店？」「在哪個區域落腳？」「如何布局？」如果他們能回答得有條有理，最後達到目標應不是太大的問題。反之，主管緊盯數字目標，即便最後達成，要擔心是否造假或是非常手段，因為不知道他們怎樣做成的。萬一部屬不在乎經營，只是狂開店，豈不是開一家倒一家嗎？最後只能滿足短期開店目標，無法顧及企業長期經營的目標，還是枉然。

　　其次，如果 A 門市一天來客數是 800 人，但主管卻訂出每天要賣 1,000 支冰淇淋

的目標,那這個上司不是強人所難嗎?即便每個人都會買冰,那多出來的 200 支,是要員工自己掏腰包嗎?

第三,主管應「懂」得基層的處境,這是基本的要求。徐重仁說:「我到現在還是常常跑去門市看看。」但如果真的不懂,就要吸引比你懂的員工來支持你,並利用這段時間發奮學習追上。

至於如何吸引比你懂的員工,徐重仁認為:「領導人的氣度是最重要的。」有些主管一不合己意就情緒失控,這樣對團隊一點幫助都沒有。當然還是得要求,但是如何要求是一門學問。徐重仁說:「我每次罵前都會自己演練一下,要先從軟性的開始講,還是直接從嚴肅起頭,還有最後該怎樣下臺,讓大家都有面子。」常常在主管發過脾氣後,員工會怕,這時候也無法討論。所以主管在發完脾氣後,一定要想辦法圓場,讓部屬知道你的不爽,又不會讓局面僵到他們不知所措。

再來就是要有泰山崩於前而色不改的氣勢,主管就像是一艘船的船長。船長即便真的面對必死之境,多半是說:「投胎再做兄弟」之類的話。連船長到最後一刻都在激勵部屬,那企業主管又有什麼資格找不出方法來?徐重仁舉例:「921 地震時,在震央的 30 幾家 7-11 全垮了,因為過去從來沒有遇過這麼大的災害,所以當下我也不知道該如何是好。」但徐重仁沒有驚慌失措,而是定下心神,思考其他國家有沒有類似案例。果然想起日本阪神大地震,樂清公司 (Duskin) 的情況。於是他就打電話給日本乞求當時的應變措施,樂清馬上就傳來一堆資料,和傳授許多經驗給他。

事後許多人問徐重仁怎麼都不慌亂,而且還能把危機處理地那麼好?徐重仁說:「那不是我做的,而是我學來的。所以遇到危機時,不要坐在原地思考該怎麼辦,你會越想越害怕。也不要叫員工想辦法,他們多數沒經驗,只會讓慌亂擴散。唯一的方法就是定下心神,努力找尋可學習的對象,並套用其解決方案。因為身為領導人,大家都在看你,你的樣子,就是他們信任的關鍵。所以即便沒有辦法,也要表現出胸有成竹的模樣,趕快找到方法來解決問題。」(高士閔,2017)

第一節　何謂激勵

激勵 (motivation) 可定義為在相對交換條件下，個人為組織工作的意願。激勵可為任何目標，但在此處則專指組織目標，因為我們探討與組織相關的行為。激勵定義中有三個要素分別是工作努力意願、組織目標和交換條件。

努力意願是指願意為目標投入的程度。但是努力程度越高並不表示會有更高的工作績效，除非努力方向正確。因此我們必須同時考慮努力的強度和品質，我們追求的是和組織目標一致的努力。激勵應包含個人需求被滿足的過程，其認定個人從事特定行為是對個人有利的。客觀來看，這就是組織與個人的一種契約，讓個人對組織的貢獻可以從組織得到清楚的肯定與回饋（薪酬），否則個人是很難有意願去從事任何行為的。

激勵源自於個人的某種需求 (need) 可以藉提供個人勞務而從其對象得到回饋而被滿足。不同的個人就有不同的需求，如馬斯洛所稱的五個層次的需求，均可以在工作的激勵中被滿足，進而提供個人為組織工作的誘因。不同需求層的員工對於工作的投入與努力程度亦有所不同。需求層次越高的員工，主動的意願越高；反之需求層次越低的員工，其受工作限制越大，想提升個人獲利的機會越小。而且從激勵的定義中，個體的需求必須能和組織的目標彼此相容而且一致，否則個體的努力常會和組織的利益相衝突。此種情形並非罕見，例如有時某些員工在上班時花大量的時間處理私事，他雖付出很大的努力，但卻都是不具生產價值的。

一、早期的激勵理論

1950 年代出現了三種激勵理論，是解釋激勵員工最著名的理論。這三種理論是需求層級理論、X 和 Y 理論，以及激勵因子－保健因子理論。雖然後續也發展出許多激勵理論，但是這些理論仍有不少相信與支持者，因為只要有用，再老的理論亦值得參考。實務上，這些理論及術語仍常被經理人用來解釋員工的行為。

1. 需求層級理論

馬斯洛提出需求層級理論 (hierachy of needs theory)，這是管理學與實務界中熟悉度與知名度極高的理論。他認為人類的需求是有層次的，先出現基本的需求，在基本需求滿足後才會出現較高層次的需求。如春秋時代齊國的宰相管仲便提出「倉廩實而知禮節，衣食足而知榮辱」。這便是說明衣食的需求是先於親和與榮譽的。馬斯洛提出人們由下而上有五種層次的需求，即：

(1) 生理需求 (physiological needs)：指免於飢渴、保暖、安居或便利生活的需求。

(2) 安全需求 (safety needs)：指身體及心理的安全的需求。

(3) 社會需求 (social needs)：指他人的接納、認同、友誼和團體歸屬的需求。

(4) 尊重需求 (esteem needs)：指受人尊重、自主與自信的需求；其滿足常來自職業與地位。

(5) 自我實現需求 (self-actualization needs)：指成就、潛能發揮及實踐理想的需求；常在實現理想時感到滿足。

依馬斯洛的說法，下層需求獲得滿足之後，其上一層的需求就出現成為個人行為主要的支配力量。從圖 13–1 來看，個人的需求是自下往上逐層爬升的。從激勵的觀點而言，某個需求若獲得滿足以後，便不再具有激勵的作用。因此若想激勵某人，首先應該瞭解他的需求處於何種層次，再設計激勵的手段與方法才實際。

馬斯洛另外將這五種需求區分為較高層次和較低層次的需求；其中生理需求和安全需求是較低層次的需求，而社會、尊重和自我實現需求是較高層次的需求。層次高低的區別決定於較高層次的需求是從人（心理）內在感到滿足的，而較低層次的需求則是從個人（物質）外在的實現來滿足。事實上，在經濟發展良好、社會環境富裕的現代社會中，一般公司組織較難以低層次的需求激勵員工，而要思考以高層次的需求來達成目標。

馬斯洛的需求層次理論簡單易懂，獲得廣泛的認可與應用，特別是實務界的經理人接受程度最高。但是由於推出時間早，在研究方法及實證結果未能有系統的發展，而造成常因缺乏統一的衡量工具，而無法證實其理論的真實。

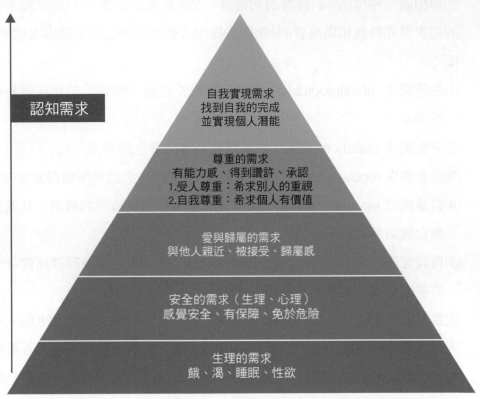

▲圖 13-1　馬斯洛的需求層次

2. X 理論與 Y 理論

麥克里高提出兩種對人性截然不同的觀點：一種是負面的，稱之為 X 理論；另一種是正面的，稱之為 Y 理論。麥克里高在觀察經理人對待員工的方式之後，提出經理人對於人性的兩組假設，根據這兩組假設來決定他對部屬的管理行為。根據 X 理論，經理人有四項假設：

(1)員工天生不喜歡工作，如果可能會儘量避免工作。

(2)因此必須以強迫、控制或是處罰的威脅，以達到經理人的目標。

(3)員工多半會逃避責任，儘量聽從指揮行事。

(4)大多數的員工認為安全是工作最重要的因素，而且不具野心。

麥克里高也列出與上述負面人性看法相反的正向觀點，Y 理論的四項假設：

(1)員工視工作為生活的一部分，就如同休息或玩樂一般。

(2)在認同責任或目標時，員工會自我要求和自我控制。

(3)一般而言，員工會學習如何接受責任，甚至主動去肩負責任。

(4)工作群體中普遍具有良好決策的能力的人，而非僅侷限於經理階層。

麥克里高的理論對於激勵作用有何涵義呢？答案最好由馬斯洛的需求層級架構來解釋，X 理論適用於較低層次需求的個體，以負面與威逼的觀點控制員工；而 Y 理論則適用於較高層次需求的個體，以正面與鼓勵的方式領導員工。麥克里高相信 Y 理論比 X 理論更有效，因此他認為諸如參與決策、賦予員工職責與較富挑戰性的工作，以及良好的群體關係都是激勵員工的最佳方式。

不幸的是，與馬斯洛的理論一樣，本理論出現時並不流行用嚴謹的科學方法驗證假說的真實，而後續實證上支持與反對也各有不少研究。在實務業界中不乏採納 X 理論而獲致成功的例子，例如我國台塑集團企業的創辦人王永慶先生與鴻海精密科技公司的創辦人郭台銘先生，基本上都是 X 理論的奉行者，他們對待部屬十分嚴厲，而且有「胡蘿蔔與皮鞭」並用的風格。因此他們的企業在高度競爭的環境中，都成功地將企業經營地有聲有色，成為國際間舉足輕重的企業家。

3.激勵－保健因子理論

激勵－保健因子理論是由心理學家赫茲伯格所提出。他認為員工對於工作的態度，是是否努力工作的關鍵因素。赫茲伯格問：「人們究竟想從工作中得到什麼？」他要求受測者仔細描述工作上特別好和特別差的情況，將調查結果製成表格並加以分類，如圖 13–2 列出赫茲伯格的發現結果。

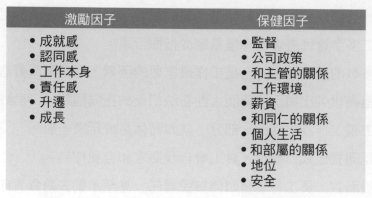

激勵因子	保健因子
• 成就感 • 認同感 • 工作本身 • 責任感 • 升遷 • 成長	• 監督 • 公司政策 • 和主管的關係 • 工作環境 • 薪資 • 和同仁的關係 • 個人生活 • 和部屬的關係 • 地位 • 安全

▲ 圖 13-2　赫茲伯格的激勵一保健因子理論

從分析受測者回答中，赫茲伯格發現人們對於感覺良好與惡劣工作之間存在顯著的差異。由圖 13-2 可以看出，某些因素與工作滿足有相當一致的關係（圖中左半部的因素），而另一些因素則和工作不滿足存在相當一致的關係（圖中右半部的因素）。內在的因素諸如成就感、認同及責任感都與工作滿足相關，當受測者被問及工作上感覺良好之處，他們傾向將這些因素歸諸於自己。另一方面，當覺得不滿足時，他們則傾向將之歸因於公司政策與行政管理、監督、人際關係和工作條件等外在的因素。

赫茲伯格發現對一般人而言，滿足的反面並非不滿足，因為即使將造成工作不滿足的因素消除之後，並不必然帶來工作滿足。如圖 13-3 所描繪的，赫茲伯格認為人們對於工作的滿足感乃是一種兩條不重疊的連續帶。這意味「滿足」(satisfaction) 的對面是「沒有滿足」(no satisfaction)，而「不滿足」(dissatisfaction) 的對面則是「沒有不滿足」(no dissatisfaction)。

傳統觀點

滿意	不滿意

赫茲伯格的觀點

激勵因子		保健因子	
滿足	沒有滿足	沒有不滿足	不滿足

▲ 圖 13-3　滿足——不滿足觀點的對照

赫茲伯格認為，導致工作滿足的因素和導致工作不滿足的因素是彼此不同的。經理人若僅消除導致不滿足的因素，雖能解決問題，但卻不一定有激勵作用，其撫慰的作用遠大於激勵。由於這些導致工作不滿足的因素並不具有激勵員工的作用，因之赫茲伯格稱之為保健因子 (hygiene factors)。具備這些因素，人們不會不滿足，但是也不會獲致滿足。但要激勵員工努力工作，赫茲伯格建議應強調那些能夠增加工作滿足感的激勵因子 (motivators)。

然而，對於激勵－保健因子理論也有一些不同意見，對本理論的批評主要如下所述：

⑴沒有一套完整的衡量工具，一個人可能不喜歡部分工作，但仍然接受整個工作。如此是算有不滿足的部分，亦有覺得滿足的地方；那應如何計算整體的滿足程度呢？

⑵激勵－保健因子理論忽略情境變數，有時環境因素會使得滿意變成沒有滿意，不滿意變成沒有不滿意。

⑶赫茲伯格假定滿足與生產力相關，但其研究方法論中卻只探討滿足，而忽略對生產力的探討。

儘管上述的批評，赫茲伯格的理論仍然廣泛的受到歡迎。我們在第十章提到過工作豐富化的觀念，大部分要歸因於赫茲伯格的研究發現和建議。

二、近代的激勵理論

許多當代理論的一項共同點是：每個理論的效度都有相當的實證支持。這應該是自上世紀七〇年代後社會科學開始講究研究方法與理論印證所產生的結果。但是畢竟社會科學與自然科學不同，有許多的假設與限制是不能輕易控制的，社會現象也不能因為實驗而停下或者是重新來過。整體社會政策與運動的經費動輒千萬甚至億元的規模，這是無法因實驗要求而更改或重來的。因此當代的理論不見得比古典的好用，也不會因其出現得較晚，就一定優於傳統的理論。下述理論代表目前對於員工激勵理論的當代水準。

1. **目標設定理論 (Goal-setting Theory)**

美國管理學者洛克 (Edwin A. Locke) 在 1968 年發現，員工外在的激勵（如獎勵、工作回饋、監督）都可以透過目標來具體設定，如此能將目標與工作活動做有意義的聯結，使人們根據目標難度來調整努力的程度，並決定行為持續時間。在一系列研究基礎上，他提出目標本身具有激勵作用，能把人的需要轉變為動機，使人朝著一定的方向努力，並將結果與預先設定的目標對照並隨時調整，如此能實現目標。這種將目標轉為動機，再支配行動以達成目標的過程，就是目標設定理論的內容（圖 13–4）。

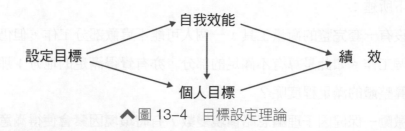

△圖 13–4　目標設定理論

目標有兩個基本的屬性：明確度 (specific) 和難度 (challenging)。研究發現設定明確的目標會增進工作表現，而困難的目標若被接受，會比容易的目標獲致更高的績效，這就是目標設定理論引人注目的主要理由。對於員工，一套清楚的工作目標是激勵的主要來源。尤其是當任務困難、具挑戰性時，若能讓員工參與目標設定，一方面可以讓員工接受意願提高，另一方面提升他們工作投入以及工作表現。當然適當的報酬獎勵是必要的條件。

目標設計理論雖然不是最早出現的理論，但是在每個人成長的歷程中，它可能是很早就發生影響的激勵經驗。例如在小學作文課中，最常出現的題目便是我的志向；在升學或應徵工作時所必須填寫的個人履歷中，個人目標與願望亦是不可或缺的項目。而這些立志的文章及作業，往往對於一個人的生涯發展有不可思議的影響。同樣的，目標設定在現代公司管理亦有非常大的影響，對於上市公司而言，每年的股東會議中便需要將公司的經營目標詳細列出讓股東們可以檢視並列為觀察重點。而公司的員工亦可以

經由公司的營運目標所推衍的部門與個人目標，達到自我要求與努力，最終可以在年終時檢視是否達成目標。

2.公平理論 (Equity Theory)

根據亞當斯 (J. Stacey Adams, 1963) 所發展出來的公平理論，員工會比較他們從工作中得到的報酬和他們所付出的投入，然後會跟相關的其他人的投入－報酬比率加以比較。如果比較之後，他們認為自己的比率和他人相當，如此意味著存在公平的狀態，他們會認為自己的處境公平，表示正義得以伸張。如果比較之後覺得不公平，他們會認為自己的報酬不足或是太多，然後會試圖用各種方法去平衡這個算式（如表 13-1）。

▼ 表 13-1　公平理論

認知比率的比較 *	員工的評價
$\dfrac{結果A}{投入A} < \dfrac{結果B}{投入B}$	不公平（報酬不足）
$\dfrac{結果A}{投入A} = \dfrac{結果B}{投入B}$	公　平
$\dfrac{結果A}{投入A} > \dfrac{結果B}{投入B}$	不公平（報酬過高）

* A代表員工，B代表相關的其他人或是參考標的

參考標的 (referent) 是公平理論中一項重要的變數。參考標的可以分為三類：「他人」、「系統」和「自我」。其中「他人」這一項包括在同一組織中有類似工作的同事，也包括朋友、鄰居和其他同業者。員工可以從談話中、

報紙或雜誌上的相關文章，或是工會對於薪資的討論中獲得資訊，然後將自己的薪資與他人比較。「系統」則是指組織中公開的薪資政策和處理程序，以及相關的行政管理，例如對某人的加薪或年終獎金的表揚公告等。「自我」反映出個人過去在其他機構任職的經驗和收入認知，主要是諸如過去工作經歷、家庭負擔的補助或相關福利等。

選擇參考標的和當事人能獲得的資訊及認知相關。根據公平理論，當員工認為不公平時，他們可能會採取下列行為：①扭曲自己或他人的投入或報酬的資訊②誘使他人改變其投入或是報酬③改變自己的投入或報酬④選擇不同的比較參考標的⑤離職。

公平理論認為個體不僅只關心自己努力所獲報酬的絕對數字，而且也關心與他人報酬比較的關係。他們會將自己的投入－報酬比率和他人的投入——報酬比率比較，然後做出判斷。根據一個人的投入，例如努力程度、經驗、教育和能力，他會將之與報酬如薪資水準、加薪幅度、他人的認同以及其他因素來加以比較，當人們覺得自己的投入－報酬比和他人相比不平衡時，他們就會感到緊張 (tension)，此種緊張為激勵作用提供基礎，因為人們會致力於達成其心目中的公平和公正。

當不公平給付發生時，本理論提出下列四項命題：

⑴按時計酬時，自認報酬過多的員工會生產得比公平支付的員工多。按時計酬下，員工會生產更多的數量或較佳的品質，藉以增加投入改變比率，而達到公平。

⑵按量計酬時，自認報酬過多的員工會比公平支付的員工生產較少但較高品質的產品。按時計酬下，員工會增加其努力程度以達到公平，因此可能導致更多的產量或是更高的品質；但是，由於增加產量只會導致更多的工資而拉大不公平的差距，所以只好努力增進品質而非產量。

⑶按時計酬時，自認報酬不足的員工會生產較少或品質較差的產品。員工會減少努力的投入，因此比公平給付的員工生產更少或是產品的品質較差。

(4)按量計酬時，自認報酬不足的員工會比公平給付的員工生產較多但品質
　較差的產品。按量計酬下，員工以品質來換取數量，在不需多付出努力
　的情況下增加報酬，因而趨向公平。

一般而言，上述命題均已獲證實。研究的結果一致證實了公平理論的主要
內容：員工的激勵作用顯著地受到相對報酬的影響，而非絕對報酬。一旦
員工認知到不公平時，他們會採取行動來矯正此種情形。結果可能是較低
或較高的生產力，改進或降低產出的品質，增加缺勤率，或是自願離職。
本理論中的若干關鍵議題仍未交待清楚。例如員工究竟如何定義投入和報
酬？他們如何對投入和報酬配以權重並加總？這些因素如何隨時間改變？
然而，公平理論仍獲致大量的實證支持，而且也提供我們對於員工激勵作
用的重要觀點。公平理論亦是許多公司採取薪資保密制度的原因，以避免
員工彼此比較而破壞組織內士氣，以及組織利用獎賞激勵員工努力工作的
方法與效益。

3. 期望理論 (Expectancy Theory)

伏倫 (Victor Vroom, 1964) 的期望理論是目前對於激勵最詳盡的解釋，而且
得到許多實證研究的支持。期望理論認為，個人採取某種行為傾向取決於
以下兩點：①對採取該行為所導致已知結果的預期強度②此一結果對於個
人的吸引力大小。因此，理論中包括三項變數或關係：

(1)期待 (expactancy) 是努力與績效之關聯性，是個人認為付出努力之後，
　能達到績效的機率。

(2)工具性 (instrumentality) 是績效與結果之關聯性，是個人對於一定水準績
　效與獲得預期結果的相關程度。

(3)價值 (valance) 是工作結果之報酬展現在個體心中的重要性，它同時考慮
　個體的目標和需求。

而所謂的激勵就是上述三項變項的相乘效果。

上述論點可以歸納成下列問題：要達成某種績效，我要付出多少努力？我是

否有能力達成呢？達成績效之後，我會獲得多少報酬？這些報酬對我有多少吸引力（即價值有多少）？得到這些報酬有助於達成個人目標嗎？總而言之，一個人在任何特定時間裡是否有生產的欲望，取決於他的特定目標，以及他認為績效來換取上述目標是否值得。一個人被激勵去努力的強度，決定於他認為是否值得去嘗試。目標達成之後，組織是否會給予適當的報酬？如果是，此一報酬是否能滿足他的目標？以下我們針對期望理論的四項步驟加以探討，然後嘗試應用其結果。

第一，員工認為工作給他帶來什麼？結果可能是正面的：薪資、安全感、友誼、信任、福利、運用天賦或技能的機會，或是志同道合的關係；另一方面，也可能是負面的：疲勞、厭倦、挫折、焦慮、嚴屬的監督或是解僱的威脅。事實真相並不重要，重要的是員工如何認知這些結果，且不論他的認知是否正確。

第二，員工認為工作的報酬有多少吸引力？他們對於這些報酬的評價是正面、負面或是中性的？這顯然是個人內心的觀點，和他的態度、個性及需求有關。若某人發覺某項報酬對其有吸引力──亦即予以正面的評價──他會想得到它而不願失去此一報酬，其他人可能認為它是負面的而寧可不去得到，還有一些人可能認為上述報酬是中性的。

第三，為了獲得這些報酬，員工必須投入何種行為？除非員工十分清楚地知道要怎麼做才能獲得這些報酬，否則這些報酬對於員工的績效可能沒有什麼影響力。例如在績效評估中，怎樣才算是「優良」呢？評斷員工績效的準則是什麼呢？

第四，員工認為他能達到要求的機會有多大？在員工評量他自己控制成敗因素的能力後，他認為獲致結果的機率有多大？

以下我們以課堂上的情形為例，來說明期望理論如何解釋激勵作用。

學生大都希望老師在學期第一堂課上說明他們的課程要求，作業和考試的方式與頻率為何，以及作業和考試占期末總成績的比重為何。學生也假設上課認真參與、勤做筆記對於成績的關聯性。假設你是一名學生，選修「管理學」這門課已經九個星期了，在學習方面一直覺得很愉快，而現在期中考試結果發下來。你為了準備考試曾苦讀不已，而且其他付出同樣心力的課程都得到 A 或 B 的成績。

好了，現在考試後成績公布了，全班平均是 72 分，前 10% 的人成績在 85 分以上才評為 A。你的成績才 56 分，而及格分數是 60 分。於是你覺得羞愧、挫折，甚至困惑不已，為什麼花同樣的精神去準備，其他的科目就名列前矛，偏偏這門課的考試成績如此低呢？於是你的行為開始轉變。你不再像過去那樣對課程抱持高度的熱忱，而且課後也不再唸它了，上課時開始胡思亂想，筆記本一片空白。為什麼你的激勵水準改變了呢？我們可以期望理論來加以解釋。

研讀及準備「管理學」這門課（努力），是為了在考試中能正確回答問題（績效），以獲取良好成績（報酬），好成績得到安全感、自信等利益（個體目標）。本例中好成績所代表的結果相當具有吸引力。那麼績效─報酬關聯性又是指什麼呢？你覺得你的成績真實地反映出你對教材的理解嗎？換句話說，考試能公平地衡量出你的知識嗎？如果答案是肯定的，那麼績效─報酬間的關聯性就很強。如果答案是否定的，則表示你激勵水準的降低，至少有部分原因是因為你相信考試並不能公平地衡量你的績效；或許是考題出的不好，或者是閱卷者無法理解你的答案，也許是你的字跡潦草減低了得分，也許是評分者的成見，都影響績效─報酬關聯乃至你的激勵水準。

另一種影響你士氣的原因是發生在努力─績效的關聯性。如果考試之後，你相信不管你怎樣用功都不能通過考試的話，那麼你唸書的欲望自然會降低。或許你不知道本課程有先修的課程，或是以前曾經唸過，但是相隔日久而早已淡忘。結果都是一樣的：你認為即使努力也無法正確答出考卷上的問題；因此你的激勵水準下降，同時也減少了努力。

期望理論的關聯在於瞭解：個人的目標、努力─績效之間的關聯、績效─報酬之間的關聯，和報酬─個人目標滿足之間的關聯。做為一種情境模式，期望理論並不認為有一種普遍原則足以解釋每個人的激勵作用。此外，知道一個人想要滿足哪些需求，並不保證個人能認知到高績效就一定能滿足其需求。如果你選修「管理學」這門課是為了交一些新朋友和從事社交關係，但老師卻認為你上課的目的是想獲得好成績，因此當你考試成績很差時，老師也許會很失望。不幸的是，

大部分的老師都認為他們打分數的權力是激勵學生的潛在力量。上述情況若要成立，學生就必須認為好成績十分重要，知道如何準備才能獲得好成績，而且他們認為越努力就越可能得到好成績。

讓我們總結與期望理論相關的一些結論。第一，期望理論強調報酬或是獎勵。因此組織所提供的報酬必須跟員工所想要的一致。這理論的基礎是自我利益，每個人都追求其期望滿足的極大化。第二，期望理論強調經理人應該瞭解為什麼員工會視某些結果為具吸引力或是不具吸引力。我們希望以別人所正面評價較佳的方式來獎賞他們。第三，期望理論強調被期望的行為。個體是否知道他人對於他的行為有哪些期望？對這些行為如何評價？第四，本理論關注於認知，事實為何則無關緊要，重要的是，決定個人努力程度的，是他對於績效、報酬和目標滿足之間的認知，而非客觀的結果本身。

第二節 領 導

領導並非收集一些組織負責人個人特質，或是分析一些組織成員的群體行為的情境因素就可以掌握的現象。畢竟其牽涉到許多複雜的變數與周邊情境因素。由於研究上未能獲得有適合於領導的普遍個人特質的結論，導致須將情境因素納入一併分析的結果。如此形成在情境、領導型態與效能之間的配對的研究非常熱門。這樣的結論意味著，在不同的情境下，不同的領導風格會有不同的結果。

回顧許多研究領導風格、情境與效能的論文，我們發現任務本身（其複雜程度、型態、技術以及規模大小）就是一項顯著的控制變數。其他情境變項尚有領導者直屬上司的風格、團體規範、控制幅度、外在威脅與壓力以及組織文化等。我們在此將介紹以下兩種模式：費德勒 (Fred Fiedler) 模式與韓斯－布蘭德 (Hersey & Blanchard) 的情境理論。

一、費德勒模式

費德勒 (1964) 提出一個有關領導的權變模式。費德勒藉由動態模式顯示有效

能的群體績效，取決於兩個因素能否適當地配合。第一個因素是領導者行事的風格及部屬之關係；第二個因素則是領導者所處的工作情境。費德勒利用一份「最不想共事之同僚」(Least-Preferred Co-worker, LPC) 問卷，來界定領導者是任務導向或者是關係導向的個性。其次，費德勒提出三項情境變數──領導者與部屬關係（好或壞）、任務結構（高或低）以及職權（大或小）。費德勒認為將這三項變數以及各種實際領導情境的資料經過統計分析後，能找出各情境中最合適的領導取向。因為 LPC 問卷是一種簡單的心理測驗，所以就某種意義而言，費德勒模式是由個人特徵理論發展出來的。費德勒模式遠比傳統特徵理論和行為模式顯得有意義的原因在於，其加入了情境因素以及個人人格特質與情境的關係，然後以函數的概念來預測領導的效能。其中領導效能是因變數，情境變數與人格特質是兩項自變數。接下來讓我們對該模式做較詳細的討論。

費德勒相信，領導成功與否的關鍵因素在於個人基本的領導型態，因此他首先試著去發現基本的型態為何。費德勒設計 LPC 問卷的目的即在於此，如表 13–2 所示。這份問卷包含十六組相對形容詞。受訪者被問到：「回想所有曾經共事過的夥伴，並以下列十六組（程度由 1～8）的形容詞當中描繪出你最不喜歡與之共事的同仁。」費德勒相信基於受訪者的回答，可以決定出該受訪者的領導型態。

如果受訪者以較肯定的語氣（高 LPC 分數）來描述他最不喜歡共事的同仁，那麼受訪者基本上喜歡和其共事的同仁維持良好的人際關係。換言之，費德勒將此受試者歸為人際關係導向。相對之下，如果受訪者以較為不喜好的語氣（低 LPC 分數）來描述其最不喜歡共事的同仁，則基本上此人的興趣在於生產力，因此將其歸為任務導向型。透過 LPC 的說明，費德勒能夠將大部分受訪者歸為以上兩種領導型態中的任何一種。但若是介於費德勒的二種領導型態之間，而難以描繪出其人格的話，是否就不適用他的理論呢？

一件值得注意的事：費德勒假設個人的領導風格是難以改變的。這意味著假如在某種情境下需要一位任務導向的領導者，但此人卻是屬於人際關係導向風格的話，則欲達到最有效能的管理，不是情境必須改變，而是應該更換新的領導者。

費德勒強調領導風格是天生的——你無法改變自身的風格以配合情境。

▼ 表 13-2　費德勒的 LPC 尺度

愉快的 ────────────	不愉快的
友善的 ────────────	不友善的
拒絕的 ────────────	接受的
願意幫忙的 ────────────	令人沮喪的
不熱心的 ────────────	熱心的
緊張的 ────────────	放鬆的
拒人千里的 ────────────	親近的
冷漠的 ────────────	熱情的
合作的 ────────────	不合作的
支持的 ────────────	敵視的
無聊的 ────────────	有趣的
爭執的 ────────────	和諧的
有自信的 ────────────	猶豫的
有效率的 ────────────	無效率的
抑鬱的 ────────────	喜悅的
開放的 ────────────	保守的

當透過 LPC 測驗確定個人的基本領導風格後，可以針對情境評估，並將領導者風格與情境配合。費德勒發現三種動態構面，分別是領導者－部屬關係、任務結構及職位權力，其定義如下：

(1)領導者－部屬關係：部屬對領導者的信心、信任及尊重程度。

(2)任務結構：被指派工作的程序化（或結構化）程度。

(3)職位權力：領導者僱用、解僱、訓練、升遷及加薪等的權力。

費德勒模式的下一個步驟，是藉由上述三項變數以評估兩種風格的領導者在不同情境中績效。領導者－部屬關係的好壞、任務結構的高低程度以及職位權力的強弱。在三項動態變數的組合下，可產生領導者所必須面對的八種不同情境分類。

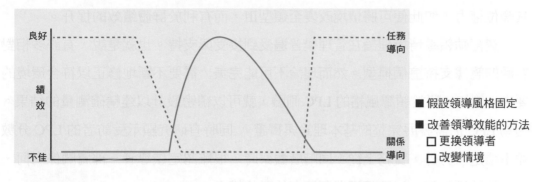

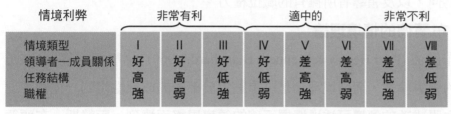

▲圖 13–5　費得勒模式的發現

　　費德勒模式發現個人的領導風格 (LPC) 與三項動態變數的組合相配合，有不同的領導效能。在超過 1,200 個群體的研究中，分別比較八項情境分類人際關係導向與任務導向的領導風格得到的結論：任務導向領導者在極端（非常有利與非常不利）情況下，會有較好的執行成效（見圖 13–5）。即當面臨類型 I、類型 II、類型 III、類型 VII 及類型 VIII 的情境下，任務導向型的領導者將會有最佳之績效；而人際關係導向的領導者在較適合的情境——類型 IV 及類型 VI 的情境下，則會有較佳的執行成效。

　　根據費德勒的觀點，個人的領導風格是固定不變的。因此，只有兩種方法可以提升領導效能。一是更換領導者以適合情境，例如棒球比賽中，球隊經理能夠根據打擊手的習慣（左打或右打），選擇在投手準備區中左投手或右投手上場。因此，某個由人際關係導向的管理者所領導的組織，處於情況極為不利的狀態，那麼便可透過更換任務導向的領導者來提升組織績效。第二種方法便是改變情境以適合於領導者，可以透過任務重整，或是調整領導者的權限諸如加薪、晉升及訓練等而改變。因此，假設一位任務導向的領導者面對情境類型 IV，如果能夠增加

其職位權力，如此便可將情境改變至類型III，而有利於群體績效的提升。

　　費德勒領導情境理論在管理學普遍受到接受與支持。也就是說，有許多相對客觀的證據支持這個模型。然而理論不可能完美，需要不斷地修正以符合環境的要求。例如，關於領導風格的 LPC 測驗，就可以精密設計以達精確測量的結果。因為 LPC 仍需發展完整的基本理論與實證，同時有研究顯示受訪者的 LPC 分數並不穩定。另外，實務上從不同階層觀察時，很難認定領導者一部屬關係為何、任務的結構為何，以及領導者所擁有的職位權力。

二、韓斯－布蘭德的情境理論

　　韓斯－布蘭德 (Paul Hersey & Kenneth Blanchard, 1969) 的情境領導理論亦是被廣為接受的領導模式，而情境理論是將重點置於部屬的成熟性格的一種權變理論。雖然亦主張成功的領導可透過選擇正確的領導風格而達到，而韓斯－布蘭德認為領導風格應配合部屬的成熟度。情境理論已經被許多大公司用為主要的訓練工具，如美國銀行、IBM 公司、美孚石油及全錄公司，它同時也為軍事單位所接受。如同許多有名的管理理論，情境理論多年來亦在學術界接受嚴密的評估以測試其有效性。然而，因為其普遍被接受以及網路上測驗的方便性，因此值得在此提到這個理論。本理論強調部屬反映出一個事實，他們決定是否接受或拒絕他們的領導者。不論領導者做什麼決策，最終的效能仍是取決於部屬的執行，這個重要的構面在許多的領導理論中常被忽略。

　　韓斯－布蘭德將「成熟」定義為人們對本身行為負責的能力與意願。這包含兩項要素：工作成熟度及心理成熟度。前者包含個人的知識及技能，工作成熟度高的人有知識、能力及經驗去執行他們的任務，而不須他人之指導。心理成熟則與做事的意願或動機有關，高成熟度之個人不需要額外的鼓舞，他們內心裡已經有相當動機。

　　情境領導理論使用與費德勒兩個相同領導構面：任務與關係行為。然而，韓斯－布蘭德更進一步將任務與關係獨立成為兩個構面，每個構面分別有高、低兩個程度，如此形成 2×2 的四種組合，產生四種特定的領導風格分別說明如下：

1. **告知型（高任務－低關係）**

   領導者告訴部屬應做什麼、如何、何時及何處的任務。

2. **推銷型（高任務－高關係）**

   領導者指導及監督部屬的行為。

3. **參與型（低任務－高關係）**

   領導者與部屬共同制訂決策，領導者扮演促進與溝通的角色。

4. **授權型（低任務－低關係）**

   領導者極少指導或支援。

韓斯－布蘭德理論的關鍵要素是定義部屬成熟的四個階段：

M1：部屬不能也不願意對所做的事負責，他們不具信心及能力。

M2：部屬不能但願意工作，他們被激勵，但缺乏技術。

M3：部屬能夠但不願意去做領導者所期望的事。

M4：部屬能夠也願意去做被交付的任務。

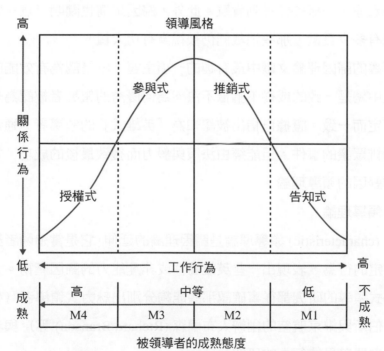

▲ 圖 13-6　整合各種因素形成情境領導模式

圖 13-6 顯示情境領導模式，當部屬的成熟度高，領導者的反應不僅是持續減少控制活動，而且持續降低關係行為。在 M1 階段，部屬需要清楚且明確的指導。在 M2 階段，需要高任務及高關係兩者並重。高任務行為用以彌補部屬能力之缺乏；高關係行為則試著將部屬的心理符合領導的慾求。M3 階段所產生的動機問題一般是以支援性、非指導性及參與的型態來解決。最後的 M4 階段，領導者並不須做太多事情，因為部屬能夠並願意對本身負責任。

三、領導的歸因理論

歸因理論試著以因果關係式的邏輯來解釋一切。當事情發生時，人們總想把它歸因於某項特定原因。領導的歸因理論認為領導只是人們對他人行為的一些歸因罷了。利用歸因的架構，研究者已經發現人們傾向於以某些特徵來描述領導者，諸如智慧、外向的人格特質、強而有力的語言技巧、精力旺盛的、傑出的以及勤勉的。就組織層面而言，歸因架構解釋為什麼人們傾向於將組織績效極端的好壞歸因於組織的領導。這也有助解釋當組織面臨較大的財務衰退時，不論總裁已經做了多大的處理，仍舊會遭受到責難。此外，歸因架構也闡明了無論對非常良好的財務狀況有多少貢獻，那些總裁們仍被視為有功人員。

有關領導的歸因理論文獻中最有趣的一項主題，就是認為有效能的領導者在決策的過程中總是一致的或從不猶豫不決。為何優秀的領導者被認為是有充分的授權，且堅定而一致。證據已指出被認知為「英雄式」的領導者，通常是接手處理困難或獨排眾議的事件，但能經由決策與毅力而獲致最後的成功。本節將探討三種經常被歸因的領導理論。

1. 魅力領導理論

魅力 (characteristic) 領導理論是歸因理論的延伸，它是當追隨者對領導者某些特定的行為，表現出一些英雄屬性或非凡能力的歸因產物。大部分關於權威式領導的研究都從事確認那些能夠分別出魅力式領導者（如蘋果創辦人賈伯斯與維京航空的創辦人布蘭森 (Richard Branson) 等），與非魅力式領導者之間差異的行為的研究。

許多學者企圖確認魅力領導者的人格特質。豪斯 (Robert House, 1974) 的路徑—目標理已經確認三項特質：極端高度的自信、支配力及堅定的信仰。班尼斯與奈勒斯 (Warren Bennis & Burt Nanus, 1985) 在研究過美國九十位最有效能及最成功的領導者後，發現他們有四點共同的能力：他們具有引人注目的願景及對後續發展的感覺；能夠將本身的願景以清楚明確的字眼和部屬溝通並使其瞭解；他們堅定表示並將焦點集中在追求願景上；以及他們知悉本身的優勢並善加利用。表 13–3 總結主要的幾項特徵，以顯示出魅力領導者與非魅力領導者之差異。

▼ 表 13–3　魅力領導的關鍵特徵

自　信	對自己的判斷與能力有完全的信心
願　景	有理想並寄望未來。當理想與現實差距越遠，追隨者越相信領導者的願景
闡明能力	能以大眾瞭解的言詞解釋願景。瞭解部屬需求並激勵他們
強烈信仰	對願景有強烈的承諾、願意承擔風險、願意犧牲個人以求願景的實現
行為異於尋常	行為新異、反傳統、反常規。成功時，會引起追隨者驚訝與讚歎
推動改革	領導者被視為劇烈改革的推動者，而非現狀的維護者
環境敏感	能夠對環境的限制與改革所需的資源與作法，提出實際的建議與評估

魅力式的領導者對其部屬有何影響呢？有越來越多的研究顯示，魅力式的領導與高績效及部屬滿意度之間呈現高度的相關性。因為他們喜歡他們的領導者，因而表達出更大的滿意度，並且為魅力式的領導者做事的員工能獲得激勵，進而在工作上盡更大的努力。

如果魅力是令人滿意的，那麼人們能夠學習成為魅力的領導者嗎？或者魅力的領導者是與生俱來的特質呢？當少部分的人尚認為領袖氣質無法學習時，大部分的專家相信，眾人可以經由訓練而顯現出領袖氣質的行為。例如研究者已經成功地將大學的商學院學生，根據演員腳本扮演出具領袖氣質的人。學生被訓練成能夠清楚地表達複雜的目標、傳達高績效的期望、展現對部屬符合那些期望能力的信賴，以及強調部屬的需求；他們學習去

計畫出一個有力的、有信心的以及動態的儀態；並學習使用富有磁性及魅力的語調。為更深入捕捉領袖的動態與精神，領導者被訓練引起魅力的非語言上的特徵：他們改變走路的步幅並且坐在他們桌子的邊緣、學習面對部屬、直視部屬的眼睛、輕鬆的姿勢以及生動的臉部表情。研究者發現這些學生能夠學習如何發出魅力。再者，這些領導者的部屬比起在非魅力領導者下工作的部屬有較高的工作績效、任務適應，以及對領導者和群體的調適。

在這主題上的最後一點是：魅力領導並不是唯一達到高員工績效水準的領導方式。當部屬任務中有意識型態的成分，它可能是最適當的。這可能解釋為什麼魅力領導者較可能面對政治、宗教、引進全新產品的企業，或者是面對一項對生存威脅危機的企業。美國羅斯福 (Franklin Roosevelt) 總統提供遠離大蕭條的真知灼見。金恩 (Martin Luther King) 博士一貫的理念是希望透過和平的手段帶來社會的公平。賈伯斯在 1970 年代後期到 1980 年代早期時得到蘋果技術性員工堅定不移的忠誠與承諾，乃肇因於他對個人電腦將帶給人類生活方式戲劇性的變化的願景。事實上，一旦戲劇性變化的危機及需求緩和後，魅力領導者對組織而言可能反而變成一項負債。為什麼呢？因為魅力領導者堅強的自信經常變成問題的來源。他不能接受他人的意見，當面臨部屬的挑戰時，他們會變得不安，而堅信「自己才對」的行為常延誤改革，並惹出更大的麻煩。

2. 事務領導

事務 (transactional) 領導者藉由明確的角色及任務的要求來引導或激勵部屬達到預先建立的目標。大多數在本章出現的領導理論，如費德勒模式、路徑─目標理論以及領導者─參與模式，都是談論事務領導者的理論。這些領導者藉由明確的角色及任務的要求，來引導或激勵部屬達到預先建立的目標。

然而也有另一類型的領導者，激勵其部屬超越他們自我的利益以使組織更

好，並且能夠對其部屬產生意義深遠而非凡的影響。這些是所謂移轉的領導者，包括微軟公司的比爾‧蓋茲。他們將注意力放在對個別員工的關心及發展的需求之上；他們幫助部屬以新的觀點重新看待舊問題，進而改變部屬對事件結果的知覺；同時他們也能夠鼓勵、喚醒及激勵部屬以更多額外的努力來達成團體的目標。

3.移轉的領導

移轉 (transformational) 的領導乃建立於事務領導之上，而有超越事務領導的努力及績效水準。此外，移轉領導較優於魅力領導。純粹的魅力領導者可能想要部屬接受魅力領導者的世界觀點，而不必須有更進一步的想法；而移轉領導者則試著慢慢培養部屬解決問題的能力，從而建立對既有問題的正確觀點，進而對未來問題發展方向有更成熟的觀點。

證據支持移轉領導的優越性超過事務領導。例如許多美國、加拿大和德國的軍官研究發現，在每個職務晉升階段考核時，移轉領導者比事務領導者來得更有效能。在快遞航空貨運的管理者被其部屬評價為移轉的領導者，常被上級主管評價認為是有較高的績效以及較有獲得晉升的機會。總而言之，所有的證據顯示，當移轉領導與事務領導相比較時，前者常展現低流動率、高生產力及高員工滿意度。

▪摘　要▪

1.動機是在得以滿足某些個人需求的情況下，為達成組織目標而更加努力工作的意願。激勵作用的過程始於未被滿足的需求，因此產生緊張和驅力，導致搜尋特定目標的行為。若目標一旦達成，則將滿足需求而減少緊張。

2.需求層級理論認為人類有五種需求——生理、安全、社會、尊重，以及自我實現需求。人類會試圖逐級滿足這些需求，當某一層級的需求獲致實質的滿足之後，就不再具有激勵作用。

3. X 理論基於人性本惡：認為員工不喜歡工作、懶惰、逃避責任，而且必須施以強制

手段才會努力工作。Y理論則基於人性本善，認為員工具有創造力、會主動肩負責任，以及能夠自我管理。

4.激勵－保健因子理論認為並非所有的工作因素都具有激勵作用。稱之為保健因子的某些工作特性，其存在與否只具有安撫員工的功用，而不能產生滿足或是激勵作用。只有人們內在報酬的因素，例如成就感、認可、責任感和成長等，才具有激勵作用及導致工作滿足。

5.高成就需求者喜歡具有個人責任感、能提供回饋及適度風險的工作。

6.目標能提供員工特定和具挑戰性的標的，從而導引和刺激績效的產生，達成激勵的作用。

7.目標設定理論認為是人的內在目的在激勵人們。

8.公平理論認為人們會與其相關的他人比較投入－結果的比率；如果他們認為自己的報酬不足，就會減少激勵工作的效果；如果他們認為自己的報酬過多，就會更努力工作，以使所得公平。

9.期望理論主張人們採取某種行為傾向，取決於採取該行為所導致已知結果的預期強度，以及此一結果對於個人的吸引力大小。理論中主要的關係有：努力－績效關聯性、績效－報酬關聯性，和報酬－個人目標關聯性。

10.管理實務上可能激勵員工的作法有：承認個體之間的差異、適才適所、使用目標、確定員工認為目標可以達成、視不同的人給予不同的報酬、增加報酬與績效的關聯性、查核系統公平性，以及瞭解金錢是重要的誘因。

11.費德勒的權變模型確認了三項情境變數：領導者－部屬關係、任務結構及職位權力。當處於極高度的順利或不順利的情境下，任務導向的領導者執行績效應最好；而在比較順利或不順利之情境下，關係導向的領導者是較適合。

12.韓斯－布蘭德的情境理論提出了四種領導型態——告知型、推銷型、參與型及授權型。一位領導者選擇何種領導型態決定於部屬的工作成熟度及心理成熟度。當部屬達到較高的成熟度，領導者的反應是減少控制與干預。

13.魅力領導者是自信、對更好的未來具有意象，並對其意象有強烈信仰，從事非傳統

性的行為，同時被認為是迅速改革的推動人。

14.事務領導者藉由明確的角色及任務的需要來引導其部屬直接建立目標。移轉型領導者灌輸其部屬超越自我的利益而以組織的利益為優先，並且能對其部屬有一深遠而意義非凡的影響。

複習問題

1.金錢在需求層級理論與期望理論，各扮演什麼角色？

2. Y 理論的主管會如何激勵員工？ X 理論的主管又會如何激勵員工？

3.費德勒如何測量主管的領導取向？

4.韓斯一布蘭德的情境理論的授權方式可稱為領導嗎？

討論問題

1.費德勒的領導理論假設人的性格不會改變，你認為對嗎？

2.韓斯一布蘭德的情境理論認為要依部屬的狀態決定領導方式，你可以接受嗎？

3.韓斯一布蘭德的情境理論與費德勒的領導理論最大的不同處為何？

4.目標設定理論認為困難的目標具有激勵作用，但如何避免太難而造成灰心的反效果呢？

5.人們能夠學習成為魅力的領導者嗎？試解釋之。

6.你認為實務上管理相信權變的方法可以增進領導效能嗎？

‖ 第十四章 ‖

人際關係、溝通與談判

本章係以 4 節予以陳述學習的內容：

1. 何謂人際關係與社會網絡，中外關係網絡的特性與差別
   中國人關係的內容，社會網絡的分析方法
2. 定義溝通與重要性，描述溝通程序，克服溝通障礙的技巧
3. 衝突管理
4. 整合型談判

　　《溝通與人際關係：如何贏取友誼與影響他人》是一本非常暢銷的勵志書，由卡內基 (Dale Carnegie) 所撰寫，1936 年出版，至今售出超過 1,500 萬本，被翻譯成世界上主要的語言，已經出版超過 42 個版本。其內容主要講述人際關係，例如溝通策略與生活態度。由此可見人們都希望知道如何瞭解他人、如何與人相處、如何使人喜歡你、如何使他人同你有一樣想法等。

　　1988 年黑幼龍將卡內基訓練引進臺灣，這本書也同時進入臺灣，許多人因而接觸到卡內基對於如何增進人際關係有更深刻的認識。卡內基非常會說故事，他將如何突破僵局，如何借著一些的小技巧轉化既有成見，化干戈為玉帛的成功經驗，生動地講述出來，而獲得許多人的贊同。尤其是業務推銷在美國社會中逐漸形成商業的主流活動時，人人都希望能借看一本書或參加訓練而從退縮、拘謹、口才笨拙的行為中，改變成開朗、自信、擅長溝通、深具領導力的一個人。

　　今天在臺灣卡內基訓練仍是許多年輕人或公司新進業務員參與的一項活動，許多大型企業亦採用卡內基訓練來培訓他們的經理、業務員與專業幹部。這些受訓後的員

工不僅自信增強，他們的團隊精神也有增強，服務的品質也提高，業績增加，更能做好顧客服務。

　　人際關係是任何事業經營的重要基石，人生在世若無妥善的人際關係是寸步難行，更何況要建立個人事業或發展任何人生抱負，都是要視個人是否有良好的人際關係。因此，我們可以說人際關係是個人成就的基本要件。英國詩人多恩 (John Donne) 有句名言："No man is an island." 所謂人不能孤立，很有道理，人不能離群索居，現代人想做魯賓遜在荒島上生活是不切實際，也不可能的事。其次，由於資訊網絡興起，新的名詞如「宅男」、「宅人」或「宅神」的稱號出現，這是指獨守在一室不與人來往，只靠電腦網絡與外界來往的新興族群。可是即使是現代宅神也不可能離群生活，他的食衣住行育樂仍然依賴社會上其他的人提供，他的收入也依賴社會對他貢獻的具體評價而定，以做為他在網路上持續活動的生活保證。

　　依此道理，一個人想要在組織中爭取到重要位置，以發揮個人影響力，除了要有卓越的專業知識與技能外，更要有完整與靈通的人際關係網絡，使個人的表現能夠突出並明顯，且有充分的支持與肯定。這就是本章所要談的人際關係與溝通的重要性。

第一節　人際關係與社會網絡

　　人際關係 (human relations) 是指社會人們間互動或交往所形成的互動形勢，所謂形勢乃是指彼此的親疏遠近與高低強弱，其可稱為人緣，也稱為交往關係，包括親戚、社區、朋友、同學、師生、同鄉、同業、生意、同事、主管部屬關係等。人際關係對每個人的思想、情緒、態度、個性、行為模式、工作及價值觀有很大的影響；反之，個人的人際關係也將影響其所在的組織氣氛、溝通、運作與效率。在社會學的領域中社會網絡 (social networks) 是一個自二十世紀三〇年代便開始研究的課題。時至今日已成為一門研究深入的學門，有成熟的理論與研究方法，並有豐富的研究文獻。因此，在本書中將人際關係視為社會網絡同義詞，並以社會學所發展的社會網絡做為人際關係管理主要參考文獻。

韋爾曼 (Barry Wellman, 1988) 定義社會網絡是「由某些個體間的社會關係構成的相對穩定的系統」，即把網絡視為是聯結行為人（actor，即網絡中的個人）的許多社會連帶 (social ties) 或社會關係 (social relations)，它們相當穩定的模式構成社會結構 (social structure)。隨著應用範圍的不斷拓展，社會網絡的概念已超越了人際關係的範疇，網絡的行為人既可以是個人，也可以是組織，如家庭、部門、學校，而本書將集中於個人之人際關係。

一、社會網絡

社會網絡有兩大分析因素：關係和結構。關係乃是關注個人間的社會性聯結，通過聯結的密度、強度、對稱性、規模等來說明特定的社會現象。結構則關注網絡參與者在網絡中所處的位置，討論兩個或兩個以上的行動者之間的關係所反映出來的結構狀態，以及這種結構的形成和演進模式。這兩因素都對網絡中實體（包括物質或金錢）和虛擬（包括信息或感情）的流動有著重要的影響。具體來說，社會網絡理論包括了強弱聯結、社會資本以及結構洞等三大核心部分，我們在後面一一解說。

1. 聯結的強度：強聯結與弱聯結

社會網絡是由節點與關係組合而成的，網絡中節點的關係就產生聯結，節點與聯結就構成網絡分析的最基本單位。 1973 年美國學者格蘭諾維特 (Mark Granovetter) 最先提出聯結強度的概念。他將聯結分為強弱聯結兩種 (strong and weak tie)，從互動、感情、親密和互惠四種關係來進行分析。強聯結和弱聯結在不同的關係的傳遞中發揮著不同的作用。強關係是在性別、年齡、教育程度、職業身分、收入水平等社會經濟條件相似的個體之間發展起來的，而弱關係則是在社會經濟條件不同的個體之間發展產生的。相似性較高的個體所經歷與瞭解的事務經常是相同的，所以通過強關係獲得的資源或資訊常是重複且多層的。而弱關係是在不同群體之間發生的，跨越不同的消息來源，能夠充當溝通橋樑，將其他群體的信息、資源帶給不屬於該群體的某個個體。

弱聯結常是獲取新知識的重要通道，但是資源不一定都能在弱聯結中獲取。強聯結是個人與社會聯繫的基礎與出發點，網絡中發生的資訊與知識的流通經常發生於強聯結之間。強聯結隱含著信任、合作與穩定，而且能傳遞高質量、複雜或隱性的知識。封閉的強聯結會限制新知識的輸入，禁止對外部新資訊的搜集，使擁有相似知識和技能的成員局限在小圈子中。

2. 社會資本

法國社會學家布迪爾 (Pierrer Bourdieu, 1985) 首先提出的社會資本 (social capital) 概念，美國社會學家科爾曼 (James Coleman, 1988) 也認為社會資本乃指個人在社會結構中所享有的公共功能 (function)，其主要存在於社會團體和關係網絡之中。個人享有的社會資本越多，其攝取社會資源的能力越強。不僅個人享有社會資本，企業與其他社會組織也享有社會資本，例如組織間的正式聯結就是專屬於組織成員才享有的社會資本。個人的社會資本與其所在的社會網絡的位置相關，其位置所聯結個體越多，社會資本越雄厚；所聯結的社會網絡規模越大、異質性越強，其社會資本越豐富。

社會資本亦代表一個個體或組織的社會態勢，因此在社會網絡中，個人或組織的社會資本數量決定其在網絡結構中的地位。從個人發展觀點而言，一個人的一生就是要在其先天所賦予的網絡中努力向網絡的中心點移動，以獲致最大的社會資本利益。通常這社會資本不會隨人移動的，而是附屬在其所在的網絡節點之上；也就是說一個國家的總統或國王可能是其所在社會中社會資本最大的享有者，而那社會資本乃屬於所處職位所有，而非屬於個人，因此社會資本乃隨在位者的更迭而移轉至不同的繼位者。所謂的「人在人情在」就是這個道理。至於某些人在離職後仍藉原職位關係而有相當影響力，這應是利用原先同步建立個人關係所發揮的效益，其影響仍要視其現有的職位權力與過去經營殘值而定。

3. 結構洞

美國學者伯特 (Ronald Stuart Burt) 在 1992 年提出了結構洞 (structural

holes) 的概念。這是一個在社會網絡上的有趣的發現。伯特發現個人或組織所面對的社會網絡均呈現兩種形式：一是完全連接的網絡，網絡中所有的個體與其他個體有聯繫，沒有聯繫中斷的現象，整個網絡沒有「空洞」。這種形式常在小群體中存在。二是社會網絡中的個體僅與部分個體有直接聯繫，但與其他個體沒有聯繫，形成聯繫中斷的現象，從網絡整體來看好像網絡結構中出現了空洞，這種現象就被伯特稱作結構洞。在結構上有良好聯結的個人的社會資源顯然要比有空洞存在的個人來得多，而從個人在社會中的影響力而言，補平結構洞成為個人應該努力的首要目標。

我們由此可以發現，伯特的結構洞觀點是源自格蘭諾維特的強弱聯結假設，而結構洞可以說是若干弱聯結或是無聯結所形成的結構現象。因此，伯特的觀點可以看作是格蘭諾維特觀點的進一步發展。伯特認為結構洞與社會資本有關，個體的社會資本與網絡中聯結量成正比，而個體可跨越的結構洞越多，可動用的社會資本越多。同理，個體無法跨越的聯結洞越多，個體可動用的社會資本則越小。結構洞的想法可以提供個人不定期的審視自我是否有與社會脫節的現象，而有所警惕。

二、中國人關係特質

中國人文化與許多亞洲地區文化一樣是集體主義為主的，在本書中前面章節即有討論，因此社會關係在中國人社會中尤其重要。談到人際關係與社會網絡時，中國人社會的人際關係值得特別重視。因為它與西方個人主義社會的表現截然不同，因此在管理上應有正確的認識與對待，以避免錯誤的決策與任命。中國人「關係」概念源自儒家思想的價值觀和行為法則，它不僅是中國人社會行為互動的基礎，同時也是影響中國人商業模式與政府管理實務的重要準則。中國人常把「人情世故」、「交情」、「自己人」、「他人」等名詞掛在嘴邊，甚至認為關係的重要性應凌駕所有事物之上。中國人對待不同關係對象時，常視親疏遠近而採取不同的行為模式以視為慣例。因此乃有：「有關係就沒關係；沒關係就有關係」的說法。

由於對於人際關係的重視，許多學者在探討中國人的社會行為時，經常將關

係當作分析的焦點。如費孝通 (1948) 的「差序格局」；金耀基 (1980) 的「人情分析」；黃光國 (1988) 的「人情與面子」；楊國樞 (1993) 的「關係取向」；以及楊美惠 (1994) 與閻雲翔 (2000) 觀察中國社會「送禮行為」的理論模型等。更有不少研究者將關係視為中國社會制度的關鍵概念，而將其納入他們的社會科學研究中（陳介玄、高承恕，1991；楊國樞，1993；鄭伯壎，1995），如此為在地文化研究提供重要的研究觀點。筆者認為所謂的差序格局其實就是中國傳統所說的倫理或倫常關係，如中國所謂的五倫：天地君親師，社會中這五種的基本人際關係歷經長時間的演化，形成中國固有的人與人某種關係的互相行為模式（見圖 14-1）。例如中國人對老師的尊敬，從學生第一天到學校上課時便建立起根深柢固的態度與規矩，終其一生不可須臾違背。

▲ 圖 14-1　倫理──差序格局觀念

中國人的人際「關係」(guanxi) 與西方「關係」(relationship) 觀念的差異可從幾個面向加以說明：

(1)就職業道德而言，西方認為利用關係是不道德的；中國人認為使用關係是一種合理的權利義務的建立，只有無法完成義務才是不道德 (Vanhonacker, 2004)。

(2)就正式程度而言，西方認為人際關係網絡較為私密，不宜公開；而中國人則公開強調人際關係網絡以為關係強固的明證。

(3)就運作層次而言，西方公事優先，關係其次，在談完正事後若有時間才探索關係；而在東方關係概念下，關係是優先於正事的洽商，若有有力關係應事先提出，以免日後尷尬。

從中國人自古以來便有的修齊治平的觀念可以看出，中國人的人際關係是以自己為中心，將與自己有互動的他人依據親疏遠近分為幾個同心圓，越親近的他人，與自我中心越貼近；且自我與不同圈層之他人的交往法則也是不同的。在中國人社會裡，關係往往主導一切，以致於影響了經營環境的走向。所以一個企業組織若欲有效掌握瞬息萬變的營運風險，以提升企業組織的營運效能，有賴於高階管理者豐沛的人脈關係或社會資本，做為操控環境的方向盤。

三、中國人關係的構面

一般而言，在文化行為上人情在中國人關係網絡所扮演的功能優先於事理，再優於法律，所謂的情理法的順序在傳統中國社會是天經地義的。從人際關係網絡的特性來看，網絡本身具有資訊、情感與權利義務交流的現象，以及這些關係的消長變化。

楊國樞 (1993) 認為關係取向是中國人在互動過程中，所發展出來的一種適應生活的方式。例如中國人會因關係親疏遠近（家人或外人、同事或生意人），而採取不同的態度與互動方式。這種差序格局的傾向，對於關係網絡中親近的成員，會形成較強的信任關係，即「自己人」關係圈；但對於不親近的圈外成員，心理距離則往往較大，關係較為疏遠，形成「外人」關係圈。中國人關係特質的「信任」不僅是指相信對方不會傷害自己，且會履行義務、顧全自己的面子等；也意

含相信對方會考量自己的需要，且該需要超過商業性（如金錢與職位階級），尚包含社會性的需要（如尊敬與親和）。此外，對特定關係的對象所持有之相對穩定的態度或共有的觀念經常在三個部分表現出來：

　　⑴具有情感上的依附，且正面的互相交流與增強。

　　⑵繼續維持良好關係，並表示忠誠。

　　⑶在不計算利弊得失的前提下，認定維持良好關係的必要性。

　　中國人「關係」代表雙方具有某種程度的互依性，因其對彼此具有互惠與互相幫助的義務與期待，因而產生相互依賴的情況，據此，關係基本上與信任、承諾具有正相關。中國人關係與組織績效的研究中，帕克與羅 (Park Seung-Ho & Luo Yadong, 2001) 認為中國企業將關係視為一種策略手段，可解決競爭與資源的劣勢，在政府與競爭對手間尋求一種解決問題的方法。由於重視人和人之間錯綜複雜、重重疊疊的關係，中國社會存在著一張張綿密的關係網絡。關係在中國人的意識中形成為複雜的心態，對於生活與行事常有重要的影響（陳介玄、高承恕，1991）。

第二節　人際關係能力──溝通

　　本章第二部分我們將介紹人際關係能力（即溝通）的基本概念。我們將解釋溝通程序、方法、障礙及克服障礙的方法。良好的人際關係技巧有賴於有效的溝通，因此我們也將介紹優秀經理人所必備的基本人際關係技巧包括：傾聽、回饋、授權、懲戒、衝突管理以及談判等。

一、瞭解溝通

　　管理的定義若是「透過他人完成工作」的話，那麼溝通就是管理人員所處理的每件事都應具備的基本工作，並非僅限某些事務，而是每一件事務。從資訊的取得、環境的研判、策略的分析與選擇，乃至於行動的設計與執行，這些管理工作若沒有溝通是無法完成的。無論是最好的想法、最具創造性的建議或是最精緻

的計畫，若是缺乏溝通均難以成事，因此經理人都需要有效的溝通技巧。並不是說只要具備良好溝通技巧就能成為一位成功的經理人，但是我們可以說無效能的溝通會為經理人帶來無窮的問題。

溝通涉及了個體或組織間實體或虛擬資訊的傳達，其目的當然是資訊背後所希望傳遞的意思 (meaning)。如果沒有任何資訊或是想法，溝通便無法產生；缺乏聽眾（讀者）或是講者（作者）的場面，亦難以謂之溝通。由此可以想見：「森林中一棵倒樹，能否見證樹倒下時的聲響呢？」從溝通的要件而言，答案是否定的。

若要溝通最終目的，不僅要傳達訊息，並且要瞭解意思才行。例如用豆芽文寫成的符咒，即使有乩童翻譯，仍不可視為與神明的溝通，畢竟符咒是乩童畫的，難以證明它與發話端的連結。溝通既是意思的傳達與瞭解，而所謂完美的溝通應指發送者的意思或觀念完全為接受者所受到與瞭解。

人們經常會認為良好溝通就是同意，如果有人不同意，那是因為那人並不瞭解我們的立場。但他人其實可以清楚地瞭解我們的意思，不見得一定要同意我們的觀點。就像傳道中人與受教者之間的關係，受教者可以清楚瞭解傳道人的意思，但不一定要同意傳道人的意見。換句話說，許多人都把接受觀點視為良好溝通的必然結果，其實不然，因為四種組合情況都可能出現。所以不要太簡化事情的可能發展。即使是歧見已持續相當長的時間，也不見得是雙方缺乏溝通。但是雙方良好的認知與贊同，需要有良好溝通管道與持續的行為才行。所謂的心照不宣或默契十足的不溝通，其實是經常溝通與相互配合下的結果，很難說是沒有溝通的。

最後，本章討論的重點是在人際溝通 (interpersonal communication)，乃兩人或兩人以上的溝通，而組織間的溝通則不在討論範圍。

二、溝通模式

理論上在溝通之前應先有目的，其可記錄為一個可以傳遞的訊息 (message)，由目的起源發訊者 (sender) 傳至收訊者 (receiver)。訊息被撰寫成可解讀的符號形式，此過程被稱為編碼 (encoding)；然後經某種傳送媒介，稱為通路 (channel)，傳給接收者；接收者再將收到的訊息轉譯，稱為解碼 (decoding)，顯示消息來源

的意思。這就是將意思 (meaning) 由一人傳送給另一人的現象。

　　圖 14-2 描繪了此種溝通模式，這個模式包括八個部分①發訊者②訊息③編碼④通路⑤解碼⑥收訊者⑦回饋。此外，整個過程都易受⑧障礙干擾——也就是會影響訊息傳達的干擾。典型障礙的例子如不清楚的字跡、通話時的噪音干擾、接收者端的其他分心事務，以及編譯與解碼的偏差等。凡是會影響溝通的任何事物——無論是內部的（如發訊者的口音、腔調或俚俗語）或是外在的（如吵雜的交通）——都被視為障礙。障礙有可能發生在溝通過程中的任何階段，並產生扭曲。

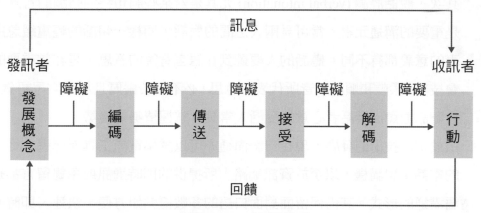

▲ 圖 14-2　溝通模式

三、溝通的方法

　　人們使用的溝通方法有：面對面（含口語與非口語）的溝通與經過各種媒體（含文字、語音與資訊媒體）的溝通。在古老時代口語溝通的唯一條件就是必須面對面，但是自從電話發明以後，口語溝通就可以突破面對面的形式，變成更專一的頻道傳遞，如此也讓研究者可以分別關注單純口語溝通的效果。現代人們也有充足的經驗去分別當只有口語溝通，而缺乏其他臉部或肢體表情時的溝通效果。本節中我們將扼要地討論上述方法。

1.口　語

人們最常採用的溝通方式是交談，也就是口語溝通。口語溝通型式包括：演講（一對多）、會談（一對一）、座談（多對多）。口語溝通的優點是快速傳遞與回饋，使得發訊者與接收者都能夠查明其中模糊之處並及時確定與修正。當訊息需要透過多人傳遞時，口語溝通便露出缺點。因為訊息經過越多人，則遭受扭曲的可能越大。每個人都有自己的訊息詮釋方式，以致在訊息終點，其內容已與原意相去甚遠。因此組織中不會以口語方式自上至下傳達重要的決策。

其次，說話腔調 (verbal intonation) 尤其是對某些詞句特別強調的音調，也是重要的溝通元素。常可見兩人之間的對話，同樣一句話的輕重緩急所代表的意義都有不同。聽話的人要聽到在語言背後的意思，是非常重要的社會技巧。柔軟和順的語音所代表的意思，必不同於嚴厲且加重字尾語氣者。會聽話並聽出發話者心意的受話人常具有掌握情勢的優勢。

由於電訊技術的發展，現在口語溝通亦可以透過電訊工具而傳遞，從最早的電話、對講機，以至於資訊網路上所提供的即時通訊或預錄留言都是口語溝通的形式。其仍保留面對面口語的多數優點如方便、快速、即時回饋與雙向確保等。這種溝通甚至有保存證據的效果，因為是透過通訊媒體傳遞，因此很容易留下證據，在現代法律發展下也成為重要的法律證據。當然，這種僅有單一形式的溝通也不免有不清楚或誤解的情況發生，產生錯誤的資訊傳遞。

2.非口語

我們若仔細觀察生活中某些有意義的溝通既非口語亦非文字，而可稱之為非口語溝通 (nonverbal communications)。例如警鈴聲響或是十字路口的紅燈燈號，都不使用口語就傳達一些意含。大型演講會的講者只要看到聽眾呆滯的目光、交頭接耳或是在閱讀自備的刊物，他就會知道聽眾已經對演講的內容不感興趣。同樣的，當聽眾聚精會神、目不轉睛或鴉雀無聲時，

就代表了他們對演講內容有高度的興趣。另外，總經理辦公室及桌椅的大小或所穿的服裝，亦透露他的風水或迷信程度，以及個性是大方或拘謹的訊息。三國時代曹操差人送給荀彧一個空飯盒後，荀彧便服毒自殺的故事亦是非口語或文字的溝通方式。當然，不可忽略的非口語溝通就是身體語言。

3. 身體語言 (body language)

乃指姿勢、臉部表情以及身體上其他部位的動作，例如生氣咆哮臉孔所傳遞的訊息就不同於微笑的面孔。手勢、臉部表情等也都能表達諸如侵略、害怕、羞怯、傲慢、喜悅、憤怒等情緒或性格。事實上幾乎所有的口語溝通也同步在發送非口語的訊息，而且這些非口語的訊息常占有重要的地位。為什麼呢？因為非口語訊息的影響往往出人意表。也就是說人們非常重視非口語溝通所傳達的消息，而寧可相信自己對非口語部分的解讀。父母發現小孩說謊，常是先從小孩的舉止上發現他的問題，不必分析他語言的內容。即使語言本身，其腔調、大小聲、口吃、結巴以及無言等現象也都是非口語，但非常重要的指標。而現代家庭中的寵物對人的反應多來自人們說話的方式而非說話的內容，有時在語言不通時，人們處理對話的情況也大同小異。

4. 書　面

包括信件、備忘錄、組織定期刊物、公布欄或是任何以書面文字或符號傳達訊息的方式。為什麼發送者會選擇書面溝通的形式呢？因為書面溝通具有持久、有形以及可證實等特點。通常發送者與接收者都保有溝通的紀錄，訊息得以保存，若對訊息內容有疑義，還可取出記錄查證。這對複雜或是長期發展的事務尤其重要，例如新產品的行銷計畫可能涉及許多協調工作並且歷經數月之久，採用書面溝通可以使得所有參與計畫的人，在這段期間都能輕易地知曉計畫發展狀況與本身被交付的任務。其次，書面溝通的一個優點就是通常人們閱讀文字要比聆聽口語來得謹慎，因此一個人要以

書面傳達意見時，會更加小心地思考所欲傳達的訊息。所以書面溝通是一種較為周全、具邏輯性和較清晰的表達方式。最後，書面溝通有另外好處就是收訊者可以迅速讀取發訊者意思、不受限於通訊時間長短、可以重複閱讀及仔細推敲，以及避免情緒或誤會的干擾或節外生枝。

當然書面溝通亦有缺點。書寫雖然比較精確，可是也比較費時。事實上，花一小時才能寫下的訊息，你可能只要用 10 到 15 分鐘就能說得清楚。另外一個缺點是缺乏回饋。口語溝通時，收訊者可以就所接到的訊息立即反應，而書面溝通則缺乏此種立即回饋機制。寄送備忘錄並不能保證必然收到，即使收到也無法保證接收者能瞭解發訊者的原意。無法瞭解的問題同樣會發生在口頭溝通的情形，但是只要請收訊者再說明原意，就可以確定收訊者已收到訊息並正確瞭解。

5. 資訊媒體 (Information media)

在進入二十一世紀的今天，人類突然發現擁有許多複雜的電資訊媒體可以進行溝通，網路上的通訊軟體已逐漸取代電話、傳真和公共通信系統成為個人主要的通訊工具。電子郵件 (electronic mail) 是世紀交替時的熱門通訊工具，它已經取代郵局成為正式的通訊工具，尤其是以往的私人信件已經被更即時與免費的電子郵件取代。電子郵件擁有快速、便宜以及同時傳訊多人的優點。而電子郵件亦具有與書面溝通相彷彿的優缺點。除了電子郵件，現在流行的社群媒體如臉書、LINE、Instagram、Google+、Twitter、微信 (WeChat) 等都是流行的社群網路的通訊軟體，多數提供免費且即時的通訊功能，從最初的即時簡訊、語音留言以至於即時交談等，成為有效的聯絡工具。

網路通訊媒體的出現也大幅改變社會人群的聯絡方式與關係，例如臉書的出現讓個人的社交網路更密集且頻繁的聯絡，甚至可以瞭解朋友的多元交友關係，以及更多的私人活動。個人可以利用公布欄將自己的活動隨時傳播給所有的朋友，而他的各方朋友便可以在這一則訊息中有互動。LINE 出

現後提供人們更清楚的朋友圈界限，讓個人可以清楚且分別地與各朋友圈內的朋友聯絡。LINE 也進一步地提供網內成員可以互打電話的功能，進一步取代市話與長途電話的功能。在社群網路中也可以發現個人溝通能力所造成的思想與立場的影響，但也發生有不同意見的爭執與衝突。這也突顯個人溝通能力在解決紛爭、增進友誼、增長見聞、增加個人名譽的益處，相反的亦會造成上述項目的負面效果。

四、溝通障礙

溝通模式中可以發現有許多資訊可能遭到阻礙與扭曲，這些就是阻礙溝通的事物。除了背景中所有的物理上的阻斷及產生噪音所可能產生的溝通障礙外，本節將討論一些與人相關的溝通障礙，希望讀者從中找到避免資訊被扭曲與誤解的癥結。

1. 文化及語言的隔閡 (cultural and language blockage)

同樣的用語對不同的人會產生不同的解讀。文化、教育以及背景是影響我們使用的語言及對字句定義的三項明顯變數。例如都市商業界的語言必不同於鄉間農民的語言，溝通障礙在於兩者對於特定用語與字詞有一定的習慣，初期會有難以溝通的現象。若彼此願意學習，則假以時日應可以達到大部分清楚溝通的目標。大型組織員工通常來自各種背景，不同的專業工作常各具專業術語或行話。同時成員常分散在各地（甚至不同的國家），因此所用的文字與語彙也常有差別。不同管理階層的人員因為立場不同，而對於某些用語會有不同的涵意。高階經理人經常提及「控制成本」與「提高目標」的用詞，但是對低階經理人上述字眼意味著不滿意與不信任，而導致上下不同心的現象。

2. 非口語暗示 (nonverbal cues)

非口語溝通幾乎總是伴隨著口語溝通，是人們顯示訊息的重要途徑。兩者若方向一致，就有彼此強化的效果。例如上司責怪部屬時，他的口氣與肢體動作也顯示憤怒的樣子，那麼我們就知道他在生氣。但是當非口語暗示

與口語傳達的訊息不一致時，接收者往往會迷惑，而產生矛盾的現象。例如主管一面在誇獎你的表現，而同時臉色非常懷疑不以為然，就是發出兩種彼此衝突的訊號。

3.個人態度

在溝通過程中發訊者與收訊者都會不自覺地把個人主觀的態度放入訊息的製作與解讀之上，例如公司面試者若主觀地認定女性會把家庭放在事業之前，則他在口試過程中就可能將此態度投射到女性應徵者身上，而在對話中不自覺地讓應徵者感受這樣的歧視對待，造成不公平的評選。

4.情緒 (emotions)

收訊者接收訊息時的感受與情緒會影響他對訊息的解釋，發訊者的情緒亦會影響他的訊息內容與可能的表現。即使是相同訊息，在快樂或悲傷時，也可能會有不同語言與肢體表達與詮釋。特別是極端的情緒，像狂喜或是悲苦的時候，最易造成溝通障礙或誤解。因此在情緒激動時，最好避免進行正式的溝通，以免有反效果發生。

五、克服溝通障礙

明白溝通障礙的存在後，經理人應該如何去克服呢？下列的建議將有助於更有效地進行溝通。

1.積極的溝通意願

發訊者一端提供完整而詳盡的資訊可以排除許多溝通的障礙，但是這樣並不符合經理人本身或其單位的最佳利益。事實上，總理人總是掌握較多且新的資訊，如此形成資訊不對稱的優勢地位。因此經理人可能會為了某種目的故意隱瞞資訊，而形成模糊且曖昧不清狀況，希望可以減少問題、快速達成決策、減少阻力、化解異議、較易拒絕某人、保留轉圜餘地、得以圓滑地說「不」、有助於減少對抗和不安的情緒，以及提供其他有助經理人工作的利益等。但是一旦祕密被揭發，發訊者的信用便因此破產，形成嚴重的溝通障礙。

在收訊者一端則是應有主動傾聽 (listen actively) 態度，一般人在聽話時，常發生雖然表面在聽，但未必真正聽進去的狀況。傾聽 (listening) 是收訊者在溝通過程中主動瞭解對方話中的意義的行為。收訊者在聽話時能夠設身處地，也就是把自己放在對方的立場，則溝通的效果將大為增強。因為若是能夠瞭解發訊者的態度、利益、需求和期望，將有助於瞭解訊息的正確內涵。收訊者應先放下對訊息內容的判斷，並仔細傾聽對方所說的話，其目的在於避免過早的判斷或扭曲原意，而完全接收對方話中的意義。

2. 善用回饋

許多溝通上的問題可被歸納為誤解及用詞不夠精確。如果在溝通過程中利用回饋的功能的話，誤解發生的機會將大為降低。回饋可以是口語的，也可以是非口語的。主動問收訊者：「你瞭解嗎？或你能重述我的說法嗎？」對方的回應即代表回饋。當然，回饋應該不是「我懂」或「我知道」。經理人應該針對訊息提出幾個問題，以確定收訊者對訊息的瞭解。最好經理人能請收訊者用自己的話重述一遍，如果回答正確，則經理人可以放心。事實上，回饋的方式也可以更為彈性，例如請收訊者對訊息做評論或建議，當更能令經理人瞭解是否完成使命。

同時，受訊者亦可以利用回饋來確認訊息接收正確。例如利用反問、評論與建議，來讓發訊者確定收訊者是否在狀況內，對訊息的解讀符合要求。當然回饋並不必然要用語言傳達，行動亦是有力的方式。例如切實執行長官交辦的事項，在最短時間內回報的行為，就可以在長官心中留下顯明的印象，形成未來重視與提拔的基礎。

3. 慎用語言

語言本身的清晰也是非常重要的因素，發訊者應慎選訊息的字眼與結構，以使訊息明確和容易瞭解。經理人應謹慎思考所用語言，並考慮對象是否熟悉這樣的用語與方式，以達到溝通的目的。用語的問題可以事先經由對議題不熟悉的人試驗而降低。例如在正式溝通之前，請一位朋友閱讀演講

或是通信內容，應可以有效地辨明混淆不清的用語、隱而未宣的假設，或是跳躍式的邏輯。

4.注意非口語的表達

非口語的資訊在面對面的溝通中有很大的潛在分量，端賴高明的解讀者（如偵探小說中的福爾摩斯）去發掘，因此有經驗的溝通者會注意他們非口語的表示，以確保傳遞的訊息正確無誤。當事人後續的行動更是有力的意見表示，因為那是行為人意圖的具體展現。因此我們應該注意發訊者潛在的（或不經意的）肢體動作是否與所說的話語一致，可以用來證實語言的目的。

六、發展人際關係技能

許多政府機構與大型民間企業的高階管理人員（如部長或總經理），被開除的原因並非缺乏專業技能或績效不彰，而是因為他們差勁的人際關係技能。因為管理人員是透過他人來完成工作，因此溝通與領導等這些人際關係技能是有效管理所不可或缺的。本節將說明一些管理人員應開發的重要人際關係技巧。

1.善解人意（傾聽）

管理者能夠善解人意的能力常遭忽視，人們常把傾聽和聽見混淆了。聽見僅是表示有聽到訊息，耳朵有接受到聲波並傳達至腦部處理。但是這樣的處理僅是表面的，就像人與人的寒暄一般，沒有太大的意義。而傾聽則是主動積極地去瞭解所聽到的內容。傾聽需要注意整個談話的場景與各種線索，全神貫注，不忽視任何細節，希望能夠對所傳達的訊息有全面且深刻的掌握。

善解人意（傾聽）有四項基本要求，傾聽時必須：①同情 (empathy) ②認真 (intensity) ③讓發訊者感到被接受 (acceptance) ④有聽完敘述的意願 (a willingness to take responsibility for completeness)。

傾聽者應專心於發言者的內容，摒除所有可能分心的想法（諸如利害、關係、職業、團體、瑣事等）。傾聽時應試圖總結各種資訊，以便整合出一個

清楚且全面的觀念,讓所有的資訊都整合到這樣的架構中。記住,應站在發言者的位置去思考,瞭解發言者所想溝通的內容,而非你自己所想知道的(所謂先入為主的想法)。值得注意的是,傾聽者的同情需要認同於發言者的立場與想法;要能暫時把自己的想法和感覺擱在一邊,而設法進入發言者的世界去看、去感受。如此,發言者會感受到你與他同心的機會才大增。傾聽者表現出他接受對方意見的肚量,保持客觀而不急於搬出自己原有的價值觀念以為判斷。這樣的處世能力並非易事,一般人可能受到發言者講述內容影響,尤其是當雙方意見不同時更為困難。當我們聽到不同意的事時,我們會開始在心裡蘊釀反駁的論述;而且容易分心,造成錯過了其他重要的訊息的結果。傾聽者的一項重大挑戰是如何去接受發言者談話的內容,而不急於加入自己的判斷。

傾聽的最後一項要求是要聽完整個敘述,意即聽者會盡一切可能讓發言者暢所欲言。位置越高者越難做到這項功夫,因為他們常以為他們所見甚多,他們走過的橋比發言者走過的路都長,如此是阻礙溝通的最大原因。親屬(夫妻、父子)、至友、長官與部屬間常會發生這樣的情況,而阻礙了可能的意見交流,形成了日後難以跨越的鴻溝。

2.善理回饋

經理人的優劣常在於他們對於環境與內部的回饋是否得體與到位。一般而言,如果他們所接收的回饋是正面的,可能會迅速且熱誠地接受;面臨負面回饋的處理方式,則可看出經理人的度量與見識。像大多數人一樣,經理人也不喜歡壞消息,他們怕面對嚴重的問題、怕承認失敗、怕觸怒長官、怕職位不保等。因此經理人就會有不願意聽壞消息的傾向,致使部屬不敢將真相稟報,而延誤處理問題的時機。這樣的情況常發生負面回饋經常被迴避、拖延或是刻意的扭曲。

人們面對正面回饋較負面回饋更為迅速而準確,而且正面回饋通常容易被接受,而負面回饋則常遭拒絕。為什麼呢?就常情上來看,應該是人們只

想聽到好消息，而不願接受壞消息。正面回饋正好符合大多數人們所想聽到的，而且願信其為真。這是否意味著發訊者應該避免提供負面回饋呢？非也！但是他們應該瞭解負面回饋所可能面對的阻力，並應學習如何將負面回饋有效的解理並找出真象。例如尋找可靠的來源、儘量以清楚的資料（數字或實例）呈現、建立客觀性、鼓勵理性的陳述等，試圖接受回饋的內容，並找出原因與解決之道。

把握對事不對人原則，面對他人的回饋，特別是負面回饋，應儘量瞭解事實，避免匆促地加上判斷或是評價。同時要保持心情平靜，不要太激動，維持客觀，讓陳述與工作相關，絕對不要做人身攻擊。批評他人為「愚笨」、「無能」、「白痴」等的行為通常是對工作有害的。這種批評只會引起情緒性反應而忽略了對正確工作的關心與改進。要切記，責備應在與工作相關的行為，而非個人。

3. 善除誤會

具備有前兩項的能力（善解人意與善理回饋）後，綜合其功夫，便應能夠善除誤會。在人際關係中最重要的是能夠完整傳達旨意，透過溝通建立友善和諧的溝通環境，進而建立志同道合的組織氣候。組織內部的溝通順暢是健康優良組織必要條件，這是領導者尤應重視之事。若是組織內資訊閉塞，人際溝通不通暢，致生許多誤會；如此對組織內部團隊的發展不利。做主管者應積極消除組織內的誤會，也應使組織的溝通順暢。善除誤會的方法首要是資訊公開，封閉的環境難免謠言，只有資訊公開才能使謠言不攻自破。其次，要有誠意，若是讓人覺得在溝通中有一點虛偽敷衍，就難免誤會出現或被放大。最後，要有等待誤會冰釋的耐心。我們常無法忍耐被誤會的委曲，而急於平反，但是常常弄巧成拙，反而使得誤會更加嚴重。因此應要培養恆久的耐心，願意在被誤會的情況下心平氣和地爭取諒解。只要是真的誤會，總有真相大白的時候。

第三節　衝突管理

衝突是指至少兩造因為對相同事務有相關的利益得失,且因為彼此對於此事務的認知與處分方式有相當程度的差異,而造成某種形式的僵持或對立。至於認知及處理的差異是否真正存在則無關緊要,只要人們知覺到差異存在,衝突也就存在。我們對衝突的定義包括極端的情形如罷工、暴動以及戰爭,僵持或對立的情況由細微或激烈及間接或直接的表達形式均是。

一、三種衝突觀點

學界對於組織中的衝突發展出三種不同的看法。第一種認為必須避免衝突,因為衝突是組織功能中負面的異常現象,我們可以稱之為衝突的傳統觀。第二種是衝突的現象觀,認為衝突是組織中自然且不可避免的現象,是組織多元化的必然結果。衝突不必然有害,有效的引導,甚至可能對組織發展有正面的貢獻。第三種是衝突的機能觀,主張衝突不僅對組織有正面影響,某些衝突甚至是組織有效運作所不可或缺的。

1. 衝突的傳統觀

傳統上認為衝突是有害的,而且總是對組織有負面的影響。因為衝突就會有反覆的言詞辯論、爭吵、會議上的攻防與表決,造成衝突幾方心情的不愉快。一般而言,衝突被認為是暴力、破壞與非理性的同義詞。因為衝突有害,所以必須避免,管理者有責任要消除組織中的衝突。這種看法充斥於早期的管理文獻中,在傳統中國社會中亦可以發現這樣的思想。由於強調以和為貴,若有爭執,好像就是不和,是不好的事。因此參與其中的人們就會快快息事寧人,殊不知有些人就利用這樣的挑釁行為爭取許多不該有的利益。如此使得組織內的不合理、無效率、不求進步的文化滋生,形成長期更嚴重的問題。

2.衝突的現象觀

此種主張的意見乃是，衝突是所有組織不可避免的現象。因為組織成員的背景（教育訓練、出生地、性別等）、立場（部門、技術抑客服）與組織內年資與經營理念等多有不同，因此在某些地方產生衝突是難避免的。從組織發展與人群關係的角度來看衝突是組織運作中的常態，應該正面的去接受它。同時，應該將衝突視為組織發展的契機，而尋求有效解決衝突的合理方法。甚至視衝突為組織創新突破的機會，努力將之轉變為組織對外有效的競爭工具，因而建立內部良性競爭遊戲規則，將危機化為轉機。從組織運作的觀點來看，傳統觀過度避諱衝突的作法會給人過度保守而延誤組織改革與發展機會的印象，常常不可避免得親眼見證組織的敗亡。若是能夠正視衝突的出現，則能試圖去解決衝突或是從衝突中找出改革的意見與作法。有時當舊的衝突解決後，解決辦法又會形成新的衝突。此時不必氣餒而要有正確的觀念，因為衝突才是常態，沒有衝突反而是有問題。一言堂的封閉組織才是現代組織中的異數。

3.衝突的機能觀

在古代中國帝制中，常在皇帝接班的過程安排兩、三位老臣擔任顧命大臣，以保證交接順利。這樣的用意非常明顯，就是要藉著兩、三位相同權力者彼此牽制而達到一種平衡，讓新皇帝得以在中間發揮仲裁的功能，進而建立個人的權威與不被屬下蒙蔽與篡位的機會。同樣，西方的民主政治也普遍採取了分權的制度，像總統制中的行政、立法與司法的三權分立制度；也像內閣制中虛位元首與國會間的微妙關係，以及國會中執政黨與反對黨的正面衝突更是時時刻刻地上演。這都說明了進一步利用衝突來建立一種可長可久的國家權力運作機制，因為一個和諧、平和、寧靜的制度適合承平、無爭的時代，無法滿足組織變革和創新的需求。

機能說的主要貢獻在鼓勵領導者聰明地利用相當程度且可控制的衝突，以達到建立一個單位長久且有韌性的存在。

二、良性與惡性衝突

在三種衝突觀提出後，我們可以知道並非所有的衝突都是好的。某些衝突能夠促進組織自省，進而發現及解決問題，以達成組織的目標，這可以說是具有建設性的良性衝突 (functional conflicts)。但是某些衝突則會衍生許多的問題，造成組織內部內鬥與資源的虛耗，最後阻礙組織目標的達成，這些便是具有破壞性的惡性衝突 (dysfunctional conflicts)。

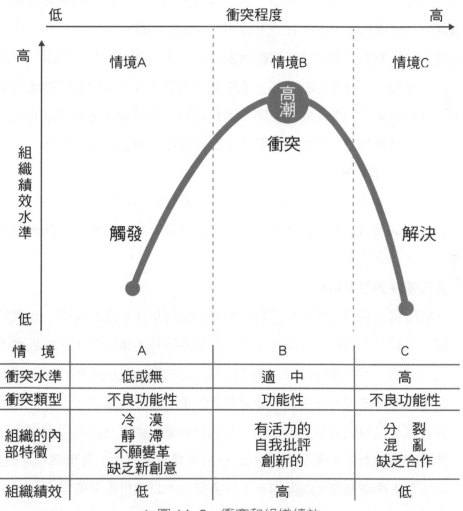

情　境	A	B	C
衝突水準	低或無	適　中	高
衝突類型	不良功能性	功能性	不良功能性
組織的內部特徵	冷　漠 靜　滯 不願變革 缺乏新創意	有活力的 自我批評 創新的	分　裂 混　亂 缺乏合作
組織績效	低	高	低

▲ 圖 14-3　衝突和組織績效

如何知道所發生的衝突是良性或惡性的呢？重點應該是衝突的過程是否是在可控制的範圍，其次，衝突的結果對於組織是否有良性的影響。有經驗的經理人在長期處於權力爭取與人際合作的環境之下，若有心經營當能找出如何控制衝突，使之處於能應付的狀況。就好像現代的爐具，雖然可以創造劇烈的火焰，但永遠可以憑簡單的動作關閉火焰。圖 14-3 描繪出經理人所可能面臨不同程度衝突的情況。有此一說是適當的衝突，即圖中情境 B 的狀況，可以創造足夠的壓力讓組織突破與改變。不足的衝突僅會造成雜音與猶疑不前，但過大的衝突則會形成過度的破壞，使組織無法受益，甚至形成不可挽救的破壞。

經理人應該有充足的知識與經驗面對衝突，甚至製造衝突以獲得其功能性的優點，但最重要的是能夠控制場面，使衝突不致於變為不可控制的破壞力量。由於衝突因各組織與人員的差異而不同，因此並無一個衡量衝突的數量方法，其仍有待經理人運用其智慧去判斷與控制衝突是否適中，還是太高或太低。

三、處理衝突的技巧

面對衝突經理人應有處理的技巧，首先，要瞭解自己處理衝突的基本風格，以及參與各方的基本風格，還需要瞭解衝突的情境及自己所擁有的資源與可能發展的方向。

1. 處理衝突的基本風格

一般而言，每個人都有自己對於衝突的態度以及處理的風格，也就是說每個人都有其處理衝突的偏好。或許在某些特殊的情境下，一個人會改變自己的風格，但是通常每個人都會依循自己的基本風格行為表現。然而，要記得慎選需要處理的衝突，並非所有的衝突都值得關注，有些並不值得耗費心力，也有些根本無法管理。有的時候避免衝突反而為最適當的反應。你能夠藉由避免處理不重要的衝突，來增進管理效能以及衝突管理的技巧。慎選介入衝突場合可以為你省下許多精力，以應付重要的場合。

切莫認為一位好的經理人可以解決每一項的衝突，因為有些衝突並不值得耗費心力，有些則在你的影響力範圍之外，還有些是功能性的衝突，最好

還是留置不動。

2. 評估各方勢力

當你決定要去介入某項衝突，則花時間去瞭解涉及衝突之各方情勢就十分重要。誰涉入此項衝突中？各方所代表的利益為何？各方面價值、個性、感受和資源為何？如果你能自衝突各方的角度來看待此項衝突，則你處理衝突成功的機會就會大增。

3. 瞭解衝突的來源

衝突的產生因為各方利益的交叉與重疊，找出交叉與重疊的原因，幾乎就可以找出解決衝突的方法。衝突來源可以分為三大類：結構差異、個人差異以及溝通差異。**結構衝突**源自組織結構的本身，例如不同部門（上下游關係或平行關係）的爭議、交易雙方（不同立場）的價量攻防、主導或支援方利益與優劣勢的差異等，都是衝突發生的結構因素。瞭解結構衝突可以讓主事者有全盤的觀點，知己知彼，掌握時機與動作的關鍵。在戰爭中這個瞭解幾乎決定最後的勝負。1982 年 4 月到 6 月間英國與阿根廷兩國間的福克蘭群島戰役就充分顯明，英國在為期兩個多月的遠征期間已充分的把美國這個超級強國的立場拉攏妥當，並讓蘇聯保持中立，讓兩國的衝突單純化至兩國自己的爭議。在未至阿根廷外海前已將可能影響戰局的外國一一安排就緒。在戰場上就以優勢的海軍實力，加上美軍的後勤支援，漂亮地打贏這場原先各方不看好的戰爭。關鍵就在衝突結構面上做好完善的安排。**個人差異**則是因為個人成長背景與人生哲學的不同，所導致對事情處理方式的不同意見，另外，急性子與慢郎中亦是不同，理性或感性的傾向等都會決定衝突解決的方式與結果。美國職業籃球隊的明星球員對於球隊的表現常有非常明顯的影響，設想同一球隊如洛杉磯湖人隊的組成，有詹姆士 (LeBron James) 領導的球隊與其缺席的球隊的表現有天淵之別，這說明個人差異所造成的影響。**溝通差異**是源自語意傳達錯誤所造成的困難，通常是用語不同、意思誤解，以及通路的雜音所造成的影響。通常人們會

認為衝突大都源於溝通不足，其實絕大多數的衝突通常都有充分且大量的溝通。但是即使有許多的溝通量，甚至重複的溝通量，常常是各說各話，實際被接受的資訊或意思的量，相對而言是非常稀少。因此形成許多人拚命地想發表意見，而以為所謂的良好溝通就是對方同意他的觀點。這樣的情況在發訊者與接收者雙方均是如此，形成各自一廂情願地各自表述的溝通，是很難有交集，更遑論解決爭端。

4.解決衝突的選擇方案

當面臨衝突產生時，經理人有何工具或是技巧能夠降低呢？根據湯瑪斯 (Kenneth Thomas, 1976) 所提的理論，衝突單方對事端的堅持程度以及願意合作的態度可以有五種解決衝突的態勢，請見圖 14–4。

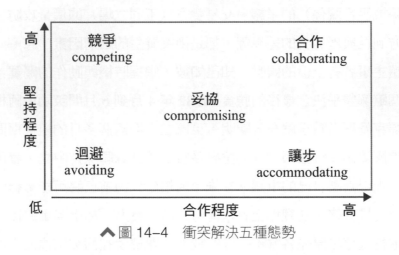

▲ 圖 14–4　衝突解決五種態勢

並非所有的衝突都需要採取行動介入，有的時候迴避 (avoiding)——撤回衝突或是抑止衝突的行動——反而是上策。什麼時候迴避才是最佳方案呢？當衝突無關緊要、情緒激昂需要冷卻，或是進一步行動的可能損失大於利益時，迴避皆屬上策。從圖上看，迴避是自己堅持不高，同時不願意與對方合作時，所採取的作為。因為既然自己沒有興趣，而又不願意幫助對方時，最佳的作法就轉向別處，不正面衝突，常是眼不見為淨。

讓步 (accommodating) 的作法在於將自己不重視的利益讓與對此事關心但有禮貌的對方,以便維持和諧的關係,以圖將來。例如在某項議題上對某人讓步,因為該議題對我方並不重要。你想就此建立對方的好感,以利下次其他議題的討論時或可取得對方的好意。圖中讓步的情況就是我方不堅持,而採取積極的態度與對方合作。

競爭 (compecting) 是在互不相讓的情勢下,試圖令對方付出代價以滿足自己需求的作法。通常是自己認為在衝突處於相對優勢的地位時所採取的手段,然而事情發展不見得盡如人意,結局常只能一方得勝,另一方要承擔失敗的苦果。這是正面衝突的情況,只有對方願意合作時才有比較好的結果。

妥協 (compromising) 與競爭的差別在合作的意願較高,在權衡自己的利益下,採取雙方都放棄某些有價值的部分,以爭取到一個雙方均可接受的結果。典型的例子如勞資雙方協議新的勞動契約時所常有的結果。當衝突各方均表示出相當的堅持、同時雙方對於獲致的解決都有時間上的壓力,此時妥協就是雙方可以接受與對內交待的次佳結果。

從理論上來看,合作 (compromising) 才是最佳的雙贏之道,衝突各方都滿足其利益,然而這樣的情景並非可以經常發生,必須各方公開而誠實的討論、主動傾聽以瞭解差異所在,並且仔細而認真的考慮各種可能的選擇方案,藉以尋求對各方都有利的解決之道。通常應該具有創新與突破的方案才有可能實現這個結局。因此當時間壓力不大、衝突各方都有意尋求雙贏解,以及該項議題十分重要無法妥協時,設法尋求創新與合作是唯一的解決辦法。從資源有限的角度而言,合作並不一定是最好的選項,只有突破傳統觀念才有可能找出讓人一新耳目的作法。

四、如何面對衝突?

多數人認為衝突是一個負面的事,因此經理人有目的地製造衝突似乎和卓越管理的理念背道而馳。同時,多數人都樂於處於和諧的氣氛之下,很少有人樂於

處在衝突的情境下。但是理論上在某些情境下某些衝突是有建設性的。我們曾提過良性和惡性的衝突之間並無清楚的界限，但是某些情境下可控制的衝突反而有利於組織自我檢討與發現新的環境對策。我們都知道不少解決衝突的方法，卻少知道如何製造衝突。這是很自然的，因為人們面對衝突時的焦點始終放在如何降低衝突，而忽略了製造有效衝突的能力。以下是一些建議。

1.鼓勵改變

經理人製造良性衝突的第一步是將鼓勵適當衝突的訊息傳遞給部屬，同時採取行動支持，使衝突獲得合法的地位。凡是有人對現狀挑戰、提出創新的想法或是不同的意見，以及勇於陳述創新概念都公開給予獎勵，例如升遷、加薪以及褒揚。

2.施放風向氣球

政府官員常藉由匿名且「可靠消息來源」在媒體上放風聲，以便試探民意對可能採行的決策的反應。例如重要且爭議大的職位提名前，常有一些名字「無意地被洩露」出去，如果能夠通過大眾輿論的考驗，不久之後他的任命案就會正式宣布。但是如果媒體及大眾的意見反應不佳，則高階政府官員就會發表一個正式的聲明，如「這位人選從未在考慮名單之內」等。這技巧受歡迎主要是因為方便且不會留下把柄。

模糊不清或是影響重大的訊息也常會引發爭議，例如工廠關閉、部門裁撤或是解僱的消息，都能夠一掃員工冷漠的態度、引發思考，或迫使重新評價現有政策等反應。而這些都是製造衝突所帶來的正面結果。

3.引進外來主管

引進外來者常為組織帶來活力，自外面聘請或是從組織其他單位調來，這些主管具有與原單位成員不同的背景、價值觀、態度或是管理風格。例如女性、少數群體成員、消費者運動及環保運動者等不同背景者，以期能夠帶來新鮮的觀點。

第四節　談　判

　　我們知道像商場上買賣雙方都花費大量的時間在討價還價，事實上政治場域中也是一樣，大國小國的武器與保護制度也有不斷的談判。公司內經理人也有許多的談判，例如與新挖角的人才談薪水、為上司爭取更多的資源、與其他單位的主管協調彼此的合作，以及解決部屬間經常的衝突。談判雖是一項複雜且重要的行為，但是它也是組織內人際關係與溝通應注意的重要行為。經理人應具備高明的談判知識與技巧，否則難以執行他們的任務。

　　談判 (negotiation) 可被定義為兩個或以上的個人或團體交換物品、勞務或金錢，試圖議定互相同意的交易數量的過程。另外，談判和討價還價 (bargaining) 一詞同義。

一、談判類型

　　一般而言談判的型式有兩種：一種可稱為分配型談判 (distributive bargaining)，即經濟學家所謂的零和遊戲 (zero sum games)，談判雙方的利益總和加起來是零，因為一方的獲益就是另一方的損失。另一種可稱為整合型談判 (integrative bargaining)，可稱為互惠遊戲，即談判雙方透過合作將原來的利益擴大，使得兩者的獲益總和大於零，常被稱為 win-win solution。表 14–1 列出兩者的比較。

▼ 表 14–1　分配型與整合型談判的比較

談判特徵	分配型談判	整合型談判
可用資源	定量資源	可變數量的資源
主要動機	我贏，你輸	我贏，你也贏
主要作法	彼此對抗	彼此合作
眼光焦點	短　期	長　期

1.分配型談判

　　一般的賭博就是分配型談判，不管是有莊家或是無莊家的賭博都是零和的

遊戲，最後結果莊家與賭客的輸贏加總都是零，這是這型談判最明顯的特徵。也就是說，莊家的所得正是賭家的所失，反之亦然。因此，分配型談判的本質就是如何分配一塊固定的餅。最常被引用的分配型談判的例子是勞資雙方的談判。通常勞工代表上談判桌都想儘可能地從管理階層那取得最多的利益（薪資增加或工作條件的改善），但是因為勞工增加的利益就是管理上增加的成本，所以談判雙方都會視對方為不可合作的對手。

在進行分配型談判時，你的戰術應該是讓對方同意你的目標，如果不能，你要儘可能地接近它。在這種戰術下，你應該說服你的對手，讓他相信無論如何是不可能達到他的目標，而接受你的目標的合理性；論辯你的目標是公正的，而你對手的目標不是；以及誘發你的對手願意對你慷慨而接受你的目標。

2. 整合型談判

手排檔的汽車現在越來越少人開了，而這是筆者的偏好，因為有許多駕駛的樂趣與極高的駕馭感。二十年前筆者曾向經銷商訂購一輛手排檔的本田 Honda Civic 汽車，雖然當時手排檔的車型已不多，但銷售員透過電腦幫我找到在其他展售場的一輛。我很高興地預付了訂金，便期待地返家等幾天後新車的到來。哪知道第二天卻接到銷售員的來電說，公司的政策要將手排檔的車留給計程車運將使用，因此無法完成我的訂單而想退回我的訂金。我當時就說，若是有顧客訂車而預付訂金，之後若反悔你們公司不是會沒收訂金以彌補你們的損失嗎？那如今你們食言，除了退還訂金，是否也應有所補償呢？那銷售員支吾了一陣子，便說這樣好了，因公司並無如此的慣例，我沒法賠錢給您，但是我對此行業很熟，業界亦有不少朋友。這樣我幫你找一輛相同等級的車子，其亦有手排檔的功能，以節省您再花心思找車。我想想也不錯，就接受他的提議。結果就在短短幾天內，一位雪鐵龍的汽車經銷商打電話來願意開一輛他們新自德國引進的車款 Xantia，車體適當，是手排檔的到我家讓我試開。結果我一試便決定購買。這事件我

們雙方都沒有損失，反而我輕鬆地找到所要的車，而銷售員也避免賠錢且又做成一筆生意。

前述之銷售員與筆者之間的談判就是整合型談判的例子。相對於分配型談判，整合型談判假設至少存在一個解決方法足以產生出雙方均可得利的雙贏解。一般而言，整合型談判較佳。因為能夠不破壞雙方關係而可以建立相互信賴的長期關係，有利於日後合作；它結合談判雙方，擺脫談判的感覺，而使每個人都能獲利。相反的，分配型談判則必有一方失敗，而產生敵意，並在相互工作的人們之間清楚地劃分敵我。

既然如此，為什麼多數組織不追求整合型談判呢？答案是要視談判成功所需的條件而定，這些條件包括過去的歷史、雙方公開資訊的意願、負責談判者的觀念與技巧、每個參與團體對合作的需求、彼此互信的程度以及雙方維持彈性的意願。由於許多組織的文化以及組織之間的關係並非都是開放、互信和彈性，因此對談判經常是處於「你輸我贏」的分配型談判動態下也就不足為奇了。

二、阻礙整合型談判的因素

從決策謬誤理論及近來有關認知行為理論中 (Kahneman,2011; Bazerman & Lewicki, 1983) 可以找到幾項阻礙人們發展有效的整合型談判的因素如下：

1. 固定大餅的迷思 (the mythical fixed pie)

傳統上談判者都假定本方的收穫都要從對方的付出中獲得。整體上攻守雙方像在分一個固定的餅，一方多分的話，另一方就必然少分。但是如同我們在整合型談判時所提及的，這並非是唯一的情況，透過合作與創新，雙贏解可能存在。如此可以將整個局面帶到一個全新的境界。同時，固守零和遊戲則意味著錯失某種足以使雙方都獲利的機會。

2. 先入為主的影響 (anchoring)

人們常受先入為主的印象影響，例如對方第一次的出價，如某不知名的畫家訂價 100 萬元的畫作，就易使人們形成判斷的基礎而不易改變。談判開

始時有許多因素會影響人們最初的判斷，但是這些因素通常是無根據而隨意選擇的。有經驗的談判者不會讓最初的印象妨礙其獲取資訊或是評估情勢的思考，也不會根據先入為主的印象驟下斷語。試圖尋找更客觀的依據以證實原先的訂價是否適當，以及相對於這訂價的其他物件是否適用依比例的延伸所得的訂價。

3. 過度自信 (overconfidence)

許多決策的失誤常可以總結為人們過度自信所致。一旦人們對相信某種信念或是期望，就有故意忽略與其信念及期望相反的資訊的行為表現，結果導致在談判時過度的自信，而且也減少了妥協或轉圜的機會。所以談判者應該仔細考慮不同意見者所提出的建議，這往往可以指出談判者正處於過度自信的危機中，或者請一個立場超然的中立個人客觀地評估己方的地位。

4. 贏家之忌 (the winner's curse)

在多數的談判中，常有一方（通常是賣者）較另一方擁有更多的資訊；而贏家在談判時卻常誤認對手無法自行收集到任何相關的資訊。這種輕視對手的作法往往產生鑄成大錯的結局。這也是為何會有「贏家之忌」的發生，常有經過談判之後深思，發現那自以為勝利的一方往往也是懊悔的一方。總會發現你送對手的提案過於大方，或自己的利潤微不足道。要避免這種情形，必須在談判時除了多蒐集資訊外，應注意對方的行為，並站在對方的角度去思考其行為所代表的涵意。

5. 思維的框架 (framing effect)

人們常會受到現有觀念的影響，而欲在生活上套用舊的思維架構。這樣的作法並沒有錯，尤其是在重複的生活行動中減少重複的大腦思維工作。例如一般人對早上起床後的活動都是順應習慣而作為，很少有人希望每天早上的行為都不一樣，在不一樣的房間、使用不一樣的器物、最後有不一樣的造型；而是希望花最少的時間得到最一致的效果。此時有一個框架依循舊習慣就是最佳的行動準則。但是在商業談判中，舊有的框架反而常是應

被打破的對象，因為那是上次的思考結果。若是時空環境有改變，那麼談判的方式與內容也應順勢調整，以備更新更好的方案可以出現。舊思維框架或許有利於快速達成目標，卻常是固步自封、因循苟且的開始。

6. **非理性加碼** (irrational escalation of commitment)

在賭場上常發現人們在輸到一程度後，傾向投入自己無法負擔的賭注而導致重大的負債。這種不斷加碼而不管理性分析的行為，是決策者應該避免的。此種錯誤的以為不斷加碼可以撈回原先失去的籌碼，反而造成更多時間、精力和金錢的損失。理性投資觀念下應視所投入的時間和金錢都是「沉沒成本」(sunk costs)，不應影響未來的行動的選擇。另外，在面臨對手猶豫不決、裹足不前時，也不應過於衝動而給予超額的優惠以致造成無謂的負擔。

7. **可用資訊的局限性** (data availability fallacy)

談判者常會過度重視或依賴手邊容易取得的資訊，而忽略了其他更為攸關的資料。例如各類樂透彩券的中獎機率都是非常低，大樂透頭獎中獎機率是一千三百九十八萬分之一，而人們卻常去那熱門的門市去購買獎券，以為這樣會沾前人的喜氣，而有比較高的中獎機率。另外，人們容易記得親身遭遇過的事實（如獎券店的中獎賀詞告示），也常利用記憶中比較好「想起」的事實去解釋身邊的事件。比較容易憶起的資訊只是因為它們比較新鮮或是正好想起，但卻常被解釋為較可靠。因此，有經驗的談判者會理性地去辨明何者是較熟悉，何者才是真正可靠而攸關的資訊。

三、發展有效的談判技巧

想達到優質談判的技巧，可以總結為下列四點建議：

1. 研究你的對手

儘可能地蒐集關於談判對手的利益、目標等資訊，瞭解他負責的對象與設想出他可能的策略，此舉有助於你理解對手，預測他對你提出條件的反應，以及從對手的利益來規劃解決方案。

2.強調雙贏解

如果狀況允許，應儘量尋求整合性的解決之道。訴諸對手的利益來塑造解決方案，並且尋求讓你和對手都能宣稱勝利的解決之道。經驗顯示妥協會導致互惠的舉動而終至達成協議；因此用一個正面的提議（也許是小小的讓步），或許你的對手也會互惠性地讓步。

3.避免涉及人身 (address problem, not personalities)

談判時注意集中於議題討論，而不要涉及對手的人格。當談判陷入僵局，也不要攻擊你的對手；你所反對的是對方的意見或其立場，而非其個人。把人和問題分開，切忌將議題的歧見轉化為對人身的攻擊。

4.有接受第三者的協助的胸襟

一旦面臨僵局就應考慮中立第三者的協助以打破僵局。不同的第三者有不同的功能，例如撫慰者 (conciliators) 能夠幫助雙方溝通、交換資訊、解釋訊息，以及澄清誤解但並不強迫達成解決方案。仲裁者 (arbitrators) 則聽取雙方的爭執點後，強迫達成解決之道。

▪摘　要▪

1.溝通是意思的傳達與理解，它之所以十分重要是因為經理人所做的每件事情——決策、規劃、領導以及其他的活動等——都需要溝通資訊。

2.溝通程序始自溝通來源（發訊者）傳送訊息，然後這訊息被轉換為符號的形式（編碼），再經由通路傳給收訊者，收訊者再將所收到的訊息予以解碼。為了確保正確，收訊者應該提供給發訊者回饋，以便檢查是否正確理解。

3.克服溝通障礙的一些技巧包括：利用回饋、簡化語言、主動傾聽、控制情緒以及注意非口語暗示。

4.達成有效的主動傾聽的方法為：保持目光接觸、肯定性的點頭及適當的面部表情、避免分心舉動或姿勢、發問、重述、避免打斷對方的話、不過度發表己見，以及順利轉換說者和傾聽者的角色。

5.提供有效回饋的方法集中於特定行為，包括：對事不對人、回饋要目標導向、掌握回饋時機、確保對方理解，以及將負面回饋導引至接收者能控制的行為。

6.要做到有效授權必須要：明確的指示、指明部屬自由裁量的範圍、允許部屬參與、將授權的事告知他人，以及建立回饋控制系統。

7.分析和解決衝突情境可以分為以下五個步驟進行之：發覺自己處理衝突的基本風格、慎選值得耗費心力與能夠管理的衝突、評估衝突者、瞭解衝突的來源、選擇最適合自己的風格與所面臨的情況的解決方案。

8.在下列情況下，經理人需要引發衝突產生：當他的單位冷漠、靜滯不前、缺乏新創意的產生、無意承擔變革。

9.分配型談判會產生「你輸我贏」的零和遊戲的情形，因為它把談判的目標視為是固定不變的量；整合型談判則認為資源的數量是可變動的，因此有可能創造出「你贏我也贏」的雙贏局面。

複習問題

1.為什麼有效的溝通和同意並非同義詞？

2.溝通程序中什麼地方容易發生扭曲的情形？

3.組織中人們最常採用的溝通方式是什麼？

4.主動傾聽的四項基本要求為何？

5.有效的懲戒計畫應該包含哪些條件？

6.比較衝突的傳統觀、現象觀以及機能觀三者的異同。

7.解決解突的五種基本技巧為何？

8.敘述七種阻礙有效談判的決策偏差。

9.如果經理人要成為更有效能的談判者，則他應該做哪些事情？

討論問題

1.「無效的溝通源自訊息發送者的錯誤。」你是否同意這句話？說明你的觀點。

2. 為什麼有效的人際關係技能對經理人的成功如此重要？

3. 從你自本章中學到的傾聽知識來看，你自己是否為一位良好的傾聽者？在哪些地方你的表現較不理想？你要如何改善自己的傾聽技巧呢？試說明之。

4. 關於衝突的三種學說──衝突的傳統觀、現象觀及機能觀──你覺得此種看法是否適當？

5. 假設你發覺一間房子不錯並且想租下，租屋廣告上寫著：「每月 $450 美元，價格可面議」。請問你要如何議價才容易使租金最低？

4

其他

▍第十五章▍

組織變革與創新

本章係以 4 節予以陳述學習的內容:

1. 變革的起源
2. 變革管理
3. 創新管理
4. 組織再造

　　2018 年年底臺灣舉行定期地方行政首長的選舉,要決定六個都市、十三縣及三市的首長與各單位的議員人選。 其中最令人矚目的便是高雄市長由原先毫無希望的國民黨提名人韓國瑜先生當選,他選上不僅跌破所有專家的眼鏡,更在全臺灣造成一股旋風 (所謂的韓流),大大地幫助國民黨在各地的提名人當選。事後分析韓流的成功塑造與網際網路上韓國瑜所引起的關注有莫大的關係。 韓國瑜在網路上有效地建立自己的社群,在選前六週前他的網路社群 (FaceBook、LINE、Instagram、YouTube) 估計有上百萬人 (唐筱恬,2018),自從他與網紅館長聊天的影片有 144 萬人次的觀看後,他的選情就扶搖直上 (邱文秀,2018)。最後選舉結果是他扭轉了整個選情,讓網路虛擬空間的支持度落實到現實社會,韓國瑜以 89 萬多票大贏對手 15 多萬票 (見圖 15–1)。這個事件澈底地改變了臺灣的選舉觀念與方式。 雖然說四年前臺北市柯文哲以政治素人利用年輕人的網路宣傳與動員造成一次非政黨候選人成功的奇蹟,但是,當時網路的效果與傳統媒體 (電視與廣播) 的效果相當,柯的成功也靠民進黨暗助的力量,以及對手一直無法擺脫富二代利用權勢崛起的負面形象所致。

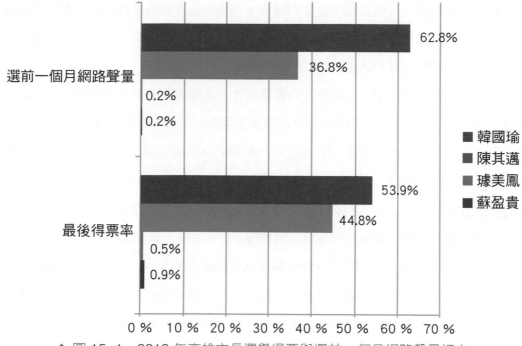

▲ 圖 15-1　2018 年高雄市長選舉得票與選前一個月網路聲量調查

　　這些政治人物雖利用網路科技贏得了勝利，但是他們的政見卻仍然停留在舊時代的思維，可以證明要能夠在觀念上與作為上都掌握科技的變化是非常不容易的事。柯文哲在第一任上任前因沒有自己的人馬，於是利用網路海選新任首長。結果這種選才方式的風險甚大，造成許多首長半途離職，以其上任時受歡迎的程度，相對找到的有用人選（最起碼能任滿四年）而言，實在是不成比例。從對新科技的應用而言，海選的方式並不能說是充分發揮新科技的作為，充其量只是推薦函的數位化罷了。其次，市府顧問參與市政的方式與前任一樣毫無因網路科技而改變的跡象。筆者是資訊政策的顧問，四年中唯一的會議，是在就任一年多後臨時召開。2、30 人的會議討論非常沒有效率，無法按議題逐題討論，而是開放個人對所有議題無針對性的發言。最後，會出現一人發言一次、內容集中且重複，但忽略不少議題的現象。若是能多利用網路徵詢意見，集中討論，相信結果不會是如此簡單與貧乏的。

　　同樣的，韓國瑜在競選政見中極力主張在高雄推動雙語教育政策，希望高雄市民

能夠有英語會話能力，增加城市外交的機會，增進外國人到高雄觀光的人數。這是臺灣近年來政治人物都掛在嘴邊、好像是應該採取的政策。尤其有兩任民進黨執政的行政院長都以英語列為官方語言做為欲推動的政策。

其實從科技進步與國民使用語言的習慣而言，這樣的政策是非常不智的。因為，學習一項新語言並不是容易的事，尤其是要求全民都有相當水準更是緣木求魚。首先，孟子就曾說過學習語言的困難，所謂的「一傅眾咻」，這說明環境的因素非常重要。臺灣已推行英語教學超過六十年了，但是全民的英語水準仍是有限，除了少數出國留學、居住或工作的國民，其他人雖從小學或中學開始英語教學，但能夠與外國人溝通無礙的人如鳳毛麟角。這顯現全民學外語的困難與不智。另外，隨著 AI 人工智慧的發展，同步翻譯機指日可待，到時國人不僅能輕易地與英美人士溝通，連其他非英語國家的對話行文也將不是問題。這項技術在不久的將來可實現的機會甚高，在此情況下政治人物仍熱衷於英語官方化或雙語教育政策的話，不是顯得太與現實脫節了嗎？

隨著人類科技進步的速度越來越快，相對而言人類組織亦必須有因應以配合新技術所造成的改變。進入二十一世紀便發現資訊科技所引起人類社會的全面變化。尤其是網路社會的興起，所謂網路世代 2.0 的說法，在網路上的發言與互動已經是常態了，新聞與消息的傳播更為快速。上世紀末九〇年代的二十四小時新聞電視臺的推出已經造成個人生活非常大的改變，雖然臺灣人夜生活市場仍不足以推出二十四小時不斷電的新聞，美國 CNN 早在全世界無國界不斷電地播出新聞。在臺灣的改變更為濃縮，隨著有線電視剛合法上線時，網路時代已悄悄地降臨，至今日網路上的影音播放更將大批新世代的觀眾擄獲。有線電視的廣告型式與播放時間也受到極大的挑戰。

隨著網路科技的盛行，零售消費的行為也開始改變，人們開始在電腦前購物，用滑鼠替代腳步在虛擬商店中尋找自己想要購買的商品。如此改變使得商業大街上的商店受到莫大的競爭，若是消費者不再蒞臨商店親自挑選貨品的話，那商店就不再是零售的最終出口了，而是物流業代之而起的穿梭在大街小巷中遞送貨物。當超商的大宗業務變成民眾寄貨與取貨時，也就是超商零售業務的重新調整、改弦更張之時了。以上所談的生活與消費行為的改變，在企業內部也就意味著組織與作業形式的變更需求。

這有待有洞見之經營者重新設計組織結構與營運方式，以掌握環境的變遷，並成為領導風潮的勝利者。

科技創新後，常發現組織現有作業方式必須激底改變以適應新技術與設備的需要。例如傳統新聞傳播的方式就有幾次大改革，從報紙的編輯與印刷，繼之電視與廣播的出現，到網路新聞的製作與播放，就有兩次巨大的改變。電視對報紙的衝擊就非常巨大，人們對即時重大新聞已不再看「號外」了，而是打開電視新聞頻道。初期兩者仍有適度的分工，報紙上的深入評論與分析仍是電視所無法提供的。然而，網路的出現對於報紙的打擊就非常大，雖然許多傳統報業都順利轉型為網路媒體，但是仍走不出傳統報紙的經營型式，第二天才提供評論與分析。這比起一般網路寫手就有時差，導致年輕的讀者很快就被搶走了。

當資訊科技進到新聞業時，傳統印刷排版的作業方式被激底顛覆，在臺灣早期活字排版的密集人工作業方式也被電腦編輯與排版取代。甚至連整個新聞採編的作業都被重新設定，使新聞出版的時間更短、更接近新聞發生的時間，而編輯室亦可以更早參與新聞的採訪收集，甚至可以同步指揮新聞的走向與資料的收集；現場記者不需要返回電視臺就可以撰寫採訪稿，更可以同步編輯，以發揮即時的效率。

第一節　變革的起源

促成組織改變的力量常來自組織外部（環境）與內部（新思維與人事）。這些力量形成與其背景中情勢的改變，使得現狀不再能滿足各方的需要相關。通常是新舊觀念、作風、審察標準以及流行偏好的更替，造成組織改變的需求。雖然世上有傳統或百年老店的例子，市街流行與基礎生活習慣的迅速改變，常常讓人目不暇給。讓我們看看這些造成改變的因素。

一、外界的力量

變革的外界力量有許多種，從第三章環境論中所談的各種環境就構成組織改變的力量。舉凡政治環境（如法令）的改變、金融市場的規範改變、近年來網路

興起所帶來的第三方支付的制度，就使得許多組織因為及時提供網路支付功能，而搶占許多市場運作的優勢。例如蘋果在網路上提供 ApplePay 的功能，使其得以在其支付系統中擁有大量現金流量與消費預先儲存的現金，如此實質獲得金融機構傳統上的資金運用的利益。在中國阿里巴巴的支付寶的系統也讓他們在一夕之間享有巨額資金運用的信用優勢。同樣的，優步 (Uber) 公司也優先抓住因為網路而興起的分享經濟的形式，而造成對於傳統都市中計程車與快遞業務的挑戰。優步的出現不僅造成計程車的嚴重挑戰，也形成對遊覽車業務的衝擊，近來更形成對快遞業務的威脅。因為優步優先與許多餐飲業合作，將運送的車輛與人力變成這些行業的快送服務系統，使得消費者可以在三餐加上消夜的時刻撥打電話，即享受到各種餐飲的服務，如此澈底改變現代人的餐飲消費行為。

科技進步也形成組織改變的壓力，近來醫學上發明各種複雜又昂貴的診斷與治療的儀器設備，為醫院與醫療中心創造明顯的診療需求。基因治療已全面的發展，各式美容、整型與身體塑造的手術也創造了成熟年齡層（或銀髮族）額外且熱門的需求。在許多產業中的生產線上，機器人正進行取代傳統人力。人力市場的變化亦促使得管理者開始引進新的改變。例如各國所出現的護理人力荒使得醫院重新設計護理工作、改善其薪津，並增進員工福利。

經濟改變當然會影響幾乎所有的組織。2016 年美國選出川普擔任總統，他提出「美國第一」的口號，改變了美國對外的政治與經濟走向。政治上美國走向極端的保守主義，與傳統的友邦或同盟的關係在改變；經濟上更是採取保護主義，他不惜與中國大打貿易與關稅戰爭，以求取美國在地生產上的優勢與增加就業人口的短期利益。這將美國帶回二十世紀初的保守狀態，美國不惜與各國撕破臉，也不希望再扮演世界警察與人道援助國家的角色，而希望振興美國的傳統經濟，也希望借更多人民就業來推升美國的經濟。這是共和黨一廂情願的思想，殊不知美國從全球經濟中獲得許多利益，所謂智慧財產權的保護美國受益最多。雖然初期有不少仿冒與山寨的產品，但是美國主流產品仍在全世界攫取巨大的利潤。全世界排名前五十的富豪有一半以上在美國，各產業的領先者也無不在美國設立總

部，或成立生產工廠。所謂的智慧財產也是英美資本主義下的產物，試想人類三大重要發明：火藥、造紙與印刷術，有哪一項是在英國或美國發生的，而今天他們卻仍在享受這樣發明的好處！能說迪士尼的米老鼠、蘋果的手機或麥當勞的薯條，就應該獲得更多的保障嗎？

二、內部的力量

在上述所說的外界力量之外，源自組織內部的力量同樣也可以刺激組織的改變。這些內部的力量多半由內部審豫（即檢討與規劃）時所引發的。當管理階層重新設定組織策略時，通常會引發一系列的改變。正如本章開頭美國 CNN 有線新聞臺的例子，當它決定 24 小時即時播報新聞的新策略時，這使得原本電視臺內部工作人力必須要重新設計與配置。一般而言，組織的工作人力鮮少時刻是靜止不動的，不同時刻、不同策略編組下的專業、年資、規模、薪資獎酬、個性配合、以及其他方面各有不同。在一個長期穩定且年長主管漸增的組織中，可能有需要為年輕且有衝勁的人設計擔任主管的機會，以期預備組織的成長空間。薪資結構與福利制度亦應與時俱進，以反映組織內變化的工作人力。另外，新設備的引進代表一種內部改變的力量。此時，員工可能需要重新設計他們的工作、需要接受新的訓練以操作新的設備，或是在其正式組織中設計新的聯絡管道以成事功。員工的態度，如日增的工作不滿足，會帶來較多的曠職、自願性辭職甚至罷工。這些事件到頭來又會造成管理政策與行動的改變。

具有發動與控制組織改變的人可稱之為改變的發動者，而組織內任何階層的人均可以是改變的發動者。一般而言，我們均假定改變是由組織內的一位高階管理者所發起並推動的，經驗告訴我們，這樣成功的機率較高。然而，改變的發動者也可能是一個非管理者——例如一位研發部的工程人員，或一位行銷部的經理人。在進行全面系統性的改變，管理階層常聘請外界顧問提供建議，甚至直接介入執行。因為他們可以提供較客觀的意見，也具有較多類似的執行經驗。然而，外界顧問常因對組織的歷史、文化、作業方式以及人事不熟悉，而發生偏執或失控，影響整體改革的進行。外界顧問提供較激烈改革的傾向可能是好處，也可能

是缺點，因為他們有可能創造嶄新的局面，但也有可能搞垮所有的努力。他們不必負成敗的責任，且不必面對改革後的局面。相反的，內部的改革者則有許多顧忌，因為他們必須與改革後果共存。

根據盧文 (Kurt Lewin, 1947) 的改變三部曲理論，成功的改變需要經過三個階段，首先使目前狀態的限制解凍、其次進行改變、最後凍結新的狀態（見圖15–2）。目前狀態（即改變前的狀態）可被視為一種各方勢力下的平衡狀態。要從平衡中移動，解凍是必需的，可經由下列三種方法之一來達成：

(1)降低維持的力量，使得目前狀態瀕臨崩解。

(2)增加異動的力量，使得目前狀態受到更大的衝擊。

(3)結合上述兩種方式。

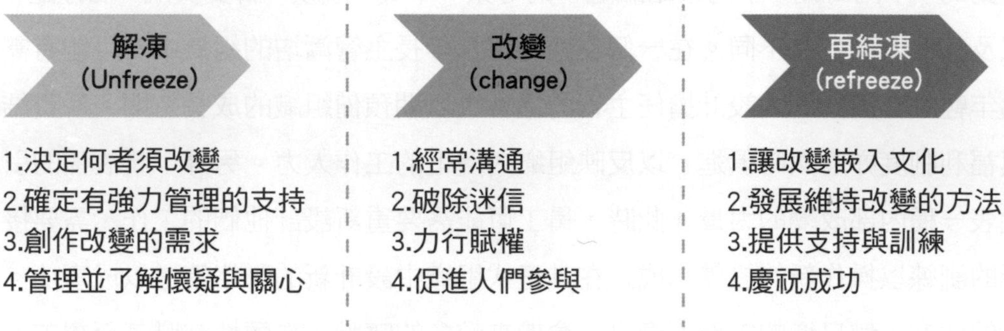

解凍 (Unfreeze)	改變 (change)	再結凍 (refreeze)
1.決定何者須改變	1.經常溝通	1.讓改變嵌入文化
2.確定有強力管理的支持	2.破除迷信	2.發展維持改變的方法
3.創作改變的需求	3.力行賦權	3.提供支持與訓練
4.管理並了解懷疑與關心	4.促進人們參與	4.慶祝成功

▲ 圖 15–2　盧文的改變三部曲理論

一旦解凍開始，改變就可以進行。然而，引進改變並不能保證改變能持久，新的局面必須凍結才可以經久存在。除非能有效執行凍結，改變的存續不會長久，組織與人員會持續在失衡的狀態下漂移。依照動力學的理論，這樣的情況只會變化更大，通常是不會有好的結局。凍結的目的就是以制度的力量來穩定新的狀態。盧文三部曲過程觀點提出甚早，歷經 1950、1960 及至今日二十一世紀，可以說適用其中各個組織。只是不同產業所面對的環境不同，成熟產業所面對的環境相對穩定；在科技變化速度快的產業的環境則變化較快速，剛凍結的制度不久就需要再解凍以進行調整了。然而，從組織管理的角度而言，建立因應環境變化且獲利

的制度是歷久不變的目標。

　　難道每一位管理者都面臨一個不斷改變又混亂的世界嗎？其實不然，要視管理者個人的態度而定。理論上環境的變化頻率與觀察時間長短成反比。如果管理者只重視短期，那環境的變化可視為固定，而若觀察時間拉長至十年或五十年，那麼環境的變化在頻率與幅度上必然增加。因此有企圖心或希望成就長期競爭優勢的管理者，對環境的變化趨勢就會非常注意，對他而言環境的變化是重要的觀察項目，也是影響組織策略設定的重要考量變數。反之，如果只是短期負責的主管，就不必太在意環境可能的變化，而注重對現況的應付即可。因此可以說不在客觀環境的起伏，而在經理人主觀的認定。一般而言，在每年要推出新款式的流行服飾業與手機製造業中的經理人所面對的世界肯定是不穩定的。即使過去常被認為穩定的產業如銀行、出版、教育以及農漁畜牧等行業，在有企圖心或新進者的經營者眼中，也能找出在新科技應用下的革命性改變。

　　以上述的經營組織之長短期觀點來看，在以永續為主要目標的組織中，很少有組織能視改變為無物。甚至在科技發展快速的今日，只有很少的組織能無視環境的變化，任何組織的管理者都要有心隨時會面對突然而來的重大改變。在這樣的前提下，大多數公司所享受的競爭優勢不會太久。

三、對改變的抗拒

　　因為關心組織效能的改善，管理者應有適時導入改變的動機與決心。然而，改變對於管理者可能形成威脅，它們潛在具有失敗的可能，當然對於非管理者更是一種威脅。此時，組織會可能形成（或呈現）一種反應遲鈍的惰性狀態以反對改變，甚至無視此種改變可能對組織有利。在本節中我們將探討為什麼組織中的人們抗拒改變 (resistance to change)，以及有何作為可以減少這種抗拒 (Laurence, 1954)。

　　抗拒改變的理由有三：不確定性、對個人損失的關心、以及認為改變對組織本身沒有什麼好處。

　　改變使得已知的變成**不確定的與模糊的**。對於學生而言，不管多不喜歡上學，

至少知道學校的規矩，知道學校要你做什麼。當離開學校、進入全時間受僱時代，不管你在學校有多少準備，你面臨無知的未來多少有一些恐慌。資深員工對組織即將發生的改變所帶來的不確定有同樣的憎惡。例如，生產工廠中引進一套新的品質管制方法，引起原先承辦人員因學習不力而對複雜的品管方法採取負面態度或故意不合作。

第二種抗拒的原因是怕失去一些原來擁有的優勢。改變造成原有狀態的重新洗牌的效果。人們對於現存狀況投入越多其沉沒成本越多，往往造成對改變不接受的態度。他們怕失去地位、金錢、權力、友情、私人小惠或其他的便利。這也解釋資深員工比資淺者更常抗拒改變的原因。資深員工通常在現行系統投入較多，因此在改變有較多的損失。

最後一項抗拒改變的原因是**不贊同新的組織目標**。如果員工認為組織的改變會降低整體生產力或產品品質，如此員工將會抗拒改變。如果員工正面地表達他對改變的意見（清楚地陳述理由，並附上有力的佐證），這樣的抗拒對組織而言是有利的。

四、減低抗拒的技巧

面對抗拒改變時，管理者可以採取何種行動？以下提出六種技巧以應付之。

1.主動溝通

藉適當的溝通讓員工們知道改變的邏輯以減低抗拒。這假設抗拒的來源是資訊的錯誤與不良的溝通，因此充分的資訊可以消除員工們的誤解，他們的抗拒便會因而消去。管理當局可以由一對一的討論、備忘錄、公開說明會或是報告來達成。這可行嗎？可以的，只要抗拒的來源是不適當的溝通，而且管理者與員工間的關係有互信與互諒。如果這些情況不存在，那麼就不會成功。再者，這個技巧所牽涉的時間與精力必須與其利益相比較，尤其有許多受影響的人。

2.促進參與

對個人而言，比較容易接受自己曾參與的變革計畫。因此決策者應在決定

前，將可能反對的人士帶入決策過程中。若參與者有足夠的機會與知識貢獻有意義的意見，他們的參與有非常大的機會減低他們的抗拒、獲得支持，並增加決策的品質。然而，這方法可能有問題，即浪費時間、提前曝光改革計畫，及造成更大的反抗阻力。

3. 周全準備與配套設計

改變推動者可以設計一系列的支持作法來減低抗拒。諮商與診療、新技能訓練或短期的有薪給的休假，都可能促成員工適應，並降低員工的恐懼與焦慮。這方法的缺點是費時、成本高，而且並不保證成功。但是對於重要成員的適應轉型會有很好的效果，值得考慮。

4. 開放協商

組織在面對有工會的員工團體常以正式的交涉手段處理，亦即以其他的利益交換對方的合作。例如如果抗拒發生在少數有力人士中，可能是為了原有的一些特定福利，因此可以考慮專為這幾人設計特殊條件，以爭取他們的支持。協商與談判在抗拒的來源者有相當權力基礎時非常重要。然而，切記潛在代價可能非常高，一旦協商內容曝光，對改變推動者與被說服者雙方而言，都會面對其他勢力強力的挑戰。

5. 避免操縱與追求互惠

操縱乃是指利用陰謀手段以達企圖的作法。扭曲事實使改革更具吸引力、隱藏不利的消息或製造假消息使員工接受改變等，都是操縱的例子。公司管理當局威脅要關閉某一特定的工廠，以要求員工接受全面的薪資裁減，其實管理者並未打算關廠就是一種操縱。互惠則是開放合作的結果。在改變的決定中爭取抗拒團體的領袖的支持，使他們成為改革的主要推動者，尋求意見領袖的投入與背書是尋找更好的決定的要徑。避免操縱與追求互惠兩者都難達成，但是一旦成功可以很容易得到對手的支持。切記不要欺騙對手，一旦知道他們被要了，那麼反噬的效果就非常大。不僅改革者的名譽掃地，更耽誤組織的改革與長久的生存。

6. 最終手段——壯士斷腕

最後的手段就是採取強迫的作法，也就是直接用解僱、停產或關廠的威脅對付反抗者。公司管理當局真的決定如果員工不接受減薪要求就關廠乃是一種強迫。其他強迫的例子包括調職的威脅、失去晉升的機會、負面的績效評估或是一封不好的推薦信。強迫的好處和操縱與互惠的好處一樣。然而，強迫的壞處乃在其往往是非法的。就算是合法的強迫，也會被員工視為主管名譽破產的象徵。

第二節　變革管理

組織有什麼能夠改變呢？筆者認為有三個類別：組織的結構、組織的工作流程（做事的方法，即組織應用的科技）以及組織的文化。結構改變包括組織形式、權力關係、工作設計、協調機制，或其他相關結構變數的改變。改變工作流程包括應用科技與方法、機器設備、工作時程以及勞心與勞力程度。改變文化則指改變員工個人與群體之觀念、態度、期望、感受或行為。

一、改變結構

我們在第十一、十二章中曾討論過組織結構的問題。管理者被認為有從事下列各種活動的責任，如選擇組織的正式結構、分派權力、決定分權的程度以及設計各項工作。一旦這些結構的決策做好，並不表示他們都不可改變。往往管理者在扮演改革推動者時，必須針對組織結構作某種修正。管理者在改變結構時可以做哪些事呢？基本上就是組織結構與設計時的各種項目。

組織結構是以型式、規模、正式化程度、自主性與封閉程度而決定的。管理者可以更動一個或多個這些結構成分。例如部門關係可以調整、單位可以合併、垂直組織層級可以增減，以及控制幅度可以放寬或縮小。設定更多的法則與作業程序以增加組織的正式化與標準化程度。授與部門更多自主權力可以加速決策的速度與對環境的適應。例如組織可以裁減高階主管人數、減少組織層級、擴大控

制幅度,以及將權力下放新設的營運單位。

另外亦可在結構設計中引入結構型式改變,例如從功能結構變為產品結構、建構矩陣式組織、重新設計工作流程以追求工作豐富化或是賦權基層員工等。再者,亦可就修正組織的獎酬系統,引入績效獎金或利潤分享制度激勵員工以改變組織氣候。例如王品餐飲公司就將原來功能式的組織,改成以分店為主的團隊,個人的績效與所參與的團隊成績整合計算,讓每一位店長都成為組織重要的中堅幹部。

二、改變應用的科技

管理者亦可利用引進新的生產或作業的科技,達到重新塑造企業的目的。幾次的產業革命都見證了新科技對於產業營運模式與作業方法的重大影響。吾人可以發現過去主要的科技改變通常伴隨著新設備、新工具、或新方法,若是企業無法跟上改變的腳步就要面臨被淘汰的命運。例如,二十世紀初真空管做為半導體的使用在產業中形成家電產品的標準,當時舉凡收音機、音響、電視都是真空管的使用者。但是,當體積更小、更省電的矽晶片出現時,真空管的產業便一蹶不振難以抗衡。而以新的矽晶半導體的產業規格重新定義所有的弱電產品的設計與實際表現。

產業面對創新的作法通常是引進新的設備、工具、或操作方法,即使在初始階段新的作法並不保證成功,但是,在打破現有局勢的企圖下許多有冒險性格的創業家奮力投入,促成許多產業改變成功的案例。例如,中國華為技術有限公司乃是一家電信網與手機的製造公司,在 5G 的通訊技術與標準的競爭上占了先鋒。2016 年 11 月 17 日國際無線標準化機構 3GPP 第 87 次會議在美國拉斯維加斯召開討論手機 5G 標準,中國華為主推極化碼 (PolarCode) 方案,美國高通主推 LDPC 方案,法國主推 Turbo2.0 方案,最終短碼方案由華為極化碼勝出(何花,2016)。由於 5G 資料傳輸的方式與速度與前一代 4G 時大不同,以致於新一代的通訊系統與手機也將大為不同。對於電信與智慧型手機業者而言,這是劃時代的改變,誰能主導技術與規格,誰就能主宰未來的市場。

與 5G 同時來臨的是新一代的自動化，讓 AI 機器取代傳統人工行為的科技改變，更深化了對未來社會的影響。除了各產業裝配線上的機器人，新的機器人走進人類的生活，從自動駕駛、智慧家居、多語言的即時翻譯、擴增實景的客製化學習等，都將是未來生活中的基本需求。

三、改變組織文化

無論學術界與實務界人士均有興趣瞭解組織內個人和團體相處與互動狀況對於工作績效的影響。管理學中屬於行為學派的組織發展 (organizational development, OD) 的領域，就是從社會心理學的角度設計，以團體活動去改變組織內團體與個人的互動品質。它基本上專注於發展改變人們以及人際工作關係的技巧與方案，其中比較受歡迎的技巧包括敏感度訓練、組織氣候問卷調查、諮商、團體建立以及團隊間關係的發展。這些技巧的共同特性是都希望帶給組織內人員間及個人改變。

1. 敏感度訓練

是一種藉團體互動改變個人行為的方法，這是由專業的行為科學家帶領一群參與者一系列活動所完成的。沒有特定的規程，專業者並不需要扮演領導者的角色，僅製造讓參與者發表想法及感覺的機會。討論是自由且開放的，參與者可以討論他們所想要談的任何事情，重點乃是參與者個人以及互動的過程。研究顯示敏感度訓練做為改變組織的技巧有不同的效果，例如改善個人溝通技巧、增進認知的準確度、提升參與的意願等。然而，這些改變並未直接證實可以增進工作績效，而且本方法有引發心理脆弱的參與者崩潰的潛在危機。因此，組織進行這項訓練時有慎選參與者的必要。

2. 組織氣候問卷調查

是評估組織成員態度、找出態度與感官之差距，並在回覆團體集會中根據所調查的資料解決差距的工具。通常由單位中所有的成員填寫問卷，廣泛地詢問成員對於某些相關事件的態度與感受，如決策制訂的過程、溝通有效程度、單位間的協調，以及對於組織、工作、同僚及直屬上司的滿意度。

從問卷所得的資料在分析並製作成表格後，便成為組織發掘問題與澄清事件的根據。

3. **諮 商**

乃是透過外界的顧問幫助組織成員去感受與瞭解所面對的事件，並採取因應的行動。這些事包括如工作關係、成員間的非正式關係以及正式的溝通方式與效果。經由顧問所提供的評估可以提供管理者一個客觀的看法。顧問並不必要去解決管理者的問題，他們乃是扮演教練的角色幫助組織管理者診斷並改善問題。如果管理者無法解決這問題，顧問乃可建議解決問題的專家。

4. **團隊建立**

乃是以建立工作團隊的方式，促進成員間的互動交流，進而瞭解彼此的想法與做法。如此藉著頻繁的互動去發展團體成員的開放與信任。團隊建立可能的活動包括目標之設定、發展個人關係、釐清個人的角色與責任、以及團隊行動。

5. **團隊間關係發展** (intergroup development)

乃是處理不同團隊間彼此成員態度、刻板印象、以及合作關係的發展。例如有兩個團隊間有不愉快的工作關係，他們可以利用關係發展的機會，整理彼此自我感受、對其他團體的感受，以及他們認為其他團體對他們的感受。兩個團體藉分享與討論詳細地分析並找出不愉快的原因，進而發展解決歧異的方法。

組織中最高主管的更換經常是組織即將進行主要改革的訊息。最高主管可以帶給組織新的思維與行為標準。通常最高主管應及早將對組織的看法說明出來，並安置認同此看法的人選（通常是其心腹）在重要職位上。微風廣場在 2006 年接收臺北火車站後改革成功的一大部分因素乃是因為引進公司一貫的經營風格，重新塑造臺北車站成為一個商業中心的地位。伴隨著主要管理階層的更換，推行組織重整亦具有相當的意義。新單位的創設、舊有單位的合併與裁減，表明了管理

單位走向新方向的決心。新的領導者亦希望藉著創造新的故事與儀式，替代以往的故事與儀式，去傳達組織中的重要價值觀念。這需要快速行動，任何的遲延將使現存的文化與新的領導人結合，而關了改革機會的大門。最後，管理者將會希望改變選拔與內部社會化的過程，及評估與報償的系統，以支持接受新觀念的員工。

當然改革的建議並不保證一定會成功，組織的成員不會輕易放棄他們所熟悉並一直有用的價值觀念。因此，管理者必須有耐心，改變必須慢慢來。同時，管理階層應保持警戒，防止有人走回頭路，重回以往所熟悉的、舊的作法與傳統。最後有三點關鍵值得大家注意。第一，重大轉變需要七至十年的時間，應具備耐心以面對。第二，改革成功的推動者基本上都是外來者。他們若不是直接從外界聘請，就是從公司的分支部門所請來的。最後，所有的負責人都以危機意識來面對他們的新工作，所謂置之死地而後生的道理。

第三節　創新管理

在全球競爭的動態世界中，組織必須要抓住市場的風向與消費者的心，因此創造新的產品與服務成為每個組織的要務。除非組織的產品已是經典產品，如可口可樂或鼎泰豐的小籠湯包與牛肉麵等，不需要與時俱進，而是等著新的一代消費者被市場或老顧客教育成支持者。當然這些經典老店也不能躺著經營，他們仍然有許多工作要做。例如創造產品的話題、滿足老顧客的需求，更要吸引新顧客的認同。而在高科技的產業中經營的公司，則不能依靠過去成功的產品，必須能夠領先市場推出依據最新科技發展下的新產品，以維持在市場上的競爭地位。今日領先的企業如蘋果、谷歌、亞馬遜等公司，他們的例子就是最好的說明。

在一般語言中的用法，創造力是指以不同於傳統的想法（可稱其為或全新或整合的意念，即是創意）產出超越現有設計、功能與生產方法的作品。至於創意與創新的關係是怎麼樣呢？比較通俗的說法就是，創新是使得創意成為一個有用

的商品、服務或生產方法的過程。因此一個創新的組織，是以其將創意轉變為有用產出的能力著稱。創新等於創意再加上市場的成功，因為單有創意不見得保證成功，而是創意再加上有效的商品化能力才是成功，也才能被稱為創新。當管理者說要改變一個組織而使其更具創造力，他們通常是表示希望激發創新。蘋果在 2000 年後自家麥金塔電腦頹勢不斷時，利用 iPod 與 iPhone 兩項創新產品讓公司重回市場寵兒的地位，又創造出近十五年的榮景。雖然，在 2000 年前蘋果的前董事長史考利就曾大力推動一個新的手持的運算產品 (Personal Digital Assistant, PDA)──牛頓 (Newton)，但是那時的產品無線上網能力有限，而且內建功能不足，再加上晶片通訊與運算能力有限，使得牛頓無法及時推出市場，而且無法與市場上已推出的手持運算器競爭。可以說，牛頓是一個新的創意，但是無法順利地轉換成一個成功的創新。

一、什麼是創新管理

創新這個流行的名詞與概念是有名的經濟學家熊彼德 (Joseph Schumpeter) 於 1912 年首次提出。通常創新是指以獨特的方式調合不同思想，或整合各種思想建立獨特的概念的能力，熊彼得尤其強調創新是屬於企業家在商場上成功設計新產品，或發明新生產方法的結果。現代優秀的組織就是一個能激發創新能力的組織，如此它就可以不斷地開發出做事的新方式以及解決問題的新辦法。

創新管理則是指組織將創新視為管理的目的，而在組織內鼓勵員工發揮創意並將其轉換為有用的產品、服務或作業方法。當管理者說要將組織改變成富有創造力的時候，他們指的通常就是要激發創新。

二、創新管理的分類

根據創新單位時間內變化的程度，創新可分為漸進的創新和劇變的創新，前者稱為改善 (evolution)，而後者則被稱為改革 (revolution)。從創新的定義看，創新既指對原有事物觀念的改變，也指理論與實務作法的改變。對原有的事物觀念的改變，必然需要引入或建構新的分析架構，因此創新也可簡單歸結為是新觀念的引入或建構。這兩種創新的途徑可用圖 15–3 的曲線來表示。圖中的 X 軸代表

時間，而 Y 軸代表改變的程度。可分為兩個類型，圖中 A 至 B 這段直線的斜率較小，顯示在單位時間內變化的幅度較小，而由 B 至 C 的直線斜率較大，表示在單位時間內變化的幅度較大。 舉例來說 ， 許多公司引進的全面品質管理制度 (Total Quality Management, TQM) 就是屬於漸進的改變，而在本世紀初所有公司所面臨資訊科技所帶來的巨變 ， 就是企業流程再造 (Business Process Reengineering, BPR)，則是屬於劇變的創新。前者是經常發生的行為，而後者則是經長時間等待後一次爆發的現象，又常被稱為革命就是這個道理。

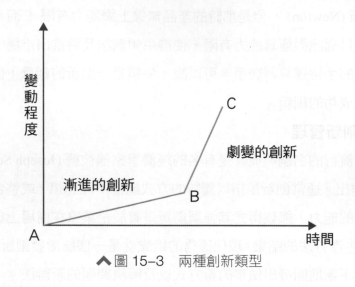

▲ 圖 15–3　兩種創新類型

　　漸進的創新主要基於對原有事物的改進，劇變的創新則是在短時間內引入更新的觀念與技術。緩慢的改變是指日積月累的變化，常常形成新的觀念與作法，日式企業精於這樣的創新模式。所謂的慢工出細活，他們在各行各業上都可以發現這樣的創新精神與作法。例如手機與電腦的製造雖然不是在日本發生根本性的改革，但是在產業進入成熟期的緩慢淘汰時，就可以見到日式企業的擅長。索尼 (SONY) 集團企業在家電 、 個人電腦與行動電話等方面就展現他們穩健發展的優勢。根據實務情況對現有的管理方法加以改進或對運用範圍加以拓展，應屬於漸進的創新管理；根據環境的新變化提出新的管理思想，進而形成新的管理模式或管理方法，應屬於劇變的創新管理。而劇變的創新管理可在許多重大技術革命時

發現，例如內燃機取代蒸汽機做為交通引擎、電晶體取代真空管做為電子控制面板的技術、智慧型手機取代無線電大哥大等。

三、創新的方法

1.腦力激盪法

腦力激盪法 (brainstorming) 是美國行銷經理人奧斯本 (Alex F. Osborn, 1963) 在 1939 年發展為公司改善行銷活動品質與效能的一種方法。這種方法是通過一種小組創意發想會議，在短時間內充分發揮群體的創造力，從而獲得較多的創新想法。他稱之為用頭腦給當前的問題一些衝擊，讓新的想法像風暴一樣吹垮問題。與會者用新的想法激發彼此的聯想，當人們捲入「思想的風暴」中後，各種新的構想就像點燃的鞭炮一樣引爆一整串。

這種方法有以下幾個規則：

⑴發想時，不允許對別人的意見批評和反駁，不作判斷或結論。

⑵鼓勵獨立思考、廣開思路，新想法越多越好、越新越好。允許相互矛盾。

⑶集中注意於問題，不私下交談，不干擾別人的思維。

⑷可以補充和發表相同的意見，使某種意見更具說服力。

⑸參加會議的人員不分階級，平等相待。

⑹不以集體意見來反對個人新的意見。

⑺會議人數不超過 10 人，時間限制在 20 分鐘到 1 小時。

此方法目的在創造自由、開放的討論環境，誘發新的思維，透過眾人腦力的共振和連鎖反應，產生更多更有效的創新思維。可以在短時間內產生數個乃至數十個創新構想，它適用於問題界定清楚，目標明確的決策。在行銷與廣告的產業中，腦力激盪法成為基本的問題解決辦法。

2.聯想法

聯想法 (synectics method) 是由美國麻省理工學院教授戈登 (Gordon, 1961) 提出的一種問題解決的方法。它是以已知的東西為出發點，結合不相關、不相同的知識以創造新的構想，也就是綜合並整理各種知識以產生新想法

或知識。如此可以刺激人們發揮潛力，打開未知世界的窗口。比喻法是常用的方法，就是將一個不一樣的事物解決方法引入，希望產生新的解決方法，例如將打籃球的戰術引進至大規模陸軍作戰策略之上，或是把植物嫁接的手法轉到組織合併的文化適應問題之上。在此法有一個專用的術語——跳板 (spring-boarding)，用在找出可以引入外界不同觀點的問題切口，讓不同的方法可以有切磋琢磨的機會。

3.打破框架法

打破框架法常被稱為逆向思維法，但是其實打破框架不見得一定要逆向思維。逆向思維常被定義為順向思維的對立面，逆向思維是一種反常規、反傳統的思維。順向思維的常規性、傳統性，往往導致人們形成思維定式，是一種從眾心理的反映，因而往往使人形成一種思維框架，阻礙著人們創造力的發揮。這時如果轉換一下思路，用逆向法來考慮，就可能突破這些框架，取得成功。然而，有時不需要反傳統，而只是把視野放大，雖用原有的方法，但仍可能突破原有的限制，取得更大的成功。這就有如談判過程中採取雙方合作的模式，共同使用雙方的資源，截長補短的效果將創造原來雙方總合的利益，這就是所謂的「把餅做大」的策略意涵。打破框架法的特性如下：

⑴突破性。這種方法往往突破傳統觀念和常規，以新的觀念及方法分析問題現狀，往往能設想出突破限制的方法，而獲致重要的成就。

⑵新穎性。打破框架的方法常伴隨新奇、新穎的觀念與作法，能夠吸引人的目光，也能夠創造嘗試新鮮的意願，當然也有促進創意成功的動力。

⑶遭受抗拒性。面臨改變時，既得利益者的反抗是難免的，除非能保障他們既有的利益，否則必須證明改變的結果是大於原先的利益。同時，改革亦應幫助被改革者成功轉型為系統的參與者，能分享改革的利益。

4.模仿法

人類的學習是由模仿開始的，在學習有成之後，少數秀異分子便有可能根

據現有的不足而進入創造的境界。由此看來，人類的進步在於不斷地創新改造，創新的根源乃在學習、精進與改造，而學習的起始點則是模仿，所以不必對模仿太過排斥西方在自身經濟社會發展的盛期提出智慧財產權的概念，欲將知識的權利延長，而忽略了如此卻阻礙了知識的進步。我們知道在技術創新初期是需要保護的，以免有搭便車或強取研究成果的現象。但是若是已發展成熟的公司仍斤斤計較於自己多年前的發明是否有權利金，技術是否被其他人學去，那就與當初保護並發展技術的目的背道而馳了。

今日在各行各業中勤於思考透過跨業跨域模仿作出創造發明的事跡甚多，許多產業發展乃是模仿生物的一些特徵行為，AI 與機器人的發展亦是如此。模仿不僅被用於工程與藝術，也被應用於管理方面。

四、提高公司創新能力

管理者如何才能提高公司的創新能力呢？這是現代經營者一個經常要問的問題。一個回答的方式便是去看看那些以創新著稱的公司，應該可以有不錯的答案。今天就是到美國矽谷、英國牛津劍橋附近城市以及北京的中關村科技園區，去看看這些園區中擅場的佼佼者。而以商業史方法的研究學者也可以從上世紀七〇年代的通用汽車、西爾斯百貨 (Chandler, 1962)，到九〇年代的 IBM 與惠普電腦 (Peters, 1982; Collins, 2001)，再到本世紀前二十年領風頭的谷歌、亞馬遜及臉書等公司。無論這些學者與觀察家對成功公司的特色與定義，吾人發現所謂成功的定義都只適用於過去，沒有一家公司可以永久保持領先，沒有一家企業一直站在進步的風頭。這是史學家的缺憾，成功似乎沒有定律，新時代的勝利方程式常要打破過去的法則。

很多新創公司或以科技創新而成立的公司是從研發實驗室開始創建，在成功站穩腳步後均會設立研究部門，或是指定明確的研發職位與權責。但是後進的工業國家多從製造分工起家，依賴先進國家的技術，因此並不能體會建立專門的組織架構來培育創新的重要。從臺灣產業的發展經驗來看，這是條漫長的路。

在組織內建立一個積極解決問題與創新的文化是非常重要的事。當面臨挑戰時，公司員工會如何反應？他們會懷疑自己的能力嗎？他們是仰賴產業領先者採用的標準解決方案，還是會主動地更深入瞭解問題，努力發現新的解決之道？只有自立自強才能將公司引向成功，管理者應當鼓勵員工解決問題而非選擇逃避，或等待他人離職。

另外，要具備建立控制風險的能力，理工科學習背景的人就能瞭解這句話的意義。因為在學習過程中會進行各種實驗以做理論檢測，而這些實驗都有風險管控，使得即使有高爆能力的危險實驗，也有萬全的準備，使得意外不致發生，傷害的機率接近於零。同理，公司的高階主管在鼓勵員工提出創新時，也要有適當的預防措施。不能放任所有的新想法在整個組織內隨意滋生與發展，而應在有限的人員範圍和有限的時間內進行合理的實驗與嘗試突破。如此，既保證新創意有機會實施，同時也不會危害到整個組織。當公司想推動創新時有幾個選擇，首先是利用外部的學者、諮詢顧問以及研究機構的專家們，他們發揮三種功能：新觀念的來源、砥礪觀念與作法，及運用更多的資源與分擔一些風險。

要建立與保持創新的習慣。真正的成功絕非一兩次的創新行為就能達成的。相反的，他們經常是持續的創新者，也就是有創新習慣的人或團隊才能達成。日本幾家有名的公司（如索尼家電產品）在此方面可以做為我們的榜樣，它不僅成名於其原始的創業產品如收音機、錄音機等，它在推出產品後仍不斷地精益求精，使產品保持在領先的尖端，創造組織最大的收益。

五、激發創新的組織變數

我們可以歸納出三類影響創新的組織變數，它們是組織結構、文化以及人力資源政策等。針對結構變數的創新效果，我們發現有機組織對創新有正面影響。因為在垂直分工、正式化程度以及中央集權方面，都較低的有機結構具有彈性、高度適應性，以及頻繁互動所產生的視野、思維與突破想法的培養，使得創新較易發生。其次，對於豐富且方便取用的資源提供創新重要的基礎。充裕的資源使得員工可以有意願去追求新想法與作法、負擔建構額外的成本以及承擔失敗。最

後，單位間頻繁的交流有助於打破技術突破可能的障礙。委員會、任務小組以及其他類似的機制提供跨部門間的互動，並在所謂的成功創新組織中廣泛地被應用。例如 3M 就是高度的分權化，並具有許多小而有機式的組織的特徵。這家公司並有很大的肚量，允許他的科學家與工程師可以使用他們 15% 的時間於他們自己選擇的計畫之中。

其次，創新的組織多半鼓勵實驗，也允許失敗，甚至慶祝發現錯誤。一個創新的文化有下列特徵：

(1)接受模糊：對於細節過度的強調會限制創意的發想，也會產生動輒得咎的顧慮。

(2)容忍不實用的事物：不扼殺任何人所提出的不切實際，甚至是愚笨的意見。那些一開始似乎不切實際的想法可能導致創新。

(3)少規矩：法則、規定、政策以及控制被降至最低。

(4)容忍風險：鼓勵員工實驗，不必擔心失敗，錯誤是學習的機會。

(5)容忍衝突：鼓勵不同的意見。組織與個人間的和諧與共識並不是最高的要求。

(6)重視結果，而非手段：訂定確切的目標，但鼓勵個人考慮不同的途徑來達成。這表示接受對同一問題有許多解答的可能，而尋求最佳解的存在。

最後，多數創新組織會特別重視人力資源政策的設定，重視組織成員在相關專業知識上保持領先的地位，除了提供員工高度的工作保障，並提供相當舒適的工作環境及優渥的獎勵，促使員工成為創意的先鋒。當新觀念與作法被提出來時，組織的制度與法規會提供支持的環境以排除不必要的障礙，在可能的範圍確定新的觀念與作法會被試行。這樣的自主空間可以幫助他們在組織內引介並實驗創新。

六、一個中國工業引進創新致勝的實例

中國南車青島四方股份有限公司起始於 1902 年山東四方村四方火車站附近山東鐵路總修理廠，建築面積 1 萬多平方公尺、工人 400 多名。當時主要設備有電動機、發電機、蒸汽機、水壓機、起重機、鍋爐、鍛冶爐、化鐵爐、汽錘、各

種車床以及石炭搬運車等 215 輛。1903 年試車投產後，承擔膠濟鐵路全部的機車車輛組裝和修理任務，德國人從母國運蒸汽機車零組件組裝。至 1914 年累計組裝與修理機車、客車、貨車 1,148 輛。在德租時期鐵路總修理廠與青島造船廠為青島的骨幹工業。

2004 年開始，南車青島四方股份有限公司在中國政府鐵道部的組織下，實施國外先進技術的引進消化吸收再創新策略，與日本川崎重工合作，研製時速 200 公里及以上的 CRH2 型「和諧號」高速動車。在引進國外先進技術的過程中，公司的研發製造機能與經營格局都發生重大調整和改變。公司設置高速列車三大技術平臺：包括設計、製造和產品三個技術平臺。在研發時速 300 公里及以上級別動車組時，為突破關鍵技術，公司先後與清華大學、西南交通大學、中國鐵道科學研究院等高等院校和研究單位，簽署了高速列車高端技術領域的合作協議，形成以南車青島四方股份公司為主體的產、學、研相結合的創新團隊。受惠於近年中國高速鐵路的迅速發展，自 2006 年起南車青島四方的營業收入持續增長。營業收入由 2003 年的 13 億元人民幣，到 2006 年的 30.9 億元人民幣，再上升到 2009 年的 101 億元人民幣，六年之間增長速度達到 670%，其中高速動車組占營業收入近 70%。2008 年 11 月，南車四方機車車輛獲批准，設立「高速列車系統集成國家工程實驗室」，主力建設包含高速列車系統集成、轉向架綜合、電磁兼容綜合、車體綜合和環境綜合等。至 2010 年，南車青島四方的高速動車組設計與製造技術已具有國際水準，形成持續自主研發與製造的完整產業體系，具備年產 160 列高速動車組的製造能力。2016 年 3 月，中車四方在國際招標贏得芝加哥 7000 系地鐵車輛採購項目，共 846 輛車、標的金 13.09 億美元，創下中國向已開發國家出口地鐵車輛最多的紀錄。為此，2018 年 4 月中車四方股份公司在麻薩諸塞州春田鎮建立工廠，在當地進行組裝火車。

中國南車青島四方公司的案例可以讓我們瞭解到一個傳統企業在變革中如何藉著建立自主的研發機制以站穩腳步，從引進、吸收、學習、創新等階段逐漸建立自己的競爭能力，進而在世界舞臺上扮演重要的角色。從中我們也可以看到創

新管理的重要性，在整個發展中的關鍵地位，在任何經濟發展中創新的價值不可言喻。

第四節　組織再造

組織再造又稱為企業流程再造，在其影響所及又有政府再造的名詞出現，其實也就是將組織再造的觀念應用在政府的想法。不過政府再造的應用最後常只是名詞的引用，其實並未形成真正再造，是表面上政府引用企業界流行的觀念與作法，實質上僅有皮毛而未落實這管理的創新作法，徒然浪費資源與錯失改革的機會。臺灣的行政院在二十一世紀初就進行所謂的政府再造，歷經民進黨政府的發起，直至馬英九選上總統後逐漸推動，最後的結果是合併了幾個部門（如經建會與研考會合併為國家發展委員會，衛生署與內政部的社會福利司合併為衛生與福利部，交通部與公共工程委員會合併為交通與建設部），刪減了幾個部門（如蒙藏委員會、新聞局），新設幾個部（如由財政部劃出金融監督管理委員會，由文化建設委員會合併原新聞局而成立文化部）。但是整個作為只是部門的整合、裁併與設制，充其量只是組織重整，談不上是組織再造。其原因請待下文分析。

所謂的組織再造，是一種變革管理觀念，最早誕生於 1990 年代早期。注重分析、設計企業內的工作流程和過程。企業流程再造的目標是幫助企業以最新的資訊工具觀念，重新思考如何設置各個功能部門與運作，以便提高產品與服務品質，降低運營成本，成為產業中頂級的競爭者。在 1990 年代，全球 500 強企業中有超過 60% 的公司啟動了企業流程再造，或者有計畫進行該方法 (GAO, 1997)，成為當時熱門的管理議題。

企業流程再造建議公司澈底重新塑造工作流程。所謂的企業流程是指企業內部一系列邏輯上有聯繫的、特定的加值任務的行動組合 (Davenport, 1990)。流程再造重視實現企業目標，研究企業流程與目標的關係，鼓勵澈底依新技術的觀點塑造流程，而非僅僅改善次要的流程。企業流程再造也是一種企業內部流程設計、

分析、與整合管理。

韓默 (Michael Hammer, 1990) 在 《哈佛商業評論》 提到經理的主要挑戰是除去不能創造價值的企業流程，而非用新科技實現舊思維與工作方法。經理人常錯用其有限的精力與時間，IT 科技應表現於重新檢視現有的流程，讓它們更符合新科技的發揮，而不是用新科技重現沒有用的流程。如他們常說的新科技所創造的環境就如高速公路，而硬將牛車拖上高速公路是不會有任何快速交通的結果的。

企業流程再造被認為過於注重科技與企業內部流程，而忽視了變革本身與環境整體的變化。 波特 (1996) 就曾批評企業流程再造過度重視內部作業績效的追求，而忽略了企業對於市場與環境的適應與掌握，如此失去了企業重要的策略思維與行動。

企業流程再造與企業管理的其他方法，特別是持續改善和全面質量提升不同，目的是根本性的變革，而不是逐漸的改變。企業流程再造尋求改變企業根本結構、相關的營運流程以及最後的績效評估。為了達到最大效果，**利用資訊科技**是主要方法，試圖全面使用資訊科技實現現有企業功能、提高企業效率、創造新的企業形式，以及推動上下游企業間更緊密的合作。

流程再造的核心觀念值得管理者不斷提醒自己，在面對新科技出現時，要有革新的觀念重新檢討現有制度是否可能充分因應新科技而有突破性的發展，而不是將老舊制度與作法硬套在新科技上，想要以新科技重現舊時目標。以目前各國教育制度為例，它是二次世界大戰以後在全世界上流行的作法。由於有限的教育資源如書籍、師資、教學設備，因此將同年的學生集中起來，統一教學是比較經濟且有效率的作法。因而發展出小學、中學、大學等的分級學校，讓有興趣與能力的學生可能透過此制度成為有用的人才。也因為資源有限，而有以考試篩選優秀學生集中學習的想法。

但是隨著戰後社會安定、經濟高度發展、科技研發的突飛猛進，現在教育資源不再稀有，師資充裕，各種書籍繁多，印刷成本下降，教育制度就應有所調整以便將優質的教育普及所有的人。同時，當國家有能力提供每一學生最好的教育

時，便應普遍提供，而非死守過去的規矩。換言之，當全國能夠建立更多的優秀學校時，就不必迷信一兩所明星學校的功能了。

尤其是當資訊科技與人工智慧，可以將優良教師以數位的形式不限時空地提供給每一位學生，按每個學生的需要與能力提供其學習的內容與進度時，目前學校集中同齡學生同步學習的制度就落伍了。畢竟每個人的智商與學習能力都不同，若非必要是不應強迫學習快的學生等慢的，同理，也沒有理由要學習慢的學生加速，或像鴨子聽雷一般地浪費生命。如此，當一個學生可以在兩年就唸完六年中學或四年大學課程，就不應限制他一定要與其他人一樣地花六年或四年時光。如此，教育的制度就應該要重新設計，讓學習更主動、更配合個人需求。未來世界中可能社區學校或私塾成為學生學習的地方，個人教育諮商與建議變得更重要。另外，根據個人所學也可以有更好的就業安排，讓學以致用不再是理想與口號。

▪摘　要▪

1. 改革常被抗拒，因為它帶來了不確定、擔心個人的損失，以及認為如此做對組織並不好的想法。

2. 六種減低抗拒的技巧：教育與溝通、參與、準備與支持、協商、操縱與互惠以及強迫。

3. 管理者改變組織結構可以藉由改變有關複雜程度、正式化程度或中央集權程度的變數，或藉由改變工作來達成之。若想改變組織的科技則可藉由改變工作流程、工作方法以及工作設備來達成之。而改變文化則藉由態度、期望、認知或行為的改變來達成。

4. 高階領導嚴重的危機或改變，會產生對於員工的衝擊與現狀的改變，而形成組織文化的改變。一個小或年輕，並擁有弱勢文化的組織比較容易進行文化改變。

5. 管理者在執行文化改變之先，應進行文化分析。然後做出使危機更明顯的動作；派任新的高階主管；重整主要的部門；創造新的故事、象徵以及儀式來取代舊文化中相對應的部分；改變組織的選拔與社會化的過程及考核與獎賞的系統以反映新的文化價值。

6. 管理者可以提供正確的結構、科技與人力資源來執行 TQM。結構必須分權、減少垂直分工與擴大控制幅度，以及支持跨功能的團隊。科技必須頭有彈性以支持持續的改善。工作人力必須堅持品質與持續改善的目標。

7. 減低員工緊張的技巧包括：在選任時仔細比對應徵者與工作需求、訂定明確的績效目標、重新設計工作以增加挑戰性並減輕工作負荷、輔導員工、提供時間管理課程以及支持體能活動。

8. 激發創新的組織必須擁有彈性的、資源方便取得，以及流暢的溝通結構；輕鬆的、支持新觀念的，以及鼓勵環境監視的文化；訓練有素的、更新的，以及有工作保障的員工。

9. 組織再造的觀念雖影響深遠，但是卻常被追隨者誤用，只有學到皮毛，卻常忽略其變革的本質，導致改革常被誤導而失去改革的契機。

複習問題

1. 變革好嗎？組織應該如何面對變革呢？
2. 變革如何管理？主管如何應付變革呢？
3. 如何創新？試舉一例。
4. 創新的範圍有幾種？
5. 創新是否零風險？如何避免巨大風險呢？
6. 是否有所謂的創新組織文化？

討論問題

1. 低階員工有可能啟動組織的改革嗎？請解釋。
2. 如何能建立一個重視創新的組織文化？請舉一個例子解釋。
3. 請說明 TQM 與 BPR 兩者異同。哪個是一連串微小的改變，哪個又是革命性的改變呢？
4. 創新是組織必然的態度嗎？日本京都動輒一千年的古寺廟或傳統技藝，有必要變革嗎？

參考文獻 (按筆畫排列)

大法官解釋 (1957)，釋字 76 號，〈國民大會、立法院、監察院等同民主國家之國會？〉。

中央銀行，〈國內經濟金融情勢〉，民國 102 年第 3 季。

中國國家外匯局，國家外匯儲備規模。

元智大學 (2012)，〈元智大學 101 年度雇主滿意度調查報告〉。

方至民 (2000)，《企業競爭優勢》。臺北：前程文化。

王宇飛 (2003)，《商人活用孫子兵法》。臺北：正展出版。

王佳煌、潘中道等（合譯），W. Lawrence Neuman 著 (2002)，《當代社會研究法（修正版)》(Social Research Methods: Qualitative and Quantitative Approaches)。臺北：學富文化。

王秉鈞 (2003/11/28)，《非營利組織的使命與其永續問題》，「第三部門的內部治理與外部環境」學術研討會。臺北：政治大學。

王秉鈞譯，Stephen P. Robbins 著 (1995)，《管理學》(P. 1994. Management. 4ed.) 臺北：華泰書局。

王超群 (2015/1/27)，〈5 萬幽靈搶看黑畫面節目尼爾森再爆收視率大烏龍〉。中國時報。

王嘉源等譯，Peter F. Drucker 著 (2003)，《管理未來》。臺北：時報文化。

丘昌泰 (2000)，《公共管理：理論與實務手冊》。臺北，元照。

司徒達賢 (1999)，《非營利組織的經營管理》第一版。臺北市，天下遠見。

司徒達賢 (2005)，《管理學的新世界》。臺北：天下文化。

司徒達賢 (2013)，《管理學的新世界》(最新修訂版)。臺北：天下文化。

台塑關係企業網頁 (2013)。

台灣電影人論壇 (2009)，〈談「獨立製片」〉。

外交部 (2014)，APEC 簡介。

田哲益 1 (2003)，《排灣族神話與傳說》。臺中市：晨星出版，頁 47。

田哲益 2 (2003)，《魯凱族神話與傳說》。臺中市：晨星出版，頁 37。

申不害，《申子》(大體篇)。

石計生、羅清俊、曾淑芬、邱曉婷、黃慧琦 (2003)，《社會科學研究與 SPSS 資料分析》。臺北：雙葉。第二章。

江明修、鄭勝分 (2003)，《全球治理與非營利組織》，全球化下的全球治理學術研討會。臺北，政治大學。

自由時報 (2015/11/12/)，〈「世界奇觀」終於要完成了！西班牙聖家堂 2026 年完工〉。

行政院經濟建設委員會 (2004),《台灣高山纜車景點建置纜車潛在地點評估及開發營運之研究期末報告書 (初稿)》。臺北,亞聯工程顧問股份有限公司。

行政院經濟建設委員會 (2006/6),《中華民國臺灣 95 至 140 年人口推計》。

行政院經濟建設委員會 (2020/6),《中華民國臺灣 2020 至 2070 年人口推計》。

何花 (2016/11/20),〈華為突圍極化碼成標準 .〉

吳若瑋 (2018/3),〈中國大陸倡設「亞投行」的策略、發展與影響〉,展望與探索:16 卷第 3 期,頁 42–63。

吳統雄 (1986/11),〈企業創新與組織溝通〉。《卓越雜誌》,頁 126–31。

吳凱琳 (2012/11),〈互告七次,終換得和平十年〉。天下電子報。

呂炳寬、項程華、楊智傑 (2007),《中華民國憲法精義》。臺北:五南圖書。

宏碁集團 (2017/11/16),〈關於我們〉。

李欣宜 (2015),〈專訪美國 Top 4 技術長寶立明:大數據即將在五年內消失。〉臺北:數位時代。

李華夏譯 , Lester Thurow 著 (1998) ,《資本主義的未來》 (The Future of Capitalism:How Today's Economic Forces Will Shape Tomorrow's World)。臺北:立緒。

李誠、張育寧 (2002),《中鋼經驗:中國式管理的典範》。臺北:天下文化。

官有垣 (2000),《非營利組織與社會福利——台灣本土的個案分析》。臺北:亞太圖書。

林沛萱 (2010),《情緒商數與工作績效關係之研究》。元智大學資管研究所碩士論文。

林怡君 (2007/1/08),〈無名小站以學術網路公器私用?教育部:將徹查〉。中央社。

林欣慧 (2013),《油電價雙漲下的總連鎖效果:台灣產業關聯實證分析》。臺北:中國文化大學碩士論文。

初國華 (2007),《不對稱權力結構下的兩岸談判:辜汪會談個案分析》。臺北:政治大學中山人文社會科學研究所博士論文。

邱文秀 (2018/10/11),〈臉書按讚人數少韓國瑜網路聲量被指是「泡泡」〉。中時電子報。

邱文寶譯,Larry Downes & Chunka Mui 著 (2002),《Killer App——12 步打造數位企業》(Unleashing the Killer App-Digital Strategies for Market Dominance)。臺北:天下文化。

邱皓正 (2007),《量化研究與統計分析》(第三版)。臺北:五南圖書。

金耀基 (1980),〈人際關係中人情之分析 (初探)〉,國際漢學會議論文集。臺北:中央研究院。

洪晨桓 (2008),《華人關係量表之發展——內部顧客觀點》,國立東華大學企業管理研究所博士論文。

洪懿妍等譯,Schmalensee, Richard L. and Thomas A Kochan 著 (2003),《未來管理》。臺北:天下文化。

美國資料中心 (2013/4/21)，美國政府簡介。

唐筱恬 (2018–10–30)，〈韓國瑜聲勢暴漲的網路攻略給政壇什麼啟示？〉。今週刊。

孫本初 (1994)，《非營利組織管理之研究——以臺北市政府登記有案之社會福利慈善事業基金會為對象》。臺北市政府研究發展考核委員會委託 83 年度市政專題研究。

孫善政譯，Tarek M Khalil 著 (2002)，《科技管理》。臺北：麥格羅希爾。

海棠基金會 (2021)，非營利組織財務管理實務手冊。

高士閔 (2017/4/1)，〈如何成為領導者？全聯總裁徐重仁：你得先懂兩件事〉，經理人雜誌。

張育哲 (2005)，《政府引進企業評估方法之理論與實際》。嘉義：中正大學，績效評估之方法與工具研討會。

張昭君 (2012)，《三菱商事：贏在變革》經營與管理，第八期，頁 6–9。

張經緯 (2016/3/17)，〈張經緯觀點：AlphaGo 人機大戰告訴我們哪些事？〉。風傳媒。

梁偉康 (1990)，《行政管理與實踐》。香港：集賢社。

許士軍 (1990)，《管理學》。臺北：臺灣東華書局出版。

許士軍 (2004)，《許士軍談管理》。臺北：天下遠見出版。

郭進隆譯，Peter M. Senge 著 (1994)，《第五項修練——學習型組織的藝術與實務》。臺北：天下文化。

陳介玄、高承恕 (1991/6)，〈臺灣企業運作的社會秩序：人情關係與法律〉，東海學報，第 32 期第 10 卷，頁 219–232。

陳秀玲 (1995/2/16)，〈從單身條款、禁孕條款看台灣就業性別歧視女人結婚有罪嗎？〉。中國時報。

陳盈如譯，魯梅特 (Richard Rumelt) 著，《好策略壞策略》 (Good Strategy Bad Strategy: The Difference and Why It Matters)。臺北：天下文化。

陳貞樺，吳柏緯，林雨佑 (2018.11.24)，〈網路聲量＝實際選票？24 張圖解密六都市長的網路聲量戰爭〉。報導者。

陳耀南導讀 (2013)，《新視野中華經典文庫：韓非子》。香港：中華書局。

陸宛蘋 (1997)，《台灣非營利組織發展需求診斷研究》。臺北：亞洲協會。

智庫百科 (2013/01/18)，〈中國式管理〉。

曾仕強 (1987)，《現代化的中國式管理》。臺北：經濟日報社。

費孝通 (1948)，《鄉土中國與鄉土重建》。上海：觀察社。

馮克芸譯，Mark Gerzon 著 (2012)，《人人學得會領導者的 8 大調停工具》(Leading through Conflict)。臺北：城邦文化。

馮燕 (2000)，《非營利組織之角色與功能》。八十九年教育事務基金會經營管理研討會。

黃光國 (1988)，〈人情與面子：中國人的權力遊戲〉。臺北：巨流，頁 7-55。

黃信豪 (2007)，《非營利組織價值與使命分析──組織基因工程理論之應用》。元智大學未出版之碩士論文。

黃俊英 (2006)，《行銷研究概論》（第四版）。臺北：華泰書局。

黃政民譯，Richard M Hodgetts 著 (1984)，《企業管理》。天一圖書。

黃德維 (2016)，《台灣中央山脈永續發展議程規劃：台灣山岳活動發展綱領與行動方案（草案)》，行政院經濟建設委員會。

黃麒祐 (2003)，《IT 知識管理導論》。臺北：文魁資訊。

楊國樞 (1993)，〈中國人的社會取向：社會互動的觀點〉。

楊國樞 、 余安邦主編 (1992)，《中國人的心理與社會行為－理念及方法篇》。 臺北 ： 桂冠 ， 頁 87-142。

楊善群 (1996)，《孫子》。臺北：知書房。

經建會 (2010)，《台灣最適遊艇活動模式及推動策略之研究》。

經濟部中小企業處 (2019/9)，《2012 中小企業白皮書》。

管中閔 (2013)，《發掘台灣經濟新動能》，台灣玉山科技協會 2013 年年會。

維基百科 (2014)，〈東南亞國家協會〉。

維基百科 (2018)，〈AlphaGo 李世乭五番棋〉。

維基百科 (2019)，〈中車青島四方機車車輛〉。

遠東銀行 (2016/12/12)，官方網站。

齊若蘭譯，Peter F. Drucker 著 (2009)，《杜拉克談高效能的 5 個習慣》（The effective executive）。臺北：遠流。

劉君祖 (2019)，《從易經看鬼谷子》。臺北：大塊文化。

劉明德等譯，Edmund R. Gray & Larry R. Smeltzer 合著 (1993)，《管理學競爭優勢》 (THE COMPETITIVE EDGE)。新北市：桂冠圖書。

鄭伯壎 (1995/2)，〈差序格局與華人組織行為〉，《本土心理學研究》，第 3 期，頁 142-219。

鄭惟厚譯，David S. Moore 著 (1998)，《統計，讓數字說話》。臺北：天下文化。

蕭新煌 (2000)，《非營利部門：組織與運作》。臺北市：巨流。

蕭筱筠 (2003)，《中國人個性量表與工作績效之關聯性研究──以 A 公司研發人員為例》。中壢：中央大學人力資源管理研究所未出版碩士論文。

顧忠華 (2000)，〈台灣非營利組織的公共性與自主性〉，台灣社會學研究，第四期，頁 145–189。

閻雲翔 (2000)，《禮物的流動：一個中國村莊中的互惠原則與社會網絡》。上海：上海人民出版社。

《禮記·中庸》，第十九章。

BBC (2017/9/21)，〈谷歌為何花 11 億美元收購 HTC 手機業務？〉。

MBA 智庫百科 (2018)，〈剝悍分析法〉。

Aaker, David A. (1984), Strategic Market Managemen. New York: John Wiley & Sons.

Adams, J. S. (1963), "Toward an understanding of inequity," Journal of Abnormal Psychology, 67, 422–436.

Ansoff, H. Igor (1965), Corporate Strategy. New York: McGraw-Hill Inc.

Ansoff, H. Igor (1975), From Strategic Planning to Strategic Management.New York: John Wiley.

Bazerman, Max H. and Roy J. Lewicki, ed. (1983), Negotiating in Organization. London: Sage.

Bazerman, Max. (Jun, 1986), "Why Negotiations Go Wrong?" Psychology Today: pp. 54–58.

Bennis, Warren and Burt Nanus (1985), Leaders: The Strategies for Taking Charge. New York: Harper and Row.

Bossidy, L. and R. Charan (2002), Execution: The discipline of getting things done. New York: Random House.

Bourdieu, P. (1985), "The forms of capital. In J. G. Richardson (Ed.)," Handbook of theory and research for the sociology of education: 241–258. New York: Greenwood.

Bradfield, Ron, et al. (2005), "The Origins and Evolution of Scenario Techniques in Long Range Business Planning," Futures 37 8: 795–812.

Brinckerhoff, Peter C. (2000), Mission-Based Management: Leading Your Not-For-Profit in the 21st Century (2nd edition). New York: John Wiley & Sons.

Burt, Ronald S. (1992), Structural holes: the social structure of competition. Harvard University Press.

California Government (Dec 23, 2013), Advanced Clean Cars Program.

Cameron, Kim S. & Quinn, Robert E. (1999), Diagnosing and Changing Organizational Culture: Based on the Competing Values Framework, Prentice Hall, reprinted John Wiley & Sons, 2011.

Chandler, A.D. Jr. (1962), Strategy and Structure: Chapters in the History of the American Industrial Enterprise. Cambridge, MA: MIT Press

Chen, Chi-Mai; Hong-Wei Jyan, Shih-Chieh Chien, Hsiao-Hsuan Jen, Chen-Yang Hsu, Po-Chang Lee, Chun-Fu Lee, Yi-Ting Yang, Meng-Yu Chen, Li-Sheng Chen, Hsiu-Hsi Chen, Chang-Chuan Chan

(May 5, 2020), "Containing COVID-19 Among 627,386 Persons in Contact With the Diamond Princess Cruise Ship Passengers Who Disembarked in Taiwan: Big Data Analytics" Journal of Medical Internet Research.

Chen, Ming-Jer (2013), "Becoming Ambicultural: A Personal Quest&headline{1};and Aspiration for Organizations," Presidential Speech at the 2013 Academy of Management Meeting. Orlando, Florida.

Chermack, Thomas J., Susan A. Lynham, and Wendy E. A. Ruona. (2001), "A Review of Scenario Planning Literature," Futures Research Quarterly 7 2: 7–32.

Cheung, F.M. & Leung, K. (1992), Establishing a Chinese Personality Measurement for Hong Kong and China. Paper presented at Seminars on the Behavior and Personality of Chinese People in Taiwan.

Coleman, Andrew (2008), A Dictionary of Psychology (3 ed.). Oxford University Press.

Coleman, James. (1988), "Social Capital in the Creation of Human Capital," American Journal of Sociology. Supplement 94: S95–S120.

Collins, J. (2001), Good To Great. New York: NY. HarperCollins Inc.

Cornelius, Peter, Van de Putte, Alexander, and Romani, Mattia (Fall: 2005), "Three Decades of Scenario Planning in Shell," California Management Review. Vol. 48 Issue 1: pp 92–109.

Daniel Kahneman (Oct 25, 2011), Thinking, Fast and Slow. Macmillan.

Davenport, Thomas. (1993), Process Innovation: Reengineering work through information technology. Boston: Harvard Business School Press.

Dees, J. Gregory (1998), "The meaning of social entrepreneurship," search date: 2008.01.15.

Dees, J. Gregory, J. Emerson, and P. Economy (2004), Enterprising Nonprofits: A Tookit for Social Enterpreneurs, pp. 2–3. New York: John Wiley& Sons.

Denison, Daniel R. (1990), Corporate culture and organizational effectiveness, Wiley.

DiMaggio, P. J. & W. Powell (1983), "The Iron Cage Revisited: Institutional Isomorphism and Collective Rationality in Organizational fields," American Sociological Review, pp. 48, 147–60.

Douglas, Laney (Feb 6, 2001), 3D Data Management: Controlling Data Volume, Velocity and Variety (PDF). Gartner.

Douglas McGregor (2006), "The Human Side of Enterprise," McGraw-Hill, 1960; annotated edn, McGraw-Hill.

Douglas McGregor (1960), The human side of enterprise. New York: McGraw-Hill.

Drucker, P. (1990), Managing the Nonprofit Organization. New York: HarperCollins.

Drucker, P. (1993), Post-Capitalist Society. New York: HarperCollins.

Fang, Tony, (2003), "A Critique of Hofstede's Fifth National Culture Dimension," International Journal of Cross Cultural Management, Vol 3 (3): pp. 347–368.

Fiedler, F. (1964), "A contingency model of leadership effectiveness," Advances in experimental social psychology, 1, 149–190.

Fiedler, F. E. (1967), A Theory of Leadership Effectiveness. New York: McGraw-Hill.

Forrester, J. W. (1961), Industrial Dynamics. Cambridge, MA: MIT Press.

Forrester, J. W. (1971), "Counterintuitive behavior of social systems," Technology Review. pp. 1–22.

Freeman, John, Glenn R. Carroll and Michael T. Hannan (1983), "The Liability of Newness: Age Dependence in Organizational Death Rates," American Sociological Review. Vol. 48, No. 5 (Oct), pp. 692–710.

French, J. and Raven, B. (1959), "The Bases of Social Power," in Studies in Social Power, D. Cartwright, Ed., pp. 150–167. Ann Arbor, MI: Institute for Social Research.

Friedman, M. (1970), "The social responsibility of business is to increase its profits," New York Times Magazine, September 13: 32–33, 122–124.

GAO. (1997), "Business Process Reengineering Assessment Guide," United States General Accounting Office.

Geron, Tomio (November 9, 2012), "Airbnb Had $56 Million Impact On San Francisco: Study," Forbes.

Goleman, D. (1995), Emotional Intelligence. New York: Bantam Books.

Goleman, D. (1998a), Working With Emotional Intelligence. New York: Bantum Books.

Goleman, Daniel (Nov-Dec, 1998b), What Makes a Leader? Harvard Business Review, pp. 93–102.

Gordon, William J.J. (1961) Synectics: The Development of Creative Capacity. New York: Harper and row, Publishers.

Granovetter, Mark. (May, 1973), "The Strength of Weak Ties," American Journal of Sociology 78: pp. 1360–1380.

H. M. Treasury (2015), "Support for the sharing economy" (PDF), Budget, section 1.193.

Hackley, Carol Ann and Dong, Qingwen (2001), "American Public Relations Networking Encounters China's Guanxi," Public Relations Quarterly, Vol. 46, No. 2 (Summer), pp. 16–19.

Hackman, J. R. & Oldham, G. R. (1975), "Development of job diagnostic survey," Journal of Applied Psychology, 60, 159–170.

Hammer, M. and Champy, J. A. (1993), Reengineering the Corporation: A Manifesto for Business Revolution. New York: Harper Business Books.

Handy, Charles B. (1976) Understanding Organizations, Oxford University Press.

Hansmann, H. B. (1980), "The role of nonprofit enterprise," The Yale Law Journal, 89(5), pp. 835–901.

Henry Mintzberg (1973), The Nature of Managerial Work, pp. 93–94. New York: Harper & Row.

Herman Kahn (Nov 30, 2009), "The Columbia Encyclopedia," (Sixth Edition), retrieved from Encyclopedia.com.

Hersey, P. and Blanchard, K. H. (1969), Management of Organizational Behavior-Utilizing Human Resources. New Jersey: Prentice Hall.

Herzberg, Frederick; Mausner, Bernard; Snyderman, Barbara B. (1959), The Motivation to Work (2nd ed). New York: John Wiley.

Hodgkinson, V. A. & Lyman, R. W. (1989), The future of the nonprofit sector: Challenges, changes, and policy considerations. New York: Jossey-Bass.

Hofstede, G. (1991) Cultures and Organizations: Software of the Mind. London: McGraw-Hill.

Hofstede, G. (1980) Culture's Consequences: International Differences in Work-Related Values. Beverly Hills CA: Sage Publications.

House, Robert J., Mitchell, T.R. (1974), "Path-goal theory of leadership," Journal of Contemporary Business, 3: 1–97.

Kahn, Herman (1965), Thinking About the Unthinkable. New York: Horizon Press.

Kotler P., A. Andreasen (2008), Strategic Marketing for Non-profit Organizations. Englewood Cliffs. New Jersey: Prentice Hall.

Kotter, J. (Mar-Apr, 1999), "What Effective General Managers Really Do." Harvard Business Review.

Kotter, John and James L Heskett (1992), Corporate Culture and Performance. New York: Free Press.

Kramer, R. M. (1987), "Voluntary agencies and the personal social services," In W. W. Powell (ed), The nonprofit sector: A research handbook, pp. 240–257. New Haven and London: Yale University Press.

Lawrence, Paul R. (1954), "How to Deal with Resistance to Change," Harvard Business Review, May–June, 32(3), 49–57.

Levitt, Theodore (Jul-Aug, 1960), "Marketing Myopia," Harvard Business Review. Vol. 38, pp. 24–47.

Lewicki RJ, Litterer JA. (1985), Negotiation. Homewood, IL: Irwin.

Lewin, K. (1947), 'Frontiers in group dynamics'. In Cartwright, D. (Ed.), Field Theory in Social Science.

London: Social Science Paperbacks.

Lindgren, Mats, and Hans Bandhold (2003), Scenario Planning: The Link between Future and Strategy. New York: Palgrave McMillan.

Locke, Edwin A and Latham, G P. (1990), "Work Motivation and Satisfaction: Light At The End Of The Tunnel," Psychology Science (1): 240–246.

Locke, Edwin A. (1968), "Toward a Theory of Task Motivation and Incentives," Organizational behavior and human performance, (3) 2: 157–189.

Maslow, A.H. (1943), "A theory of human motivation," Psychological Review 50 (4) 370–96.

Mercer, David (1995), "Simpler Scenarios," Management Decision. Vol. 33 Issue 4: pp 32–40.

Meyer, J. W. and B. Rowan (1977), "Institutional organizations: formal structure as myth and ceremony," American Journal of Sociology, pp. 83, 340–63.

Mintzberg, H. (1983), Structure in fives: Designing effective organizations. New Jersey: Prentice Hall.

Norman, Donald A, "Some Observations on Mental Models," In Mental Models. Edited by Dedre Gentner and Albert L. New York: Psychology Press: pp 7–14.

O' Neill, M., & Young, D. R. (1986), Educating Managers of Nonprofit Organizations. New York: Praeger.

O' Rielly, Chatman & Caldwell (1991), "People and organizational culture: A profile comparison approach to assessing person-organization fit," Academy of Management Journal, pp. 34, 487–516.

Osborn, A.F. (1963), Applied imagination: Principles and procedures of creative problem solving (Third Revised Edition). New York: NY: Charles Scribner's Sons.

Park, Seung-Ho & Luo, Yadong (May, 2001), "Guanxi and Organizational Dynamics: Organizational Networking in Chinese Firms," Strategic Management Journal, vol. 22, no. 5, pp. 455–477.

Perrow, Charles (1967), "A Framework for the Comparative Analysis of Organizations," American Sociological Review, 32: 194–208.

Peters, T. J., & Waterman, R. H. (1982), In search of excellence: Lessons from America's best-run companies. New York: Harper & Row.

Pfeffer, J. and G. R. Salancik (1978), The External Control of Organizations: A Resource Dependence Perspective. New York: Harper and Row.

Porter, M. E. (1980), Competitive Strategy: Techniques for Analyzing Industries and Competitors. New York: Free Press.

Porter, M. E. (1985), The Competitive Advantage: Creating and Sustaining Superior Performance. New York: Free Press,.

Porter, M. E. (1996), "What is strategy?" Harvard Business Review. 74 (6) 61–78.

Rikkonen, P. (2005). Utilisation of alternative scenario approaches in defining the policy agenda for future agriculture in Finland. Turku School of Economics and Business Administration, Helsinki.

Robbins, S. (1996), Management (4th Ed). New York: Prentice Hall.

Robbins, S. (2008), Management (10th Ed). New York: Prentice Hall.

Rumelt, Richard (2011), Good Strategy Bad Strategy: The Difference and Why It Matters. New York: Crown Publishing.

Saether, Kim T.; Ruth V. Aguilera (2008), "Corporate Social Responsibility in a Comparative Perspective," In Crane, A.; et al. The Oxford Handbook of Corporate Social Responsibility. Oxford: Oxford University Press.

Salamon, L. M. & Anheier, H. K. (1997), Defining the nonprofit sector: A cross-national analysis. London: Manchester Univ Pr..

Salamon, L. M. (1999), America's nonprofit sector: A primer. New York: Foundation Center.

Salovey, P., Mayer, J.D. (1989), "Emotional intelligence," Imagination, Cognition, and Personality 9 (3): 185–211.

Schoemaker, Paul J.H. (Winter: 1995), "Scenario Planning: A Tool for Strategic Thinking," Sloan Management Review: pp. 25–40.

Schumpeter, J.A. (1912), The Theory of Economic Development. New Jersey: Transaction Publishers.

Schwartz, Peter (1991), The Art of the Long View: Planning for the Future in an Uncertain World. New York: Currency Doubleday.

Senge, P., C. Otto Scharmer, J. Jaworski, and B. S. Flowers (2004), Presence: Exploring Profound Change in People, Organizations, and Society. New York: Currency Doubleday.

Senge, Peter M. (1990), The Fifth Discipline. New York: Doubleday/Currency.

Shein, Edgar (1992), Organizational Culture and Leadership: A Dynamic View. San Francisco, CA: Jossey-Bass. p. 9.

Shell (2008), "Scenarios: An Explorer's Guide" (PDF), Shell Global. Retrieved 15 July 2014.

Simon, H. A. (1956), "Rational Choice and the Structure of the Environment," Psychological Review 63 (2): 129–138.

Social Enterprise London (2002), Social Enterprise guide to health & social care for the elderly. London: Social Enterprise London.

Sonnenfeld, Jeffrey A. (1989), "Career System Profiles and Strategic Staffing," In Michael Arthur, Douglas. T. Hall, and Barbara S. Lawrence (eds), Handbook of Career Theory. New York: Cambridge University Press, pp 202–226.

Sundararajan, Arun (Jan 3, 2013), "From Zipcar to the Sharing Economy," Harvard Business Review.

Thomas, K. W. (1976), "Conflict and Conflict Management," in M. D. Dunnette (Ed.), Handbook of Industrial and Organizational Psychology, pp. 889–935. Chicago: Rand-McNally.

Thompson, James D. (1967), Organizations in Action: Social Science Bases of Administrative Theory. New York: McGraw-Hill.

U.S. Department of State (2011), Outline of US History. Bureau of International Information Programs, U.S. Department of State. Chapter 11.

Vanhonacker, Wilfried. R. (May-Jun 2004), "Guanxi Networks in China," The China Business Review, vol. 31, no. 3, pp. 48–53.

Vroom, V. H. (1964), Work and Motivation. New York: Wiley & Sons.

Wack, Peter (Sep–Oct, 1985), "Scenarios: Uncharted Waters Ahead," Harvard Business Review.

Weber, Max. (1947), The Theory of Social and Economic Organization. Translated by A.M. Henderson and Talcott Parsons. London: Collier Macmillan Publishers.

Weihrich, Heinz (Apr, 1982), "The SWOT Matrix-A Tool for Situational Analysis," Long Range Planning, Vol. 15, Iss. 2, pp. 54–66.

Wellman, B. (1988), "Structural Analysis: From Method and Metaphor to Theory and Substance," In Social Structures a Network Approach, pp. 19–61. Cambridge, Cambridge University Press.

Wikipedia (2014), "Elton Mayo."

Wikipedia (Jan 18,2013), Fordism.

Wikipedia (Jan 18,2013), Frederick Winslow Taylor.

Wikipedia (Jan 18,2013), Robert Strange McNamara.

Wikipedia (Oct 16, 2015), "Corporate Social Responsibility".

Woodward, Joan (1958), Management and Technology. London: Her Majesty's Stationery Office, 4–30.

WTO (Apl 24, 2014), Regional Trade Agreement.

Yang, Mayfair Mei-Hui (1994), Gifts, Favors, and Banquets: The Art of Social Relationships in China.

New York: Cornell University Press.

Yeung, Ken (Sep 17, 2013), "With 8.5m guests, Airbnb seeks to build a more uniform customer experience via its Hospitality Lab," The Next Web.

簡明經濟學（修訂二版）

王銘正／著

一、舉例生活化

本書利用眾多實際或與讀者貼近的例子來說明本書所介紹的理論，也與時事結合，說明重要的經濟現象與政府政策。

二、視野國際化

本書除了介紹「國際貿易」與「國際金融」的基本知識外，也詳細說明重要的國際經濟現象與政策措施。

三、重點條理化

每章開頭以時事案例作為引言，激發讀者興趣，並列舉學習重點，有助於讀者對各章的內容有基本的概念，也能在複習時能自我檢視學習成果。

財務報表分析（修訂二版）

盧文隆／著

一、深入淺出，循序漸進

行文簡單明瞭，逐步引導讀者檢視分析財務報表；重點公式統整於章節末，並附專有名詞中英索引，複習對照加倍便利。

二、理論活化，學用合一

本書新闢「資訊補給」、「心靈饗宴」及「個案研習」等應用單元，並特增〈技術分析〉專章，融會作者多年實務經驗，讓理論能活用於日常生活之中。

三、習題豐富，解析詳盡

彙整各類證照試題，有助讀者熟悉題型；隨書附贈光碟，內容除習題詳解、個案研習參考答案，另收錄進階試題，提供全方位實戰演練。

內部稽核基本功：勤練專業準則與實務案例

王怡心、黎振宜／編著

一、內容簡明化

每章章首列舉《國際內部稽核執業準則》，幫助讀者一開始便能對此準則有清楚認識。內文方面則盡量簡潔化，即使是初次接觸稽核概念的讀者，也能輕鬆上手。

二、舉例實用化

闡述海內外的內部稽核實務運作案例，說明本書所介紹的稽核理論與《國際內部稽核執業準則》；如此，使讀者更能感受到稽核概念扮演的重要性及其實用性。

三、重點條理化

本書文字敘述清楚，且有重點標示；每章有自我評量練習題，有助於讀者自我檢視學習成果，以強化個人的內部稽核知識和實力。

國際貿易法規（修訂七版）　　　　　方宗鑫／著

本書主要分為四大部分：

一、國際貿易公約

　　包括：關稅暨貿易總協定 (GATT)；世界貿易組織 (WTO)；聯合國國際貨物買賣契約公約；與貿易相關之環保法規，如華盛頓公約、巴塞爾公約等。

二、主要貿易對手國之貿易法規

　　介紹美國貿易法中的 201 條款、232 條款、301 條款、337 條款、反傾銷法及平衡稅法。

三、國際貿易慣例

　　包括：國貿條規 (Incoterms 2000)；信用狀統一慣例 (UCP 600)、國際擔保函慣例 (ISP 98)、託收統一規則 (URC 522) 及協會貨物保險條款（2009 年 ICC）等。

四、其他相關之貿易法規

　　包括：貿易法；國際貨幣金融體制與管理外匯條例；國際標準化組織與商品檢驗法；世界海關組織與關稅法。

國家圖書館出版品預行編目資料

管理學：政府、企業及非營利組織之經營心法與實踐
科學／王秉鈞著.——初版一刷.——臺北市：三民，
2021
　　面；　公分

ISBN 978-957-14-7092-4　（平裝）
1. 管理科學

494　　　　　　　　　　　　　　110000331

管理學：政府、企業及非營利組織之經營心法與實踐科學

作　　　者	王秉鈞
責任編輯	張家慈
美術編輯	江佳炘

發 行 人	劉振強
出 版 者	三民書局股份有限公司
地　　　址	臺北市復興北路 386 號 (復北門市)
	臺北市重慶南路一段 61 號 (重南門市)
電　　　話	(02)25006600
網　　　址	三民網路書店 https://www.sanmin.com.tw

出版日期	初版一刷 2021 年 3 月
書籍編號	S490030
I S B N	978-957-14-7092-4